日治時期 淡水河流域

資料來源：毛毓翔製圖，底圖為〈臺灣堡圖〉(1904)，《臺灣百年歷史地圖》，中央研究院人社中心GIS專題中心。

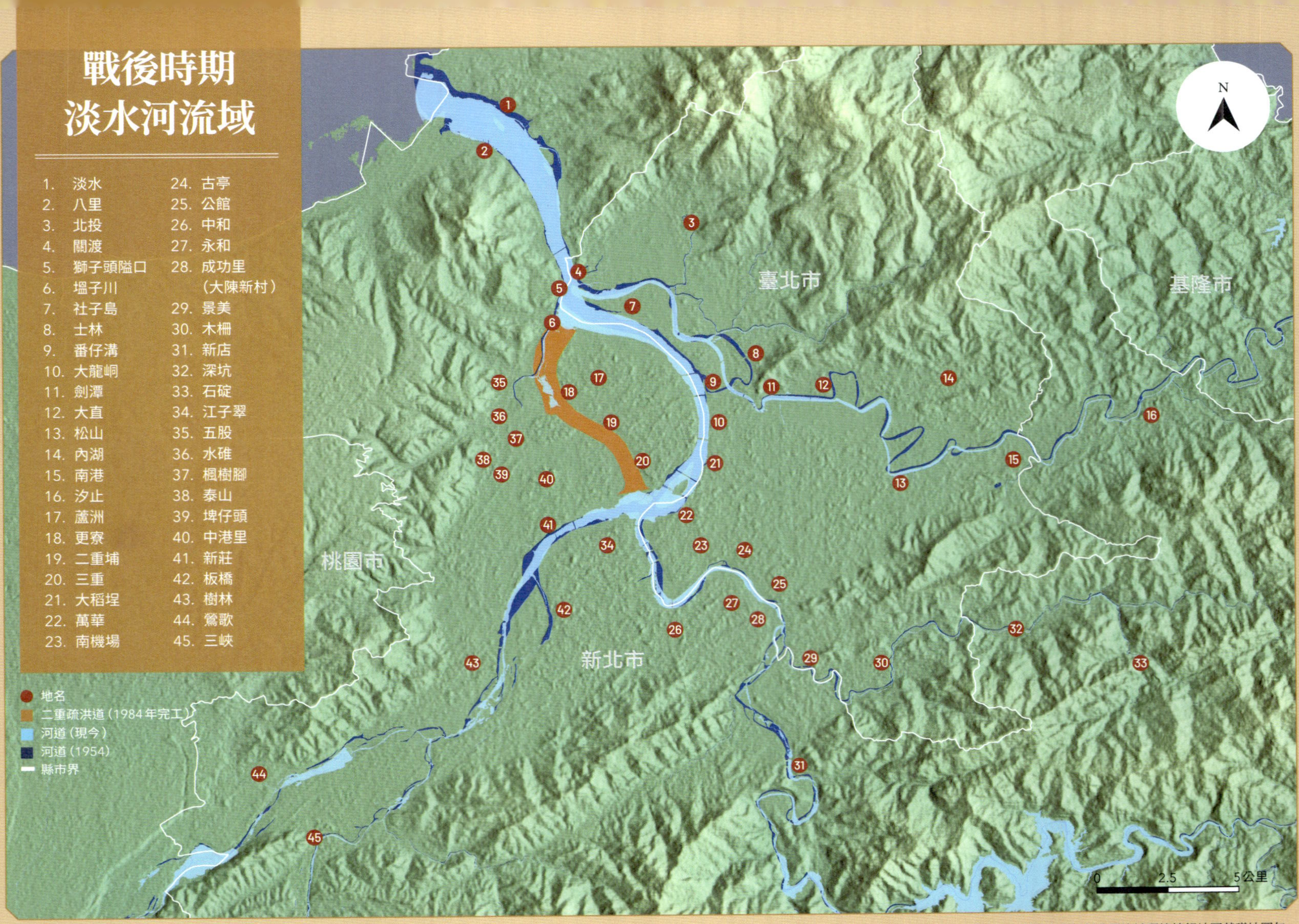

資料來源：毛毓翔製圖，1954年河道根據〈臺灣五萬分一地形圖〉(1954)，《臺灣百年歷史地圖》，中央研究院人社中心GIS專題中心，現今河道下載自經濟部水利署水利規劃分署流域環境情報地圖基礎地圖包。

目次

第五部　蛻變中的大河

分署長序

從淡水河的歷史流向永續未來

張廣智／經濟部水利署水利規劃分署分署長

淡水河是臺灣第三長河，由大漢溪、基隆河、新店溪三大支流匯聚而成，流域涵蓋臺北市、新北市、基隆市及桃園市等多個行政區，流域內人口近八百萬，是全臺灣所有河流之最。它可以說是臺灣最具都市化特色的河流，穿越了首都，承載著全國最密集的人口與最發達的經濟活動，同時也是臺灣政治文化中心的命脈所在。因流量穩定、河面寬廣，淡水河自早期即肩負起北臺灣地區的灌溉、漁業、航運等重任，與大臺北地區的歷史發展脈絡息息相關。沒有這條母親之河，可能就沒有今日的臺北。然而，隨著都市化加速與人口增長，如何治理河川、保障安全，始終是歷代統治者與工程師面臨的關鍵課題，更是流域居民世代關心的切身議題。

《島都之河：匯流與共生，淡水河與臺北的百年互動》一書，探究了數百年來淡水河與臺北互動、共生而構築出的水歷史，以及孕育出的獨特水文化。本書生動呈現大河帶來的各種福祉如何成就這座城市，也如實描述它如何在特定時刻反過來成為威脅。從日治時期提出的「拯救島都方策」，到戰後的淡水河防洪治本計畫、臺北地區防洪計畫，無不彰顯出公部門與私部門對治理這條「島都之河」以保護城市的高度重視。每一次的規劃，都在廣納各方意見並匯集國際專家的建議後，才逐漸成形。

從歷史文化中尋找傳統智慧與地方知識，可說是二十一世紀以來逐漸萌芽的趨勢。在氣候變遷加劇，全球水資源、水患挑戰日益嚴峻的背景下，國際間水利與文史界紛紛關注並積極推動水文化的建構與再認識。近年來，經濟部水利署與國立臺灣歷史博物館攜手合作，推出「誰主沉浮：水文化在臺灣」與「流域共構：雲嘉南百年水利與環境特展」等特展，水利機構亦陸續出版兼具科普與學術意義的文史專書，引導社會大眾從歷史與文化角度重新省思水的意義與價值。本書正是這項努力的最新成果，顧雅文、李宗信、簡佑丞三位作者廣泛蒐羅地方史料，巧妙運用水利署典藏的日治、戰後時期治理圖資，細膩展現在地水文化的深厚底蘊，及歷代規劃淡水河治理的過程，讓我們清楚看見這些歷史智慧如何與今日乃至未來的河川治理思維產生呼應。

期盼本書的出版，能引發更多社會大眾對水歷史、水文化的重視與對水議題的理解，不僅讓民眾深刻體認水與人類生活的密切關聯，也促進水利從業人員與各界攜手合作，在氣候變遷挑戰下共同尋求與水共存的智慧之道，為臺灣開創更具韌性、更加永續的美好未來。

推薦序

結合人文與治水科技的大河史

温振華／國立彰化師範大學歷史學研究所兼任教授

我於一九七八年完成碩士論文〈清代臺北盆地社會經濟的演變〉，涉及淡水河流域的地理環境、族群及墾殖。接著，博士論文在時間上往下延伸到日本統治結束，論及的區域還是以淡水河流域為主，著重的則是日本帶入的西方近代科技如何改造淡水河流域，以及臺北三市街發展成臺北市的歷程。之後，在一九九八年有機緣與戴寶村教授合寫《淡水河流域變遷史》，基本上對淡水河流域的變遷有了脈絡性、概括性的探討（日本統治下的淡水河以及戰後部分，由戴教授撰寫）。

這段期間，我僅有短暫三、四年離開臺北，但一直關注淡水河流域的變化。一九九七年，我在國立中央圖書館臺灣分館（今國立臺灣圖書館）舉辦的「鄉土史教育學術研討會」，發表〈生態觀與鄉土史重建——以新店溪流域為例〉。我從部落社會的親水、到漢人犁墾農作經濟的引水入圳，最後論及用近代科技從事水力發電，用鋼筋水泥築堤護市。該文最後也提及都市化與河水汙染。一九五七年，淡水河流域核心區的臺北市，人口年增加率已小於周圍鄉鎮，人口高速增長地區由中心都市移往附近的地區，說明臺北都會區的形成。人口集中，家庭汙水未得妥善處理，就成為河水汙染源。一九八四年，家庭汙水占新店溪五三％，河水生態產生劇烈變化，新店溪還出現耐汙性高的紅線蟲。

對河流的研究至少涉及人、技術，以及河流變遷等三個面向。經濟部水利署水利規劃分署於二〇二二年出版《尋溯：與曾文溪的百年對話》（顧雅文著），說明水規分署在以技術為主軸的水利規劃之外，也注意到人文層面。《島都之河：匯流與共生，淡水河與臺北的百年互動》亦在相同理念下進行，在淡水河的研究上，是結合人文與技術的經典著作。技術與淡水河的整治關係至為密切，此為本書的重要特色。

淡水河與臺灣其他河流相比，流域寬廣、下游水量豐富而有舟行之利，其功能多元無出其右。本書有二十五章，每章皆開啟可以繼續探討的重要課題。從章節的排序，約略可看出早期的河流運用，到後來的馭水科技及其面臨的諸多論辯。日治時期的治水章節蒐集多幅的珍貴史料，其中第十九章「島都之河的總合治理計畫」提及一九三〇年代石坂莊作的全流域提案，在當時其實相當難得。當然治水涉及層面相當廣，方案也多元。此外，運用淡水河豐沛的水源，引水入圳，成為漢人稻作生產的基礎；圳頭利用近代技術而較為堅固，提供稻作的水源保障。在經濟社會變遷下，舟行水上也形成不同的生活面貌，例如艋舺（獨木舟）、竹筏、紅頭船（貨船）、雙槳船、大型船、跳白仔、採砂船、運煤船、水肥船、龍舟、捕蜆船。

近代的畫家，留下許多河流的記憶，豐富了我們對河流的想像。然而，河中豐富的魚類，則隨著變遷逐漸消失。書中列出一八九六年末新店溪與淡水河的水產，種類包括牡蠣養殖、烏魚、鱸魚、鰈魚、甘仔魚、石斑魚、鯉魚、鯽魚、蜆、香魚、鰻魚。之所以臚列上述物種，是在提醒河流生態之大變遷。從一八九六至二〇二五年，約一百三十年間魚群大多消失殆盡。

書中占大分量的是治水留下的河堤工程、河道的截彎取直，以及二重疏洪道的興築。這些都是從影響日常生活的實際面著手，並保留興築過程中的抗爭辯駁。此外，本書也從人文的角度出發，以具體的例子提供淡水河變遷的思考。例如藉一六五四年荷蘭人繪製的〈淡水與其附近村社暨雞籠島略圖〉，呈現河岸部落與現在大都會景觀的對照：荷人將蟾蜍山下的新店溪標注為「鯡魚場」（其實是指香魚），可見當時魚群之多。

本人雖長期關心淡水河的變遷，也有一些論著，但對於近代技術治水的認識有其局限。本書是目前少見結合人文與近代科技治水的淡水河流域論著，可以作為臺灣其他大河探析的參考。

推薦序

從淡水河的盡頭起程

于立平／公共電視《我們的島》節目製作人

一艘艘舢舨停靠在渡口，等待漲潮出港；往前方望去，河的對岸是淡水的高樓，遠方還矗立著大屯山；當潮水退去，灘地上的招潮蟹，會從洞裡出來打招呼——這樣的風景，就在淡水河口挖仔尾。二十多年前，我初來臺北時，就愛上這個地方，這裡有著淡水河的老味道，也有淡水河的新氣息。

這片廣闊河口是淡水河的盡頭，最後匯流入海之地。不過河水的終站，也是臺北發展的起點，是人們航行登岸的入口，不同時代的移民沿河而上，貿易往來、建立聚落。因為有這條河，繁華之都誕生了，也因為城市擴張，這條河逐步變貌。時至今日，淡水河流域餵養了七百萬人，是臺灣河川之最，但這個之最，其實承載了許多的痛。

長期以來，我們團隊用影像記錄淡水河的變遷、製作專題報導與紀錄片，藉由數十年來的影像對照，來闡述人與河關係的轉變，並對於兩者之間的交互影響，一再提出叩問。

環境影像紀錄能呈現當代的一段切面，而《島都之河：匯流與共生，淡水河與臺北的百年互動》則是以百年歷史的尺度，綜觀淡水河，描繪出淡水河與臺北百年來的相愛相殺。

厚實的史料是這本書的一大特色，探尋淡水河的源頭、變動的軌跡，深究不同政治、社會背景下，人們對於淡水河的想望與利用。藏於歷史中的水智慧，一一被挖掘出來。作者透過一份份珍貴的史料、口述訪談，書寫淡水河的水歷史。閱讀之後會深刻明白，原來，我們所見的當下，皆有其脈絡。

先前曾拜讀過作者之一顧雅文所著的《尋溯：與曾文溪的百年對話》。她曾說取名「尋溯」蘊含雙重意義，其一是「在空間上沿著曾文溪的河畔去探尋發生的故事」，其二則是「在時間上沿著歷史的長河去回溯歷史的記憶與經驗」。而《島都之河》亦有此韻味，只是河跟人一樣，每條河都有屬於自己的DNA，自己獨有的個性。

淡水河是包容的，那是它的天性，「比起擺盪，『匯流』或許是更適合形容淡水河的關鍵字。」本書一開始，就點出淡水河與生俱來的基因。由大漢溪、新店溪與基隆河三大支流匯聚而成，淡水河水源充沛、流量穩定，因此人們在此築水圳、造水庫，從流域取水。淡水河接納上游的河水，也承接隨潮汐而來的海水。它是臺灣感潮河段最長的一條河，因其水文特性，人們可依潮水律動、溯河航行，也讓淡水河成為昔日航運的重要通道。

淡水河是豐饒的。書中提及，「淡水河流域的漁業起源很早，數千年來世居此地的原住民即已過著採集漁獵的生活，考古遺址可為觀察依據。」人們依河而居，取之於河。曾經上游有香魚順流而下，尋覓產卵之地；下游河海交界處，有鰻苗逆流而上，返河成長。老漁民們說起早年的水上時光，各個滿臉笑意，那個年代，一天還可以從河裡撈起上百斤的蜆仔。

匯流帶來航運、農漁業、水資源各方的豐饒，從人的角度來看，這些都是淡水河的「利」。然而淡水河的性格，也為人們帶來了「害」。如同書中強調，「大漢溪、新店溪與基隆河在短短十餘公里內匯聚在狹小而低窪的盆地中，並且與潮水交會。在潮汐與洪水的共同作用下，下游經常氾濫。」

是的，淡水河從不溫馴。

二〇〇一年九月，我親身體驗過淡水河流域的狂野，第一次搭乘救生艇，在臺北航行。當時，馬路成為水之道，眼前所見是一片渺渺無涯的大湖泊。納莉颱風驚人的降雨量，讓基隆河沿岸發生嚴重洪災，都市運作停擺，臺北成為一座水城。

其實氾淹才是淡水河流域的常態，只是幾乎快被大家遺忘。

作者爬梳許多官方與民間的洪水災害紀錄。像是從一九一一至一九四一年間，在臺灣九條主要河川中，洪水帶來的災害不論是人的傷亡或財產的損失，淡水河皆居冠。而在日治時期，連續好幾年的春夏之際，報紙總會出現臺北洪災的報導。

書中也提到早期先民與洪水共存的哲學。他們懂得利用洪水之利，在肥沃的土壤上耕種作物，也會透過建築設計居高避災，蘆洲的「半樓仔」古厝即是見證，甚至以埤塘滯洪，引導洪水分散減災，當然也衍生出關於水的信仰與文化。「畢竟洪水只是自然現象，洪水要成為水災，往往取決於當地的人口、活動型態等特定條件及人為定義。」簡單來說，有人才有災，「島都馭河術」因應而生。

本書有很大的篇幅，在撰寫洪水所帶來的災害，以及各個時代防洪治水思維的演變。例如：一九三七年八田與一曾提出淡水河全流域的治水計畫，最終仍成為一場未竟之夢。戰後，隨著都市擴張與人口成長，人與河的關係日益緊張，政府逐步強化築堤、圍城治水的策略，並透過分流、改道來降低洪災風險。不過，社會也興起一波反彈的力道。為了開闢二重疏洪道，洲後村被強制徵收，於是展開長達數年的抗爭；永和則因為築堤選址問題，引發衝突，報紙一度還出現諷刺「永和堤不和」的政治漫畫。

淡水河是一條緊鄰城市的「島都之河」，洪水宛如獸。百年來，人們一直想馴服這條河，讓河水乖乖地走向設定好的路，偏偏有時，河水就愛走自己該走的路。對此，《島都之河》從環境史的角度，提出不少反思。尤其今日氣候變遷的衝擊日益加劇，旱澇交替的現象愈來愈頻繁，當極端降雨已成常態，「治水」的思維不得不逐步轉變。現在我們正重新學習防災避險、調適共存，尋求符合這個時代的「水之道」。

其實，我們與淡水河的相處，充滿矛盾與拉扯。人們既怕它又愛它，一方面築堤禁錮，一方面又渴望親近；我們從源頭取水，卻將不要的廢水退還給它；在臺北，處處可見淡水河流動的印記，但人們對它陌生又疏離。回望河流的歷史，百年只是它生命尺度的一瞬，然而，人們對它的態度與價值觀，足以影響淡水河的未來樣貌。

重回淡水河畔，在臺北僅存的擺渡口，舢舨靜靜停泊著，河水繼續流動，只是漁人已老。河水依然規律地拍打著船板，一拍接著一拍，彷彿在預告下一段旅程的到來。

《島都之河》這本書，回顧了淡水河與人們的百年互動，是歷史的見證，也是當代的提醒。曾經我們與河親密共生，又與河緊張對峙。這條隨著時代擺渡的大河，它的故事，接下來我們會如何書寫下去？

導讀

藏於歷史的水智慧

顧雅文

大安森林公園對面的水利署臺北辦公室，有幾間約可容納二、三十人的中型會議室。從去年「淡水河水文化研究」計畫啟動開始，我們來此處開了不下十次的會議，或是邀請講者分享觀點，或是發表階段成果，或是接受審查。二〇二五年三月底，研究工作已經告一段落，專書的初稿也寫出來了。專精於水利工程、藝術人文、生態保育、河川巡守的幾位專家圍在桌邊，熱烈分享試讀的心得：

「我看過淡水河口的大潮湧來，非常壯觀，連馬偕銅像的肩膀都快被淹沒了。」

「每年夏天快結束時，大家一起去二重疏洪道北邊的溼地公園賞燕，牠們一大群一大群飛來，整個家族要出發去赤道過冬，那個景色真的讓人感動。」

「你們聽過河水和潮汐的聲音嗎？淡水河每一條支流的聲音都不一樣，就是因為有自己的個性。」

「日頭將欲沉落西，水面染五彩……」會議室響起了葉俊麟在一九五七年所作的〈淡水暮色〉，彷彿將大河的光景唱了出來。

幾個月來，我為了梳理書稿架構及文字而不斷陷入邏輯辯證的疲憊，因為這些隨興的對話意外得到了緩和。在歷史上，為淡水河的美麗揮灑畫筆的畫家不計其數，也有無數作家徘徊河畔，吟詠它的風光。而我看到的是在地人對這條河流的想望：不管來自什麼領域，每個人心中都有一條淡水河，一條與記憶及感受交纏的大河，希望為之發聲、靜心傾聽與守護的大河。

二十世紀末的焦慮與回應

對淡水河情感的集體迸發，並不總是傳達靜謐優雅的田園牧歌。從上世紀一九八〇年代開始，創作者便試圖以文字、影像與展演捕捉這條「最遙遠的河」（劉克襄，一九八四）。在他們敏銳的感知中，此一橫亙在三百萬人口都市之中的水體，卻因高聳堤防而被隔離、被棄置，「母親的河」成了一道無法親近的風景，而「從淡水河出發」所見的沼澤水鄉孩子，本應是生長於肥沃平原的農家子弟（林文義，一九九四、一九八八）。「幽幽基隆河」無言地嗚咽（郭鶴鳴，一九八四），奔流過新莊的「大水河」不再是童年記憶中的美好（鄭清文，一九八七）。「嘶啞的淡水河」藍澄澄的樣子已不復見（王昶雄，一九九一），昔日溝渠密布的「水城臺北」逐漸變成一座被水流遺忘的陸城（舒國治，二〇一〇），而「旅鳥的驛站」會不會也從此消失（劉克襄，一九八四）？

「風起雲湧的淡水河」成為巨型藝術展示的舞臺，提醒人們關注這條正在被都市邊緣化的河流（第七屆臺北縣美展，一九九五）。「在河左岸」，從雜亂無章的鐵皮屋望向高樓林立的右岸，強烈對比映照出北上逐夢者的集體記憶（鍾文音，二〇〇三）。「河流」收容了城市的穢棄，河岸則成為化外之地，接納那些不見容於現代化社會的雜耍藝人、野臺戲班，以及流浪異鄉的蜑民（房慧真，二〇一三）。乘著小船「擺渡淡水河」（于立平，二〇一〇），吟唱的卻是一條哺育都市、卻又收容都市之惡的「淡水河悲歌」（公共電視，二〇〇三）。[1]

世紀之交的藝術作品流露出憂傷與焦慮，除了肇因於當時惡化的河流環境，也與本土歷史教育的長期空白息息相關。正如環保聯盟臺北分會在調查淡水河沿岸生態後發出的感嘆：「虛幻的歷史教育導致人對河流的叛離。」[2]人們不理解過去，就難以意識到當下及未來。

對此，歷史學界並沒有沉默太久。一九九二年起，臺北縣委請歷史學者探討淡水河流域變遷史，從早期的原住民活動、清代漢人的墾耕與水利經營，一路追溯至日治時期、戰後的治理與整治。六年後出版的專書指出，唯有認識自身鄉土的過去，進而親水愛河，才能解決汙染與生態的種種問題。❶同一時間，臺灣正值民主化浪潮及本土意識高漲時期，臺灣史漸成顯學，地方學亦蔚然成風。「臺北學」、「淡水學」、「北投學」相繼出現，開創出豐富的跨領域研究與文創推廣成果，都有助於更深入理解這片流域內的土地與人。[3]

島都之河的當代挑戰

由基隆河、新店溪、大漢溪三支流匯聚而成的淡水河，在少有變動的流域空間守望著世間變化。它曾是清代「淡水廳」的水脈之一、「淡水縣」的主要大川，流過日治時期「臺北縣」的土地、「臺北廳」等轄區，承載了一九二〇年後「臺北州」的繁華，[4]而後它穿越戰後的臺北縣、市等地，蜿蜒流貫於今日的新北、臺北市等行政區。[2]淡水河不斷見證著這塊北臺之地的發展軌跡：從農業聚落、商貿市街，躍升為小島最重要的城市，再晉升首都，終至邁向國際大都會的歷程。

如今，那些黑濁、惡臭、瀕死與阻隔的河流意象已一點一點褪去，但作為臺灣唯一一條緊臨都會的「島都之河」，淡水河仍然面臨著挑戰。尤其，在氣候變遷的衝擊下，極端降雨與乾旱交錯發生，主管河川的水利署不能不重新思考水資源與災害風險的應對策略。

二〇二〇年核定的「中央管流域整體改善與調適計畫」，試圖秉持以自然為本的解決方案（Nature-based Solutions, NbS），達到提升承洪韌性的願景。[5]水利規劃試驗所（今水利規

❶ 温振華、戴寶村，《淡水河流域變遷史》（臺北縣：臺北縣立文化中心，一九九九）。
❷ 今日淡水河流域範圍涵蓋了新北市、臺北市，以及基隆市、桃園市、新竹縣、宜蘭縣等行政區。

劃分署，簡稱水規分署）及第十河川局（今第十河川分署，簡稱十河分署）分別推動以淡水河為對象的相應規劃，列舉出四大面向，並提出改善與調適策略。❸這一次，文史可以扮演的角色被納入了考量。如「水岸縫合」課題強調以地方記憶與特色來彌合堤防等構造物對地景的割裂，使水岸不再只是分隔人與河的界線，而能成為活化、串聯、鑲嵌歷史文化的廊道。[6]

此一考量，與二十世紀末以來日漸受到全球及國內關注的「水文化」（Water Culture）議題頗能有所共鳴。很長一段時間，與水有關的宗教、傳說、習俗或舊慣，在水利界經常被置於科學對立面；與此同時，因應水不夠、水太多等環境條件而產生的知識、經驗與價值觀，也弔詭地因為水利工程克服了這些「問題」而正在消失。直到氣候變遷與水危機的威脅日益嚴峻，以永續概念看待人與自然關係的呼聲才又被重新喚起。[7]

出於對單一工程手段治水的反省，水利專家與文史界開始試圖對話，探尋歷史上人們如何「認識水、利用水、治理水」，冀求能從中萃取出更多與水共存的智慧。以聯合國為例，教科文組織（UNESCO）藉多項具體行動推動水文化，包括支持國際水歷史學會（IWHA）的成立。而聯合國水資源組織（UN-Water）每年發布的《世界水發展報告》（*World Water Development Report*, WWDR）則明確提及，理解水的歷史與文化價值，能為水資源管理提供知識與洞見，從而促進更具包容性、公平性與永續性的決策。[8]在國內，近年由水利單位與文史學界共同籌劃的特展、專書，也說明了治理方針中水文化意識的抬頭。[9]

以多重視角重新書寫水歷史與水文化

這些動向構成了本書的核心關懷：從水文化視角檢視淡水河流域，挖掘、剖析特定時空範圍中的不同人群，如何在相異的政治、經濟、社會、技術及環境條件下，形塑出認識、利用及治理淡水河的想像與實踐，從而思考其在當代水環境危機中的具體價值。

要將來自不同群體的觀點納入一本書中，並不是件容易的工作。對下游氾濫區的清代河畔居民、住在市街精華地帶的日人知識分子、或肩負治理任務的戰後工程師來說，心中那條大河是怎麼樣、該怎麼樣，可能都不盡相同，甚至相互衝突。同時，本書也不可避免地受到史料及篇幅限制，因而無法窮盡所有地域的故事。整體而多元的水歷史書寫可望而不可及，但仍然值得為之努力，因為正是這些交疊紛呈的多重視角，讓書寫不致成為單一敘事：既不是歌頌偉大工程的治水建設史，亦不是控訴環境破壞的保育史，而是多面的水歷史。藉此思索未來，或許能有助於更清楚地選擇或更徹底地翻轉與水的關係。

前述淡水河及大臺北地方學的豐碩成果也為本書奠定了重要基礎。然而，我們的目標並不是重述那些已為人熟知的史實，更希望在每一章呈現一些新材料、新觀點及新方法，使讀者在閱讀過程中有新的收穫。水規分署與十河分署典藏過去甚少被相關研究利用的珍

3 包括水道風險、土地洪氾風險、藍綠網絡保育、水岸縫合四大面向，另提出有別於其他流域而最早發展的公私協力溝通平臺課題。

貴地圖與史料，而研究調查過程中數次召開工作會議、邀請不同領域的專家提供見解，亦有助於本書古今對話及跨域觀點的形成。

我們將一九八〇年代完成臺北地區防洪整體計畫的規劃視為一個時代斷點。若以最簡要的筆調描述此後的歷史，那正是臺北經濟高度起飛、城市迅速擴張的時期。歷經多年、修改多次的防洪方案終於抵定，大規模治理工程分成三期推動（一九八二至一九八四年、一九八五至一九八七年、一九九〇至一九九六年），[4]而伴隨防災的還有供水需求，包括一九八七年完工的翡翠水庫，以及一九九六年告竣的基隆河（大直段）截彎取直。至二十一世紀之初，員山子分洪等治理工程也陸續展開。[10]

大規模基礎設施積極建設、改變河流面貌的同時，環境運動亦從萌芽走向蓬勃。一九八〇年代初，保育紅樹林與水鳥、設立關渡自然保護區的倡議聲浪在社會間迴盪，淡水河汙染整治計畫則於同年代下半葉啟動。流域砂石採取在一九八九年全面禁止。一九九〇年代晚期，多項水岸治理計畫轉化河濱為休憩綠地，排除了原本盤踞在縫隙中的幽暗事物，讓商品化的水岸景觀成為都市的「新自然」。[11]二〇〇四年，十六所社區大學與數個民間團體自發簽署《河流守護宣言》，並組成「淡水河守護聯盟」，期待以公民力量督促、協力公部門進行淡水河系的公共治理。[12]

換言之，世紀之交是最壞的時代，也是最好的時代。歷史沿著一條尚難預測其後果的軌跡推進，當代許多轉變仍在發生之中，有待後人以更清澈的眼光續寫這些未竟的篇章。

因而，本書將歷史考察下限劃在一九八〇年代，此後的重要事件僅列在年表中，供讀者參考。

如同前述，前一個世代的歷史學者已為這段長達數百年的河流史研究奠定基礎，為淡水河勾勒出一種基本理解：清代時大河被積極利用於灌溉、航運，人們親水並與河流互相依存，但盆地邊緣山坡地的開發使河床淤積加劇，河畔居民深受洪災之苦。接著，日本殖民者帶來近代水利與治水技術，馴服了河川，然而堤防愈築愈高、用水日益便利，人們對水的疏離與恐懼也愈深。戰後，人定勝天的防洪觀念更加強化，最終使淡水河從生活場域轉變為城市邊界，導致汙染、濫用問題層出不窮。如此陳述未必錯誤，卻因當時受限的研究條件，而不免失之簡化，遮蔽其中諸多細膩而交織的歷史紋理。本書則試圖超越此一線性敘事，從多重視角重新描繪出更複雜的歷史圖像。

章節安排

本書共分為五部。第一部「河流的個性」呈現的是淡水河的能動性，強調河流不只是被宰制的自然，而是共構水歷史與水文化的力量。十九世紀下半葉，淡水河流域的三條支

❹ 其他因用地取得及工程費用等原因，未於原核定期間完成的工程，獲延至一九九九年完工。

流與匯合後的主流有了今日大眾熟悉的名字，其迴異性格在觀察者的文字中逐漸浮現。關於改道的三大歷史謎題則呈現了淡水河有別於臺灣其他河流的整體樣貌——比起「擺盪」，「匯流」或許是更適合形容它的關鍵字。生活在流域中的人群，從不同立場將河流的自然現象區分為「利」與「害」，由此構築出人水互動的水歷史與水文化。

第二部「河流的豐饒」描繪淡水河「利」的一面。水是資源，水有能量，水承載人與物，水能貫連一切。水的物質性為農業灌溉、漁業養殖、動力水車、公共給水、築港航運提供條件，讓淡水河成為聚落乃至城市發展的基石，並將臺灣連結至更寬廣的世界。但商業化與城市化並未讓人離河更遠，反而加深對它的依賴，其中水岸娛樂亦是一種近代性的展現。

第三部「河流的明暗」探究的則是淡水河所謂「害」的一面，即洪水與洪災。事實上，洪水是自然現象，洪災則是社會的產物。不管戰前或戰後，水利專家都指出，淡水河河床在人為介入前維持著長期的動態平衡，並非如世人所批評般不斷淤高。然而，隨著人們對河流的依賴愈深，愈不能忍受其短期的變化。當自然變動無法滿足河畔居民對河流深度與穩定度的需求，暫時性的洪水變化便被記錄成災，成為歷史中的水患故事。淡水河「平衡河川」的特性正好解釋了災害被歷史行動者建構的一面。

洪災是需要防範的異常，但洪水亦曾經是河畔居民的日常。在低窪下游地區，能觀察到在地農民、漁民或市街商人，面對年復一年的洪水而生產出調適災害的在地知識或舊慣，諸如預測天候的諺語、抬高的建築形式，或以共同體方式開墾以平攤風險，甚至試圖從洪水中獲益。

第四部「島都馭河術」談及清末至日治時期的河川調查與治水防洪思維。位處全臺最重要的城市，淡水河受到日本、歐美等國際治水思潮的影響遠大於其他河川。然而此處要談的，並不是一個隨著調查及技術進展而治水愈來愈成功的單線故事。本書發現：清末大稻埕就建了全臺最初的城市河岸堤防，但與其說是為了防洪，其實更著眼於維持河川航運與商貿功能。而日治初期的河川調查也並非以治水為前提，更重要的是辨識出「有用之河」。

一九一〇年代總督府啟動全島治水計畫，目的是將「無用之河」化為「有利之地」。但在其中，只有淡水河是唯一的例外，原因就在其所處位置的特殊性，治理它的思維始終隨著城市地位變遷而調整。一九一〇年代，總督府土木技師為了保護大稻埕等三市街，將環繞式的「輪中治水」視為最有效策略；一九三〇年代，隨著臺北已成「島都」，限制發展、浪費土地的輪中堤防則被看作下下之策，取而代之的是符合國際思潮的河川總合開發構想。此一鉅型計畫重新將興利與治水結合起來，然終究無法在戰時實現。如果比較日治時期總督府在各河川的治水防洪建設，可能會驚訝地發現其對淡水河的實際投資遠不如中、南部大河。淡水河治水軌跡的起點與最終的未竟之業，都必須置於城市脈絡下才能理解。

第五部「蛻變中的大河」接續論及戰後至一九八〇年代的防洪規劃，是淡水河最終改變其樣貌的依據。將時間尺度拉長來看，日治至戰後的淡水河治理可以用「延續」、「融合」

兩個詞彙來概括。新構想大多是舊方案的一脈相承，而每次方案都是對前一工程造成的結果的回應。此外，以更細膩的視角來解讀工程報告書，便能從看似枯燥的制式表述中辨識出隱藏其間的蛛絲馬跡，其實體現著當時工程師的取捨、權衡，與因應城市脈動而必須為之的設計。

戰後初期，臺北一度只是中央政府臨時駐守之處，但短期內大幅增加的人口被安置在氾濫區而屢屢受災，其中包括隨政府來臺的軍人與政要，使地方之事躍升為國家之患。一九六三年葛樂禮颱風重創臺北，洪水帶來的不只是災損，更動搖了人心。這對一個正處於軍事反攻壓力的政府而言無疑是必須立刻解決的問題，而大型工程是最好的解藥。此時的計畫仍在左右岸共同發展的興利框架下思考，但淡水河的自然特性使最初「大漢溪改道」的構想難以成立，最終轉向「疏洪道」計畫。然而，除了技術層面的考慮，更關鍵的原因是臺北地位已經轉變，從偏安之地躍升為戰時「首都」，淡水河的防災計畫因此不再著眼於發展利益。雖然日後的三期工程不斷試圖平衡左右岸發展，但規劃階段的重心始終傾向優先確保臺北市的安全。

除此之外，第四、五部亦特別強調淡水河流域的民間力量。這份能量在日治時期便已明顯發揮：居民對淡水河問題的議論不時見諸報紙、請願書，而仕紳、學者也將文章、專著視為表達意見的管道，積極討論治理問題及建議。這是其他流域歷史中少見的社會動能。從日治至戰後初期，治水防洪的規劃看似並非官方閉門造車的構想，而是經常將民間提案納入檢討，尤其是菁英階層或知識分子的意見。相較之下，一九六〇年代工程初步實踐的過程中，則充滿官方、專家與地方居民間的資訊不對等及溝通斷層。

本書最後結語，將帶領讀者回望淡水河的歷史圖像，思索在治理河川觀念已經發生深刻轉變的今日，還能從這條大河三百多年的過往學到什麼。無論是在地農民、漁民、城市居民、工程技師或統治官員，他們共同譜寫的水歷史或水文化，都構築了與淡水河互動的多重面向，亦清晰地揭示出其作為臺灣唯一一條「城市之河」的特殊性。

歷史研究者不常處理未曾發生的史實，但讀者在閱讀同時不妨試著想像：如果缺少不息的川流，臺北會是怎樣的光景？如果沒有如此稠密的人口擠在狹小盆地中，這條大河會帶來更多災害或是能量？如果一九六〇年代的臺北不是如此重要的首都，淡水河會不會有不同的治理方式？我們在政治、經濟及社會的種種考量下，已經付出鉅額的成本抗洪，而今面對極端氣候及水資源短缺的挑戰時，該如何共同思考未來？在本書中，讀者應能看到數百年間的不同人群對淡水河各種遙相連結又互相作用的想法與作為，層累地塑造出今日大河的面貌。與此同時，若我們願意聽聽河流說故事的「聲音」，那些歷史上早已存在卻被忽視的思維、知識或生活智慧，也許正是面對未來不確定性時能帶來啟示的珍貴資產。

第一部
河流的個性

流貫於廣袤大地的淡水河及其支流如何被往來北臺灣的人群所描繪？大河之名又從何而來？各個歷史時期的河流知識如同交會的水流，在時間長河中逐漸匯集，現代河名也在十九世紀中葉以後確立。淡水河、基隆河、新店溪與大嵙崁溪，不再是附屬於聚落或山脈間零散河段之總合，而是作為完整的水道被認識、被測量、被登錄，各自展現獨特的個性。

另一方面，史學研究中至少出現三個與河道變遷相關的歷史謎題，儘管有些仍然難下定論，但有助於我們進一步掌握淡水河的本質——「擺動」不是它的關鍵字，「匯流」才是。三條支流及大河與潮汐的匯聚，既造就了淡水河致災的條件，也讓淡水河成為水量穩定、可供多元利用的資源，與人群共同孕育出屬於這塊流域土地的水歷史與水文化。

第一章

爲河賦名：異國旅人與漢人移民眼中的淡水河

顧雅文

「淡水河（Tamsuy River），一條注定成為英國貿易商港的河流。」時任英國在臺副領事的郇和（Robert Swinhoe，又譯史溫侯、斯文豪）於一八六四年回顧福爾摩沙的勘查旅行時如此記述。[1] 七年前他二十一歲，以英國駐廈門及上海領事館員兼翻譯的身分，隨同英國船艦來臺調查港口。歷經南臺灣安平港的登陸挫折後，他坐船抵達北臺灣，第一次見到這條寬廣的大河。此後他被任命為駐臺灣府（臺南）副領事，又因領事館從臺灣府遷到滬尾（淡水）而活躍在此洋行、商船雲集之地。[2]

不管頭銜如何變化，郇和並未停止探索這塊陌生的土地，並且充分利用他的語言才能，清初編纂的方志、地圖及當地漢人都是他的嚮導或僕役。他曾從艦上眺望北臺灣的大地，攀登大屯山、觀音山俯瞰大河蜿蜒，也以雙腳踏過河流流貫的村落。離臺之前，他已經出版數篇文章及地圖，為今日的淡水河及景美溪留下多種視角的觀察紀錄。

英國人的奇妙航程紀事

郇和只是十九世紀後半葉西方人建立臺灣環境知識網絡的一個節點。[1]在淡水河流域，尤其是淡水港於一八六二年正式設置海關開始運作之後，懷揣官方目的或私人興趣的西方官員、商人、傳教士、博物學者等紛紛前來。一八六六年五月，任教於牛津大學的博物學家柯靈烏（Cuthbert Collingwood）也造訪此處，他選擇乘船溯基隆河而上，再徒步走到基隆港，以文字及圖稿描繪眼中的美麗景致。[3]翌年歲末，淡水、雞籠海關稅務司葛顯禮（Henry Charles Joseph Kopsch，又譯柯伯希）帶著郇和的地圖與忠告探索淡水河的支流。他沿新店溪溯至景美溪，再

[1] 葉爾建，"Pre-Colonial Geographical Knowledge on Formosa: Preliminary Study based on Japanese Cited Materials,"《地理研究》第五一期（二〇〇九年十一月），頁四五—六五。

圖1-1　柯靈烏手繪〈福爾摩沙西北部淡水附近觀音山〉

資料來源：國立臺灣歷史博物館提供

從其源頭翻越山嶺到基隆河上游，循水路折返淡水，又接連探索了大漢溪，寫下極為生動的考察報告。[4]

這些圖像與文字，首先提供了一個十九世紀中葉淡水河的鳥瞰視角：從河口望去，主流在關渡峽谷以南岔出兩道，一支向南流貫平原，隱沒於稻田間，一支中途分出通

圖1-2　柯靈烏手繪〈淡水附近的硫磺溫泉〉

資料來源：Cuthbert Collingwood, *Rambles of a naturalist on the shores and waters of the China Sea: Being observations in natural history during a voyage to China, Formosa, Borneo, Singapore, etc., made in Her Majesty's vessels in 1866 and 1867* (London: John Murray, Alblemarle Street, 1868), p. 70. 發布於Reed Digital Collection, "Formosa: Nineteenth Century Images," https://rdc.reed.edu/c/formosa/home/。

往東北山區的小支流，一路蜿蜒至基隆的方向。主河道繼續向艋舺延伸，再分出一條向南的河道，另一道則深入東邊內陸的荒野山區。

西方人的水上及陸上視角充滿異國情調的趣味，呈現出令他們印象深刻的自然地貌、生物與奇特的人文景觀。初夏的淡水河口是最危險的，「大雨及山上積雪融化後，洪水便將整條河流變成巨大的急流」；但在適合航行的好天氣，航程大多悠閒而愉悅。大河通過狹窄峽谷後，「進入一片廣大的平原，夏季種植水稻，冬季種植穀物和蔬菜。」[5]而基隆河（Ke-lung River）畔竹林搖曳，為景色增添神祕韻味。其下游有冒出刺鼻氣味的硫磺，上游看得到露出山丘的煤層，雖殺風景卻是潛在的資源。河畔人家的生活景象躍然眼前，沿途可見踩著龍骨踏車灌溉的農人、牽著水牛的牧童、載運鴨子的船隻、捕魚的漁夫、捕撈貝類的男孩，還有在淺灘浣衣的婦女。[6]

龜崙蘭（永和）一帶的河流（新店溪）熱鬧非凡，岸邊種著甘蔗、麻類植物及蔬菜，河上船隻來往頻繁。[7]如果

圖1-3　柯靈烏手繪〈俯視福爾摩沙北部淡水河八芝林景觀〉(右)及〈俯視福爾摩沙北部淡水河八芝林景觀(朝東望)〉(左)，八芝林是指士林一帶。

資料來源：國立臺灣歷史博物館提供

當時有口耳相傳的上岸必訪景點，梘尾（景美）一定是其中之一。那裡佇立著一座「水道橋」（aqueduct），四十七支堅固的木架，支撐著一個個內部塗有石灰漿的三角形水槽，載運新店溪引來的清水橫越景美溪。在英國人眼中，它是為了取代不衛生且帶有鹹味的飲用水而由「淡水人共同完成的艱鉅人工設施」。為此，山間鑿有一條「長達十六碼、寬八英尺、深約十四英尺的隧道」，再利用水道橋將甘甜溪水引入廣大的沼澤平原與艋舺市街。[8] 事實上，水道橋即為「水梘」，是瑠公圳發揮灌溉功能的關鍵（詳第三章）。若再往內陸走，山區則大多栽培茶樹，「砍去原始樹木的山丘上長滿粗糙的草，原本林地鳥類、鹿和山羊的棲地如今被平原的百靈鳥、野豬和野兔所取代。」[9]

另一條被稱為「大嵙崁溪」（To-ka-ham river）的河流穿過一片富饒的沖積平原，遍植

圖1-4　梘尾水梘是十九世紀西方人經常造訪的地點，例如法國駐華外交官于雅樂（Camille Imbault-Huart）於清法戰爭時期著手蒐集資料後出版的《福爾摩沙之歷史與地誌》（*L'île Formose, Histoire et Description*），即包含水梘的照片。

資料來源：Recueil. Documents originaux utilisés pour l'illustration de L'Île Formose de Camille Imbault-Huart, Imbault-Huart, Camille (1857-1897)，法國國家圖書館典藏，發布於線上數位圖書館Gallica。于雅樂生平及著作見戴麗娟，〈法國臺灣學先驅于雅樂及其協力者：兼作臺灣早期影像的幾點考證〉，《歷史學柑仔店》（https://kamatiam.org/）。

稻米、甘蔗、豆類及麻類，通往大嵙崁（大溪）。河道先是寬淺曲折且有眾多沙洲，愈往上溯，兩旁的熱帶植物愈加繁茂，水流亦更湍急，河床上遍布大型卵石。為了防止強大的水流侵蝕農田，岸邊築有木頭與石頭作成的堤防，並有許多防止沖刷或集中水流以便通航的人工構造物。河流上游的森林生長著茂密樟樹，生產的大量樟腦則是從淡水出口的重要商品。[10]

儘管這三位英國人的觀察與解釋不一定正確，卻真實捕捉到當時居民與水共生的生活景象。從土地的灌溉農作、水上的航行漁獲、百姓的日常使用、水流控制到港口的商貿往來，無一不展現了這條大河帶給人們的饋贈與考驗。

西班牙人與荷蘭人的河流認識

十九世紀後半來到此處的英國人顯然不是在一無所知的情況下探險，他們的旅程依賴了當時既存的河流認識與知識。在此之前，來往這片水域土地的西班牙人、荷蘭人與漢人，都曾為流貫大地的水系留下或多或少的紀錄。

一六三二年，西班牙王國占領雞籠（基隆）、淡水的六、七年後，傳教士艾斯奇維（Jacinto Esquivel）記下淡水河流經淡水堡壘（聖多明哥城，今紅毛城）後分岔的兩條水道。[11]一條名為「Quimazón」的河流向東蜿蜒，可以通往聖薩爾瓦多城（今和平島上）。該河指的就是今基隆河，當時則因曾流過今士林一帶活動的毛少翁社而得名，其北側又分出一支「Quipatao」，可達北投方向的北投社，能藉小船通航且沿岸有大量硫磺。另一條水道稱為「通往Pulauan（武勝灣社）的支流」，是指今可達淡水河左岸及板橋、新莊的河段。[2]

二十二年後，荷蘭東印度公司從西班牙手中取得北臺灣，荷人繪製的〈淡水與其附近村社暨雞籠島略圖〉，顯示出更詳細的地理認知。這張圖引起眾多學者的興趣。根據相關考釋，如果把圖倒轉近一百八十度，幾乎能與現在的淡水河流域互相對應。[3]

其中關渡往東的「Ritsouquie revier」（十七號，里族河）流經位於今松山、內湖的里族社，即為基隆河。圖上還

標示出圓山到大直一帶的「Langeracq」（八號，長直河段）、基隆河的小支流「Swavel spruijt」（十五號，硫磺小溪），以及「Spruijt van Kimassouw」（十三號，麻少翁溪支流）。而關渡往西分出的一道「Spruijt nae Gaijsan」（十八號，往海山之溪），應是指塭子川。[12]兩溪中間有一條「Pinnonouan revier」（十九號，武勝灣河）分隔今臺北與三重，其上游分別通往永和及板橋一帶，則是今日的新店溪及大漢溪。

❷ 毛少翁社的領域空間在士林一帶，武勝灣社則包括五股、三重、泰山及部分新莊、板橋。温振華，〈毛少翁社社史〉，《臺灣風物》第五八卷第二期（二〇〇八年六月），頁一五一—四三。温振華，〈清代武勝灣社社史〉，《臺灣史蹟》第三六卷（二〇〇〇年六月），頁一三六—一四七。

❸ 本圖的解讀參考翁佳音，《大臺北古地圖考釋》（臺北：臺北縣立文化中心，一九九八），以及温振華、詹素娟、劉益昌、吳進喜、鄧國雄、李毓中、謝英宗等人對該解讀的評論、補充或修正，見《北縣文化》第五八期（一九九八年十一月），頁四—七九。

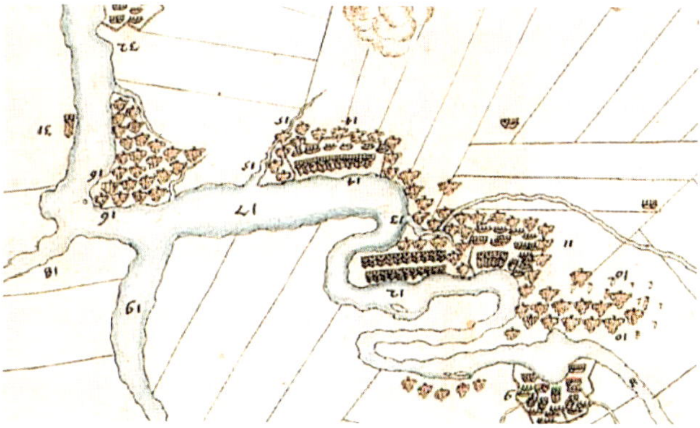

圖1-5　1654年荷蘭人繪製的〈淡水與其附近村社暨雞籠島略圖〉（北方朝下）。根據學者考證，其上河流、森林、聚落等標示皆可對應於今日的大致位置。

資料來源：〈Kaartje van Tamsuy en omleggende dorpen, zoo mede het eilandje Kelang〉，荷蘭海牙國家檔案館典藏，發布於〈大臺北古地圖〉，《淡水維基館》。顧雅文製圖。

● 1654年荷人地圖中與河流相關之重要標示

■ 1904年臺灣堡圖中之河道

0　1　2公里

明清漢人的河流認識：「江源有二」或三條支流

西班牙人與荷蘭人對河流的認知，或許跟著他們撤退的船艦返回了西方。在隨後的二百多年間，一代又一代的漢人透過文獻與地圖，把對淡水河的理解層層疊加，一部分也成為十九世紀英國人探險流域時的參考。本書後文亦將提及，這些紀錄在日治時期還成為文人倡議淡水河治理的靈感來源，有些甚至影響了戰後第一代工程師的治水理念。

第一份較為詳細的淡水河漢文文獻，出現在清初的一六八〇年代。彼時清帝國剛將臺灣納入版圖，吏部侍郎杜臻奉命巡視閩粵，並根據明鄭時期遺留的資料，在報告書中採錄有關臺灣的記述。他描述淡水城附近的大河「江源有二」，「一經首冕社，一經房是仔社，皆西流至八投社而合」，❹亦即一支來自新店、永和，一支源於汐止。[13]差不多同一時期，臺灣設置三府一縣，由蔣毓英於一六八四年出任首任臺灣府知府。在他主持編纂的第一部《臺灣府志》中，也描述了淡水河交會多條支流而在干豆門（關渡）出海的景象。[14]

研究者根據上述文獻提出了兩個有趣的觀察。❺首先，三條支流的淡水河何以被描述為兩個源頭？事實上，直至十八世紀為止，「江源有二」的敘述在地方志或遊記中不斷被沿用，但地方志的地圖卻已明確畫出三條支流。因此，如此描述並非暗指河道曾經變遷，也不是時人的地理認識有誤，而是因為當時漢人時而從海口往上游書寫，對山區的瞭解仍然有限。從近年問世的清初地圖來看，匯流三條支流的概念確實已進入漢人的淡水河認知中。

其次，關乎大河的命名：「淡水」之名何時出現？杜臻筆下的大河尚未擁有名字，而在具開創性的《臺灣府志》中，「淡水港」與「上淡水江」的名稱才首次作為淡水河的代稱出現。其中「港」字別具意義——它不單指港口，而是被定義為「溪近於海，潮汐應焉，謂之港」。這些證據顯示，明鄭及清初的文人官員對淡水河流域的整體輪廓已有一定認識，只

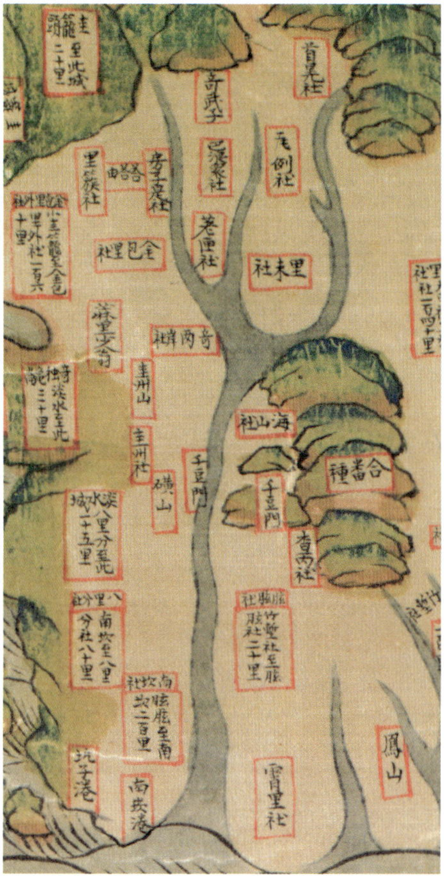

圖1-6 〈艾渾、羅刹、臺灣、內蒙古之圖〉（局部），推測繪製於1685、1686年前後（康熙24、25年）。對照研究者考證的平埔番社今址，「首冕社」、「里末社」兩側分別為大漢溪與新店溪，「荖匣社」在新店溪與基隆河間，而「房子是社」、「金包里社」等則在今基隆河北岸。

資料來源：美國國會圖書館典藏，發布於《數位方輿》，中央研究院數位文化中心、中央研究院臺灣史研究所。

4 首冕社即秀朗社，在今中永和、新店等地；房是仔社為房子是社之誤，即峰子峙社，在今汐止五堵以西。

5 有關「江源有二」的討論，參考陳宗仁，〈淡水及淡水河——漢人對淡水河流域的地理認識及其變遷〉，《輔仁歷史學報》第一二期（二〇〇一年六月），頁八五—一一六。該文對淡水、淡水河一詞的來源及「江源有二」敘述傳統的始末，有詳細的考證及原因分析。

是稱呼此條大河及其支流的固定名稱尚未出現。

此後數十年間，「淡水江」、「淡江」之稱偶見於漢籍文獻中，但作為總稱的河名卻很少被提及，文字記載多半只說明淡水港（澹水港）上游「潮流分為兩支」、「分為二港」或「南北有二河」。[15]然而，此期間的地圖大多有描繪出淡水河的三大支流：北方的河（港）指的是今基隆河，南方的河（港）則指新店溪與大漢溪的合流。

一八三三年有一個重要的轉折。福建省為纂輯《福建通志》而命各廳縣開始籌備採訪，住在淡水廳竹塹城的臺灣本籍第一位進士鄭用錫，因此奉淡水廳同知之命，展開當地的走訪、資料蒐集與編輯。鄭用錫對山川紀錄方式有獨到看法，他批評十八世紀以前的志書多只「載明某山川在於某處，混列錯舉，並未載明其山來自何脈，迤入何處，其水來自何源，流達何處」。抱持這樣的理念，他對淡水河的記載也比過去詳盡得多：

阮蔡文〈淡水〉

阮蔡文於1715年任清代臺灣北路營參將，著有〈淡水〉一詩描繪淡水河流域的自然風貌、番社風俗等。有關河流的記述節錄如下：

> 大遯八里坌，兩山自對峙。中有干豆門，雙港南北匯。
> 北港內北投，磺氣噴天起。泉流勢勝湯（泉流熱勝湯），魚蝦觸之死。
> 浪泵麻小翁（浪泵麻少翁），平豁略可喜。沿溪一水清，風被成文綺。
> 溪石亦恣奇，高下參差倚。踰嶺渡雞籠，蟒甲風潮駛。
> ……
> 南港武勝灣，科籐通草伙。擺接發源初，湜湜水之沚。
> 隔嶺南龜崙，南嵌收臂指。雞柔大遯陰，金包傍山磯。
> 跳石以為梁，潮退急如矢。山鹿雖無多，海菜色何紫。
> 又有小雞籠，依附在密邇。凡此淡水番，植惟狗尾黍。

資料來源：黃美娥編校，《智慧型全臺詩知識庫》。

圖1-7 〈臺灣府汛塘圖〉(局部),推測繪製於1735至1759年(雍正12年至乾隆24年)。雖未標示河流名,但對照研究者考證的平埔番社今址,「大浪泵社」約在今大同區,沿「禮族社」通往「峰仔峙」者為基隆河;通往「新庄街」與三鶯地區「海山庄」者為大漢溪;從「艋舺街」分支出去通往「秀朗」者為新店溪。在「關渡門」附近匯流的南北二溪河道非常寬廣,河中沙洲「和尚洲」即今蘆洲。

資料來源:大英圖書館典藏,發布於《數位方輿》,中央研究院數位文化中心、中央研究院臺灣史研究所。

圖1-8　繪製於1760年（乾隆25年）的〈臺灣民番界址圖〉（局部）。只有一些小河段有標出河名，例如萬盛庄附近的「霧里薛溪」（今景美溪），而「石頭溪」、「双差溪」應是大漢溪流經三鶯一帶的辮狀小支流。

資料來源：中央研究院歷史語言研究所典藏

內港共二大溪。南溪之源出大壩尖山，會咬狗蔡尖山，西流過祐武乃山，西北至三坑仔，環繞觀音北至茅草山，過秀才潭西北為石頭溪，東過飛鳶山，南會三角湧溪、橫溪，南東過獅頭潭至大安山，北至沙崙會石頭溪，西北至新莊會海山小龜崙溪，北東至艋舺，南會內湖、青潭溪，東至大隆同，東北過番仔溝會蜂仔峙溪，北至關渡，計行百里許。北溪之源出三貂山苧仔潭，過鰈魚坑，出石碇北，東會獅球嶺西流，西北至蜂仔峙，又西北至南港仔，北會八連港，過錫口至劍潭，北過芝蘭會雙溪，又北至內北投會磺溪，北西至關渡，計行百二十餘里。

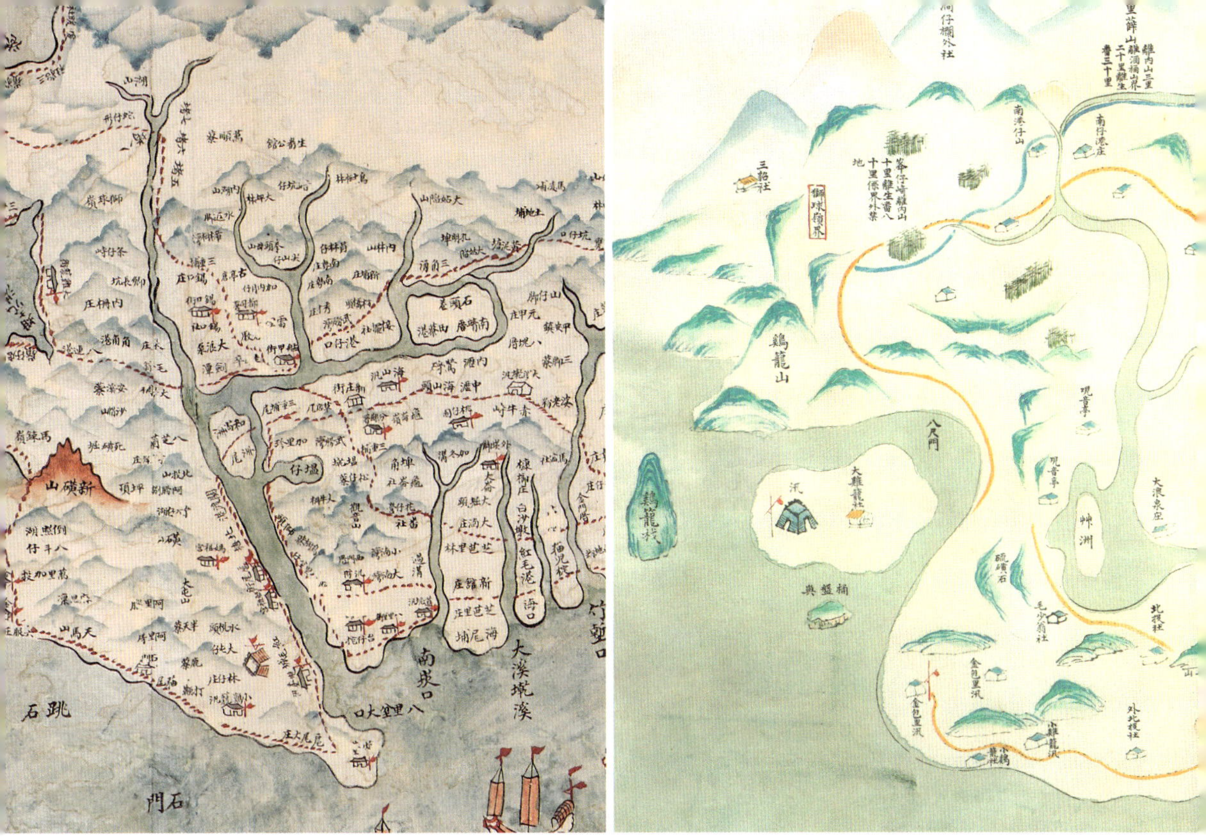

圖 1-9　〈十九世紀臺灣輿圖〉（局部），推測繪製於1804至1812年（嘉慶9至17年）間。

資料來源：國立臺灣歷史博物館提供

鄭用錫將淡水河分為「南溪」與「北溪」，從源頭開始描述其走向及交會的支流。在這段長文底下，他又分別詳述各支流的路徑。包括南勢溪先後交會桶後溪、北勢溪、青潭溪，接著與內湖溪合流至港仔嘴（板橋港嘴里），再向東北流至艋舺；艋舺溪則注入南、北勢溪水，至艋舺街交會新庄溪入海；擺接溪陸續與三角湧溪及橫溪匯流，最終與新庄溪等溪流會合入港；大隆同溪則源自暖暖，至大隆同（大龍峒）會合番仔溝，[6]再與擺接溪、新庄溪及艋舺溪交會後，經關渡入港。

[6] 番仔溝為分隔社子與大龍峒的舊河道，位於今大同區老師里，曾是基隆河注入淡水河主流的第一個出口。一九六〇年代的淡水河防洪治本計畫曾預計廢掉此一注入口，讓基隆河直接流至關渡，並將堵塞兩頭的番仔溝河道規劃為排水調節池，後因興建國道一號而將河道填平。

此外，關渡西南還有一小溪，發源附近小山，匯聚南、北二大溪，最終至淡水港入海。[16]

這一大段看似繁複混亂的敘述，其實反映了當時的命名習慣：河流往往依循其所經聚落分段命名，名稱使用上未必統一，被命名的河段也時有重疊。而鄭用錫則試圖以樹狀架構理清南溪、北溪與支流的關係，勾勒出整條大河的全貌。

十九世紀後半，逐漸以「中溪」指稱艋舺溪，北、中、南溪分別對應上今基隆河、新店溪與大漢溪三大支流。[17]儘管如此，直到清代結束，今日通用的河名仍未在漢籍文獻或地圖中浮現。在民間，河流的稱謂比官方文獻更加多元。清代契約中可見河畔居民用「大姑陷之水」、「青潭大溪」等稱呼鄰近土地的河流，甚至簡略為「大溪」，而詩文作品中的「雙溪」、「南港」、「北港」也可能指涉淡水河系。

河流知識的匯集與現代河名的誕生

有趣的是，晚清時期的英國人在既有河流知識的匯集上扮演了重要角色，而這或許正是現代河名誕生的原因。一八一七至一八六七年間，英國東印度公司及英國海軍的軍官與水手，在臺灣沿海及澎湖海域進行數次經緯度、流速及水深等測量工作，並將蒐集到的資訊送回水文局（Hydrographic Office）製作海圖、地圖或航行指南報告書。淡水港的測繪主要集中於後面的一八五〇至一八六〇年代，前述的郇和就曾經參與其中，與調查隊伍一起溯源河流。

水文局的檔案中有非英語系圖表，顯示大英帝國的調查是建立在早期歐洲製圖師的基礎上，且英人在臺灣獲得的水文知識並非全然「英國製造」，而是融合了當地居民、官員與駐臺外國人等各方的關鍵資訊。這些調查結果透過不同管道流出，成為往後來臺的外國船長、貿易者、探險家及領事人員共享的知識。[7]

其中，一八五〇年出版的〈福爾摩沙北部與東部海岸圖〉，首次將「Tamsui R.」標示為主流名稱。相較於文人撰寫的漢籍文獻，海軍的調查顯然帶有更實際的目的，這可能解釋了河流總稱的必要性。傳統記述中，河流更像是生活場景的一部分，一河多名、依河段命名或隨聚落而定，南溪、北溪不過是多條河段的總合。但在英軍地圖的語境中，河流更重要的是作為一條整體的水道被識別、導向與利用，需要一個統一的稱呼。而該圖將「Namkam R.」（南崁溪）繪成淡水河支流，則反映出其對內陸的瞭解仍有局限（詳第二章）。

一八六〇年代淡水開港後，西方人對這條大河的認識與命名有了快速進展。一方面，他們重新詮釋「淡水港」的定義，將其延伸至淡水河沿岸適合通商之地，以擴大解釋開港條約賦予的權益。[18]另一方面，正如本章開頭所述，愈來愈多西方人士前來探險，留下詳盡紀錄。除了葛顯禮的文章之外，美國駐廈門領事李仙得（Charles W. Le Gendre）也在一八七

[7] 費德廉（Doug-Las Fix），"Charting Formosan Waters: British Surveys of Taiwan's Ports and Seas, 1817-1867,"《漢學研究》第三二卷第二期（二〇一四年六月），頁七—四八。

〇年的地圖中注記了「Kelung R.」，而同時期的其他文獻與地圖中亦已使用「To-ka-ham R.」的稱呼。此時，景美、新店溪分別叫作「Henries River」、「Samquai River」，[19]「Sintiam River」則約在一八八〇年代才出現。

到了日治時期，淡水河、大嵙崁溪（大姑陷溪）、基隆河及新店溪的稱呼被流傳下來。不過，對意圖在殖民地推動近代治理並積極開發資源的統治者而言，賦予河流總稱具有更深層的意義：將自然標上一致且固定的名字，才能轉化為可測量、可登錄的對象。除了一九二〇年後，官方一度將大嵙崁溪更名「淡水河」外，這幾條河名只有「川」、「溪」或「河」的些微變化。[20]直到戰後一九六六年，在當時總統蔣介石的指示下，大嵙崁溪又因「名

圖1-10　1850年英國海軍出版的〈福爾摩沙北部與東部海岸圖〉（局部）

資料來源：〈Formosa Island, the north and east coast〉，美國國會圖書館典藏，發布於Reed Digital Collection, “Formosa: Nineteenth Century Images”。

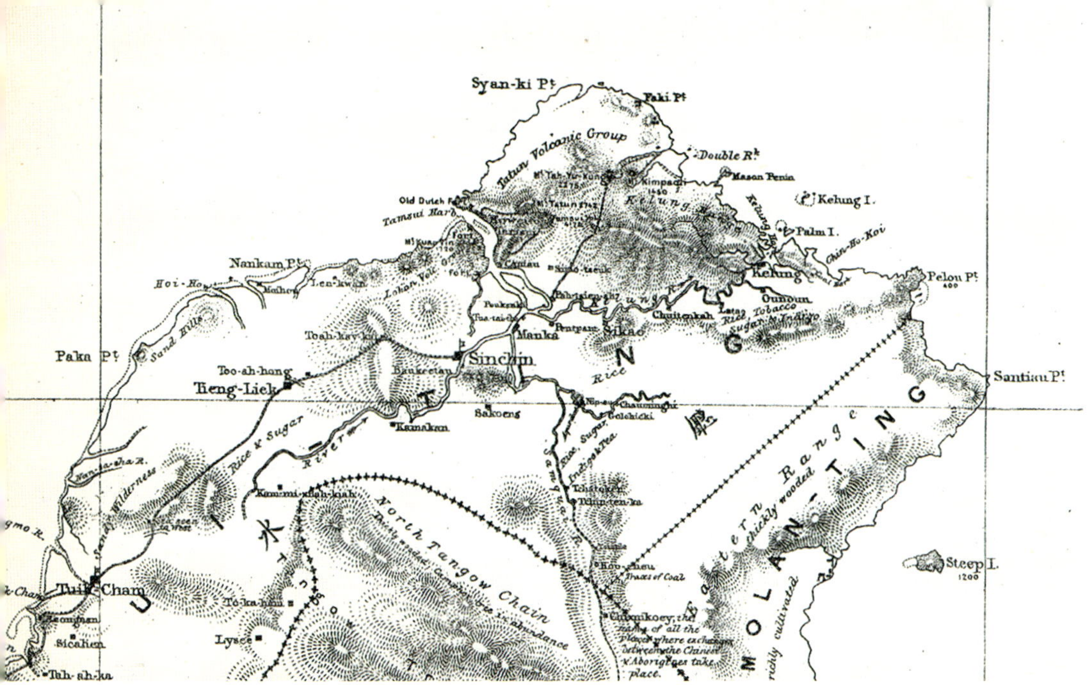

▲ 圖1-11 1870年李仙得編繪的〈福爾摩沙島與澎湖群島圖〉(局部)

資料來源：〈Formosa island and the Pescadores, China〉，收於Charles W. Le Gendre, "Amoy and Formosa, China." *Commercial relations of the United States, 1869* (Washington D.C.: Government Printing Office, 1871), p. 108. 發布於Reed Digital Collection, "Formosa: Nineteenth Century Images"。

▼ 圖1-12 1882年出版的〈福爾摩沙北部〉(局部)旨在調查流向淡水的小支流，河名皆清楚標示，以證明淡水或基隆港的自然優勢。

資料來源：〈North Formosa〉，收於William Hancock, *Tamsui trade report, for the year 1881* (Shanghai: Statistical Department of the Inspectorate General of the Imperial Maritime Customs, 1882). 發布於Reed Digital Collection, "Formosa: Nineteenth Century Images"。

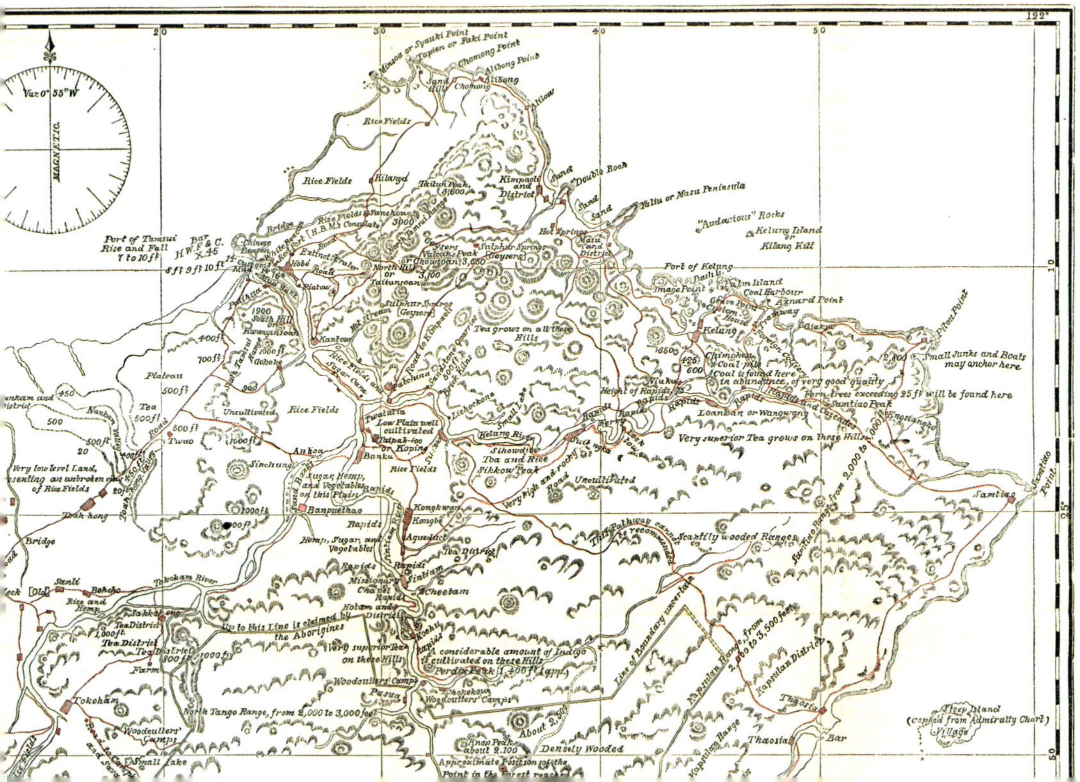

圖 1-13　日治初期地圖中的淡水河主流與支流名稱

資料來源：底圖為〈臺北附近地形圖〉(1895)，《臺灣百年歷史地圖》，中央研究院人社中心 GIS 專題中心。

山川名改稱

1921 年 5 月，總督府公告改正部分山川名，此因原山川名多半以舊地名為名，而地名改正後，山川名應同時改正以避免混亂，例如隨著地名「頂雙溪」改為「雙溪庄」，原山川名「頂雙溪」即更改為「雙溪」。其中的例外是大嵙崁溪，總督府解釋道，因「大嵙崁街」更名「大溪街」，若依新街庄命名將成為「大溪溪」，故將「大嵙崁溪」主流改稱為「淡水河」。此後直至戰後初期，官方地形圖上均不見「大嵙崁溪」之名，但民間似仍沿用此名。

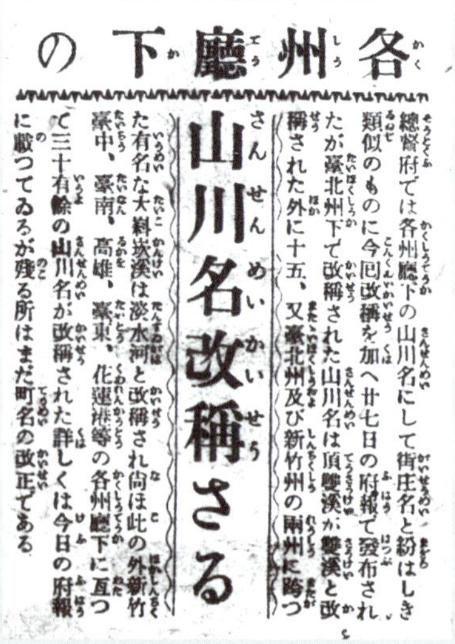
各州廳下の
山川名改稱さる

總督府では各州廳下の山川名にして街庄名と紛はしき類似のものに今回改稱を加へ廿七日の府報で發布されたが臺北州下で改稱された山川名は頂雙溪が雙溪と改稱された外に十五、又臺北州及び新竹州の兩州に跨つた有名な大嵙崁溪は淡水河と改稱され尚ほ此の外新竹臺中、臺南、高雄、臺東、花蓮港等の各州廳下に亙つて三十有餘の山川名が改稱された詳しくは今日の府報に載つてゐるが殘る所はまだ町名の改正である

資料來源：〈各州廳下の山川名改稱さる〉，《臺灣日日新報》，1921 年 5 月 27 日，7 版，漢珍知識網。〈山川名ト街庄名ト同様ノモノヲ改稱ノ件（告示九十五號）〉(1920 年 10 月 1 日)，《臺灣總督府檔案．總督府公文類纂》，國史館臺灣文獻館典藏，典藏號：00003018028。

稱不雅」而被改名為大漢溪，從此主流與三條支流的名字沿用至今。[21]

賦名的意義：河流的性格

對後世讀者來說，河流的命名還有另一層意涵。它們不再是附屬於某個村落、某塊土地或是來自某山脈的客體，而是擁有專屬稱謂的主體。在郇和、柯靈烏與葛顯禮的形容下，淡水河與三條支流彷彿有了鮮明個性。

淡水河恬靜卻善變。河口處，一道龐大沙洲將水道收束一半，緊接著一座狹窄的峽谷。一旦進入港內，河面就豁然開展，舢舨能悠閒穿行在遼闊水域上。然而這份從容通常在初夏驟變，洪水不時洶湧而至，將平靜河道化為巨流，船隻若非牢牢繫在岸邊，便有被沖向大海的危險。

基隆河蜿蜒平緩，時時回應著潮汐律動。即便在漲潮時，水嘗起來仍然非常清新。船隻上行至潮水盡頭的水返腳（汐止），再往上游便需要人力推拉越過一道道險灘，在稱為嶺腳的村落劃下旅程終點。[22]新店、景美溪清澈如晶，時而伴隨無盡急流及淺灘，時而是寬淺的水域、魚群的天堂，至山腳下的楓仔林（石碇）便無法繼續前行。

大嵙崁溪慓悍而凶猛。新莊上游的河谷地形，暗示氣勢磅礴的大河曾經奔流而過，卻已成為水淺而分支眾多的河道。過了淺水區後，急流比新店溪更加險峻，坡度陡峭，河床

水利專家觀點：河流的自然條件與性格

淡水河三大支流各具不同性格。地質與地形猶如河流的母親，形塑其原始樣貌，集水區所在的氣候類型則決定了降水模式與水量變化。此外，淡水河作為臺灣最大的感潮河川，潮水分別可以上溯至浮洲橋（板橋）、秀朗橋（新店）及江北橋（汐止），亦對下游河段產生重要影響。

以當代調查資料分析，大漢溪為淡水河最大支流，長約135公里，流域面積最廣。石門以上為古老、堅硬之地盤，山勢陡峻，以下則地勢降低，河面加寬，形成經常變動的辮狀河道，因尚未到達感潮河段，流速較快，此處落淤顆粒較粗。該流域冬季較乾，夏季受颱風影響，又因集水區面積大，帶來的洪流量為三條支流之最。

新店溪長約82公里，山坡地面積占全部流域面積的89%。景美以上的中、上游河道同樣受制於堅硬的地質條件，掘鑿曲流發達，以下則進入洪泛平原，加上新店以下的感潮河段流速較緩，形成蜿蜒的自由曲流，流入臺北盆地。該流域冬季尚因冬北季風而仍有降水，水量最為穩定，且平均流量最高，水力豐沛，水質良好。

基隆河長約86公里。八堵以上屬年代較古老、岩盤較硬之地層，礦藏豐富，侵蝕量少，河道不易變動，南港以下進入洪水平原，因坡降最為平緩，受感潮影響最大，因而河道蜿蜒曲折，自由曲流地形發達。該流域冬季受東北季風影響最為顯著，夏季颱風期則水量暴增，故豐枯比介於其他兩條支流之間。

大地之母給予的先天條件，加之後天的人為利用、改造，形塑了不同河流的獨特性格。

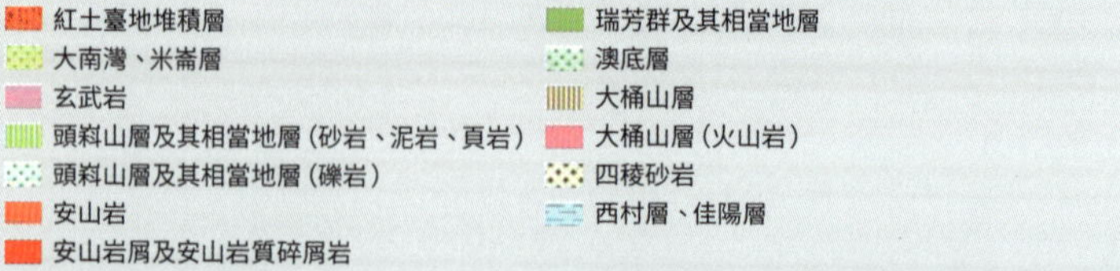

資料來源：經濟部水利署水利規劃分署

上鋪滿炮彈般的礫石，無不展示著豐沛水流的巨大力量。此一被描繪為向淡水河輸送最多水量的支流，每逢大雨更是洶湧異常，據說沒有船隻能夠逆流而上。

這些不同性情的河流，孕育了每處河岸獨特的人文風景，共同構成淡水河流域人與水互動的整體圖像。

第二章

流動的印記：淡水河河道變動的歷史謎題

顧雅文

作為總督府最倚重的文人之一，精通臺灣文學、史學、考古學的尾崎秀真曾以「怪物」形容臺北平原。在他眼中，平原自清代以來如同怪物般地不斷變化，而驅動的關鍵便是淡水河。一九三七年，他以史家身分前往殖產局山林課主辦的「講述淡水河今昔座談會」，當天除了山林課技術人員與通譯，還有幾位六、七十歲的耆老受邀參加，談論數百年來淡水河的土砂淤積、水量減少及河道變遷，為上游即將展開的森林治水事業提供參考。

尾崎指出，臺北曾經是一座廣闊大湖，大嵙崁溪（大漢溪）一度流經桃園臺地，基隆河也有筆直朝大龍峒注入大河的時期，而即便在日本統治期間，淡水河仍展現出不穩定的特質。[1]事實上，不少通曉漢籍的臺、日文人對其歷史流路及平原地貌提出見解，這不僅是出於知識的探求，往往還攸關他們治理淡水河的實際建議（詳第十八章）。

細讀這些紀錄，以及日益豐富的新文獻與圖像，不難察覺一些彼此矛盾或略顯奇妙的敘述。有些受到後世學者研究關注，有些發展成學界熱鬧的辯論，成為難有定論的歷史謎題，有些則被長久忽略。可以確定的是，儘管淡水河不若濁水溪、曾文溪般頻繁地大龍擺尾，仍在歷史時期留下流動的印記。

謎題之一：大嵙崁溪是否曾由桃園出海？

住在艋舺的粘舜音出身於泉州望族，是《臺灣日日新報》早期的「論議欄」主筆，於日治初期發表了兩百餘篇時事評論。在其中一篇呼籲疏浚河道的社論，他提及「基隆、大嵙崁兩條河水各自分途入海，不皆與淡港合流」，但內山又種茶伐木，並有開炭礦者任意將砂礫投至河道，導致兩溪改道匯聚於淡水港，並造成嚴重淤塞，才會一再發生沿岸淹水災情。[2]他並不是唯一一位相信大嵙崁溪曾流向桃園的人，一九一〇年代也有人主張讓大嵙崁溪重回故道南崁溪。[3]這涉及了第一個歷史謎題：自三萬年前古大漢溪因襲奪而注入臺北盆地後，大嵙崁溪是否還曾於清代改道由桃園出海？

對此，當代歷史學界早有定見，指出此看法原由日治初

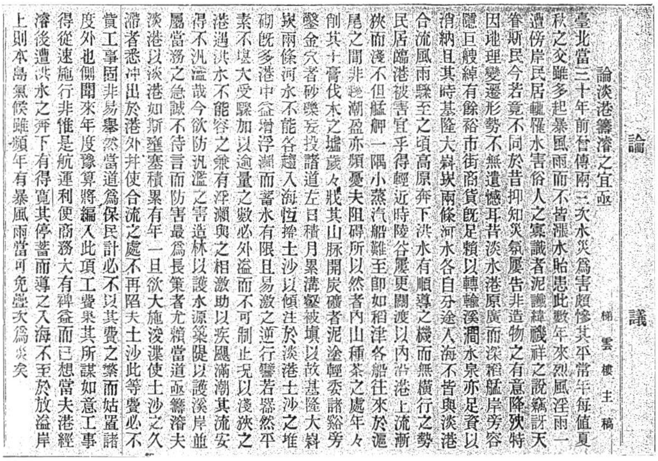

論議

論淡港籌濬之宜亟　梯雲樓主稿

臺北當三十年前曾傳兩三次水災為害頗慘其平常年每值夏秋之交雖多起暴風雨而不皆漲水貽患此數年來烈風淫雨一遭傍岸民居輙罹水害俗人之寡識者泥讖緯禨祥之說竊訝天眷斯民今若竟不同於昔抑知災氛屢告非造物之有意降殃特因地理變遷形勢不無遺憾耳昔淡水港原廣而深稻艋岸旁容隱巨艘綽有餘裕市街商貨既足賴以轉輸溪澗水泉亦足資以消納且其時基隆大嵙崁兩條河水各自分途入海不皆與淡港合流風雨驟至之頃高原奔下洪水有順導之機而無橫行之勢民居臨港被害宜乎得輕近時陵谷屢更關渡以內沿港上流漸狹而淺不但艋舺一隅小蒸汽船難至即如稻津各船往來於滬尾之間非趁潮盈亦頻憂夫阻碍所以然者內山種茶之處年々削其土膏伐木之墟歲々戕其山脈開炭礦者泥塗輕委諸谿旁鑿金穴者砂礫妄投諸道左日積月累溝壑被填以故基隆大嵙崁兩條河水不能各趨入海恆捲土沙以傾注於淡港土沙之堆砌既多港中益增浮瀾而蓄水有限且易激之逆行譬若器然平素不堪大受驟加以逾量之數必外溢而不可制止況以淺狹之港遇洪水不能容之兼有浮瀾與之相激助以疾颶滿潮其流安得不汎濫哉今欲防汎濫之害造林以護水源築隄以護溪岸並屬當務之急誠不待言而防害最為長策者尤賴當道亟籌濬夫淡港以淡港如斯壅塞積累有年一旦欲大施浚渫使土沙之久滯者悉冲出於港外并使合流之處不再陷夫土沙此等費必不貲工事固非易舉然當道為保民計必不以其費之繁而姑置諸度外也側聞來年度豫算將編入此項工費果其所謀如意工事得從速施行非惟是航運利便商務大有裨益而已想當夫港經濬後遭洪水之奔下有得寬其停蓄而導之入海不至於放溢岸上則本島氣候雖頻年有暴風雨當可免疊次為災矣

圖2-1　粘舜音（梯雲樓主）撰寫的社論〈論淡港籌濬之宜亟〉

資料來源：《臺灣日日新報》，1901年8月11日，5版，漢珍知識網。

圖2-2 〈康熙臺灣輿圖〉(局部)為國家重要古物，推測繪製於1699至1704年(康熙38至43年)。

資料來源：國立臺灣博物館典藏

籠社
山朝社
至八尺門陸拾里
旗干石
至雞籠找水路壹更
砲臺
雞籠城
八尺門
至蜂仔寺社水路壹時辰
桶盤嶼
至牛鼻參拾里
獅球嶼
至圭柔山陸拾里
至山朝社水路貳時旱路參拾里
牛鼻
至旗干石肆拾里
金包里
至孤木跳參拾里
八里岔山
礦山
至獅球嶼水路
蜂仔寺社
至荅荅由社水路壹日
內北投社
至蔴少翁水路
荅荅由社
至干豆門水路壹日
圭柔山
至淡水城陸拾里
蔴少翁
孤木頂安
至八里岔山跳石捌拾里
大浪泵社
至蜂仔寺社水路壹日
淡水城
至金包里捌拾里
淡水社
東過干豆門水路拾伍里西至紅毛城貳里南向淡水港隔江捌里社北至圭柔山拾伍里
干豆門
至內北投水路捌里
干豆門
至大浪泵水路貳時辰
北路營界
水師左營界
至雞籠城水道貳更
淡水港
至山朝鼻參拾里

期人類學家伊能嘉矩提出，且應是被〈康熙臺灣輿圖〉及明鄭以來的「江源有二」之說誤導，以為康熙至乾隆中葉的大嵙崁溪是獨立西流入海，因未流入臺北盆地才未被記錄。❶戰後，隨著更多荷治及清治時期文獻、地圖的出土，已證明大嵙崁溪在近百年內並未出現如此巨大的變動。[4]

不過，帶有這種誤解的人及其所產生的影響超乎想像之廣泛。例如前一章，一八五〇年郇和協助英國海軍編製的地圖（圖1-10）中，南崁溪被畫為淡水河系的一部分，應該是受到清初文獻的影響。後文還會提到，大嵙崁溪南流似乎也是二十世紀部分日人知識分子的共識，甚至一九三〇年代熱中於治水議題的臺北州議會協議員石坂莊作，都曾特地為此親赴桃園調查，以探其虛實（詳第十八章）。

謎題之二：「康熙臺北湖」是否存在？

第二個歷史謎題與「康熙臺北湖」有關。傳說中的大湖，首見於一六九七年（康熙三十六年）郁永河的《裨海紀遊》。[5]當時，這位愛好獵奇、旅遊的福建官府幕僚來臺探查硫礦，在遊記中留下這段令他深感滄海桑田之變的奇聞。他提及船隻入關渡門之後「水忽廣，漶為大湖，渺無涯涘」，接待他的淡水社通事張大解釋：「此地高山四繞，周廣百餘里，中為平原，惟一溪流水，麻少翁等三社，緣溪而居。甲戌四月，地動不休，番人怖恐，相率徙去，俄陷為巨浸，距今不三年耳」，且「淺處猶

1 王世慶，《淡水河流域河港水運史》（臺北：中央研究院中山人文社會科學研究所，一九九六），頁一九—二一。

圖2-3　〈臺灣圖附澎湖群島圖〉（局部）即一般熟知的〈雍正臺灣輿圖〉，推測繪製於1723至1734年（雍正元年至12年）。河道在干豆門上游似形成寬闊大湖。

資料來源：國立故宮博物院典藏

圖2-4　1717年（康熙56年）《諸羅縣志》附圖，圖上河道寬廣宛如大湖，水面波浪滾滾，並有船隻航行其上。

資料來源：《諸羅縣志》（臺北：臺灣銀行經濟研究室，臺灣文獻叢刊第141種，1962；1717年原刊）。

有竹樹稍出水面，三社舊址可辨」。

二、三十年後的《諸羅縣志》附圖（圖2-4）及〈雍正臺灣輿圖〉（圖2-3）皆在北臺灣標示出一處廣闊水域，與這段記載遙相呼應。郁永河的見聞被清代纂修的地方志一再引用。十九世紀後半，當郇和站在關渡峽谷邊的山丘望向南方平原時，提及「根據中國地圖，這裡曾經有一個大池沼，後來被填平並轉變為稻田」，參考的可能就是這兩張地圖之一。

亦有日人注意到這些記載，例如伊能嘉矩曾指出「浮洲庄附近一帶全部都是廣闊淼漫的湖水」，石坂莊作則認為大湖在「芝蘭一堡社仔庄」附近，兩者皆指向今社子島一帶。[6]戰後初期，這個故事曾以奇談形式現身報章副刊，[7]直到一九五〇年代，著名的地理學家陳正祥將此議題帶入學術殿堂。

陳正祥相信地震造成地層下陷，使得海水入侵成湖，並推測湖岸與十公尺等高線一致，據此大湖約有一百五十平方公里，淹沒臺北盆地超過一半以上的面積。臺大地質系教授林朝棨認同其說，並改稱水域為「康熙臺北湖」，但主張湖域面積應該較小，包括今士林、中山、大同、中正、萬華，以及五股、蘆洲、三重、板橋等區都有部分或全部沒於湖中，而後因地盤上升及河砂淤積才逐漸將湖填平。[8]差不多同時期啟動的淡水河防洪計畫，則將此視為河川治理的重要背景（詳第二十三章）。清代很長一段時間沒沒無名的郁永河絕對不曾想像，他的作品在兩個世紀後竟成為地質、地理及水利專家研讀的文本，並在一九九〇年代後引發跨領域學者的論辯，甚至每隔一段時間就會以聳動的標題出現在新聞媒體上。

支持康熙臺北湖存在的學者斷言，〈康熙臺灣輿圖〉（圖2-2）雖無大湖，但河道異常寬闊又有大船，而《諸羅縣志》、〈雍正臺灣輿圖〉亦具高可信度。此外，盆地西緣有山腳斷層的科學證據，若透過數值地形模擬，將等高線三公尺以下的地面以水覆蓋，還可發現淹水範圍與古地圖十分相似。[9]但反對者主張，沒於湖底的地點在不到數年便有拓墾相關記載並不合理，質疑足以造成盆地陷落的大規模地震何以在臺灣其他地方沒有任何紀錄。[10]此外，地震的確可能造成地層下陷或土壤液化，但這些伴隨地震的現象不會在居民「相率徙去」後才接著發生，而地質分析亦找不到山腳斷層在幾千年內曾經錯動的痕跡。[11]

事實上，無論是支持或反對者都未否認郁永河描述的「巨浸」，問題在於臺北湖的範圍、原因及存在時間。較清楚繪出湖面的古地圖，除了前述兩圖之外，其實還有繪製於一七三〇至一七五〇年代的〈臺灣府汛塘圖〉（圖1-7）。其中，南來與東來的寬大河道在大浪泵社交會，與關渡之間相隔一個大面積水體，並有幾塊沙洲浮覆其上，更重要的是其上載有更豐富的庄社地名資訊，有助於推斷大湖位置。假設郁永河看到的大湖至少包含以上三張圖中的水體範圍，再以湖岸邊的關渡宮、劍潭觀音亭，以及大浪泵、奇武卒、毛少翁、內北投等平埔族社為地標，對比後世學者考證的各社位置，[12]可知此湖應該圍繞在今社子島附近，可能還包含一部分的蘆洲與關渡平原。

若地震與「巨浸」沒有直接因果關係，該如何解釋郁永河看到的景象？從水利觀點來看，郁永河造訪的時間恰是農曆五月梅雨季，持續降雨使流向下游的水量增加，加上他又剛好在早上漲潮時分到達臺北，向上游推進的潮水又進一步抬升水位，因而他所見「渺無涯涘」的寬廣水面可說是兩者加乘的光景。此外，根據一六五四年荷人繪製的〈淡水與其附近村社暨雞籠島略圖〉（圖1-5），關渡所在位置被標示為「Ruijgen Hoeck」（十六號，野生灌木林河角），是灌木、蘆葦、菅芒等叢生之地，故其曼寧係數❷應是現在的好幾倍，意即在濃密植生之下流速會變得緩慢。如果流量大、流速又慢，河水的漫淹情形就可想而知。

那麼這個大湖到底存在了多久？有人認為它一直持續至嘉慶年

水利專家觀點：臺北湖的可能成因

在梅雨季來到淡水河流域的郁永河，遇上洪水及大潮的可能性不小。在淡水河口，五年重現期的計畫潮位為2.405公尺，二百年重現期的計畫潮位高達3.05公尺。計畫潮位是工程師綜合考量長期觀測資料及風險評估等因素後擬定，作為海堤、防波堤的設計標準。換言之，淡水河口每年有20%的機率潮位可達2.405公尺，0.5%的機率潮位會高達3.05公尺。另一方面，連續降雨讓淡水河上游集水區有充沛逕流，導致下游水位遽增，便可能造成洪水。此外，關渡附近因植生茂密，曼寧係數較大，流水速度會變得緩慢。這些因素綜合，或可解釋郁永河何以看到如同大湖的特殊景象。

資料來源：經濟部水利署水利規劃分署、第十河川分署。

間才淤積，百年間大湖變成大河，可以視為新莊港在嘉慶、道光之際走向衰微的關鍵。[13]也有論者主張，在一七四〇年代的地方志附圖或一七五〇、六〇年代的〈乾隆臺灣輿圖〉中已不見湖的蹤跡，說明其至少出現了四十年，但不超過六十年就因劇烈的侵蝕、沉積作用而完全消失。[14]不過，細讀舊文獻或近年出土的古地圖，還能找到一些值得深思的線索。

郁永河來臺的十二年後（一七〇九年，康熙四十八年），漢人分別以陳賴章、陳國起、戴天樞之名向官府申請拓墾北臺灣。陳賴章墾號申請的「上淡水大佳臘荒埔」，涵蓋了郁永河所稱「未見有漢人移民拓墾」的大浪泵、武勝灣等地。戴天樞墾號則預備開墾「蔴少翁社東勢荒埔」。該地三面臨水，東至大山，西至港，北至蔴少翁溪（磺溪），南至大浪泵溝（番仔溝），並以此溝作為與陳賴章墾區的邊界。[15]

姑且不論他們實際上有無能力開墾如此廣大的區域，若沒有土地露出，就很難理解「大浪泵溝」的存在。此外，地方傳說康熙年間有泉州人九戶到社子開墾，同樣發生在《諸羅縣志》及〈雍正臺灣輿圖〉問世之前。[16]在此之後，蘆洲最早的漢人拓墾始於一七三〇年代（雍正七至十年）的水湳、中路庄，而三重始墾年代則落在一七四〇年代。[17]若說這些土地沉於臺北湖中三十多年後「重見天日」，是否能立即具備開墾條件，或對拓墾移民產生足夠的吸引力，仍有疑問。換言之，就算大湖一直沒有消退，恐怕也不是地圖上所呈現的邊

❷曼寧係數表現的是河道的粗糙度。河道植物生長愈濃密，數值就愈大，代表流水受到的阻力愈大，速度就愈緩。

峰仔峙社
里族社
獅毬嶺
八芝蘭林庄
毛少翁社
大浪泵社
大加臘庄
武勝灣社
雷裡社
擺接社
新庄街
巡司署
和尚洲庄
海坪
八仙埔庄
關渡門
媽祖宮
小南灣

淡水營
大加臘汛
海山口汛
新庄汛
和尚洲庄
和尚洲望寮
觀音山
八里坌塘
長道坑塘
關渡門
砲臺汛
小雞籠汛
金包里汛
大屯山
石門
八尺門
八連溪
長道坑

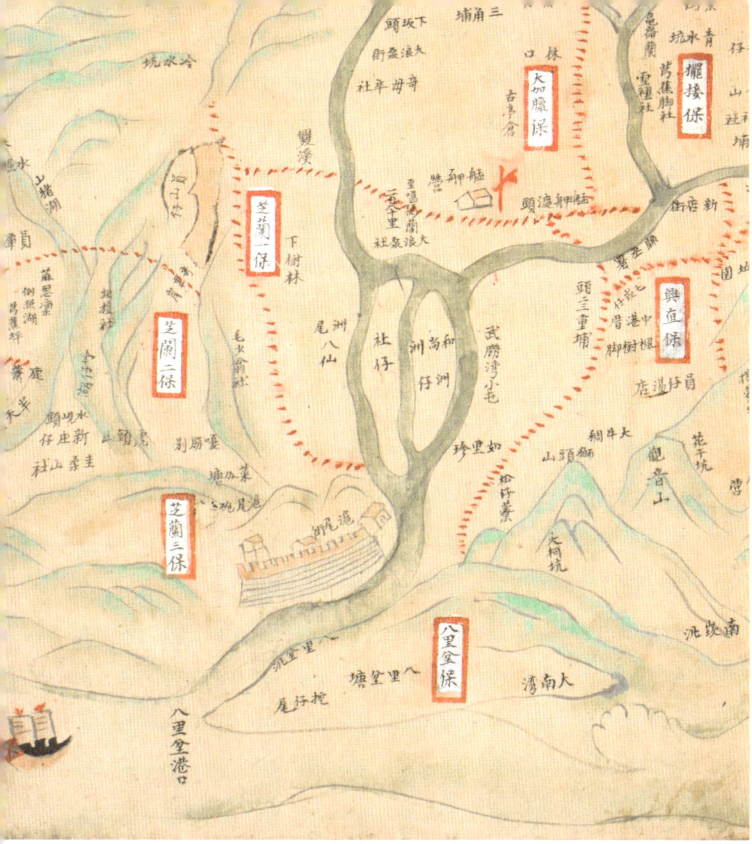

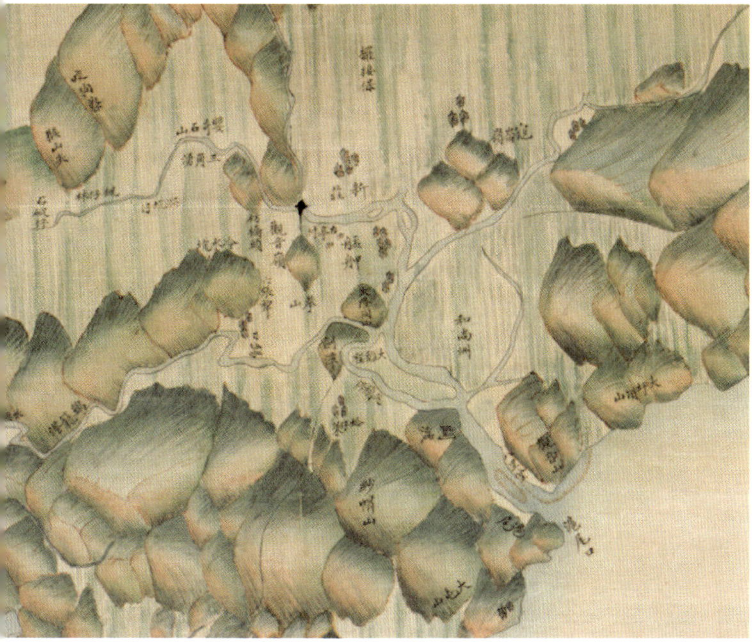

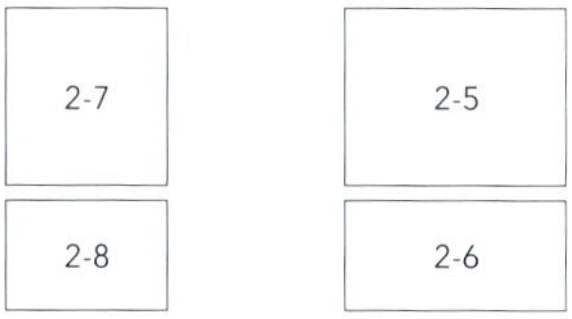

圖2-5　〈乾隆中葉臺灣輿圖〉(局部)即一般熟知的〈乾隆臺灣輿圖〉，繪製時間有不同說法，約成於1756至1767年(乾隆21至32年)間。

資料來源：〈臺灣地圖〉，《費邁克集藏》，中央研究院臺灣史研究所檔案館典藏，識別號：T0203_08_01_0028。

圖2-6　〈臺灣汛塘望寮圖〉(局部)，推測繪製於1775至1786年(乾隆40至51年)。

資料來源：大英圖書館典藏，發布於《數位方輿》，中央研究院數位文化中心、中央研究院臺灣史研究所。

圖2-7　〈臺灣里堡圖〉(局部)，推測繪製於1819至1829年(嘉慶24年至道光9年)。

資料來源：大英圖書館典藏，發布於《數位方輿》，中央研究院數位文化中心、中央研究院臺灣史研究所。

圖2-8　1875年(光緒元年)沈葆禎上呈清廷的〈清代臺灣全圖〉(局部)

資料來源：中央研究院臺灣史研究所檔案館數位典藏

界清晰之穩定水域，而更可能是土地消長、水陸交替的動態景象。

再從其他古地圖來看，一七三〇至一七五〇年代的〈臺灣府汛塘圖〉（圖1-7）首次記錄了沙洲，一側稱為「和尚洲」（今蘆洲），另一側的碎裂土地雖未命名，位置就在今社子一帶。一七五〇至一七六〇年代的〈乾隆臺灣輿圖〉（圖2-5）將它們分別標注為「和尚洲庄」及「浪泵洲」，一七六〇年的〈臺灣民番界址圖〉（圖1-8）則稱之為「和尚洲社」及「艸洲」。

然而故事還沒有結束。直至十九世紀中葉，和尚洲始終以四面環水的樣貌出現在各種地圖上，社子側的沙洲卻時隱時現。舉例來說，一七七〇年代的〈臺灣汛塘望寮圖〉（圖2-6）中只有標示出「和尚洲庄」，社子完全消失蹤影，附近河道寬廣，並且畫有大船；一八一〇年代的〈十九世紀臺灣輿圖〉（圖1-9），大沙洲上注明的是「和尚洲」與「洲尾」，而無社子；約莫十年後的〈臺灣里堡圖〉（圖2-7）又將「和尚洲」與「社仔」分別繪出。

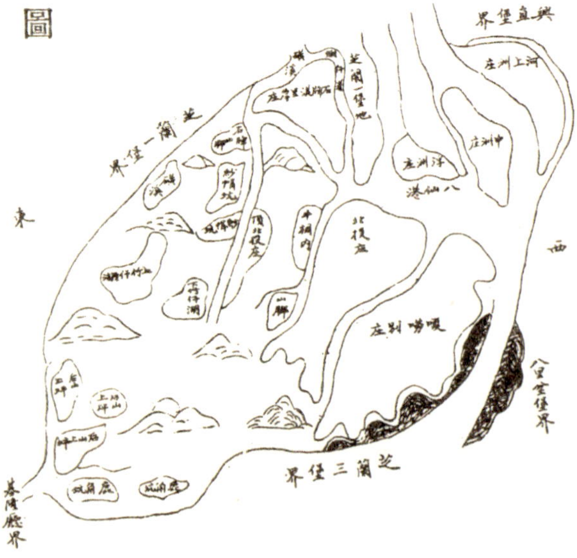

圖2-9　1892年（光緒18年）的〈芝蘭二堡圖〉（北方朝下），河上洲庄對岸的中洲庄、浮洲庄隸屬於芝蘭二堡，其他沙洲則分屬芝蘭一堡或大加蚋堡。

資料來源：《淡新鳳三縣簡明總括圖冊》（臺北：臺灣銀行經濟研究室，臺灣文獻叢刊第113種，1964；1892年原刊），頁20。

到了一八七〇至一八八〇年代，無論是西方人的地圖（圖1-11、1-12），或是沈葆禎因牡丹社事件來臺視察、於一八七五年上呈清廷的〈清代臺灣全圖〉（圖2-8），其中和尚洲已大部分陸化而與左岸相連，社子島也有清晰的輪廓。但光緒年間劉銘傳清丈土地後編製的堡里庄界圖（圖2-9）中，[3]「河上洲庄」對岸的社子還是一塊塊分散的土地。

這當然可以理解為古地圖的不精確或概括化處理，但也無法排除其反映真實地貌的可能性：帶著泥砂的河流在流速降低的彎道、平緩區或河口容易沉積，但沙洲天性就不穩定，河口的潮汐變化使這場土與水的角力更為戲劇化，河水與潮水聯手造就了沙洲，又常常合力將它沖刷殆盡。

康、雍年間，沙洲載沉載浮，氾淹才是常態。一七三〇年代以後，位於凸岸的和尚洲不斷淤積新生砂地，浮覆更為頻繁。相較之下，處於凹岸的社子則承受更強的水流侵蝕力，一旦泥砂淤積、水位下降，溼地沼澤便陸續浮出地表，但若遇上特別大的颱洪或暴潮，此處易受沖刷的土地或被洪水貫通，或被沖走，便重新化為製圖者筆下的水面。在本書後半部提及的一九二〇年代日人調查，也間接驗證了此一情況：社子島有一半以上的土地，大水一來不只會淹水，還容易流失（圖10-13、19-1）。

[3]「保」為清代的地方行政單位，取名來自保甲制度。到了道光年間，至清末劉銘傳實施清賦之際，繳納土地稅的證明丈單之中已普遍以「堡」取代「保」，並被日治初期殖民政府所沿用。「堡」作為行政區界，直到一九二〇年實施街庄改正後才正式廢除。參見陳哲三，〈清代臺灣地方行政中「保」與「堡」考辨〉，《逢甲人文社會學報》第一七期（二〇〇八年十二月），頁四五—九二。本書為了行文方便，統一使用「堡」字。

或許，「康熙臺北湖」並非一個恆常存在數十年或百年才慢慢消失的空間地景，而是一種只要漲潮或大洪水時就會重複出現的時間現象，直至其中某個關鍵的環境條件改變，才不再頻繁發生。

謎題之三：大嵙崁溪下游河道如何變遷？

上述不同年代的地圖提示了第三個歷史謎題：大嵙崁溪下游河道如何變遷？是否曾沖出讓蘆洲四面環水的分支，或穿越新莊平原的河道？

最早提出相關說法的是日本處士藤田排雲。一九一二年，他根據耆老訪談及漢籍文獻記載歸納出河道的歷史變遷，並據此構思淡水河治水策略，將其獻給總督府官員（詳第十八章）。他認為雍正以前的淡水河系平緩而廣闊，基隆河原從大龍峒一帶注入主流，大嵙崁溪則在新庄（新莊）附近接近觀音山時分為兩股，分別流向樓仔厝與南港仔庄，將和尚洲包圍起來。此後，大嵙崁溪在乾隆時期合為一股，挾帶的大量泥砂逐漸淤積而導致流路右遷，加上新店溪注入的猛烈水勢，迫使基隆河在劍潭附近急轉，沖出

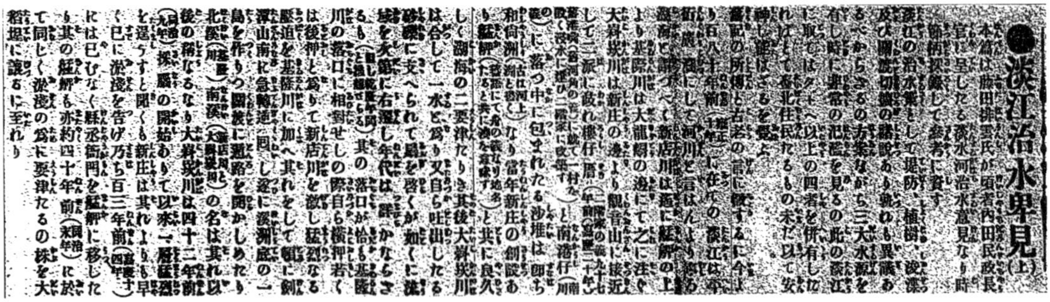
淡江治水卑見(上)

圖2-10　藤田排雲考證淡水河的流路變遷

資料來源：〈淡江治水卑見（上）〉，《臺灣日日新報》，1912年10月7日，1版，漢珍知識網。

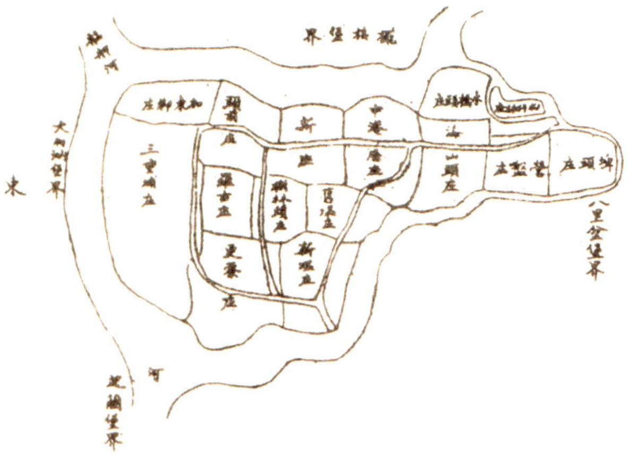

圖2-11　1892年（光緒18年）的〈興直堡圖〉，北方朝下，艋舺河即新店溪，興直堡與擺接堡間為大嵙崁溪，流經更寮、新塭及舊塭庄的為塭子川，未畫出的和尚洲屬芝蘭一堡，應在圖左下角，而分隔其與三重埔的河道與塭子川相連。

資料來源：《淡新鳳三縣簡明總括圖冊》（臺北：臺灣銀行經濟研究室，臺灣文獻叢刊第113種，1964；1892年原刊），頁16。

了流往關渡的新河道，並形成溪洲底（社子）一島，而「北溪」與「南溪」的稱呼也在此後出現。[18]

此後一百多年陸續出土的史料顯然不支持藤田的推測。如前章所述，南北兩溪（港）的稱呼早在康熙年間就有。雍乾之交的〈臺灣府汛塘圖〉（圖1-7）中，社子一帶的沙洲島與和尚洲同時存在，和尚洲在往後的地圖中亦持續出現，包圍其東西兩側的河道並沒有合成一股。

當代歷史學者也曾提出與藤田類似的主張，但認為大嵙崁溪河道分支地點位於更南邊，且與史書記載一七五九年（乾隆二十四年）發生的大水災有關。一說，災後新店溪與大漢溪會合而分為兩支，東為今淡水河主流，西則流經今二重疏洪道、塭子川而從關渡出海。[19]另一說，大漢溪的分支在雍、乾時期便存在，位於新莊、五股及三重、蘆洲交界，該年的大水災反而讓河道逐漸淤塞、變窄。[20]

然而，從一七六〇年的〈臺灣民番界址圖〉（圖

1-8），至地名資訊較豐富的嘉道年間〈十九世紀臺灣輿圖〉（圖1-9）、〈臺灣里堡圖〉（圖2-7），均可發現河道分隔的是和尚洲與加里珍（今五股區更寮、興珍里一帶）及頭、二、三重埔（今新莊西側與三重）。在光緒年間的〈興直堡圖〉（圖2-11）中，此河道與流經新塭、舊塭的塭子川相連。換句話說，讓和尚洲四面環水的西側河道，大致是沿著今日的洲子尾排水溝，與塭子川下游交會。附帶一提，乾隆時期的地圖將此河道畫得特別寬闊，其上還有大船。

至於其何時淤塞萎縮，一般認為發生於世紀之交清末至日治初期。[21]不過，如前文所述，一八七〇年代以後的古地圖中，和尚洲已大部分陸化，不再是「河中之洲」，可見西側河道可能更早縮窄到被忽視的程度。換個角度來說，位於臺北盆地地勢最低窪處的塭子川，這條在一八五七年被郇和形容為「隱沒於稻田間」、在一八三〇年代鄭用錫筆下於「關渡西南……會南北大溪」的小河道，與淡水河或大嵙崁溪的關係曾經十分密切。

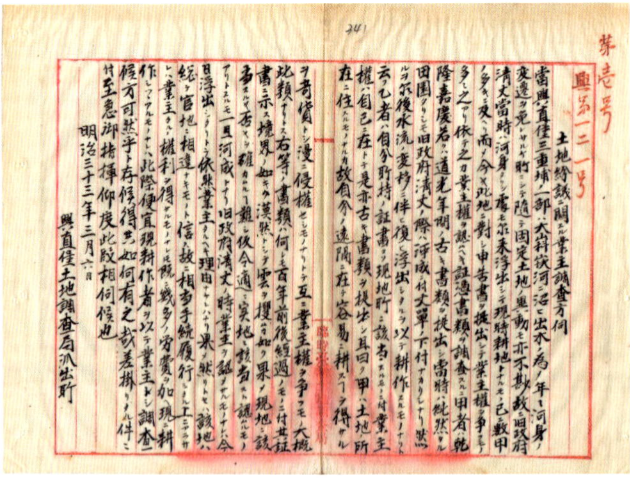
土地紛議ニ關シ業主調査方伺

明治三十三年三月六日

興直堡土地調査局派出所

圖2-12　大嵙崁溪下游河道變動引起的土地業主權糾紛

資料來源：〈〔興直堡〕土地紛議ニ關シ訓示報告〉（1900），《臺灣總督府公文類纂》，中央研究院臺灣史研究所檔案館典藏，識別號：T0797_14_042_0103。

除了以上的種種推論，還有一些記載更明確地揭示大嵙崁溪的河道變動。其中，三峽以下的辮狀河段變動尤其頻繁，如前文述及的一七五九年大洪水，曾使「南靖厝庄（今鶯歌區）居民漂沒無數」，但原本水勢洶湧的石頭溪支流，在一八三〇年代前竟已淤為旱溪。[22]

圖2-13　清末至日治初期大嵙崁溪下游的河道變動

資料來源：顧雅文製圖，藍色為1904年河道，依據〈臺灣保圖〉（1904），底圖為〈臺北大稻埕艋舺平面圖〉（1897），《臺灣百年歷史地圖》，中央研究院人社中心GIS專題中心。

此外，擺接堡江仔翠（今江子翠）與興直堡海山口（今新莊）面對河道的經常擺動，立下溪流以南歸江仔翠庄管轄的舊慣。[23]三重埔河岸邊土地歷經淹沒又浮覆，在日治初期土地調查時曾引起極多業主權（所有權）紛爭。[24]

在日治初期臺北城耆老的印象中，大嵙崁溪曾在艋舺注入淡水河，為此地帶來一片繁華，街名「大溪口」正是這段歷史的見證，此後河道北移至六館街，直到一八九八年前都維持著相同樣貌。但該年的大洪水讓河流一分為二，一股奔向德國領事館，一條則朝水上警察署流去。洪水過後，河道又漸移回六館街。親眼見到大嵙崁溪不斷位移，他們感嘆：「新店溪即便有洪水也不大改變河道，大嵙崁溪則因年年歲歲的洪水而不斷變化。」[25]

「匯流」之河的兩面性

在都市化迅速且地景急遽變遷的臺北，淡水河可能還有更多河道變動的歷史謎題不斷考驗研究者的想像與創見，但這些謎題恰好有助於我們進一步掌握這條大河的特性。從歷史學的時間尺度衡量，大漢溪在三條支流中最為善變，也最常被認為有較劇烈的變動，這與其在文獻中流量充沛、慓悍凶猛的形容非常吻合。但整體來看，若與濁水溪、曾文溪等曾經擺盪不定的河川相較，淡水河流路的位移變化並不算大。

比起擺盪，「匯流」或許是更適合形容淡水河的關鍵字。大漢溪、新店溪與基隆河在短短十餘公里內匯聚在狹小而低窪的盆地中，並且與潮水交會。在潮汐與洪水的共同作用下，下游經常氾濫。但反過來說，正因三條性格迥異且源自不同方向的支流匯聚在此，淡水河的流量才能更加穩定，豐水、枯水期差異遠小於南部大河。不管東北季風、春雨、梅雨或不同路徑的颱風來襲，它都較容易從至少一條支流中得到補給，若其中一條水量減少，其他支流也能調節補充。

「匯流」造就了淡水河發生洪泛的先天條件，但也使其流量豐沛、適合通航，成為臺灣眾多河川中唯一有資格稱得上「河」的水系。氾濫、改道的自然現象，被流域內不同時代不同人群以各自的視角記錄下來，進而勾勒出這條匯流之河「利」與「害」的兩面性，並孕育出屬於這片土地的水歷史與水文化。

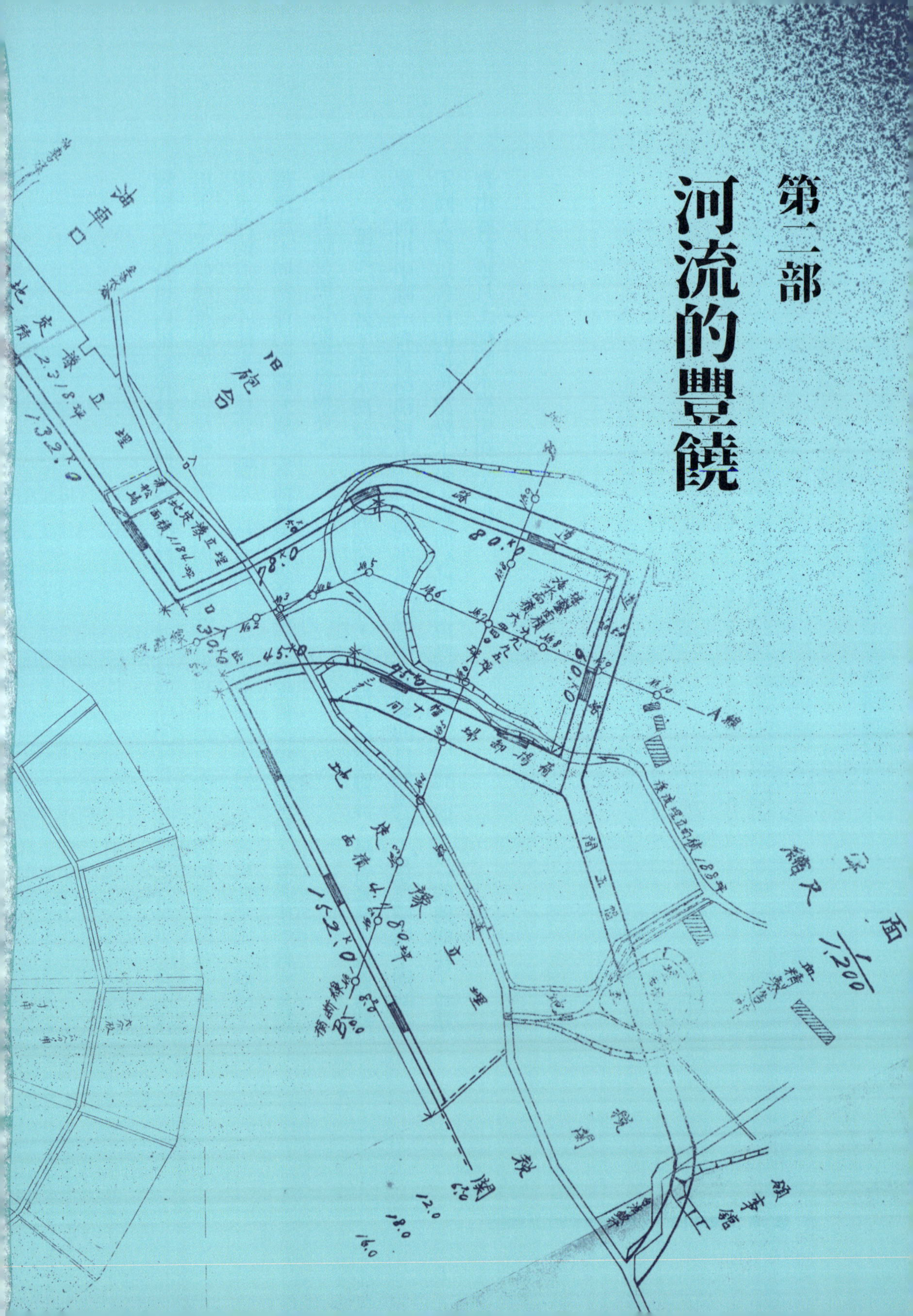

第二部

河流的豐饒

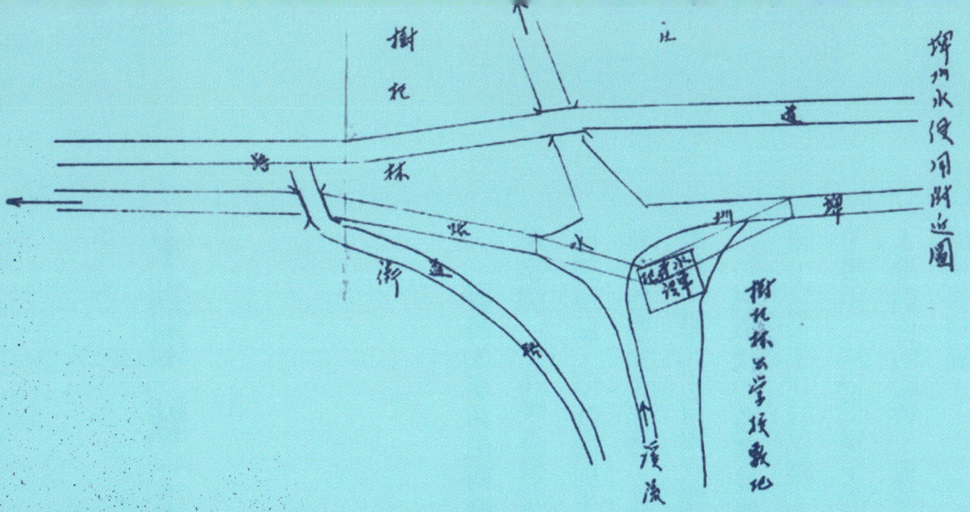

流量豐沛穩定的淡水河，宛如臺北的母親河，孕育這座城市的數百年歲月。從農業聚落、商貿市街一步步邁向首善之都及國際大都會，淡水河靜靜地見證臺北每一次蛻變的歷程。這種轉變是雙向的：自清代至日治時期，淡水河的定位伴隨臺北的發展軌跡而轉變，初為提供灌溉、水產、商貿的生存之源，進而負起基礎動力、衛生、海外運輸的近代化功能，再被視為休憩娛樂的文化場所。從生存所需到生活場域，城市化初始階段並未讓人們與淡水河的關係離得更遠，反而更加緊緊相依。

第三章

水到渠「城」：臺北平原水圳系統與聚落的興起

李宗信

臺灣大學新生南路三段大門旁的人行道上，有一座已矗立超過四十年的「瑠公圳原址紀念碑」。此碑為臺北市文獻委員會於一九八三年設置，用意在提醒行人莫忘此一臺北發展的原點，以及開圳主郭錫瑠的「瑠公精神」。[1]我們可能很難想像，今日人車熙攘、高樓林立的臺北大都會，在三百年前曾是水圳交錯、水田阡陌遍布的魚米之鄉。隨著研究者的爬梳，臺北平原水利開發的歷史已有清晰輪廓。

對清代的農業移民來說，河流可謂生命之泉。埤圳的開發是從事拓墾活動的首要任務，也是生存的保障。農業移民往往投入大量心力尋覓水源、開埤築圳，努力將河水引導至農田，以提供穩定的灌溉水源。水田化不僅是聚居成庄的關鍵因素，水圳系統亦是維繫人群關係的紐帶，促使人們尋求合作以共同管理與分配水資源，進而建立穩定的水利社會關係與規範。

引水成圳

先人們得以在缺乏穩定灌溉水源的北臺灣成功興築水圳，其過程原比想像中困難。如同日治初期總督府殖產局技師山田伸吾的觀察，此處山脈緊鄰海岸，河川坡降陡峻且河床明顯低陷。在三貂、基隆、石碇、文山等山區的小型田園，尚可透過小型溝渠或埤塘等簡單的人工設施進行灌溉，但若要修築大型水圳、從上游引至平原地帶，則需要相當高的資金與技術門檻。山區的水圳通常是由業主與佃人共同出資、出力合築，而大嵙崁、三角湧、芝蘭二堡及芝蘭三堡部分區域的狹窄平地，則是由當地的佃戶共同開鑿。[1]

山田的觀察，正好為我們揭開清代以來淡水河流域的埤圳全貌，錯綜複雜的水圳網絡滋養了這片土地。灌溉水源來自淡水河三大支流的上游：基隆河發展出塭港圳、八仙圳、社子圳、十四份圳，以及番仔坡（埤）[2]等規模較小的水圳；大嵙崁溪的水則被永安圳（劉厝圳）、萬安圳（張厝圳）、草埤圳、十二股圳、石頭溪圳、二甲九圳、南靖厝圳等水利系

1 根據曾參與設碑過程的周宗賢教授口述，設碑主要是為了發揚瑠公精神，而選擇在水圳灌溉區內的著名地標國立臺灣大學之大門旁立碑。學者與地方人士不斷主張紀念碑的地點應是清代的霧裡薛圳舊址，並發起「正名運動」。但因紀念碑設立的時間已超過四十年，有保存的意義，加上霧裡薛圳於日治時期併入瑠公圳，廣義來說也可視為同一水利系統，故碑文仍被保存至今。二〇二四年，臺大校史館策劃了「富田望水：臺大校總區水文及水資源」展覽，紀念曾經流經校園周邊的臺北平原首圳——霧裡薛圳——興築三百週年。

2 清代史料指涉灌溉埤塘時常見「埤」、「陂」及「坡」等字混用的情形，例如雙連埤、雙連坡或雙連陂，本書為了行文方便，在首次出現時沿用所引用的史料用字，之後便統一為「埤」。至於作為地名的「埤」、「陂」或「坡」，在日治時期實施土地調查後便被確定下來，故本書以官方文書或地圖所標示的名稱為主。

統所引，而屬於同一水系的三峽河尚有大安圳；新店溪與霧裡薛溪（景美溪）水系，則分別哺育了瑠公圳、大坪林圳、永豐圳、安坑圳及霧裡薛圳。

淡水河流域內的水圳與埤塘，奠定了此處土地繁榮發展的基礎。直到日治時期，總督府以私人管理缺乏效率為名，化私為公，有系統地收購、整合具有「公共利益」的私人水圳，並依據一九〇一年頒布的《公共埤圳規則》先後將其改組為公共埤圳組合，又於一九二〇年代改制為水利組合，進一步擴大官方對於水利事業的掌握。與此同時，水圳也在追求效率與利益的前提下愈來愈近代化。私人水圳過去從同一河段的不同地方取水，不僅時有糾紛，亦難以管理，故被納入同一組合後，經常以近代技術合併取水口，或一併改修圳路，以統一分配利用水資源。

其中，現今稱之為瑠公圳的灌溉系統，實則包含了清代先後由民間各自興築的霧裡薛圳、大坪林圳與瑠公圳三條獨立水圳，以及圳道串接的大小埤塘。歷經日治時期及戰後，官方漸次介入管理，並陸續將之合併、改修與填埋。一九〇七至一九一五年間，霧裡薛圳與大小埤塘先被併入瑠公圳；戰後，與瑠公圳密切相關的大坪林圳也被合併其中。三條大圳的開圳故事在不同時期交錯連結，交織出淡水河右岸的拓墾歷史。[2]今日還看得到的圳道，大半成為街巷中不起眼的小水溝，但追溯其開圳時遭逢的挑戰與克服的智慧仍有意義，具體體現出淡水河系如何在河畔先民的努力下成為水資源，化身成孕育臺北的母親之河。

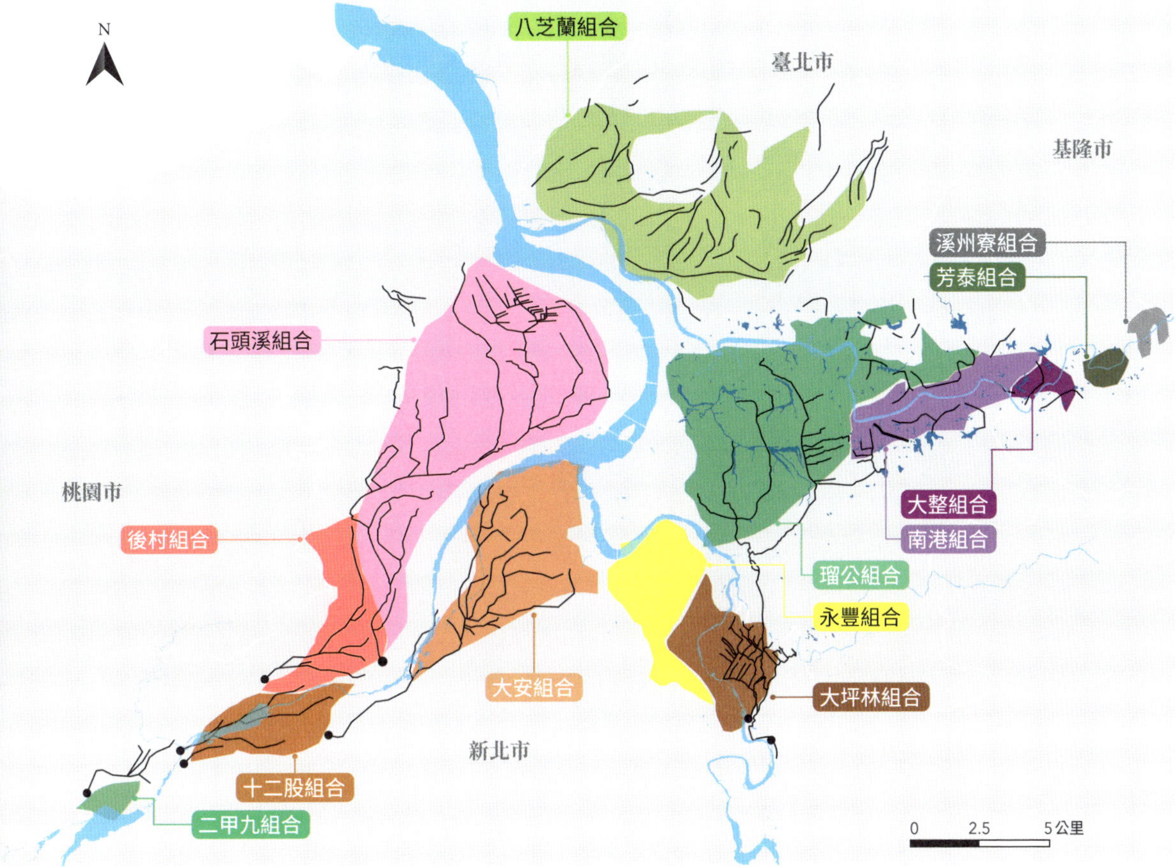

圖3-1　1928年淡水河流域主要的水利組合與灌溉區

資料來源：毛毓翔製圖，根據〈臺北州水利組合區域一覽圖〉，《臺北州水利梗概》（臺北：臺北州，1928）。

引水石腔（硿）[3]：避開感潮河段

乾隆初年，郭錫瑠從彰化帶著資本、技術與水利興築經驗北上，落腳大加蚋堡興雅撫萊（今松山區）等處開墾。最初，他在地形較高處鑿挖以貯蓄雨水，或利用分布在平原上一些蓄水量不多的埤塘來灌溉田地。今臺北醫學大學一帶曾經存在的柴頭陂就是其中之一。然而，埤塘的水量並不穩定，也因入墾者日眾而逐漸浮覆。郭錫瑠決心興築大圳，以尋求更豐沛、穩定的灌溉水源，希望能使大加蚋堡的荒埔都變成美田。

為了避開淡水河及其支流感潮河段的鹹水，郭錫瑠往上游尋找水源，這必須克服山坡地勢，還要想辦法讓圳道穿越縱橫交織的自然河道。另一個考量是，平原河段由於地勢過於低窪，又頻繁發生洪災，並不適合作為取水圳

感潮河段

感潮河段即受潮汐影響的河段，通常在河海匯流處，但亦可能上溯至河川下、中及上游河段。受到週期性之潮汐作用，河川水位會呈現規律起伏變動。此外，退潮時水流由河川向海洋流出（順流），漲潮時水流則由海洋流入河川（逆流）。淡水河為臺灣感潮河段長度最長的河川，受潮汐影響的河段共72公里，包括：

- 淡水河全河段：長約21公里
- 大漢溪口至浮洲橋：長約9公里
- 新店溪口至秀朗橋：長約11公里
- 基隆河口至江北橋：長約31公里

資料來源：經濟部水利署水利規劃分署、第十河川分署。

頭。且當時，臺北平原首圳霧裡薛圳在雍正年間便著手開鑿，已選擇霧裡薛溪作為源頭，因此對郭錫瑠而言，只剩下新店溪上游適合興建大圳的取水口。

經過評估之後，郭錫瑠決定在青潭溪匯入新店溪處築壩，透過堆砌石筍的方式抬高水位，以引水進入臺北平原。然而，這項水利工程面臨兩個重要的技術挑戰：一是圳頭如何取水，二是圳道如何橫跨霧裡薛溪。關於第一項難題，郭錫瑠首先試圖在新店溪右岸興築一段與新店溪平行的明渠（圖3-4的A-B段），但發現此

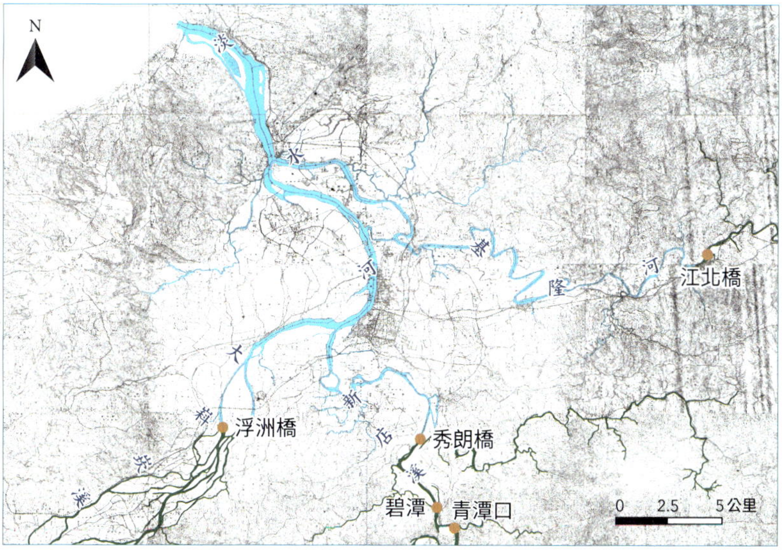

圖3-2　淡水河流域感潮河段範圍與碧潭、青潭相對位置

資料來源：李宗信製圖，底圖為〈臺灣堡圖〉（1904），《臺灣百年歷史地圖》，中央研究院人社中心GIS專題中心。

● 地名
■ 感潮河段（1904）
■ 非感潮河段（1904）

❸ 臺北縣政府於二〇〇二年八月六日依《文化資產保存法》，經審議指定「瑠公圳引水石硿」為縣定古蹟，本文則沿用原始史料用語，仍稱「引水石腔」。

處有一天然石壁，只能鑿掘暗渠引水，也就是「引水石腔」。自一七四〇年（乾隆五年）來到青潭口後，整整十二年間，水圳工程的重點都在解決這一難題。

在這段期間，時局出現新的變化。原本屬於番界之外的大坪林庄，已在官方規劃下成為官庄，不僅設置戍兵，亦招募佃人入墾，而這些佃人也同樣亟需穩定的灌溉水源。當他們聽聞郭錫瑠已在此地長期投入興築水圳之工程，乃由墾戶首蕭妙興出面，尋求與郭錫瑠合作。後來雙方簽訂契約，由大坪林五庄佃戶合股組成「金合興」墾號，接手圳頭工程。他們除了向官府稟請告示牌照、確定圳路外，還聘請「流壯」（無固定職業的壯丁）護衛，並僱用石匠，接續引水石腔的開鑿工作。讓出埤地的郭錫瑠則被允許在大坪林五庄的土地上開設圳道（即後來的瑠公圳圳道），直通大加蚋堡。

一七六〇年（乾隆二十五年），蕭妙興等人終於克服萬難，成功鑿穿圳路直到獅頭山下（今新店小獅山開天宮下方）。這條水圳後來被稱為大坪林圳，有別於一七七〇年代（乾隆三〇年代）改圳頭於碧潭並順利通水的瑠公圳。

引水石腔作為大坪林圳圳頭的一部分，屬於引水暗渠，並無直接提供灌溉。水圳通水後，大坪林圳成為新店地區最重要的灌溉水源。到了戰後初期（一九四七），因新店溪過度採砂，水位日益下降，引水石腔無法再從河道取水，只能興建大豐抽水廠改以幫浦取水，以解決農業灌溉的用水需求，從此引水石腔才功成身退。

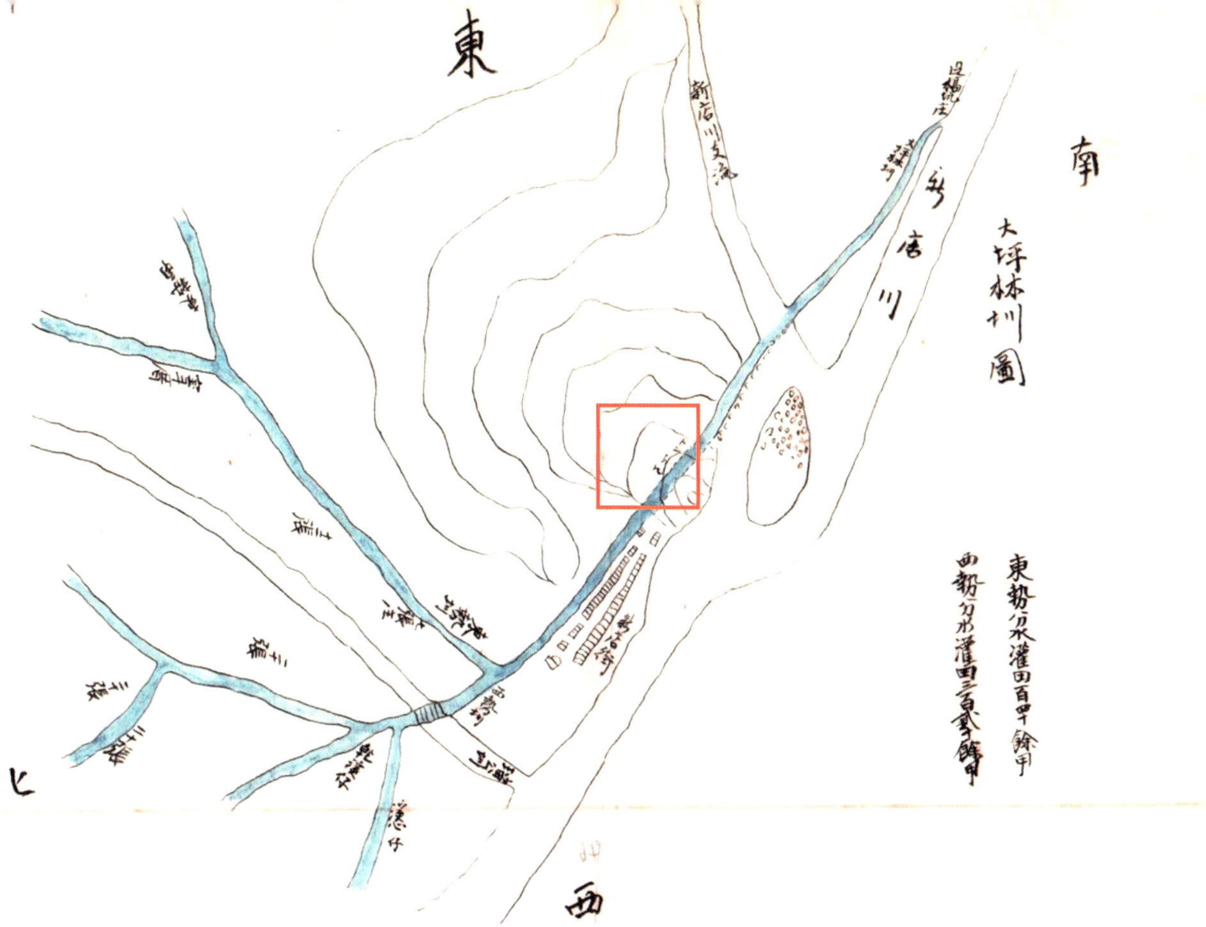

圖3-3　大坪林圳往北經過一處小山，其上標示「トンネル」處就是引水石腔（紅框）。圳道經過新店街後又分東勢、西勢兩支，西勢圳則越過瑠公圳圳道。

資料來源：〈臺灣公共埤圳規則ニ件〉（1899），《臺灣總督府公文類纂》，中央研究院臺灣史研究所檔案館典藏，識別號：T0797_02_251_0001。

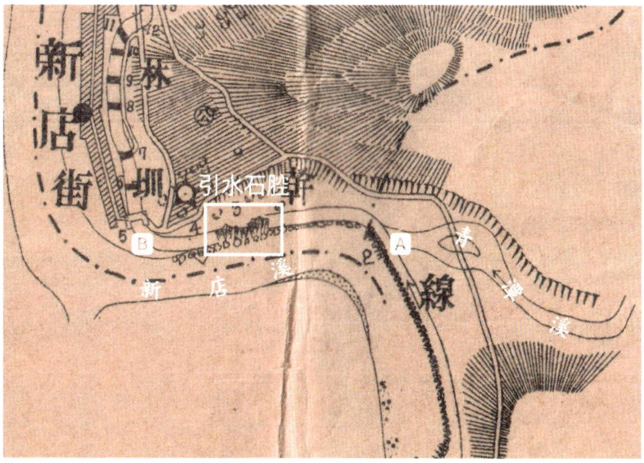

▶ 圖3-4　1918年〈瑠公圳及大坪林圳圳路圖〉（局部）：北方朝上，白框處為引水石腔，A至B段為郭錫瑠開鑿石腔前首先試圖興築明渠的位置。

資料來源：〈水圳及大坪林圳圳路圖〉（1918），農業部農田水利署瑠公管理處（原瑠公農田水利會）典藏。

◀ 圖3-5　引水石腔內部

資料來源：毛毓翔拍攝（2024年11月15日）

瑠公圳圳頭與石笱技術

圳頭又稱埤頭，郭錫瑠選擇圳頭地點時，應該已掌握新店溪感潮河段的相關知識，因此優先選擇地勢較高的青潭口，以避免取到鹹水而影響灌溉。至於此一構造要如何導引溪水進入圳道，則有賴於石笱發揮作用。

石笱可區分為圓柱形及錐形兩種，皆以竹子為材料，以藤來綑綁，並填入大小石塊，最後用竹椿固定於河床之上。為了防止激流破壞，其空隙及安放處下游往往會投入卵石。可能因為形狀類似笱子，經常被人誤稱為「石筍」。將一顆顆石笱成排安放於河床，形成一道河中堤壩，就能攔住河水，將水集中引至圳道。[3]

自彰化平原北上的郭錫瑠，其製作及安放石笱的技術，很可能來自該地著名的八堡圳。[4]作為清代第一大圳，八堡圳引濁水溪水，於一七二〇年（康熙五十八年）通水灌溉，[5]據說其工法由一位「不知何許人也」的林先生所傳授。直到一九八〇年代，在濁水溪兩岸仍有製作和投置石笱的產業和技術，其原料主要來自竹山生產的麻竹和嘉義生產的藤。投置石笱時，工人們為了避免河中混濁的泥砂

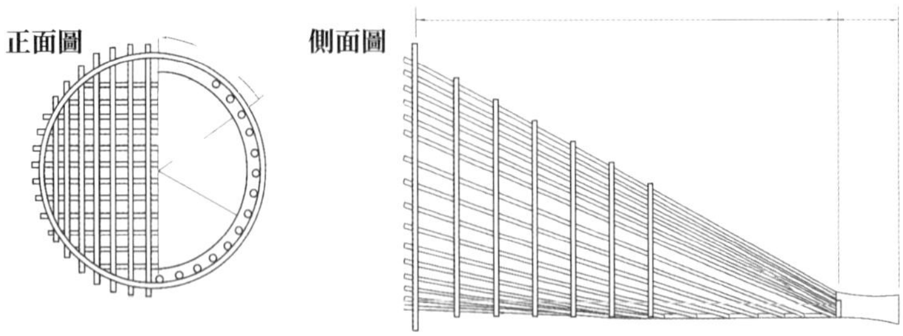

圖3-6　石笱工法設計圖（圓笱）

資料出處：李宗信繪製，根據臺灣省水利局第四工程處，〈倒笱標準圖〉（1961）。

圖3-7　位於碧潭的瑠公圳石筍圳頭（拍攝年代不詳）
資料來源：農業部農田水利署瑠公管理處（原瑠公農田水利會）提供

沉積於衣物中，導致無法抽身而溺水，因此大多裸體工作，以保護自身安全。[6]

郭錫瑠生前並未完成自新店溪青潭口引水的大圳，而交由兒子郭元芬繼承家業。不過郭元芬為了籌措工程經費，最終放棄了父親堅持於青潭一帶引水的想法。他賣掉青潭圳頭的土地，並向下游的萬盛庄佃戶集資，於一七六七年改於碧潭興築攔截溪水的圳頭。百餘年之後，在碧潭都還能看到石筍被當成攔水壩使用。

從水圳系統的構造來看，我們或許會認為圳頭理當最為堅固耐用，但若觀察包括八堡圳、瑠公圳在內的清代水圳，會發現圳頭不過只是以就地製作的石筍堆築而成。相較於費力穿山開鑿的引水石腔，石筍圳頭似乎顯得相當脆弱。然而，這樣的設計並非疏忽，而是刻意為之。事實上，石筍還具有調節洪災的作用。當洪水發生時，石筍雖然較容易被沖毀，卻能有效避免大量濁水洪流直接衝入平原，同時減輕水田遭受泥漿、流砂覆蓋的嚴重損害。[7]以今日觀點審視，此一工法或可視為一種具備「以自然為本的解決方案」思維的傳統智慧與在地知識（詳第十一章）。

從木梘到瑠公橋：臺灣首座鋼筋水泥橋

郭錫瑠興築水圳的過程中，除了遭到前述圳頭引水的技術挑戰之外，還必須思考如何將圳水順利引過霧裡薛溪，以抵達對岸的大加蚋堡。對此，郭錫瑠試圖採用名為「梘」的構造物來克服這個難題，但卻一再失敗，待郭元芬繼承父志後才大功告成。壯觀的木梘甚至成為十九世紀來臺的西方旅人經常造訪的景點（圖1-4）。

簡單地說，「梘」就是幫水架的橋。水圳要經過別條圳道或溪流時，若直接挖通會讓水流分散，因而架設木梘將圳道架高，從上通過。用木頭製成的稱作「梘」，有時也會利用竹子製作，則稱為「筧」。如《淡水廳志》記載：

> 有曰梘者，直圳道塞、溪壑阻隔，水難逕達或恐分而他流，乃製木架空遞接以導之。亦有用竹者，用竹從筧，用木從梘。梘，通水器也。[8]

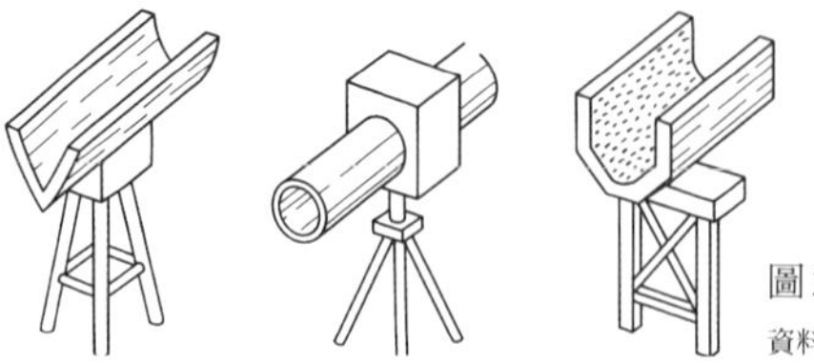

圖3-8　剪刀梘、木筧和木梘（左至右）
資料來源：李宗信繪製

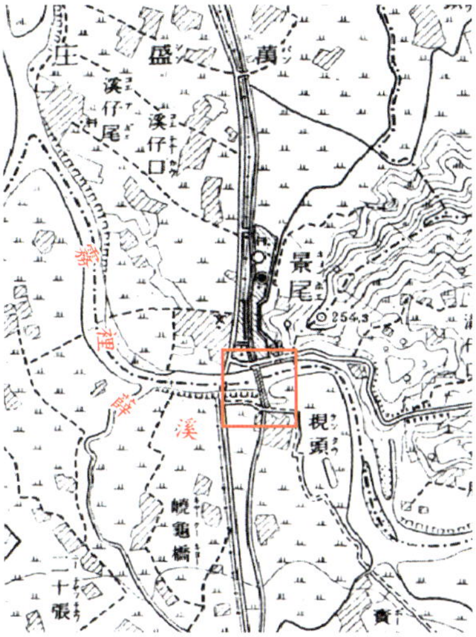

▶ 圖3-9　瑠公圳木梘位置圖

資料來源：同圖3-2

◀ 圖3-10　臺北市大安區大學里為昔時霧裡薛圳灌溉區，亦屬廣義的瑠公圳水利系統，故雖非水梘埋設位置，但規劃有「洵跡」綠美化空地，以水缸暗渠作為意象造型（圖左下方），讓里民更瞭解水圳文化。

資料來源：毛毓翔拍攝（2025年4月22日）

據說，郭錫瑠最初曾在霧裡薛溪上架設平底木梘，即以木板組成的ㄩ字型渡槽，然而卻在完工後被河岸兩邊的庄民當作橋梁使用，不久就毀壞。他只好將家族在彰化的田產悉數變賣、籌措足夠資金後，嘗試從河道下方讓圳水通過，將水缸底部打通，兩兩相連組成一長管，埋設於溪底成為通水暗渠。

以科學原理來說，通水暗渠應是利用「倒虹吸工」的原理，意指讓水流通過U型管道，利用水流自身的重力作用貫流U型管，從入口流至對岸出口。通水暗渠於一七六五年（乾隆三十年）初開通，一度成功讓圳水通過霧裡薛溪，但到了當年秋天，隨即因洪水而破壞殆盡。從水利的觀點來看，山洪突然爆發，流水浮力及沖擊力量都可能對暗渠造成破壞。此外，河道也可能被洪水沖刷，超過埋設水缸的深度，而泥砂堵塞亦是促使暗渠快速損壞的原因。無論如何，暗渠損壞對郭錫瑠來說是一重大打擊，同年底他便憂煩病倒，不幸去世。[9]

郭錫瑠去世後，長子郭元芬克紹箕裘。此時，蕭妙興等人的大坪林圳已經通水，大坪林庄的土地亦已完成開墾，而郭元芬不僅得讓圳水通過大坪林圳及大坪林庄土地，更重要的是，還要解決將圳水引過霧裡薛溪的老問題。他找來擅於工法的陳菊司商議，決定捨棄暗渠設計，重新在溪面上建木梘橋，但將原本平底的渡槽改為V型，稱為「剪刀梘」。

將圳頭改到碧潭，又以木梘引圳過溪後，瑠公圳歷經重重困難，終於在一七七〇年代再次成功通水，成為當時臺北平原第一大水圳。木梘橋的完工，也造就了霧裡薛溪兩岸「梘尾」（即景尾或景美）、「梘頭」等地名的由來。這段艱辛的過程可以說是瑠公圳歷史中最被人津津樂道的故事，但較少人知道的是，清代的木梘到了日治時期，曾被改造成臺灣第一座鋼筋水泥橋。

一九〇七年（明治四十年），臺北縣知事村上義雄依據《公共埤圳規則》公告，將瑠公圳、霧裡薛圳合併認定為公共埤圳，大坪林圳則被單獨認定，水圳改修工程緊接著陸續展開。其中，使用長達一百多年的瑠公圳水梘，除了有結構腐朽不堪的問題之外，也經常被霧裡薛溪的洪水沖毀而需不斷修繕。為此，官方構思以新一代的土木工程技術重新架橋，因此有了瑠公橋的改修計畫。

圖3-11　臺灣首座水陸兩用鋼筋水泥橋「瑠公橋」，上方供人車通行，下方為渡槽讓圳水流過。

資料來源：十川嘉太郎，〈鐵筋コンクリートの思ひ出〉，《臺灣の水利》第6卷第1期（1936年1月），頁151，國立臺灣圖書館典藏。

從土木史的意義來說，瑠公橋是臺灣首座水陸兩用的鋼筋水泥橋，橋面可提供人車通行，橋的下方則有渡槽讓水通過。當時，無論是臺灣或日本的土木工程界，都還在摸索鋼筋水泥的建造技術。日本於一九〇三年築造的琵琶湖疏水線人行橋，還屬於試驗性質，相較之下，五年後便竣工啟用的瑠公橋，可視為日本帝國首座實用的鋼筋水泥造橋梁。

瑠公水道橋是由總督府技師十川嘉太郎參考美國工程教科書所設計，於一九〇七年九月動工。總督府編列包含瑠公橋建設的大圳改修工程費共十二萬日圓，並向瑠公圳灌溉區域內的人民分攤徵收，規定十年償清。完工後的瑠公橋橫跨已改名為景尾溪的霧裡薛溪，長三百七十六尺、橋墩寬十九尺，其下為渡槽，下部使用八座橋墩支撐。[4]

直到一九六三年，臺北的舊航照影像中仍可見到瑠

[4] 橋下渡槽縱六尺、橫四尺、共長三百七十六尺，而橋墩共八座、十跨，每一座橋墩寬十九尺、厚四尺、長二十尺，上部繞以約二．五尺之鐵欄（一尺約等於三〇．三公分）。工程費四萬二千三百八十日圓。〈行通水式〉，《臺灣日日新報》，一九〇八年八月十四日，二版。

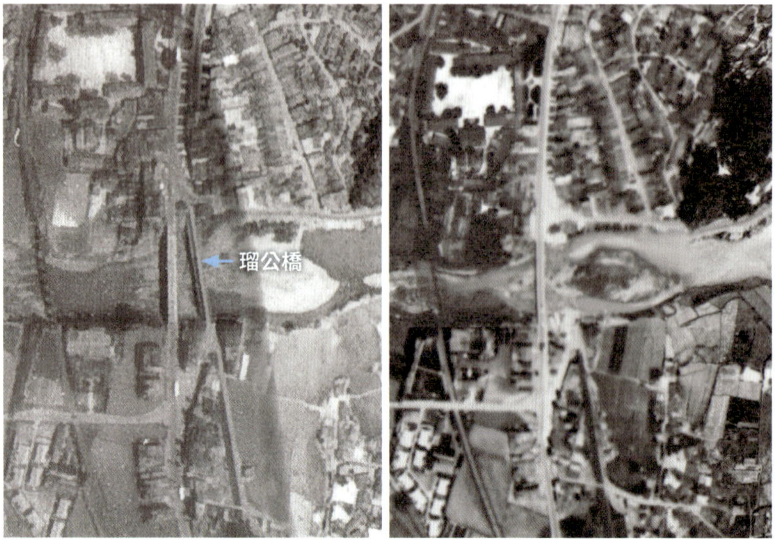

圖3-12　瑠公橋拆除前後空照圖比對（1963、1964）

資料來源：〈臺北市舊航照影像〉（1963、1964），《臺灣百年歷史地圖》，中央研究院人社中心GIS專題中心。

圖3-13　白色橋梁為景美橋，而瑠公橋原址位於其右側，即正下方紅色屋頂建築的位置（快樂旅社）。

資料來源：毛毓翔拍攝（2025年4月22日）

公橋的身影。不過，當時的瑠公橋、景美橋及北新公路等設施，對景美溪下游的洪水宣洩已形成阻礙，特別是瑠公橋渡槽的槽底標高過低，影響尤為嚴重，因此被列入臺北地區防洪治標計畫中，作為景美地區都市排水與堤尾迴水改善工程之一（詳第二十三章）。該工程由臺灣省水利局第十二工程處設計規劃，目標將瑠公橋拆除，改在溪床底部埋設倒虹吸工輸水，意即引水過溪的方法又從地面之上，回到十八世紀郭錫瑠所構思的地下。[10]

倒虹吸工於當年五月動工，同年八月順利完工。瑠公橋拆除前後的航空影像，成為這座歷史地標最後的見證。橫跨景美溪將近一甲子的瑠公橋，在歷史舞臺上消失身影，但它不僅是連結景美、新店兩地人流與水流的通道，亦訴說了從郭錫瑠以來不斷調適洪水衝擊的歷史。

從水田化到都市化

臺北平原的三條水圳瑠公圳、霧裡薛圳及大坪林圳，不僅提供了農田穩定的灌溉水源，對於平原的聚落與市街的興起，也有重要的影響。至一九二〇年代初，市街聚落已出現明顯的向外擴張情形。據時人的觀察，臺北平原的市街面積是以每年增加三十至四十甲（即三十至四十公頃）的速度擴張。在日治初期「尚屬稻田，點綴著被竹叢所包圍之農家，到處可見喝叱水牛從事耕作的農耕情形」，到一九二〇年代，因艋舺、大稻埕、大龍峒等

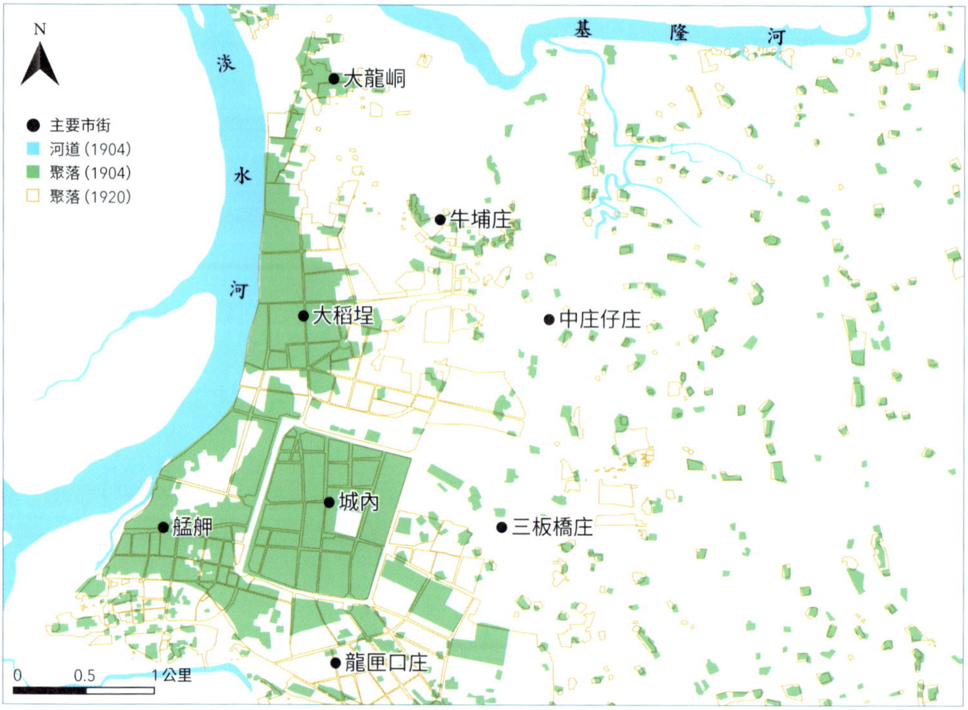

圖3-14　將1904及1925年地形圖套疊比較，可明顯看到臺北平原都市化的進程。

資料來源：李宗信製圖

市街建設而逐漸形成街衢，「櫛比鱗次的房屋取代了過去的田園，已絲毫辨認不出過去的狀態。」[11]

日治時期水圳公有化的同時，埤圳也被陸續整併。一九一〇年代，雙連埤等許多清代以來運作百年的大埤塘被排除部分埤水，填埋成新生地（詳第七章），連同自然廢棄的圳路一併被開墾，成為公共埤圳組合的基本財產。另一方面，隨著都市化發展，水利組合灌溉區域卻逐年縮小，導致組合歲入也逐漸減少，百年古圳在功能上面臨了轉型挑戰。日治中期以來，有更多失去灌溉用途的圳道及埤塘被官方徵收，成為道路、國民住宅或排水路，而多餘圳水也開始提供市區相關需水產業或機構使用，例如作為市區製糖、紡織及製紙公司的工廠用水。[12]

時至戰後，臺北由水城變成陸城，漫步市區街頭，有時連一道溝渠都難覓蹤跡。引淡水河流域之水灌溉千畝良田的古老大圳，雖已湮沒於城市之中，卻以其消失本身訴說了臺北之所以成為臺北的歷史軌跡。淡水河系中流淌的水滋養這片土地，快速地水田化吸引了更多人群，進而從農業聚落蛻變成現代都會。前述提及的瑠公圳紀念碑、大學里社區造景等，在在提醒著生活在此的人們，莫要忘記這座城市以水為脈、傍河而生的最初起點。

第四章

肥美的時節：沿河漁業、養殖與生態環境的變遷

李宗信

淡水河流域的漁業起源很早，數千年來世居此地的原住民即已過著採集漁獵的生活，考古遺址可為觀察依據，例如圓山文化出土的貝塚、網墜，以及十三行文化所出土，主要作為魚鉤、魚鏢等捕魚用具的骨角尖器等。進入歷史時期以後，從第一章的〈淡水與其附近村社暨雞籠島略圖〉（圖1-5）亦可發現，其上所標示的原住民部落，例如雷裡社、沙蔴廚社、里末社、了阿社（龍匣口社）、圭母卒社（奇武卒社、奎府聚社）、大浪泵社（巴浪泵社）、塔塔攸社、里族社、錫口社、毛少翁社（麻少翁社）、秀朗社（繡朗社）、武勝灣社等，基本上都傍河而居，足見其生活與河水的緊密關係。[1]

值得注意的是，地圖中也有標示出漁場的資訊，例如編號二十五的「Haeringh Visserij」（鯡魚場），應是指位於今新店溪一帶的水域。不過當地的主要魚類應該是香魚（*Plecoglossus altivelis altivelis*），而被荷蘭人誤解為鯡魚（Haring或Herring）。[2]

圖 4-1　1654 年的〈淡水與其附近村社暨雞籠島略圖〉中，編號 25 應為新店溪一帶水域，香魚頗多。
資料來源：同圖 1-5。毛毓翔製圖。

沙蔴廚魚寮地的交易契約

漢人入墾之後，從相關的土地契約文書亦可得知當時漁業的情形。例如一紙由「尾艚」鄭助及其夥記共同簽立於一七六〇年（乾隆二十五年）的〈杜賣契〉，即是沙蔴廚（samadu，今臺北市萬華區環河南路二段與廣州街口一帶）的魚寮地及其附屬竹圍、園地等土地的買賣合約。從「西至大港，北至料埕」的空間描述來觀察，該地的西側應是當時進出淡水河的重要港道，北側的料亭則指放置軍工木料的場所。此外，由於該地每年都需繳交武勝灣社大租銀壹兩，因此也是屬於武勝灣社的社地。[3]

此契約以放置捕魚器材的魚寮地作為交易對象，是極少見的交易類型。此外，立契人的身分「尾艚」應是指操舵駕駛船之人，或泛指以撐船為業的人。可見，一七六〇年代的淡水河艋舺地區已存在漁業及航運相關的重要經濟活動。

日治時期的淡水河漁業

一八九六年（明治二十九年）十一月，總督府殖產部官員萱場三郎在新店溪及淡水河進行實地調查。[4]據他的觀察，當時沿岸漁村以漁業為主業者非常稀少，大多數是半漁半農。他列出了各種水產漁獲的主要產地如下：

牡蠣養殖：大八里坌堡

烏魚：鼻仔頭庄、艋舺、大稻埕、和尚港、枋藔庄

鱸魚：鼻仔頭庄、屈尺庄、新店街

鰈魚：鼻仔頭庄、新店街

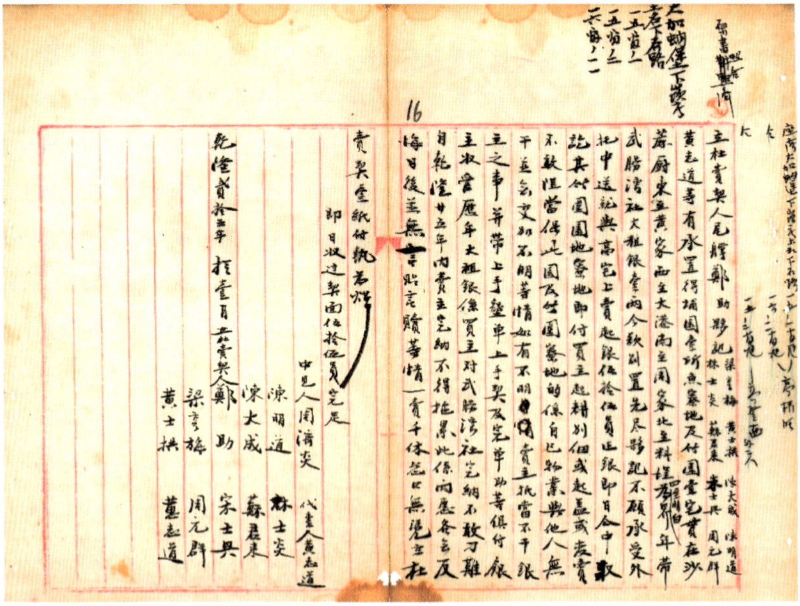
立杜賣契人尾膣鄭勛、梁亨梅、黃士拱、陳大成、陳明道、林士奕、蘇君來、宋士興、周元群、
黃志道等有承買得埔園壹所魚寮地及付園壹宅，貴在沙
蔴廚，東至黃家，西至大港，南至周家，北至料埕，四至明白，年帶
武勝灣社大租銀壹兩。今欲別置，先盡問親不願承受，外
托中送就與高宅上賣，起銀伍拾伍員正。銀即日仝中交
訖，其付園園地寮地即付買主起耕，別佃或起蓋或出賣
不敢阻當。保此園及付園寮地的係自己物業，與他人無
干，並無交加不明等情。如有不明，係賣主抵當，不干銀
主之事。并帶上手墾單、上手契及完單，勛等俱付銀
主收。當歷年大租銀係買主對武勝灣社完納，不敢刁難。
自乾隆廿五年內賣主完納，不得推累。此係兩愿，各無反
悔。日後並無言貼言贖等情。一賣千休，岔口無憑，立杜
賣契壹紙付執為照。

即日收過契面銀伍拾伍員完足。

中見人周清奕　代書人黃志道
陳明道　林士奕
陳大成　蘇君來
乾隆貳拾伍年拾壹月　日立杜賣契人鄭勛　宋士興
梁亨梅　周元群
黃士拱　黃志道

圖4-2　關於1760年沙蔴廚魚寮地的〈杜賣契〉（1909年抄錄）

資料來源：〈臺北廳開墾地業主權認定及土地臺帳登錄方認可ノ件〉（1909），《臺灣總督府公文類纂》，中央研究院臺灣史研究所檔案館典藏，識別號：T0797_06_065_0001。

甘仔魚：鼻仔頭庄、艋舺、大稻埕、和尚港

石斑魚：鼻仔頭庄、艋舺、大稻埕、和尚港、枋藔庄

鯉魚：鼻仔頭庄、艋舺、大稻埕、和尚港、枋藔庄、屈尺庄、新店街

鯽魚：艋舺、大稻埕、和尚港、枋藔庄、屈尺庄、新店街

蜆：渡仔頭庄

香魚：枋藔庄、屈尺庄、新店街

鰻魚：枋藔庄、屈尺庄、新店街

其中，淡水河口的牡蠣養殖經常受到注意，有幾張地圖特別呈現河口沙洲的牡蠣養殖場（蠣塘或蠣場）。養蠣場需設置於潮水與淡水交會，且有泥砂存在之處。視察養蠣場的日人官員提及，淡水河口的天然條件雖好，但因水量大，經常造成場地泥砂流失。此外，「特別需要注意淡水河的出水情況與潮汐變化。因為擺放的石頭及砂會隨之移動，石頭若被砂覆蓋並埋入地下，附著在其上的蠣苗往往會因此死亡……應每月平均至少兩次調整石頭的位置。」由此可知，當時淡水河口的沙洲是以傳統的撒石式方式養殖牡蠣，將石頭撒在潮間帶的沙洲上，讓蚵苗附著其上生長。[5]

日治初期位於社子島的渡仔頭盛產蜆，這在百年後社子島耆老的回憶中得到驗證。老人回憶起戰後初期，每天上午從田裡回家前，經常會先到河裡洗澡，順便摸一些蜆仔回家

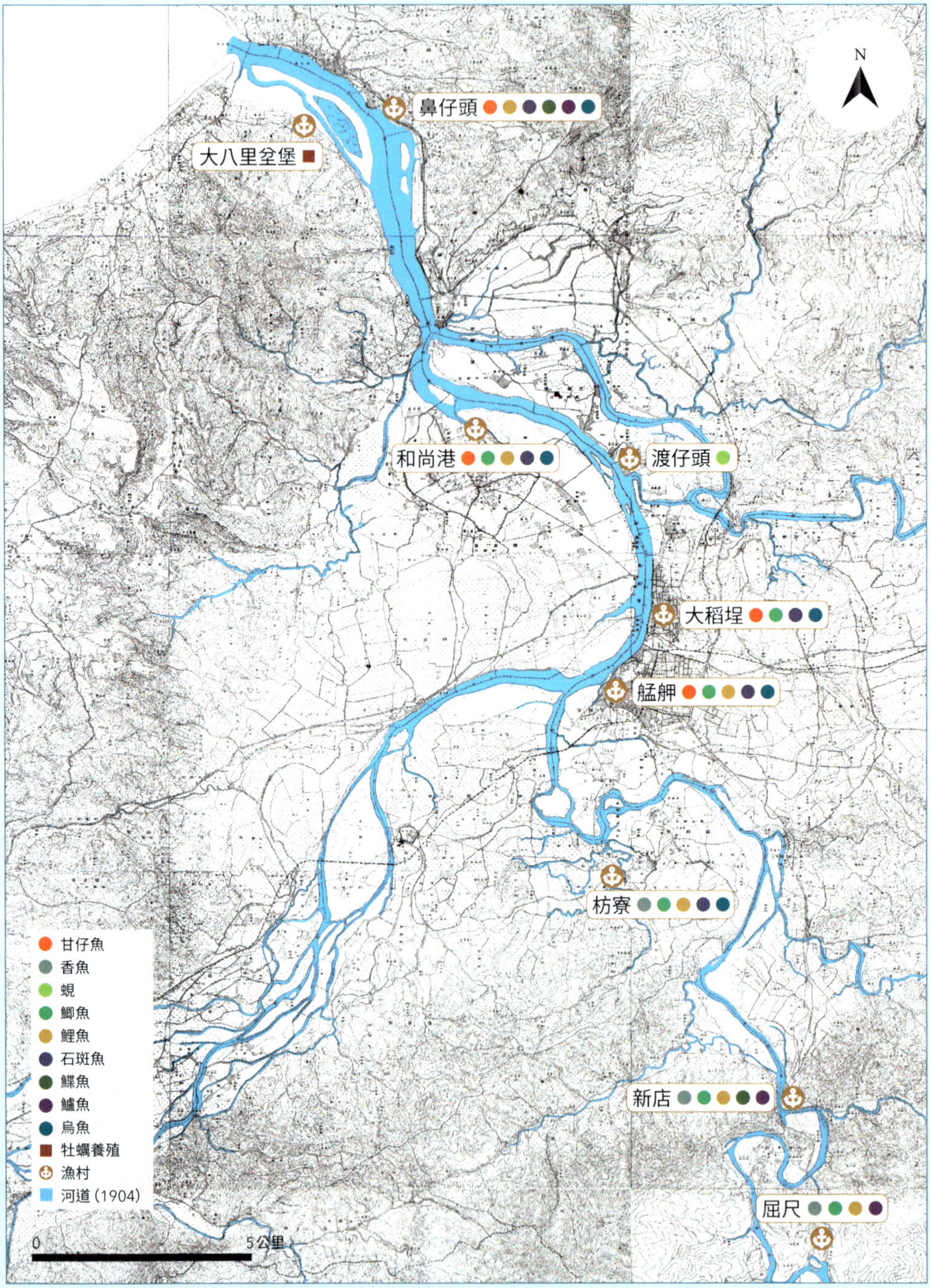

圖4-3　1896年淡水河、新店溪沿岸漁業、水產種類分布圖

資料來源：李宗信製圖，底圖為〈臺灣堡圖〉(1904)，《臺灣百年歷史地圖》，中央研究院人社中心GIS專題中心。

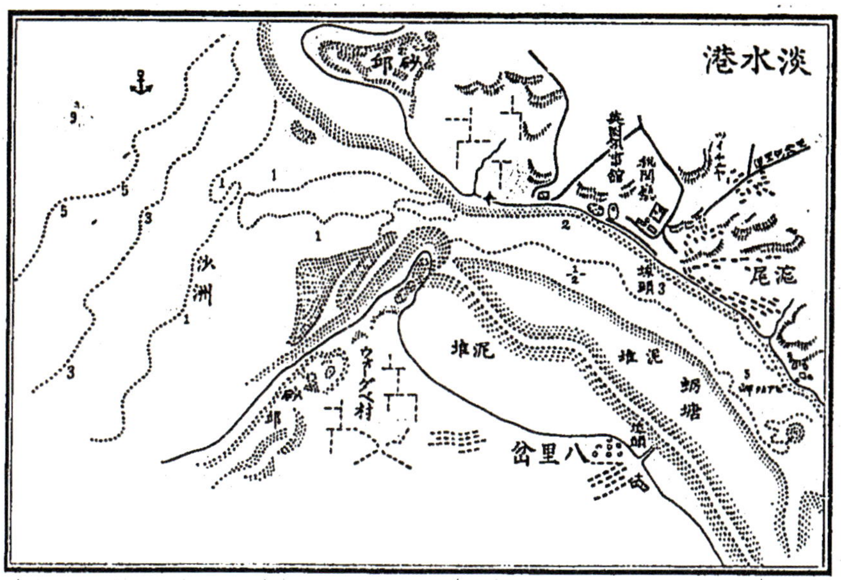

圖4-4　淡水港周邊養蠣場分布圖

資料來源：小川琢治，《臺灣諸島誌》（東京：東京地學協會，1896），頁298。

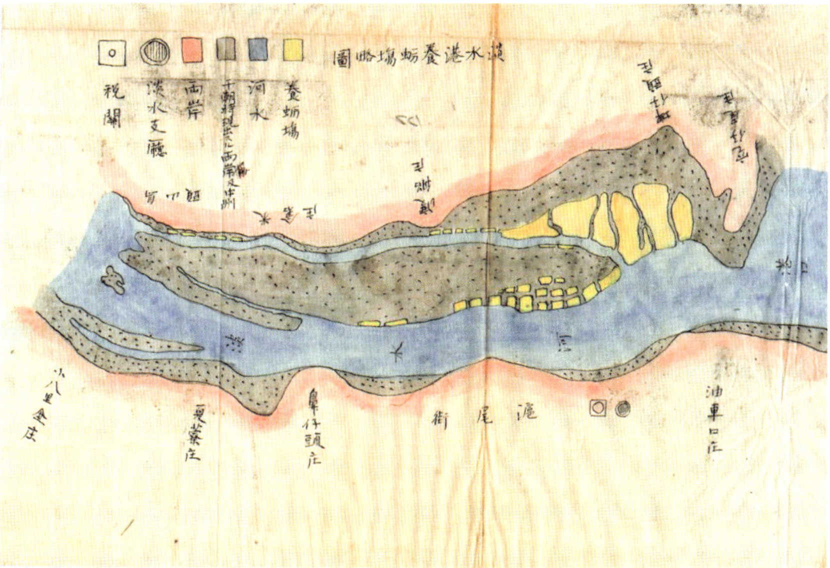

圖4-5　淡水港養蠣場略圖

資料來源：〈水產調查及水產博覽會出品物買集ノ為臺北縣管內へ出張鎌田彌十郎復命書〉（1897），《臺灣總督府公文類纂》，中央研究院臺灣史研究所檔案館典藏，識別號：T0797_15_033_0005。

煮湯。他更小的時候，夏天在河埔灘地上還可以挖出拇指般大小的龜蛋，運氣好時，可以撿拾二至三臺斤，無論是網魚、抓蝦，都隨手可得。[6]

一九二五年（大正十四年），臺北州因其水產量為全島第一，特別出版《臺灣の水產》一書，說明州下的遠洋、沿岸、河川漁業與養殖業等情況。根據書中所述，臺北州的淡水河、新店溪與基隆河等川，與臺灣其他河川水質混濁、河床變動不定的情況不同。淡水河系水質較為清澈，因而除了傳統釣魚方法外，尚有幾種常見的漁法。例如當地人稱為「牽罟網」的地曳網，在八里坌（八里）一帶極盛；四手網則主要於淡水河口進行，漁民於河岸搭設小屋，並使用滑輪來升降漁網，因此也被當地人稱為「車罾」。

四手網漁業全年均可進行，但魚簗漁業則有漁期。此法即為下文提及的「魚杭」或「魚桁」，規模較大者在新店溪上游、北勢溪及南勢

圖4-6　日治初期油車口的四手網設於距海岸6、7間（約11至13公尺）之處，當魚群游進網中，圖左小屋內設置的滑輪系統便將網升起。

資料來源：大日本水產會，《臺灣總督府民政局殖產部報文第一卷第一冊》（東京：臺灣總督府民政局殖產部，1896），頁7。

溪河段，以及板橋、三峽一帶的大嵙崁溪河段。魚簗通常於每年八、九月間架設，至翌年三、四月間結束，捕獲的主要魚種包括鮎（香魚）、鰻、螃蟹及其他雜魚。由於盛產香魚，亦有「友釣」（以活香魚為誘餌釣魚）及「鵜飼」（利用受過訓練的鸕鷀潛入水中捕魚）等特殊漁法。

圖4-7　臺北橋南側的四手網，推測攝於日治後期至戰後初期。

資料來源：〈淡水河畔網魚與遠眺臺北橋〉，臺北市立文獻館典藏。

養殖業多為農家副業，以七星、新莊郡為多。魚苗多在新莊郡飼養，他郡則從此地購買，養在埤塘。不過魚苗昂貴，且供給不足，因而整體來說臺北州的養殖業並不興盛。此外，臺北州雖有許多埤塘是極好的養魚池，但臺北市附近的埤塘大多未被利用。[7]

香魚的故鄉：新店與大溪

淡水河漁業中，最值得注意的是香魚。根據萱場三郎的調查，新店上游至屈尺之間約一公里的河段共設置了五座稱為「魚杭」（又寫為「魚桁」）的設施。其結構十分宏大，幾乎將新店溪橫斷攔截，僅在屈尺處為運輸方便而保留三艘舢舨船通行的寬度。魚杭的主要目的是從九月到次年一月間捕獲為產卵而下游的香魚，其次是捕捉鯉魚、鯽魚、鰻魚等。

據當地居民所說，這些設施多由當地有力家族數十人合資築造，合資不只出資金，各戶還要出勞力伐竹和運石。每年的漁獲量因年而異，少則四、五千斤，多則上萬斤。據實地調查所見，屈尺的魚杭一天可得三千斤，按當地市價每斤十五錢計算，當天收入達四百五十日圓，可回收魚杭的築造費用。[8]

新店溪因自古以來盛產優質香魚而聞名，當地人稱之為鰈魚（jéi-hu），有「新店溪鰈魚甲天下」之譽，所謂「新店香魚天下魁，銀鱗無數壓江來，一罾羅得三千尾，向晚溪樓喚酒杯」。❶加上新店距離臺北市區不遠，且風景優美，很快就成為日治時期淡水河最重要的漁場之一。一九〇五年，當地日

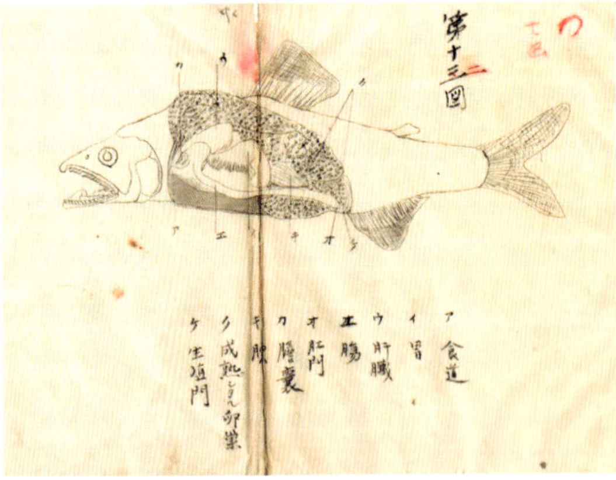

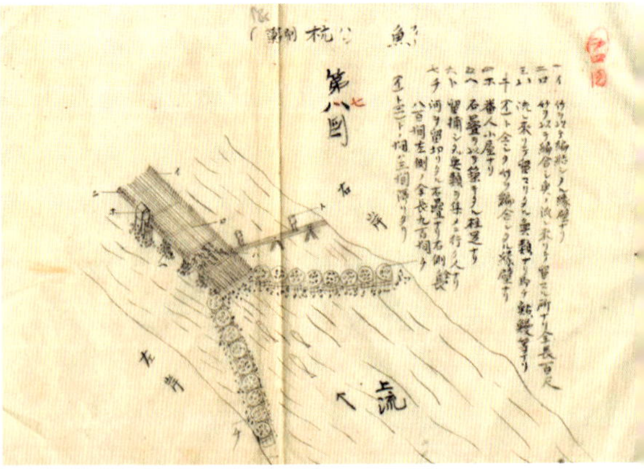

▶ 圖4-8　新店溪上設置的魚杭設施

◀ 圖4-9　新店溪香魚構造圖

資料來源：〈淡水河漁業調查ノ為萱場三郎出張復命書〉（1897），《臺灣總督府公文類纂》，中央研究院臺灣史研究所檔案館典藏，識別號：T0797_15_031_0010。

人因擔心香魚被過度捕撈，而向總督府民政長官後藤新平陳情。陳情書中描述道：

> 新店河流域距臺北市區不遠，是非常適合作為川魚漁場的地方。尤其是香魚，這裡是唯一的產地，主要漁場包括大粗坑、三角湧、古亭庄等，為臺北附近數萬人供應。該地區山青水清，風景極佳，實為臺北地區娛樂的一勝地。[9]

事實上，新店溪的香魚又以上游北勢溪坪林所產的品質最佳，而有「坪林鰈魚肥漫漫」之說，主要與當地得天獨厚的清澈水質，以及溪底蘊藏豐富苔藻作為香魚優良棲地有關。每到香魚季節，北勢溪當地的人們，往往摘採岸邊的麻竹葉，均勻鋪在鍋底，並將活蹦亂跳的香魚擺放在竹葉上，升起紅炭文火煨烤。香氣瀰漫整棟農舍，堪稱人間第一美味。[10]

作為如此受歡迎的食物，可以想見人們競相濫捕的情況，特別是當地人使用的幾種漁法，例如魚杭、地獄網（流刺網）、地曳網、手操網及鵜繩網等，可能導致竭澤而漁的問題。當時擔任總督官房祕書官的橫澤次郎，連同十五名官員，向後藤新平提出前述的陳情書，希望當局可以正視香魚可能枯竭的問題：

❶引自日本詩人尾崎大村的詩作〈碧潭香魚〉。

前述的漁法多由本島人使用，不僅會導致香魚的絕滅，還可能使該河川中的魚類絕跡。如今，施行相應的制裁措施確實是必要的時機。雖然漁業者中有些專以營利為目的，有些則為娛樂，但無論何種目的，在新店河和大嵙崁河中應嚴禁前述五種漁法。釣竿釣魚和投網雖然不至於妨礙魚類繁殖，但也需要相當的管理。如果能設立課稅和許可制度，不僅能保護和養殖魚類，確保吾人日常供應，還能促進地方經濟。特此陳述卑見，並提出建議。[11]

除了新店溪之外，在大嵙崁溪畔的大溪街（今桃園市大溪市），亦以香魚為當地特產，據說名聲冠絕全島，屬高級

圖4-10　1940年代長谷川清總督視察大溪公會堂展示的香魚標本

資料來源：〈鮎ノ標本（大溪公會堂）〉，《視察寫真冊（十三）》，中央研究院臺灣史研究所檔案館典藏，識別號：T0886_01_01_013。

食材。大嵙崁溪的香魚年產量達一萬二千斤，總產值達六千日圓。香魚主要以鮮魚的形式銷售，為了避免漁獲量較大時市場價格下跌，大溪漁業組合自一九三三年（昭和八年）起，興建共同加工工廠，製成魚乾等商品以擴展販售通路，香魚也因此成為享譽全臺的大溪名產。一九四〇年代，長谷川清總督前往大溪，還曾視察大溪公會堂展示的香魚標本。此外，為了提高香魚的產量，漁業組合每年也會對五百萬粒香魚卵進行孵化作業，並投放於大嵙崁溪中，以促進香魚繁殖，產量因而有所提升。[12]

基隆河畔養鴨人家

臺灣的家鴨品種最初據說是體型最小的菜鴨，在康熙年間從福建泉州引入臺南。其後，土番鴨、紅面鴨及上海種鴨才逐漸引入，在臺北等地繁殖。第一章提及的英國博物學家柯靈烏曾到臺灣北部旅行，一八六〇年代於《英國皇家地理學會會刊》發表遊記，描述了士林一帶基隆河上的養鴨情景：

> 從這裡再前行約三哩，即抵達名為八芝蘭（今士林）的村落。相較於艋舺或滬尾，這個村莊通風更佳，也更加乾淨整潔，且擁有一個優秀的市集，儘管當地居民的經濟條件看來較差。在河岸邊，我們經常可以看到許多鴨船（duck-boats），船上搭載約兩三百隻鴨

> 子，載運到飼養地後，由一位少年負責牧鴨。這些鴨子整天聚集得十分緊密，以便能用毯子將其完全覆蓋，到了夜晚，再以小船將鴨群送回圍欄內。[13]

另據總督府民政局技手木村利建於一八九七年二月的調查，臺北縣（約當今之臺北市、新北市、基隆市、桃園市、宜蘭縣、新竹縣及新竹市）的農家幾乎都有養鴨。各農家在住宅附近開鑿池塘，雖然可供多種用途，但主要目的似乎是為了養鴨。臺北縣轄內的養鴨數量大約為三十餘萬隻，最盛行的地方是芝蘭一堡、芝蘭二堡，以及興直堡等淡水河沿岸地區。這些地區的養鴨戶中，最多的一戶飼養五百隻，少的也有一百隻。[14]

由於養鴨必須臨近水域，加上鴨子天性群居，只需飼主手持一根細長竹竿或木棒，即可輕鬆引導數百隻鴨群整齊有序地移動，左右前後毫不紊亂，場面極為壯觀，被譽為奇妙而美麗的景象。據傳日本皇室攝政宮、秩父宮及高松宮等皇族殿下訪臺時，均曾專程前往基隆河畔觀賞此一奇觀，每每展現出極大興趣與讚賞。[15]

在基隆河流域，隨處可見成群結隊的鴨子。更有趣的是，當地常見到販售鴨隻的鴨行商人隨著鴨群移動穿梭，呈現獨特的南國風情與饒富趣味的景觀。特別是在關渡，當地向來有「關渡鴨母，一律放港」之諺。所謂「放港」，就是放流河中。昔日關渡養鴨人家往往在天亮打開鴨閘，將數百隻鴨子趕入河中覓食，而河中盛產的花殼，則是鴨群主要的天然飼料，所謂「花殼仔飼鴨母，免本」。直到即將日落之際，養鴨人家再搖船出去，以長竹竿

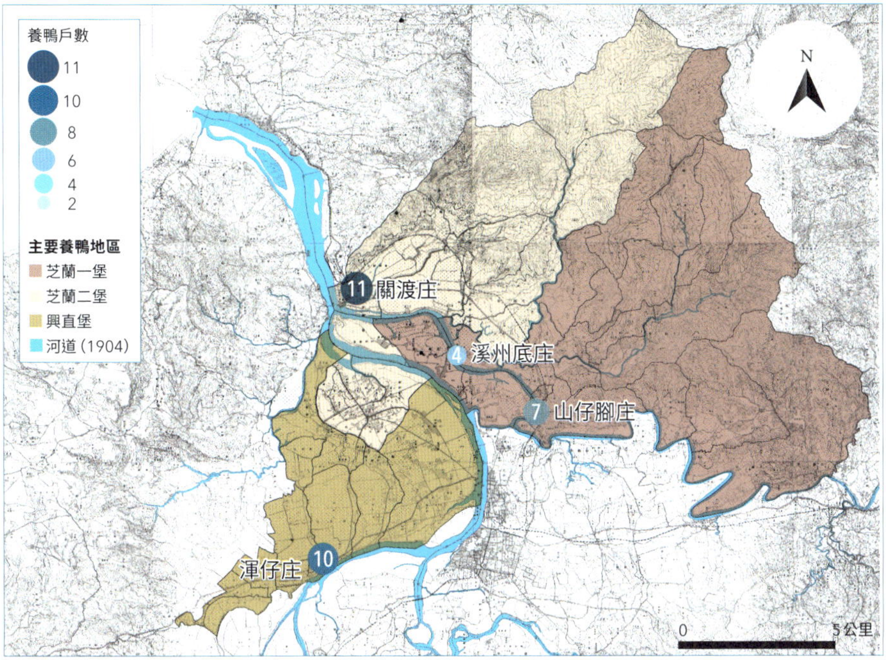

圖4-11 1897年臺北縣主要養鴨街庄、戶數分布圖

資料來源：李宗信製圖，根據〈臺北附近養鴨調查木村（利建）技手復命〉（1897），《臺灣總督府公文類纂》，中央研究院臺灣史研究所檔案館典藏，識別號：T0797_01_179_0001，底圖同圖4-3。

▶ 圖4-12　1930年代基隆河畔的養鴨人家

資料來源：《臺灣寫真大觀》（1938），國立臺灣圖書館典藏。

◀ 圖4-13　1933年基隆河明治橋畔的家鴨飼養

資料來源：桑木政彥，〈基隆川家鴨飼（臺北州）〉，《臺灣寫真大觀》（1933），費邁克集藏，中央研究院臺灣史研究所檔案館典藏，識別號：T0203_02_03_1502。

將鴨群趕回鴨寮過夜。事實上，養鴨人家的主要財源來自鴨隻每天凌晨生產的鴨蛋，[16]例如關渡盛產的「紅仁鹹鴨蛋」，也是昔日臺灣人餐桌上的重要蛋白質來源。

日治末期一則《興南新聞》的報導，生動地描述秋天的淡水河畔，養鴨人家和漁夫的互動過程：

> 連日晴朗的好天氣讓淡水河的河水如秋日的天空般清澈透亮，甚至能清晰地看到河底的碎石。一艘小船緩緩滑向岸邊，船上掛著投網作為遮陽。從水門上方有人問：「今天捕到什麼了？」看來是一對父子組合的漁夫幽默地答道：「是秋天啊，魚都變肥了！」這時，一位賣蛋的商販靠近過來，放下籠子問：「要不要買肥美的家鴨蛋？」肥美的魚和肥美的蛋簡單地進行了物物交換。秋天，萬物豐腴的秋天。[17]

圖4-14　淡水河上的漁夫與岸邊的養鴨人家

資料來源：〈魚肥え淡水河〉，《興南新聞》第3814號（1941年9月5日），2版，發布於《臺灣新民報社報刊史料》，中央研究院臺灣史研究所檔案館，識別號：T1119_03_008_0005。。

都市化的衝擊：漁業沒落與原生物種消失

一九五〇年代以來，隨著臺北市人口激增，家庭汙水成為基隆河和淡水河的主要汙染源。原有的溪流資源受到嚴重衝擊，部分原生物種逐漸消失。在景美溪上游的麻竹寮（新北市深坑區）一帶，過去以豐富的魚類資源聞名，在地居民從小傍河而居，無論是毛蟹、鱸魚、烏魚、石斑魚、甘仔魚、鯽魚、福壽魚（吳郭魚）、蝦和螺等，都是當地盛產的水產漁獲。但隨著環境變遷與淡水河汙染，該地的漁業生態已經發生巨大變化。

曾在一九七〇至一九八〇年代擔任深坑鄉長的黃世滄回憶，他的祖先自從在麻竹寮定居以來，便以捕魚為生，當地的小孩子在四、五歲時便已熟練游泳。黃世滄當時家裡擁有一艘小船，他也經常與叔叔們一同捕魚，這些漁獲不僅自己食用，還會分送親朋或出售。除了鱸魚、烏仔魚、甘仔魚等淡水魚類，淡水蝦更是當地的特色。每年五至九月是捕蝦的旺季，這些蝦肉質鮮美，與今日餐廳裡的泰國蝦大小無異。

然而，隨著時代變遷，這些魚蝦幾乎已經消失，取而代之的是繁殖力與耐汙能力較強的吳郭魚，原生的土鯽魚則數量驟減。黃世滄指出，「以前深坑的溪裡魚多得是，還有從海裡來的海魚，但現在這些魚已經消失了，因為淡水河汙染嚴重，河裡幾乎沒有魚了。」他表示，儘管本地一些原生魚種仍在，例如石斑魚和苦花魚，但整體來看，深坑地區的漁業生態已無法與往日相提並論。[18]

圖4-15　三腳渡漁夫於基隆河捉紅線蟲

資料來源：柯金源，〈士林三腳渡張輝捉紅蟲〉（2000年11月），發布於《數位島嶼》，中央研究院數位文化中心。

深坑的案例，正是淡水河流域環境與漁業變遷的縮影。在生態作家筆下，淡水河裡曾經四季都無冷場。春來溯溪、躲藏夏颱、秋至產卵、冬天回到海洋，魚鰻蝦蟹等迴遊型水族的生命歷程，共同譜出淡水河的四季組曲。然而曾幾何時香魚消失，新店溪成為吳郭魚的天下，臺北橋下百魚絕跡，只剩耐汙力在吳郭魚之上的海鰱仔（大眼海鰱），魚苗不再湧入淡水河口。[19]

香魚滅絕反映了環境汙染導致的水資源惡化。戰後初期，政府開始從日本引進相同物種的香魚進行復育，終於在一九七七年，透過水產養殖技術，成功孵化香魚苗，並放流到新店溪上游與石門水庫等地，希望可以重現香魚的身影。[20]

弔詭的是，水質惡化帶來另一種生物的出現。一九七〇至一九八〇年代的基隆河下游，士林三腳渡的船夫在堀川（即日治時期的特一號排水溝）排入基隆河處，發現了耐汙性強的紅線蟲。紅線蟲可作為養鴨的飼料，隨後也成為養鰻人的新寵。隨著鰻魚價格飆升，三腳渡一度成為全臺紅線蟲的供應中心。對三腳渡人來說，這段時期是他們難忘的黃金年代。好景不長，隨著河水的汙染加深，竟連紅線蟲也逐漸無法生存，再加上鰻魚價格下跌，捕撈紅線蟲的生計也終於告終。三腳渡的歷史見證了淡水河養殖漁業的變遷，成為極富歷史意義的時空交會點。[21]

第五章

水之力：近代動力水車與市郊產業發展

簡佑丞

渡黑水溝來臺拓墾的清代農業移民，為能在臺灣這塊土地上安身立命，多集結眾人之力開挖溝渠圳路，引溪河之水讓荒蕪的大地逐漸成為生產糧食作物的良田，淡水河流域也因此出現縱橫交織的埤塘水圳（詳第三章）。不過，在日治時期殖民政府眼中，民間自治發展的清代水圳由私人管理，效率不佳，傳統水利技術也有其限制，因而灌溉溝渠的規模、灌溉範圍都難以擴大，供水量也不穩定。為此，總督府開始推動埤圳公共化，與此同時亦積極進行近代水利設施的整備與建設。

全臺各地近代水利系統的普及，除了擴大灌溉區域及耕作土地面積之外，渠道筆直、水量穩定且具一定地形落差的人工灌溉圳路，也為動力水車創造了理想的設置條件。因此，以淡水河系水源為核心的臺北平原水圳系統亦開始出現不少向官方申請設置近代動力水車的例子，水之力亦成為成就臺北市郊地區產業發展的重要因素。

從傳統「水碓」到近代「動力水車」

提到水車，首先會聯想到的是過去在臺灣鄉間偶然可見，由人力腳踏轉動的木製或竹製齒鍊狀龍骨水車。第一章提到十九世紀來臺溯基隆河的柯靈烏，也對此「中國式水車」印象深刻。還有一種更為一般人熟知的，是垂直車輪式揚水車。此兩種水車主要目的是為了揚水及取水灌溉，透過人力或渠道水力驅動水車轉動，將水源由低處揚升至高處，均屬於「揚水水車」。

圖5-1　日治時期臺灣的龍骨揚水水車

資料來源：〈龍骨車〉，國家圖書館典藏，典藏號：00259120。

圖5-2　日治時期臺灣的灌溉用垂直車輪式水車

資料來源：〈臺灣耕地灌溉用的水車〉（高雄：南里商店，1920年代），國家圖書館典藏，典藏號：002414821。

「動力水車」則與揚水水車不同。其是利用自然溪流或導引、控制水流的人工渠道，藉由水位落差產生的水力，帶動設置於其旁或其上的水車轉動，而後水車輪軸便能驅動齒輪傳動機械裝置系統，讓其不斷運轉。換言之，當時的動力水車就如同今日的馬達或引擎，藉此讓水之力成為驅動機械的動力來源。[1]

事實上，根據中國史書記載，早在東漢時期即有以水力帶動水車，用以驅動杵臼器械，作為搗米之用，稱為「水碓」。[2]到了魏晉南北朝時期，水碓已逐漸被廣泛運用於農作穀物的各項生產加工作業。爾後，元代王禎所著的《農書》及明代宋應星撰寫的《天工開物》，均圖文並茂地說明水碓的構造與其相關應用。[3]這顯示以利用水力為目的的動力水車技術，自古以來即為中國各地重要且普遍的農業生產設施。

清代中期後，水碓技術則隨著陸續來臺墾拓的移民傳入臺灣。然而，受限於臺灣的地形氣候、風土與水文環境，傳統水碓較多就近設於丘陵或近山地區，利用具坡度高差、

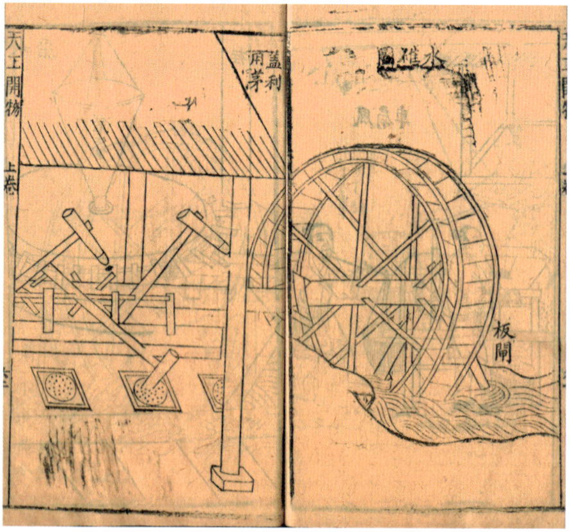

圖 5-3　水碓的設施構造與運作圖示

資料來源：宋應星，《宋先生著天工開物 三卷》（約1637年），明書林楊素卿刊本，中央研究院歷史語言研究所藏品。

水量相對穩定、豐沛的自然野溪水力作為其動力來源。在一百多年前的〈臺灣堡圖〉上，觀音山旁（今五股水碓里）、大屯山下（今淡水水碓里），都可以找到以「水碓」為地名的聚落，為其存在留下見證。

灌溉圳路的水力運用：臺灣近代動力水車與農產加工業的興起

日治時期水圳的近代化，讓可穩定供水的人工渠道網絡逐漸成形，鄰近農業生產地的平地聚落或城市近郊地區亦具備了設置動力水車的條件。腦筋動得快的日籍資本家便開始向總督府或地方政府提出設置動力水車的申請，欲使用人工溝渠的豐沛水力推動水車運轉，進行精米、研磨麵粉、製造澱粉、壓榨蔗糖甚至造紙的作業。

此一進展，可謂接續了日本內地自十八世紀以來，逐步發展的動力水車風潮。尤其，在明治維新政府積極大力推動全國殖產興業的政策下，水車更迅速地深入各地。整個明治時期都是日本動力水車擴張的高峰，直到大正後期電力馬達與蒸汽動力逐漸普及前，動力水車持續扮演支撐日本城市近郊與地域產業動力來源的關鍵角色。舉凡傳統農產食糧相關的精米處理、麵粉生產，或近代的絹絲、紡織工業均少不了動力水車的存在。[4]

在臺灣，早在一九〇二年（明治三十五年），總督府殖產局便在嘉義西堡山仔頂庄（今嘉義縣竹崎鄉山仔頂），興建以動力水車為核心的官營模範製紙工廠，其水力來源為八掌溪的人工導水渠道。值得一提的是，該動力水車為當時臺灣少數購自美國水車製造會社的西式近代大型鐵製水車，別具意義。[5]

除了官方以外，日籍資本家一方面引進近代動力水車技術，另一方面則整合、改良傳統的水碓，發展出適合於臺灣灌溉圳路的動力水車系統。在臺中、嘉義、彰化都可以找到相關事例。例如一九一〇年（明治四十三年）二月，設籍臺中街的有藤利剋申請在臺中市中心新盛橋附近的綠川沿岸設置動力水車，藉以經營精米與製粉產業。[6]同年十一月，擔任臺灣起業會社支配人的松崎敬義，則規劃於嘉義街設置以地瓜為原料的澱粉製造工廠，並計劃於廠內設置動力水車引入附近的道將圳圳水，作為驅動水車的水力來源。[7]

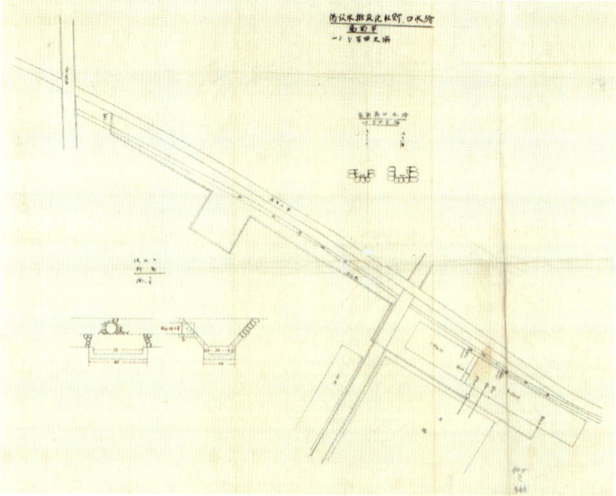

圖5-4　北港製糖會社利用臺中后里圳水力，於旗下月眉製糖工廠內設置動力水車，並引圳水進入廠內帶動水車運轉驅動製糖機械運作。圖面左下為導水渠斷面設計圖，其他為導水渠、貯水池及製糖工廠平面圖。

資料來源：〈小松楠彌后里圳水力使用許可〉（1912），《臺灣總督府公文類纂》，中央研究院臺灣史研究所檔案館典藏，識別號：T0797_07_321_0015。

由日籍企業家小松楠彌經營的北港製糖株式會社，旗下有位在臺中后里的月眉製糖工廠。一九一二年（大

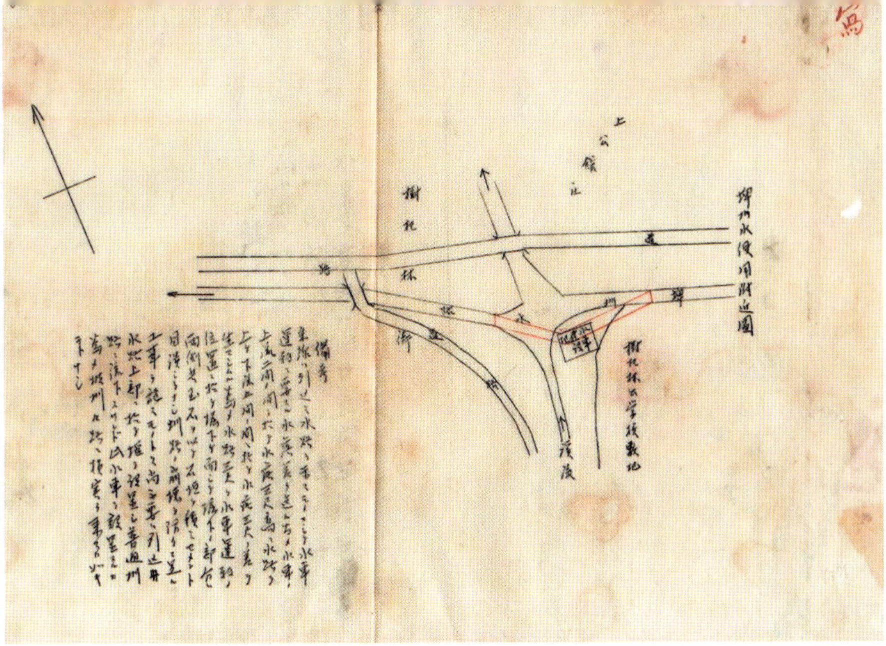

圖5-5　利用樹杞林圳設置動力水車之平面設計圖：紅線為導水渠，將水導入精米兼製粉工廠內的動力水車後排回原圳路，供下游農田灌溉。

資料來源：〈公共埤圳圳路使用許可ノ件報告〉，《臺灣總督府公文類纂》（1916），《臺灣總督府公文類纂》，中央研究院臺灣史研究所檔案館典藏，識別號：T0797_20_188_0001。

正元年）八月，趁官設埤圳后里圳接近完工之際，他立即向總督府申請該圳的水力使用許可，規劃在工廠內設置動力水車，驅動製糖機械的運作。[8]同月，設籍臺中街的日籍資本家雪竹小一，向八堡圳公共埤圳組合提出五汴埤的水力使用申請，供動力水車之用。[9]而臺中市的日資企業松崗拓殖合資會社，亦分別於一九一六年十月、一九一七年三月，在苗栗與新竹樹杞林（竹東）興建以動力水車為核心的製糖工廠。[10]

在日治時期，遍及臺灣各地運用動力水車作為動力來源的產業，基本上還是以城市近郊、靠近灌溉埤圳的小規模精米、製粉工廠為主。此外，除了日籍企業家，本土的臺灣籍業者或商家也漸漸嗅到以動力水車發展在地產業的商機，開始紛紛仿效，以此發展小規模穀物生產加工業。

一九一六年一月，臺籍的陳清雲循著日籍業者的腳步，向公共埤圳樹杞林圳（竹東圳）管理者申請使用該圳水力。他將動力水車設於精米兼製粉的工廠內，利用水力搗米及磨製米麵粉，最後將水流經由人工導水渠排回原圳路中，繼續供下游農田灌溉之用，達到水資源的循環利用。另外，居住在臺中葫蘆墩街（今臺中市豐原區）的臺籍人士宋羅漢，為了在圳路旁連棟街屋內興建精米工廠，同時向臺中廳提出流貫市區之葫蘆墩圳的水力使用申請。不同於陳清雲另闢溝渠引流入內，宋羅漢的設計是直接將動力水車設置於葫蘆墩圳的圳路之上。為增加水車馬力，三組合一的大型近代動力水車幾乎占據圳道寬幅的三分之二，連動著工廠內的傳統精米搗捶設備。[11]

同樣位在葫蘆墩街的臺籍仕紳、也是豐原著名的大米商陳德全，則是於一九一五年八月便申

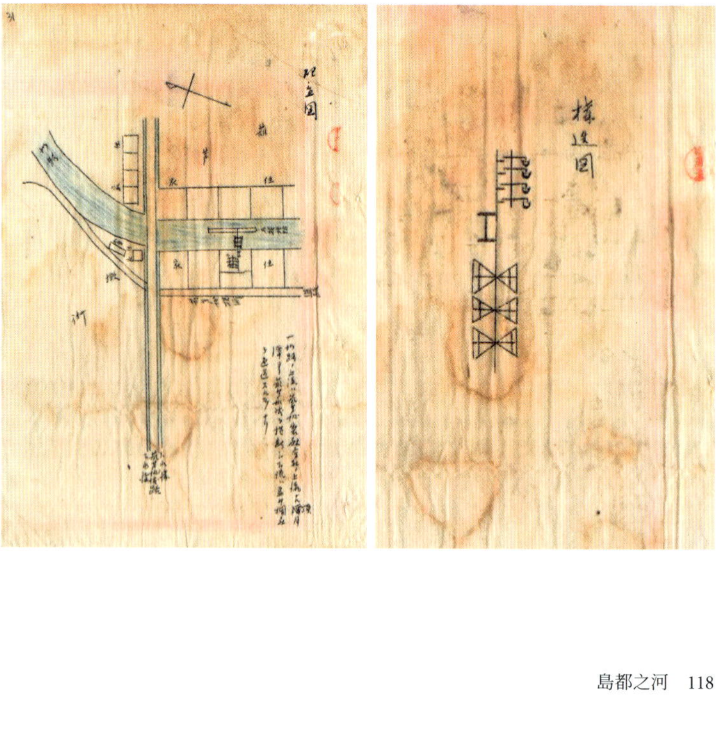

圖5-6 動力水車直接設置於葫蘆墩圳圳路上，驅動圳路旁連棟街屋內之精米工廠的傳統搗米設備。右圖為動力水車與搗米裝置的構造圖。

資料來源：〈公共埤圳圳路使用許可ノ件報告〉(1916)，《臺灣總督府公文類纂》，中央研究院臺灣史研究所檔案館典藏，識別號：T0797_20_188_001。

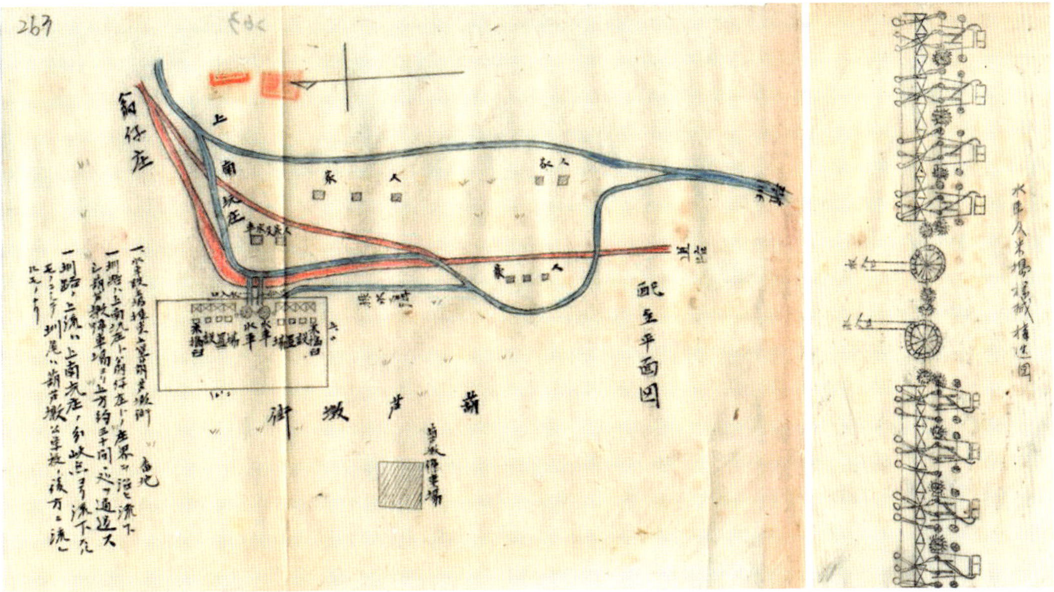

圖 5-7　豐原米商陳德全的大型精米工廠（方框）以導水渠引八寶圳圳水至工廠內，驅動兩座動力水車，後者再利用皮帶帶動複雜的齒輪及自動化的近代式精米機械系統（右圖）。

資料來源：〈公共埤圳使用許可報告（臺南廳其他）〉（1915），《臺灣總督府公文類纂》，中央研究院臺灣史研究所檔案館典藏，識別號：T0797_19_278_0001。

請流經豐原火車站後方八寶圳的水力使用許可，作為精米動力。從他向臺中廳提出的設計圖可發現，其工廠內設置有兩座動力水車，以人工導水渠引圳水至工廠內驅動水車，並分別利用皮帶帶動複雜的齒輪和自動化的近代式精米機械設備，進行生產作業。[12]

日治中期以後，隨著全臺各地水利灌溉系統的陸續整備，日籍與臺籍業者紛紛開始申請利用圳路水力設置動力水車，成為支撐舂米、製粉等在地民生產業的動力來源。動力水車亦不再局限於近山或丘陵地的自然條件，逐漸深入城市近郊與市街中心。在技術方面，精米、製粉不再限於傳統水碓，不管是水車本體或生產設備都逐漸近代化，當然也影響了生產模式。

事實上，直到戰後初期被電力驅動的電動

馬達逐步取代為止，利用灌溉圳路水力的動力水車一直是支撐產業、生活、食糧等不可或缺的重要設施，也是促進臺灣在地產業生產近代化的要角。

以瑠公圳灌溉系統爲核心：臺北近郊動力水車與在地精米產業

日治初、中期起，潤澤擺接平原、臺北盆地及新莊平原的埤圳陸續被合併、認定為公共埤圳。一九〇七年，瑠公圳與上埤、霧裡薛圳合併為「公共埤圳瑠公圳組合」，並開始一連串的改修工程。原本的木梘橋改建成鋼筋水泥渡槽橋，而引水路、圳頭、取水門、分水工等設施也不斷改建、改善或擴充（詳第三章）。[13]這些改造進一步促使瑠公圳成為臺灣人最早設置動力水車，且又是全臺興建數量最多、最密集的近代水利系統。

一九一四年九月，設籍大加蚋堡舊里族庄（今松山區新東街至內湖區新湖一路、三路一帶）的臺籍地主蔡澤水，向臺北廳申請瑠公圳東勢支圳舊里族支線的圳路水力使用許可，以驅動其精米工廠內的動力水車，進行碾米作業。[14]同年十二月，設籍大加蚋堡下埤頭庄下埤頭（今臺北市松江路五八一巷附近）的陳忙也提出申請，欲利用瑠公圳霧裡薛支圳下埤頭支線的水力碾米。從他們的「設計仕様書」（規格說明書）可知，兩人的工廠皆設在圳路旁，以茅草頂與木、竹構築，且均未另行開挖導水渠至工廠內，而是想在圳路上直接設置動力水車。為了確保灌溉設施不受水車運作、振動影響，致使下游農田無法灌溉，他們在設有水車的圳路兩側和底部皆規劃裝設厚木板固定。[15]

同年年底，設籍於大加蚋堡頂東勢庄的江羽，以及居住在舊里族庄的郭發也提出申請，想利用的也是東勢支圳及其舊里族支線。該地有約五尺（一．五公尺）之地形落差，是設置動力水車的良好地點。換言之，光是瑠公圳的東勢支圳，其上便設置了至少三座精米用水車。不過，江羽及郭發是以暗渠引水，利用可拆卸式木製堰堤與制水門等設施攔蓄部分圳水，再埋設具木栓的陶管，藉此將水引至自家田地中的精米工廠。如此設計是為了防災考量。一旦洪水即將來襲，便可預先拆卸堰堤及水門，以利圳路排水，並防止大水一路沖至工廠，而陶管的木栓亦能避免洪水破壞動力水車與碾米設備。[16]

除此之外，同年年底尚有設籍大加蚋堡三板橋庄大竹圍（今臺北華山文創園區一帶）的許朝技，申請在大竹圍九板橋的北側（今臺北科技大學北側附近）開鑿渠道，引瑠公圳上埤排水路之水，設置精米用的動力水車。有趣的是，隔年三月，設籍大加蚋堡中崙庄（今

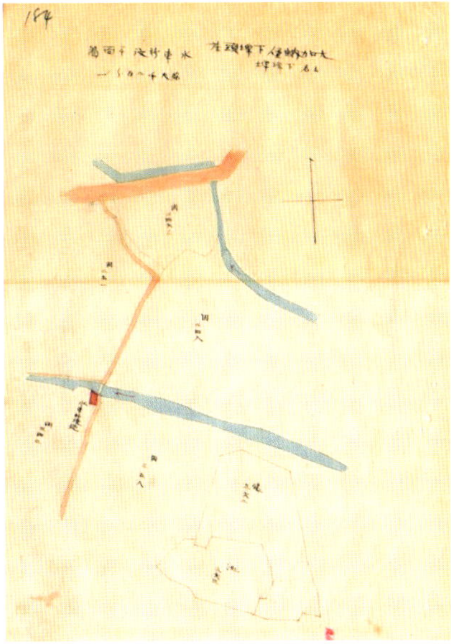

圖5-8　陳忙申請利用瑠公圳霧裡薛支圳下埤頭支線的水力精米，圖中紅色方塊即為精米工廠與動力水車位置，水車直接設在圳路之上。

資料來源:〈公共埤圳使用認可ノ件外三十二件〉(1914)，《臺灣總督府公文類纂》，中央研究院臺灣史研究所檔案館典藏，識別號：T0797_18_290_0001。

臺北微風廣場附近）的劉籠，則申請將動力水車設置在許朝技的正對岸。上埤排水路在流經九板橋的上下游間具有明顯的地勢落差，讓在地的精米業者紛紛抓緊機會競相申請。

劉籠提出的申請書包含了一張詳細的動力水車設計圖。從設計圖面可知，他規劃於圳路旁開挖人工導水渠。水渠為卵石漿砌，局部採用混凝土，其上設置直徑長達九尺（二・七公尺）的巨大動力水車，藉由引入的水流可產生約一馬力的動力推動水車，進而帶動碾米機械的作業。[17]

還有一點值得注意。世居文山堡萬盛庄景美街的臺籍仕紳與大地主劉長生，比劉籠提早兩個月提出水力申請。一九一五年一月，他便構思利用流經景美市街、位在景美集應廟前之瑠公圳幹線圳路，設置精米用的動力水車。雖然設置的地點不同，但其繪製的動力水車設計

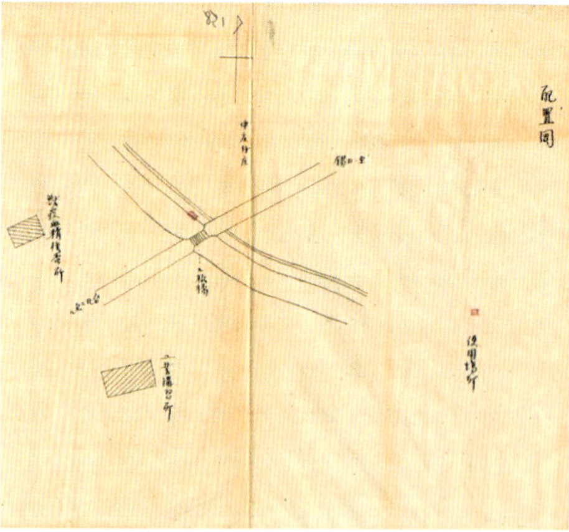

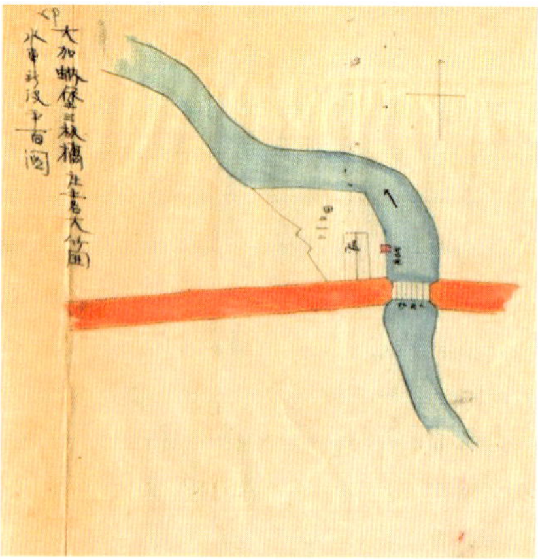

▶ 圖5-9　許朝技申請在三板橋庄大竹圍九板橋北側開鑿人工渠道，利用瑠公圳上埤排水路的水力精米，圖中紅色方塊即為動力水車位置。

◀ 圖5-10　劉籠申請在許朝技的精米工廠與動力水車之對岸設置精米用動力水車（紅色方塊處）

資料來源：〈公共埤圳使用許可報告（臺南廳其他）〉（1915），《臺灣總督府公文類纂》，中央研究院臺灣史研究所檔案館典藏，識別號：T0797_19_278_0001。

圖不論形式、尺寸、材料皆與劉籠的如出一轍。[18]再者，文山堡萬盛庄頂公館（今羅斯福路五段至萬福國小一帶）的林扁龜，亦於一九一六年十一月申請使用瑠公圳幹線的水力。[19]他的水車位於萬盛庄三塊厝附近（今臺電萬隆變電所、景隆街一帶），但其設計與遠在他處的前兩人完全相同。可以推測，當時於瑠公圳灌溉系統沿線設置動力水車極為普遍且頻繁，以致精米業者間經常交流或參考水車構造設計等資訊，使動力水車甚至成為一種標準化或制式化的商品。

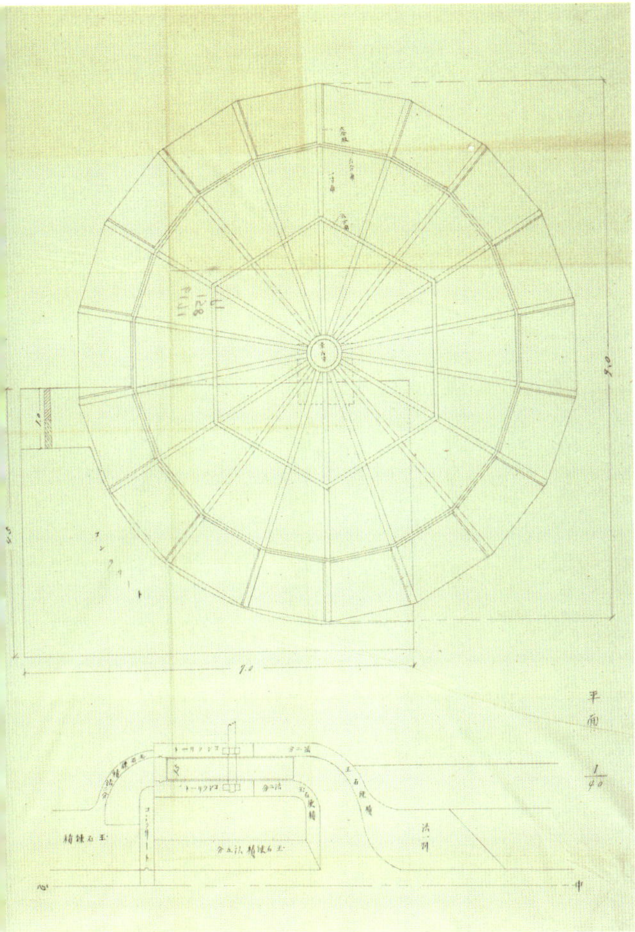

圖5-11　劉籠提出的申請書除了平面位置圖外，尚包含詳細而完整的動力水車設計圖。

資料來源：〈公共埤圳使用許可報告（臺南廳其他）〉（1915），《臺灣總督府公文類纂》，國史館臺灣文獻館典藏，典藏號：00006171001。

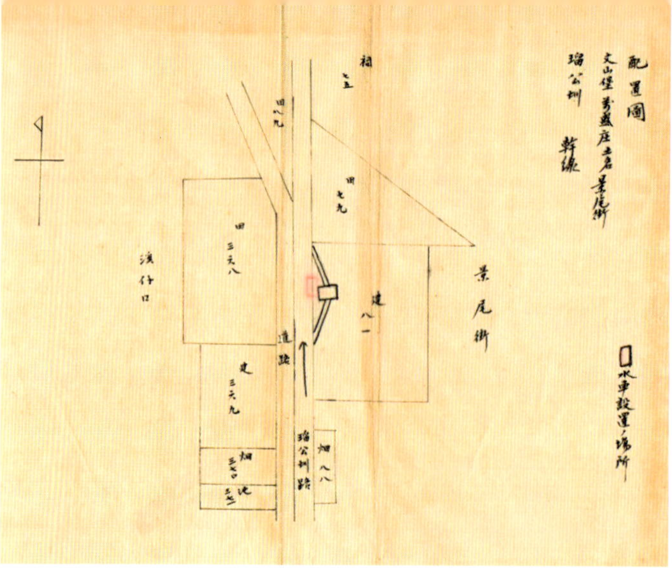

圖5-12　劉長生申請利用景美集應廟前之瑠公圳幹線，設置精米用動力水車（黑框處）。

資料來源：〈公共埤圳使用許可報告（臺南廳其他）〉（1915），《臺灣總督府公文類纂》，中央研究院臺灣史研究所檔案館典藏，識別號：T0797_19_278_0001。

事實上，林扁龜於該年向祭祀公業地主林德成承租土地耕作，在契約上特別注明：「〔若〕要創設水車以為精米或挨米〔意指磨米〕及其他等用，業主須聽其便，不得異議，但屆限之時須當復舊。」換言之，動力水車很可能已是當地農人普遍使用的設施，才會在租地之初便有此一約定。[20]林扁龜的後人、曾任臺北州文山郡新店庄庄長與臺北鐵道株式會社（營運萬新鐵路）監事的林永生，繼承了這座動力水車，並持續經營林慶豐號碾米廠事業，逐步發展成為當地知名的臺籍資本家。[21]

瑠公圳等水利灌溉設施的整備，帶動了圳路沿線的動力水車設置風潮。淡水河系的水不僅潤澤廣袤的土地，更透過水車轉動精米、製粉的機械，為農家的基礎產業注入更多動能。在此，大河的恩澤又再次展現，一方面哺育萬物生長，一方面以水的力量推動產業機械。以圳路為軸心的動力水車，不僅催生了在地資本家的興起，更是促進臺北市郊居民生活型態、糧食供應及產業生產近代化不可或缺的要角。

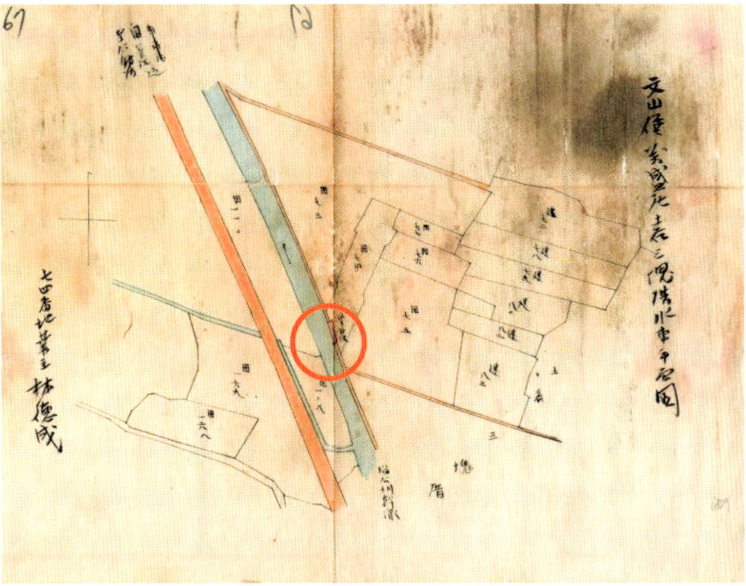

圖5-13　林扁龜申請利用萬盛庄三塊厝附近之瑠公圳幹線，設置精米用動力水車（紅框處）。

資料來源：〈公共埤圳圳路使用許可ノ件報告〉（1916），《臺灣總督府公文類纂》，中央研究院臺灣史研究所檔案館典藏，識別號：T0797_20_189_0005。

圖5-14　林扁龜設置的精米用動力水車

資料來源：景慶社區發展協會編著，《梘尾．景美鄉土專輯》（臺北：景慶社區發展協會，1997）。

第六章

人流與物流：河運交通與商貿網絡的形成

李宗信

淡水河流域因全年雨量充沛、水量穩定，自古以來就具有舟楫之利。加之其是感潮河川，受潮汐影響，漲潮時海水甚至可以逆流至基隆河水返腳（今汐止）和大嵙崁溪擺接（今板橋）。曾任清代臺北府知府的林達泉指出，「全臺之水皆不匯，而三溪獨匯；全臺之溪皆不通舟楫，而三溪獨通。」[1]淡水河的通航之利，正是這條大河的一大特色與優勢。

一八七一年（同治十年）刊行的《淡水廳志》收錄了清代海防同知吳廷華的詩作：「墘竇

圖6-1　蟒甲

資料來源：臺灣慣習研究會編，《臺灣慣習記事》第5卷第12號（1905年12月），圖片頁。

門〔甘豆門，今關渡〕邊淡水隈，溪流如箭浪如雷。魁藤一線風搖曳，飛渡何須蟒甲來。」[2]眾所皆知，蟒甲（Banka）是南島語族對獨木舟的稱呼，相關記載不只一次出現在清代文獻中，而魁藤則像是索道，「番人架藤而渡，去來如飛。」[3]詩文生動地描寫了淡水地區特有的自然環境與原住民的生活習慣。

河運與漢人拓墾

除了原住民的日常生活，河運交通也與漢人拓墾的進程及河港市街的發展密切相關。十七世紀時，大嵙崁溪的河運可遠達龍潭（支流三峽河可達三峽祖師廟），新店溪可達屈尺，基隆河可達暖暖，霧裡薛溪可達石碇楓仔林，共同構成淡水河完美的航運網絡。在一六五四年荷蘭人的〈淡水與其附近村社暨雞籠島略圖〉（圖1-5）中，清楚標示出漢人田園和住區，顯示當時的淡水河口已有漢人入墾。❶他們可能是為了採硫而來，不僅和當地的原住民婦女結婚，也利用當地的土地從事農耕。到了十七世紀末葉，更多漢人沿著淡水河進入臺北平原從事墾耕，[4]如郁永河在《裨海紀遊》所載：「至八里分社，有江水為阻，即淡水也。深山溪澗，皆由此出。」[5]

❶即編號三十九的「Cinees quartier」，漢人住區之意，位置約在油車口一帶。翁佳音，《大臺北古地圖考釋》（臺北：臺北縣立文化中心，一九九八），頁九一。

最初漢人的開拓地在河口地帶。一六八六年（康熙二十五年），漢人林永耀、王錫祺便占墾今關渡、唭哩岸、石牌、嘎嘮別之地（皆為今北投區之舊地名），並逐漸由關渡平原向內陸移墾，不過此時仍只是零星的開墾。一七〇九年七月，戴岐伯、陳憲伯、陳逢春、賴永和、陳天章等人，組成「陳賴章」墾號，在官府的勸墾政策下，向當時的諸羅知縣宋永清申請墾照，開啟漢人大規模入墾臺北盆地之濫觴。此一入拓背景與災害有關。一七〇六至一七〇八年間，臺灣、鳳山、諸羅三縣接續發生嚴重風災、旱災，導致米價持續高漲。許多墾戶在官方的勸墾政策下，紛紛將目光轉移到北臺灣廣袤的土地之上，促使漢人開始大規模移居北臺灣。[6]

很快的，淡水河上的河船和竹筏及港口周邊搬運的牛車，呈現河帆林立、車水馬龍的景象。河運要地關渡，位居淡水河與基隆河的轉運點，也是通往番地的交通樞紐，加上冬季可提供淡水港船隻避風，因而成為「能容數百巨艦」的內港。[7] 一七五〇年（乾隆十五年），負責北臺灣地區內政的八里坌巡司署因風災而倒塌，巡檢（巡司署主官）遂移駐新莊街辦公，加上桃園通往臺北的道路修築完成，位居水路交通要地的新莊也逐漸成為北臺灣的政治與商業中心。[8] 四十年後（一七九〇），清廷在新莊設立縣丞署，提升其行政地位，反映當時新莊已成為北臺灣重要的商業聚落之一，也是當時北臺灣唯一可以停泊大船之港口。如首任巡臺御使黃叔璥於一七三六年刊行的《臺海使槎錄》所載：

然臺灣之可通大舟者，尚有南路之打狗及東港、北路之上滬水，凡三處。而惟上滬水可容多船，港門為正也。[9]

位於上滬水（即上淡水，指北臺灣）的新莊港屬於「廣義的淡水港」，也是當時臺灣除了打狗港和東港以外，可以和中國對渡的正港。不過，航道逐漸淤積導致河運沒落，進而促成流域內發展重心的轉移。嘉慶末、道光初（一八二〇年代），大船已無法駛入新莊，只能轉泊於對岸艋舺。然艋舺又於光緒初後漸淤積，直到一八八〇年代，遂由大稻埕取代艋舺，成為臺北地區新的經濟及貿易重心。

開港後的淡水河

一八五八年（咸豐八年），淡水港因《天津條約》簽訂而正式開港，且很快就躍居為全臺第一大港，不僅成為流域內多元物產的吞吐地，更成為連結中國與全球貿易的海運節點。此時，茶和樟腦等國際商品經由淡水港輸出，帶來龐大的貿易量和資金。西方資本、技術和商業文化的流入，使臺灣商人得以利用地緣優勢，迅速成為能與洋行抗衡的大資本家，進軍國際市場。[10]淡水河的船隻因而得以將流域內的商品，藉由全球商貿網絡，行銷至全世界。

圖6-2　1870年代淡水港，圖右側建築推測為英國領事館（紅毛城）。
資料來源：〈馬偕時代的淡水港〉，真理大學校史館典藏。

開港後，西方人的觸角也逐漸深入淡水河流域內，留下許多翔實的見聞與生動的景色描寫。除了第一章提及的郇和等人，受命於加拿大長老教會而前來東方宣教的馬偕（George Leslie Mackay），亦在《馬偕日記》中記錄了渡船來臺時看到的自然與人文風景。他從香港搭乘輪船向北航行，直到廈門，船隻再轉向東方，橫越臺灣海峽。

他寫道，抵達淡水港港口時，如果恰逢漲潮，船可以直接駛入碼頭，但若遇上退潮，船隻必須停靠於外海，再由小艇接駁入港。站在上層甲板，可以遠眺淡水河的壯麗景色。向東望去，淡水河的後方是層層重疊的山巒（應是大屯山系），其中最引人注目的，是過去因火山噴發而形成的山岩，其上已覆蓋多年生的綠木，山坡上則是片片茶園以及綠油油的梯田，充滿綠意盎然的景象。抵達淡水河口後，可以看到右側山上植被茂密，是竹林、榕樹和杉樹叢生的觀音山，山腳下的村落和農舍隱沒於古老的榕樹、搖曳的柳枝，以及林投樹所構成的蓊鬱林木之間，形成一幅美麗的鄉村畫面。當水位漲至泥灘地時，當地人會在這片潮間帶養殖牡蠣。低平的沙灘上，環繞著黝黑的火山岩和斷續的珊瑚礁岩，婦女和小孩則在沙灘上撿拾牡蠣和海菜。[11]

左右岸對渡與橋梁

淡水河的航運除了上、下游之間的渡航之外，左、右岸的對渡也非常重要，特別是在橋梁尚未普遍興建的年代，河兩岸的交通往來大多僅能仰賴渡船對渡。

一八七一年刊行的《淡水廳志》記述了四十五處渡口，「大抵近源則流小宜橋，近海則流大宜渡。」與其他地區的地方志相比，淡水廳記下的渡口數量遠遠高出甚多，顯見渡河交通對北臺灣十分重要。當時淡水廳轄大甲溪以北之地，境內有淡水河、頭前溪、後龍溪、大安溪、大甲溪等數條大河，但光是淡水河流域就有三十處渡口，水上交通最為興盛。其中，基隆河的渡口組織受到官方介入較深，至於新店溪流域的渡口，則全由民間自行經營。[12]不過，地方志並未記錄所有渡口，應該還有一些官方未掌握的小渡口。一九〇四年的〈臺灣堡圖〉可以尋得流域中大小渡口的位置，共有七十二處，儘管未能與廳志的紀錄完全對應。

日治初期，根據一九〇九年的報導，淡水河主要渡口共有十八處，均屬臺北廳的公共事業，由廳長監督，承包給民間營運，業者於每年繳納一定額度的「請負金」（承包金），

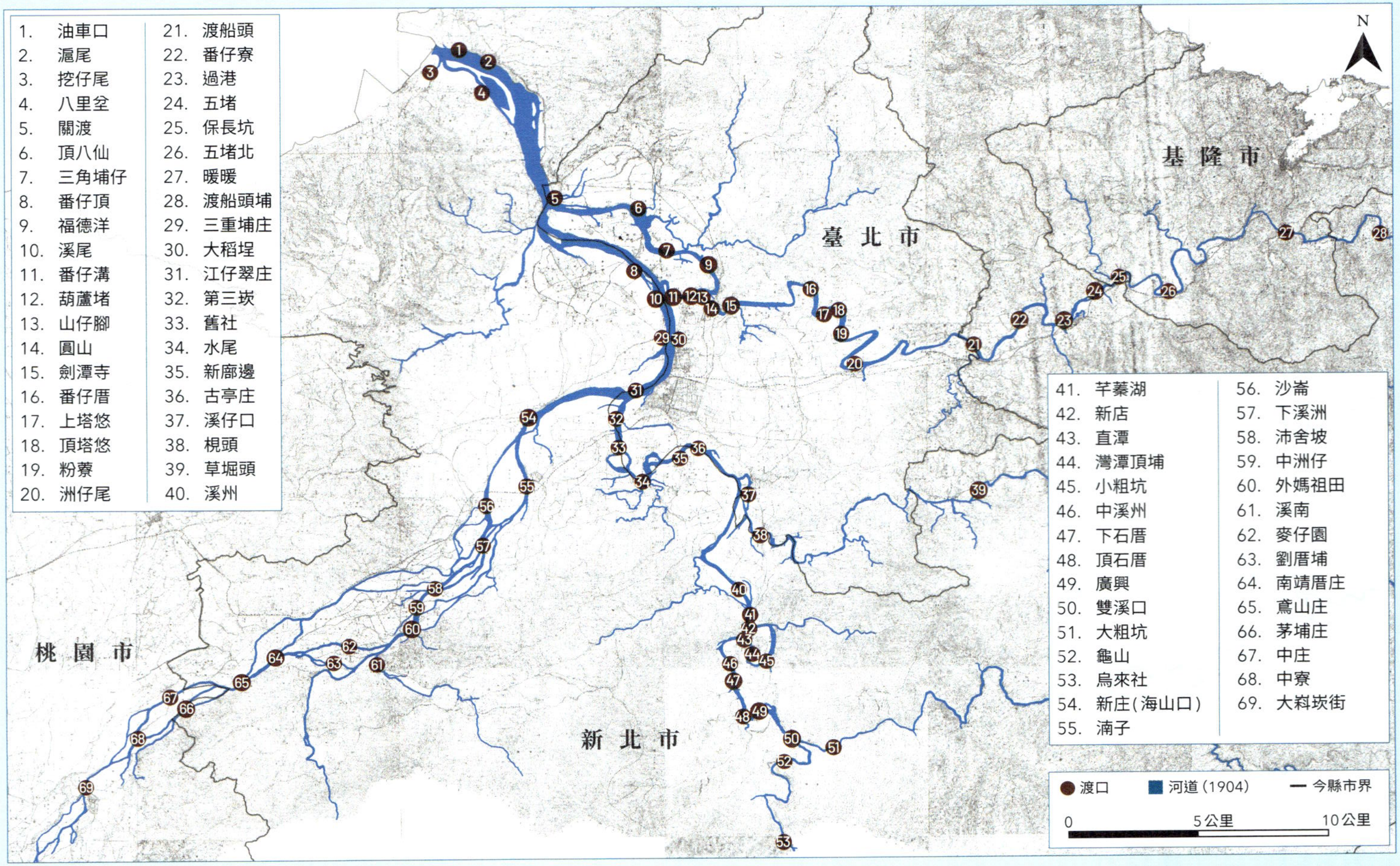

圖6-3 1904年淡水河流域渡口分布圖(可辨識出名稱者共69處)

資料來源：毛毓翔製圖，底圖為〈臺灣堡圖〉(1904)，《臺灣百年歷史地圖》，中央研究院人社中心GIS專題中心。

才得以經營對渡航運。其中，以位於大稻埕大橋頭街、對渡三重埔庄的「淡水河渡船場」，承包金額每年達三千七百六十一圓五十錢，是十八個渡口中最高。[13]換言之，其運量最大，收入最豐，才會被臺北廳收取高額承包費。此處每天備有四艘船隻及八名船夫，計算起來，平均每日運送的乘客要有一千九百人次以上才能收支平衡。

大稻埕與三重埔間的對渡雖然繁忙，但渡口仍有種種限制，風雨侵襲時可能停駛，夜間也無法通航。為了因應兩地龐大的人貨往來與交通運量，新一代的臺北橋應運而生。

第一代臺北橋是劉銘傳興建鐵路時所建的木橋，完工於一八八九年（光緒十五年）。木構橋梁在多次水災中受損，尤

圖6-4　1925年完工的第三代臺北橋，鐵桁架的橋體為其標誌，橋墩上還可以看到記錄水位的標尺。

資料來源：〈臺北橋與淡水河帆船〉，臺北市立文獻館典藏。

其在一八九七年（明治三十年）的兩次水災中被徹底沖毀，於是有了一九二〇年完工的第二代臺北橋。但木橋壽命僅有五個月，該年九月即有部分被洪水沖失。總督府重建的第三代臺北橋則以鐵桁架為結構，於一九二五年六月十八日正式通車。自此，便捷的陸運逐漸取代了對渡河運。

相較於第一、二代，第三代臺北橋不僅結構堅固，給予淡水河兩岸居民強烈的安全感，可以不再懼怕風災水患會帶來交通斷絕，並且帶動了兩岸的快速發展。[14]然而將近四十年後，臺北橋卻成為淡水河防洪最大的難題，這自然是當時總督府官員始料未及（詳第二十二章）。

此外，淡水河流域的主要渡口還有位於艋舺河岸，昔日因為船隻停泊而興起的大溪口街對渡新莊街的「大溪口渡船場」，以及艋舺西南的下崁庄，可從製糖廠附近對渡海山郡江子翠的「下崁渡船場」。至於在淡水河上游的新店，亦有可從古亭庄的川端對渡海山郡溪洲的「川端渡船場」。基隆河岸的圓山公園背面的大龍峒附近，則有可以對渡士林的「劍潭渡船場」，若要前往大直，可以選擇從「下埤頭渡船場」對渡。一九二〇年臺灣行政區劃由十二廳改為五州二廳，臺北市亦在此時正式成立，為州轄市。以上六處渡船場便改由臺北市監督管理，扮演著河流兩岸重要的交通樞紐。[15]

至於在河流上游缺乏渡船之處，吊橋則是不可或缺的交通手段。以大料崁溪上游為例，從日治時期以來，就出現在地的吊橋製造業，儘管其傑出的技術是向日人習得，不過仍必須熟悉當地的自然地形與河流特性等在地知識，以及擁有過人的膽量與優秀的平衡感，才能在峽谷或湍急溪流上方，順利搭建出安全的吊橋。從材料的選擇到橋索的安裝、橋板的釘定，每個環節都需精準無誤。吊橋不僅提供兩岸居民便利的日常生活和運輸，也代表著在地的技藝與智慧。[16]

順流而下的「放料仔」

淡水河的承載之力促進了人流，也帶動了物的流動。例如在大嵙崁溪上游內柵下崁一帶山區，有一種與河流密不可分的特殊職業，稱為「放料仔」。此一活動何時出現已不可考，但據耆老回憶，在戰後石門水庫興建以前仍十分興盛。所謂「放料」，是指將砍伐的木材（通常是高級的檜木、肖楠），利用溪流從山區放流到平地，再運送至下游的城鎮，例如從大嵙崁溪上游的四稜放流到巴崚、再放到石門。

這個行業以高度危險和艱辛聞名。放料人必須熟悉在地溪流的水性，善於控制巨大的木料，並在水流湍急的河道中，隨時面對落水、木材卡滯等意外狀況。放料仔工作的季節主要在春季至秋季間。他們往往需在深山中度過數天甚至數月，以河岸或山洞為家，以捕魚撈蝦、採摘野菜作為維生方式。放料人常需冒著生命危險穿越深潭和急流，也正因如此培養出高超的水上技能，許多放料人更成為當地龍舟比賽的好手。[17]

放料仔不僅是大嵙崁溪上游特殊的木材運輸業，更是淡水河交通網絡中重要的一環。放料人憑藉豐富的河川知識與精湛的控木技術，總是能順利將上游砍伐的木材運送至下游城鎮，也串聯起淡水河流域的產業與貿易活動，成為淡水河水歷史不可或缺的要角。時至今日，此行業雖已消失，依然深刻印證著人與溪流、人與自然共生共存的珍貴生命經驗。

作為臺灣唯一具有航運價值的河流，淡水河自古以來即能憑藉著得天獨厚的自然條件，孕育出綿密的人流與物流網絡，也成為推動臺灣北部歷史發展的重要動力。史前時代以來，原住民便巧妙地利用淡水河感潮河段的特性，以蟒甲和魁藤作為交通工具，在河中穿梭來去；漢人大規模拓墾之後，亦仰賴淡水河的河運逐步深入流域內地。淡水開港後一躍成為重要的國際港，淡水河始終肩負著連結地方社會

圖6-5　放料仔

資料來源：張才，〈大漢溪上的放料仔之二〉，夏門攝影企劃研究室典藏。

與全球經貿網絡的重要功能。而作為河流兩岸交通樞紐的渡口、吊橋等設施，不僅支撐起左右岸的緊密互動，也展現了在地居民的智慧與技藝。戰後曾經一度活躍於大嵙崁溪上游的放料仔，更是在地人、河之間，共生共存關係的鮮明縮影。

第七章

生命泉源：近代自來水系統與衛生下水道的整建

簡佑丞

排水愆期工未央。臺城道路附荒涼。溝渠滿地瀦汙濁。臭氣滔天忘豫防。
黑疫一朝逞猖獗。青年夜半夢豺狼。東奔西走何收益。不及疏通清潔方。

——〈所感〉（一八九六）[1]

一八九六年，地方文士苗禾投在《臺灣日日新報》上的打油詩，貼切地描繪出臺北的潮溼與汙穢。當時黑疫（鼠疫）正在臺北蔓延，瘧疾更是死亡原因之首。但在病因尚未明確之時，水經常被視為致病的首要嫌疑犯，或認為溼熱環境會產生對人體有害的瘴氣，或認為水中含有不潔的致命物質。❶這首詩更點出疏通汙水、維持市街清潔，才是解決疾病問題的根本之道。

另一方面，衛生清潔也是城市建設近代自來水系統的主要動機，正所謂：「水道者所以供市民日用之水者。故諸般之設備上，以清潔為第一義。」[2]建設水道（自來水）的目的正是要提供潔淨的飲用水，以維護市民的生命與健康。在此衛生思維之下，淡水河的水不再僅如灌溉用水般直接引入，而必須經過過濾淨化，多餘的汙水也要快速排出，才能構築所謂的「近代城市」。

清末臺北的城市衛生與用水

今日，只要一轉開水龍頭便有潔淨的自來水，但自來水其實是十分近代的產物。在日治時期以前，取得乾淨用水並不容易。清代的河畔居民多以河流作為飲用水，或取用山泉、雨水蓄積的池塘或人工開鑿的埤圳，也有人挖掘淺井，取用淺層地下水。除了以明礬沉澱過濾飲用水，煮沸淨水的知識亦跟隨漢人移民來到臺灣，成為民間習以為常的生活文化。[3]

其中，人工鑿井分為兩種，除了以鍬、鐽開挖的淺井，還有以半人工器械鑿穿不透水層、取用受壓地下水的深井。淺層地下水多屬與大氣相通的自由含水層，地面水可以直接

❶自十九世紀下半葉，「毒在水中」作為一種西方的既定認識傳至日本，再至臺灣，一旦有傳染病爆發，即便病因還不清楚，飲水總是首先被懷疑的對象。顧雅文，〈百病之源或百藥之長：日治時期臺、日知識分子的飲水論述〉，收於許雪姬主編，《世界・啟蒙・在地：臺灣文化協會百年紀念（上）》（臺北：中央研究院臺灣史研究所，二〇二三），頁二〇七—二三九。

下滲補注，容易開挖但也容易受汙染。而受壓地下水通常埋藏較深，指的是夾在兩層不透水層（如黏土、頁岩）之間的地下水，水質則較乾淨。當井口的位置低於受壓含水層的水面，水就會因壓力而自動噴出。近年的相關研究已指出，利用淺層地下水是臺灣存在已久的古老技術，但鑿深井的技術則是由日人帶來臺灣，始於清末劉銘傳僱日人在臺北城開井，並在日治初期才開始盛行。[4]

一八八八年（光緒十四年），劉銘傳透過日籍幕僚名倉信淳的引介，委託七里恭三郎帶領三名日本鑽井工人來臺，於府前街至文武廟街處（今重慶南路一段）左側嘗試挖掘深水井。這也是全臺灣第一口穿越不透水層的自噴式深水井。[5]其後，臺北城內布政使司衙門內、府直街、登瀛書院門前等地又陸續開井，直至日人來臺之前，共有六口自噴深井，專供官府使用。至於城內平民，只能利用窪地積水的池塘或埤塘，而艋舺與大稻埕市街雖有十口淺層水井，但因井水水質不佳，居民大多就近汲取淡水河，作為煮飯或飲水之用。[6]

日治初期英國顧問巴爾頓的衛生調查與水井濫鑿問題

然而六口深水井遠遠不夠日人所需，在他們眼中，充足且潔淨的飲用水供應是迫在眉睫的重要課題。日治初期來臺的日人，經常記錄臺北市街惡劣的衛生環境。隨著人口持續增加、城市建物房舍不斷擴張，擁擠狹窄的生活環境不僅造成淺層水井的水質嚴重惡化，

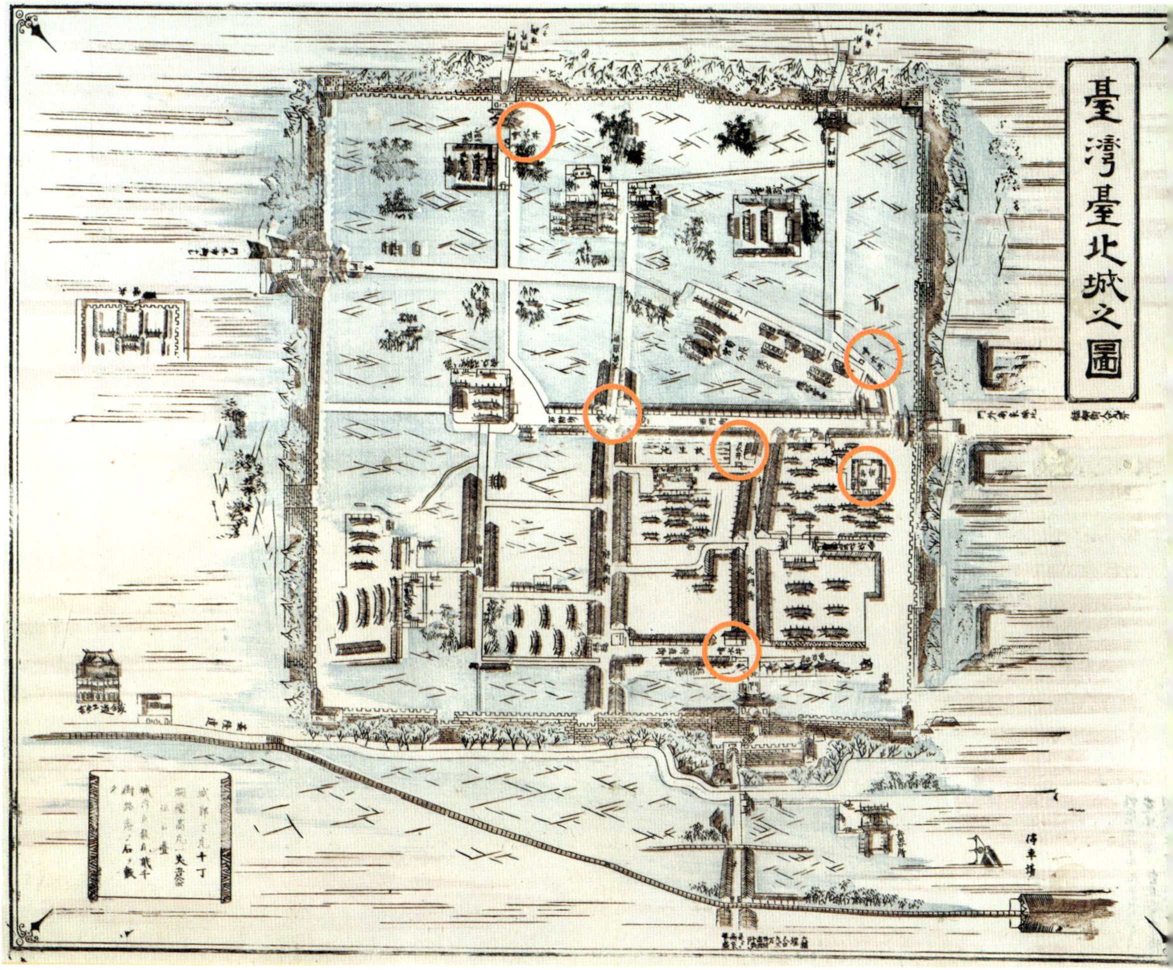

圖7-1　日治初期臺北城地圖（北方朝下）：圖中五處「噴水井」以及一口位於「總督府」（前身為布政使司衙門）內，共六口自噴深井於清末開鑿（紅圈處）。

資料來源：〈臺灣臺北城之圖〉（1895），中央研究院臺灣史研究所檔案館典藏，識別號：T1092_03_0003。

市街恣意排放的生活廢水、家畜隨地便溺的排泄物、蚊蠅孳生的汙穢積水及隨處堆置的垃圾，也逐漸汙染河水與池塘。[7]許多日本官員與軍人因此水土不服，感染傳染病而死亡的人數持續攀升，病死者數量甚至較戰死者高出數倍。

這一切讓官方深切體認到改善臺北環境衛生的急迫性。一八九六年（明治二十九年）八月，總督府在時任日本內務省衛生局局長後藤新平的推薦下，聘請英國籍的內務省衛生顧問工程師巴爾頓（William K. Burton）來臺，以臺北自來水與市街汙水排水為中心，協助指導全臺各主要城市調查與規劃衛生工程事業。[8]

不過，在規劃尚未完成前，還是得先解決飲水問題。總督府從美國進口蒸汽發動的鑿井機械，在市街地鑿井。與此同時，鑿井業在臺灣快速成長，業者紛紛從日本內地來臺，引進「金棒掘」、「上總掘」等工法，也導致臺北市街地與近郊農民瘋狂鑿井。根據一八九七年的調查，臺北城內的深水井數已達八十五口，大稻埕和艋舺市街合計也有五十九口的深水井。尤其在臺北市街地的淡水河對岸低地，光是一九〇二至一九〇三年間，鑿井數量就達三百多口。[9]如果以總和來看，一九〇二年的深水井總數，達到了七百四十九口的驚人數字。[10]

事實上，早在來臺之初，巴爾頓便向總督府提出管制鑿井的建議。他認為在自來水設施系統尚未完備之前，公共深水井實不失為一替代性的臨時應急良方。但深井開挖愈多，勢必會減少地下水量與水位，甚至可能造成地層下陷或地層崩塌的危險。根據德國柏林市

圖7-2　1897年調查的臺北城內公設與私設自噴深井之位置圖（北方朝右）

資料來源：〈臺北城內飲料水試驗成蹟〉（1897年3月1日），《臺灣總督府公文類纂》，中央研究院臺灣史研究所檔案館典藏，識別號：T0797_01_176_0005。

的經驗，他主張公共深井間的距離至少需超過九十一公尺以上，且在預計開挖地的方圓三．七公尺範圍內，不得存在任何公共廁所、排水或汙水窪地。另外，為避免二十四小時持續湧出之井水的浪費，以及容易受汙染的衛生考量，巴爾頓亦建議所有公共深水井均須增建儲水槽，且溢流之水應思考如何銜接公共排水或下水溝，並維持下水溝環境的清潔。他提議官方制訂一套法令與施行規則，有效管理、取締公共深水井的挖掘數量、挖掘申請與清潔衛生。[11]

然而，因為法令成效不彰，臺北三市街濫鑿深水井並任意放流的結果，果然如巴爾頓所料，導致噴出水量及地下水位均逐年顯著降低，甚至造成一九〇三年春天的水井缺水危機。臺北廳以帶有罰則的新限制令

《鑽井取締規則》，嚴格規範深水井的開鑿數量及距離，但地下水位與自噴井的噴出高度已經不復從前。[12]此一事件更讓臺北的自來水建設成為亟需推動的要務，並將眼光轉至地面的河川系統。[13]

臺北盆地地層下陷

1955年臺灣省水利局校測水準點時發現臺北盆地地層沉陷現象，1961年再度檢測，發現各地均有沉陷發生。地層下陷問題引起各方重視，自此每年皆檢測基準點，留下長期觀測數據。地層下陷與鑿井、大量抽取地下水有因果關係，反映的是人口增加導致的用水需求，因此1968年頒布了《臺北地區地下水管制辦法》，並於1987年完成翡翠水庫，以解決大臺北地區的用水問題。

下圖為1955至1985年的測量結果。X軸上的標號對應地圖上橫越整個臺北的各測站之標號；Y軸單位是公尺，代表測站測得的下陷量。將每年各測站數據相連，可觀察地層下陷的程度，線間距愈大表示下陷速度愈快。1955至1972年間地層下陷極快，1977年之後才趨緩，最大下陷量接近2.2公尺。因堤防也會隨地層下陷，減低防洪能力，故成為臺北防洪的一大挑戰。

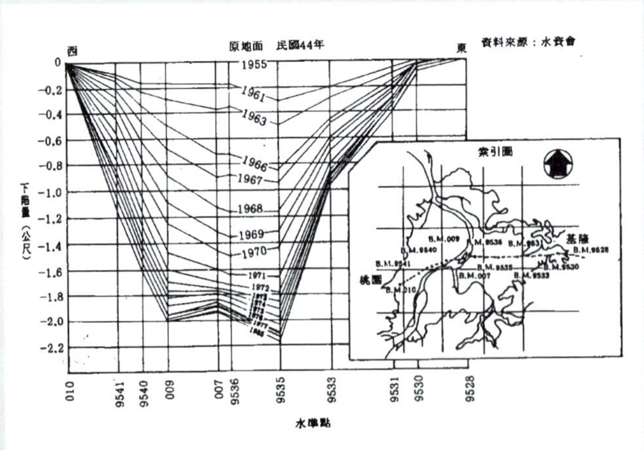

資料來源：經濟部水利署水利規劃分署

水源選定與濱野彌四郎的淨水場系統規劃

巴爾頓來臺的首要任務之一，便是調查與規劃臺北的衛生上水道（自來水）。他先協助總督府擬定一套過渡性的、以開挖公共深水井為主的「臺北市街給水計畫」，[14]而後便帶領先前在日本東京帝大土木系任教時的得意門生、後來擔任總督府土木技師的濱野彌四郎，一同前往臺北近郊，著手調查、尋找未來的水源地。[15]

根據日治初期的調查報告，與新店溪相較，淡水河的水質欠佳，即便經過處理仍不適合作為飲用水。[16]此外，當時淡水一帶正規劃興建「滬尾水道」，以大屯山麓的雙峻頭為水源地。有鑑於此，巴爾頓與濱野彌四郎一開始便捨棄淡水河主流，另外選了兩處作為主要的水源調查對象，一是滬尾水道源頭更往東北山區的的水梘頭庄（今淡水區水源里）湧泉，二是新店溪上游。他們於一八九八年初步判定新店溪上游的屈尺、龜山附近較為適合，然而就在實地測量作業期間，巴爾頓感染了瘧疾，不幸於隔年八月去世。[17]此後，臺北水道的調查與規劃作業便由濱野彌四郎繼承。

濱野延續巴爾頓的意見，於一九〇一年底完成屈尺至臺北間鐵管導水路線，以及臺北三市街給水線路的各式測量圖與設計資料。[18]而後，總督府於一九〇三年四月成立「臺北市街給水調查委員會」，由委員會依先前兩人的調查報告為基礎，選定三種規劃方案進行比較研究。[19]

第一種方案的取水源是雙峻頭的湧泉加上水梘頭的湧泉，不經過濾，直接以導水鐵管送至圓山附近高地，儲存於興建的淨水池（貯水池），再利用重力送水至臺北市街。

第二種方案預計在新店街附近高地設置淨水場，並將其下方新店溪溪水抽升至此。進行淨化程序後，透過導水鐵管，利用重力將水引至公館附近觀音山上新建的淨水池儲存，再以重力方式向臺北市街送水。

第三種方案則是將第二案中的水源地與淨水場均改至公館的觀音山下，直接利用幫浦設備將山下的新店溪溪水抽至淨水場處理，而後再次以幫浦設備抽升至觀音山淨水池，並利用重力送水至臺北市街。[20]

經過比較研究，給水調查委員會認為第一案之導水距離過長，且水源原本供當地農業灌溉使用，若改為自來水專用，勢必需要額外提供補償經費，因此最先排除此一方案。[21]第二案的水質雖然較第三案良好，但工程費用卻高出許多，因此第三案成為臺北自來水系統的最終定案。[22]

後續的系統設計由濱野彌四郎主導。他在觀音山下新店溪畔規劃設置取水口，接著開挖長約三百公尺的明渠，其內鋪設導水混凝土管，將新店溪原水引至唧筒室（幫浦站）。接著，透過唧筒室內的機械幫浦，將引入的原水抽升至觀音山下的淨水場，依序經過二座獨立的正方形沉澱池、三座獨立的長方形慢速過濾池等淨化程序。淨化過的乾淨自來水，再利用地形高低差，向下流回唧筒室內的幫浦，並再次泵送至觀音山上的大型淨水池儲存。最後，透過重力方式，便能將潔淨的自來水以鑄鐵管線送至臺北三市街。[23]依當時設定，該系統最大可供應十二萬人口之潔淨生活飲用水，同時因應未來城市人口擴張而各預留一座沉澱池與過濾池，最多可供應十五萬人口。[24]

臺北水道淨水場的心臟：森山松之助的唧筒室設計

由前述可知，第三案有兩處需要用到抽水幫浦，方能支持淨水系統的運作。若按照一般的常識規劃，水源地的淨水場內應會分別興建兩座獨立的「唧筒室」，亦即設置幫浦的房間。但濱野巧妙地利用自然地形高低差，將兩組各自作業的幫浦規劃在同一座唧筒室。此外，就連淨水場的總辦公室、來賓接待室也一併納入唧筒室建築，不僅有效精簡各種設施的運作配置、增進場內土地的有效利用，更有助於統一管理、隨時掌控幫浦的運作狀況。[25]

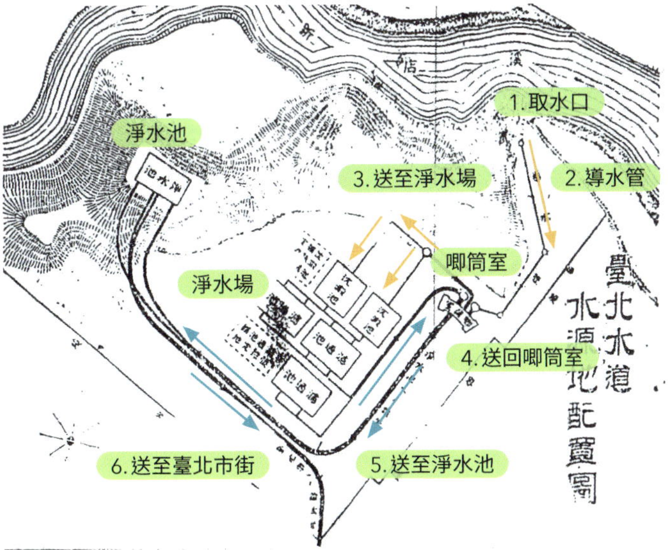

圖7-3　最初的臺北水道淨水場全區配置圖：取水口設於圖右上方新店溪南岸，藉由導水管將新店溪原水（褐箭頭）引入唧筒室，再抽升至淨水場（包含二座沉澱池、三座過濾池，虛線為各一座未來擴建用）中處理，處理後的自來水（藍箭頭）再次流回唧筒室內，並抽升至圖左上方觀音山上的淨水池中，最後利用重力將乾淨的自來水送至臺北市街。

資料來源：〈臺北水道水源地配置圖〉，《臺灣日日新報》，1907年10月23日，2版，漢珍知識網。

這座整合兩組抽水設備的唧筒室，就宛如臺北水道淨水場的心臟，維持並掌控淨水系統的運作，而總辦公室與來賓接待空間，則能凸顯其作為淨水場門面的角色。要將所有機能合理且適當地收攏、配置於唧筒室，且建築外觀又要兼顧體面，反映出自來水對於新時代城市的進步象徵，著實考驗建築師的創意巧思與設計能力。從現存之建築設計圖可以確認，唧筒室是由當時的總督府營繕課囑託（約聘）建築技師森山松之助所設計。[26]森山在建築史上十分知名，包括臺灣總督府在內，許多日治時期留存至今的重要官廳都出自他的設計，素有「臺灣官廳建築師」之稱。

事實上，森山受託設計唧筒室的機緣正與總督府的建築案有關。一八九七年自東京帝大造家學科（後改名為建築學科）首席畢業的他，因總督府新廳舍建築設計競圖事宜，受託於一九〇六年十一月來臺，擔任囑託建築技師。[27]森山之所以願意赴臺，很大一部分原因來自對此千載難逢的世紀大案之渴望。他擔任甲方協助官方辦理競圖事務，同時又作為乙方參與競圖。競圖結果，森山的設計方案落選，但因後續鬧出的黑箱風波，一等獎從缺，讓森山得以利用官方技師的身分修改得獎辦法，❷光明正大接手臺灣總督府的設計作業。[28]

在此期間，森山接受總督府的委託，順帶設計其他官廳建築，臺北水道淨水場的唧筒室便是其來臺之初的首件設計案。他以十七世紀義大利著名建築師貝尼尼（Gian Lorenzo Bernini）設計的梵諦岡聖彼得教堂前廣場兩側之半弧形巴洛克式列柱廊，以及巴黎小皇宮的建築立面為範本，融合設計成圓弧形、具成排愛奧尼克式（Ionic Order）列柱的巴洛克古典主義風格建築。如此充滿戲劇性與動態美感的奢華外觀，很難不吸引眾人的目光，並成為總督府宣揚殖民統治與近代城市衛生的最佳宣傳。[29]

此外，為滿足唧筒室同時容納兩組抽水機組的規劃，森山以建物中央為入口，透過對稱的設計，兩側圓弧形空間剛好可分別配置抽升至淨水場及泵送至貯水池的機械幫浦，兩翼末端則規劃作為幫浦控制室與辦公、接待空間。為配合兩組機組不同的淨水作業程序，唧筒室兩側的地坪高程亦不相同，而大開口的氣派門窗除了便於採光外，也利於幫浦機械的散熱通風。可以說，森山松之助完美地將華麗的歷史古典樣式建築成功轉化，應用於近代產業建築的設計中。[30]順帶一提，唧筒室內幫浦機械所需電力同樣來自新店溪上游，由利用該溪進行水力發電的龜山與小粗坑發電提供。

❷當時原為一等首獎的方案由長野宇平治設計，最後卻變成二等獎。一等獎從缺，因此無人取得最終優先設計權。

圖7-4　森山松之助設計的臺北水道淨水場唧筒室建築具巴洛克古典主義風格

資料來源：〈臺北水道綴〉（1908年1月1日），《臺灣總督府公文類纂》，國史館臺灣文獻館典藏，典藏號：00010946001。

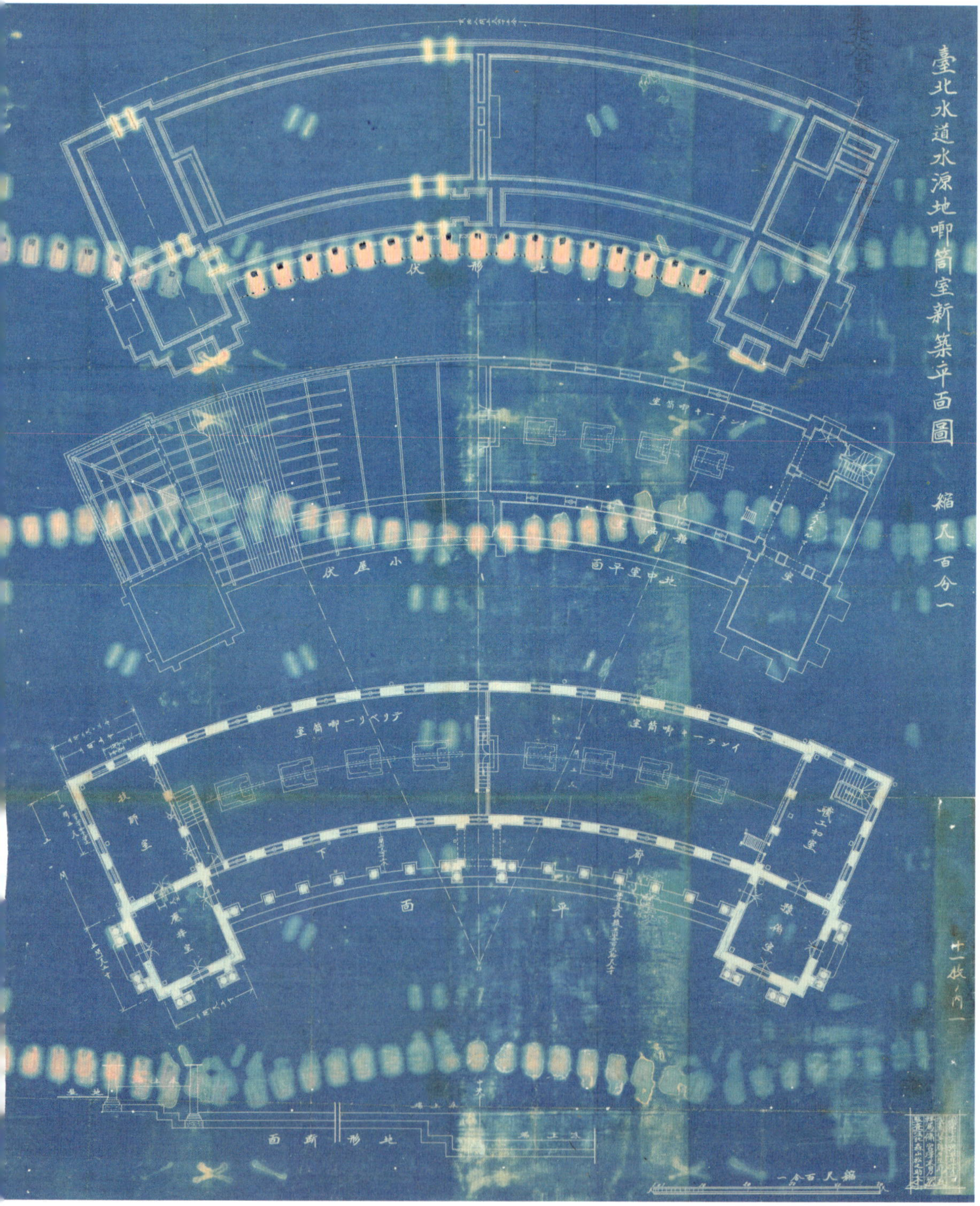

圖7-5　由上而下為圓弧形喞筒室建築的地基、地下室與主要空間的配置圖。在主要空間中，對稱兩側各設置四組抽水幫浦（一組為預留擴充用，故最初為三組），兩端則規劃為技師、職工辦公室、接待室與準備室等辦公空間。右下角有森山松之助的簽名。

資料來源：〈臺北水道綴〉（1908年1月1日），《臺灣總督府公文類纂》，國史館臺灣文獻館典藏，典藏號：00010946001。

圖7-6　唧筒室內幫浦機械組：照片遠處即建築右半側，幫浦機組用於抽取新店溪原水，其高程與淨水場沉澱池相同，而後淨化完成的水利用重力向下自然流回高程低於沉澱池、過濾池的建築左半側，也就是照片近處，最後再透過此機組，將水泵送至淨水場最高處的觀音山上淨水池。

資料來源：臺灣總督府土木部，《臺北水道》（臺北：臺灣總督府土木部，1910），國立臺灣圖書館典藏。

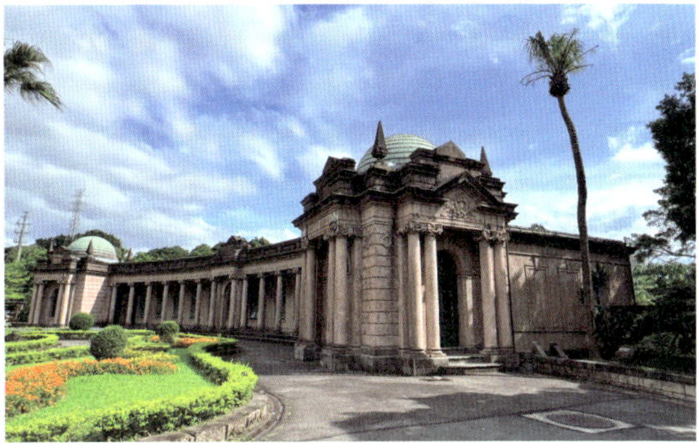

圖7-7　臺北水道淨水場唧筒室即今日臺北自來水博物館

資料來源：臺灣總督府土木部，《臺北水道》（臺北：臺灣總督府土木部，1910），國立臺灣圖書館典藏（左）。毛毓翔拍攝（2025年5月27日）（右）。

圖7-8　臺北水道淨水場沉澱池的鋼筋混凝土澆灌作業

資料來源：高石組，《臺灣に於ける鐵筋混凝土構造物寫真帖》（東京：大島印刷所，1914），頁18，中央研究院臺灣史研究所檔案館典藏，識別號：A0189_00_00。

鋼筋混凝土淨水場：十川嘉太郎的挑戰

在近代自來水設施的歷史中，最初的滬尾水道僅以山澗湧泉為水源，不經任何淨水設施直接供水至淡水市街，水源設施亦僅採用傳統的砌石技術施作。而後，由巴爾頓規劃的基隆水道，則是全臺首座具完整淨水設備的自來水系統。基隆淨水場的格局、建物與設施，延續了明治初期以橫濱水道為首的英國式淨水系統，除淨水池外全部採用紅磚或磚石砌造方式建成。[31]

不過緊接其後規劃、興建的臺北水道淨水場，雖然最初設計是採基隆淨水場的格局與配置，但卻未採用紅磚砌築。除了唧筒室建築以外，包括沉澱池、慢速過濾池、淨水池在內之所有設施，全面採用鋼筋混凝土構造。[32]根據日後八田與一所言，此為將鋼筋混凝土技術嘗試應用於自來水淨水設施的全臺首例。[33]

負責所有淨水設施之鋼筋混凝土結構設計的，是總督府土木技師十川嘉太郎，在此之前他已累積不少相關經驗。來臺前任職北海道廳技手的十川，曾短暫從事日本最初採用鋼筋混凝土技術的函館水道淨水場建設工

▶ 圖7-9　施工中的臺北水道淨水場鋼筋混凝土造過濾池

◀ 圖7-10　淨水池內設有鋼筋混凝土造導流壁，以引導清水流動、維持潔淨。

資料來源：臺灣總督府土木部，《臺北水道》（臺北：臺灣總督府土木部，1910），國立臺灣圖書館典藏。

程，[34]全臺第一座鋼筋混凝土造橋梁——瑠公橋亦出自他手（詳第三章）。[35]當時，近代建築以紅磚或磚石砌造為主流，先進的鋼筋混凝土技術仍處在研究摸索與嘗試應用的階段，因而十川此時的嘗試在技術史中格外具有意義。

一九〇七年五月，民政部土木局下設立臨時水道課，正式展開臺北水道淨水場的建設。[36]開工之初，坊間就傳出水不清潔的流言。作為淨水場預定地的觀音山麓一帶過去是公共墓地（俗稱觀音亭），土木局雖已遷移墓地，淨水設施無法濾除此處多年穢氣的說法仍成為街談巷議，[37]逼得官方不得不出面闢謠。有趣的是，這剛好成為一個宣傳新技術的機會。總督府解釋道，臺北的淨水設施不同於先前的磚石砌構造，而是以新式「三和土」（鋼筋混凝土）築成，沒有縫隙，土壤裡的不潔物無法滲漏進來，同時還可完全過濾水中不潔物，藉此消除民眾的疑慮。[38]

在工程起建的隔年二月，臨時水道課決定將原先的

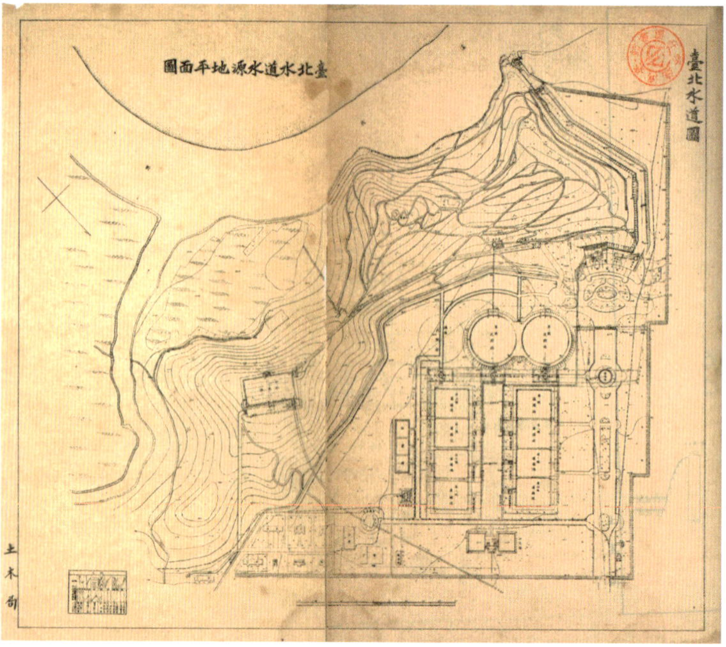

圖7-11　經臨時水道課變更後的臺北水道淨水場全區配置圖：圓形為沉澱池，方形為慢速過濾池。

資料來源：臺灣總督府民政部土木局，《臺灣水道誌圖譜》（臺北：臺灣總督府民政部土木局，1918），頁27，國立臺灣圖書館典藏。

淨水場設計變更為當時國際最新的配置與構造樣式，[39]將最初以矩形設計的三座沉澱池調整為圓形，而原本四座獨立的矩形慢速過濾池，則更改為八座較小的方形，且改採左右各四座為一組系統，以增進慢速過濾池的淨水效率。❸除此之外，原先擬以磚造穹頂設計的觀音山淨水池頂蓋，亦改採最新式的鋼筋混凝土平頂蓋（天花板）設計。[40]

一九〇九年三月，隨著淨水場完工通水，全臺首座全面導入鋼筋混凝土技術的近代自來水設施最終得以實現。與此同時，配合市區街道的整建，街道底下亦埋設了自來水管線系統，淨化的自來水透過管線輸送至各處，提供市民潔淨衛生的飲用水。

❸淨水場最大擴充量為三座沉澱池、八座過濾池（左右各四座），而一開始是設置二座沉澱池與一座增設空間，過濾池則先設置六座（左側四座、右二座），並預留二座之增設空間。臺灣總督府土木部，《臺北水道》（臺北：臺灣總督府土木部，一九一〇），頁三六—三八。

圖7-12　完工後的臺北水道淨水場全景

資料來源：高石組，《臺灣に於ける鐵筋混凝土構造物寫真帖》（東京：大島印刷所，1914），頁26，中央研究院臺灣史研究所檔案館典藏，識別號：A0189_00_00。

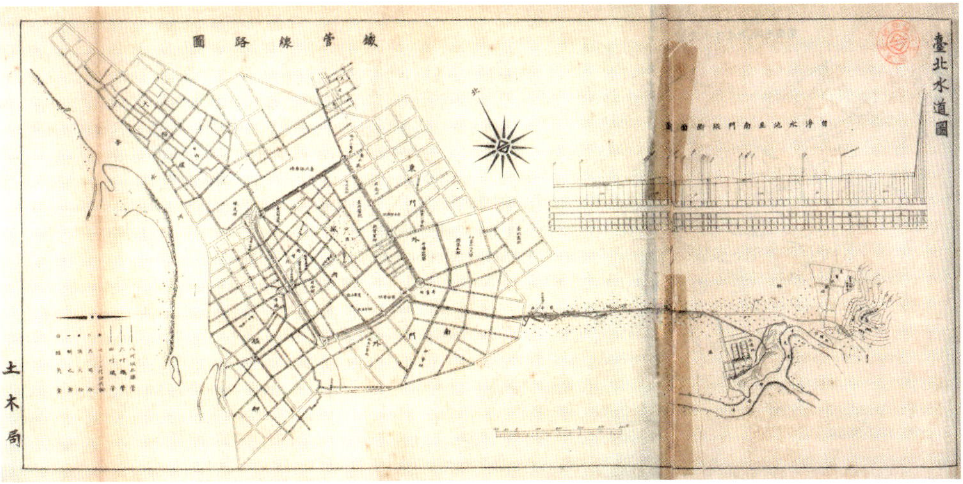

圖7-13　臺北市區改正計畫中規劃於（改正）街道下埋設的自來水鐵管線圖，右下角為臺北水道淨水場。

資料來源：臺灣總督府民政部土木局，《臺灣水道誌圖譜》（臺北：臺灣總督府民政部土木局，1918），頁26，國立臺灣圖書館典藏。

近代衛生下水道的整備與臺北城市近代化

巴爾頓常被稱為「自來水之父」，不過事實上，他除了建議總督府建立完善的自來水系統，也認為城市街道的改造以及下水道排水系統必須盡快展開。且比起需耗費鉅額興建的自來水系統，他甚至主張應將排水系統列為更優先的衛生工程項目。[41]因此他的調查報告中，還包含了臺北城排水系統及下水道構造的構想。

先前地方人士及部分官員曾有一初步提案，建議開鑿寬九・一公尺、深〇・九公尺的數條大溝渠（堀），圍繞臺北城牆四周，同時串聯城內與城外的自然埤塘、低地沼澤，使之成為以滯洪為主的排水系統。依據該構想，洪水豪雨時可將臺北市街過多的內水導引至自然埤塘或低窪地內暫時貯留，洪水退去後再透過溝渠排入河川。但對巴爾頓來說，大溝渠、埤塘與低窪地仍會殘留一定比例、無法流動的積水，加上排入的各種汙水是城市衛生環境不良、傳染病孳生的最大根源。從城市衛生的角度觀之，這並非好方法。[42]

據此，巴爾頓則建議參考同為熱帶地區的新加坡之城市汙水排水方法，即配合市區改正、街道鋪設工程的實施，同步於街道兩側廣設開放式的明溝，而非歐美普遍採用的加蓋暗溝，以增進溝渠的乾燥通風與清掃的便利性。此外，其設計形式以底部呈半圓形的石砌構造為主，並配合地勢高低調整明溝坡度，以促進排水效率、降低底部積水的可能。最後，城市主要街道底下可埋設多條平行淡水河的南北向大型排水暗管，將街道兩側明溝的汙水

圖7-14　1910年公告的臺北市區改正計畫圖：圖右側為根據街道寬度設計的半圓形下水明溝，左側為圓形、類橢圓形大型排水暗管。

資料來源：〈臺北市區計畫一部變更ノ件〉（1912年1月1日），《臺灣總督府公文類纂》，國史館臺灣文獻館典藏，典藏號：00005574001。

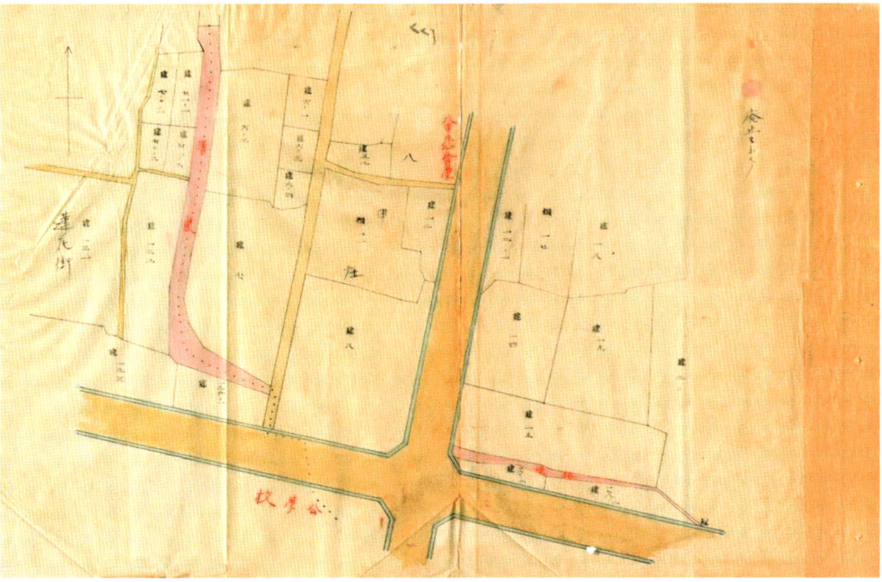

圖7-15　艋舺公學校（今老松國小）附近溝渠填埋公告圖：橘線為道路改正（今臺北市萬華區昆明街與桂林路口），藍線為新設下水溝，紅線為預定填埋的既有溝渠。

資料來源：〈道路并溝渠ノ公用廢止報告ノ件（臺北廳）〉（1910年11月1日），《臺灣總督府公文類纂》，中央研究院臺灣史研究所檔案館典藏，識別號：T0797_17_136_0014。

集中，利用自然重力或幫浦泵送方式排入河川中。[43]如此能盡可能快速累積、排出城市中的廢水，保持環境的乾爽與清潔。

巴爾頓的建議得到總督府與臺北縣之認可，率先推動臺北城內的水田買收政策，計劃徵收占臺北城內土地近三分之二的水田，並整建排水溝將低溼的水田積水悉數排除，接著，乾燥土地便可全數變更為市區新設街道與建築用地。[44]此後，隨著市區改正計畫的逐步實施，臺北城市衛生下水道系統逐漸由城內擴大至大稻埕、艋舺，以及周圍新興的市街區域。[45]

值得注意的是，當官方完成某一區域的街道與下水溝整建工程後，隨之而來的便是填埋周遭既有之自然排水溝渠或埤塘。透過近代排水系統的整建與切換，一方面增加城市發展用地，另一方面也體現其遵循並實踐巴爾頓強調的衛生學理念，徹底消除城市積水與維持乾燥環境。[46]

在以市街整建為核心的城市改造下，透過街道底下延伸埋設的自來水管線與排水溝，以及同步實施的水田排水、自然溝渠與埤塘填埋等過程，臺北一點一滴變得乾燥、衛生，逐漸轉變成一座殖民者心中的近代城市。

第八章

航向國際：淡水河築港與近代航運體系的興衰

簡佑丞

淡水自清代中期成為官方認定與中國大陸對渡的口岸後，逐漸成為北臺灣最主要的海運交通與貿易港口。至一八五八年根據《天津條約》，淡水於兩年後開港成為全臺對外國通商貿易的口岸之一，從原本僅限於大陸、臺灣各港口間的國內近海交通口岸，一躍成為與世界接軌的國際海運貿易航線重要據點（詳第六章）。開港後，淡水憑藉其優越的地理區位條件，連同下游的大稻埕、艋舺，將淡水河全流域（包含大嵙崁溪、基隆河、新店溪三條主要支流）都納入其產業與經濟腹地，因而逐漸成為臺灣北部最大的物資集散地與對外貿易吞吐口。[1]

透過淡水河流域便捷的水運，淺山地帶最重要的經濟作物茶葉，藉由各式小型舢舨船隻一路順流而下，運送至臺北的艋舺、大稻埕集中。茶葉進行粗製後裝箱，再次利用舢舨船載運至河口的淡水港匯集，卸載換裝至泊靠於河口的大型戎克船或汽船，輸往對岸的中國東南沿海或海外各貿易港口。[2]透過此模式，一個以淡水河口的淡水港、下游港市大稻埕及艋舺為核心的北臺內河航運與對外海運貿易體系，儼然成形。

軍港的基隆vs商港的淡水：日本海軍水路部部長的淡水築港構想

至一八九五年日本統治之後，淡水仍持續穩坐全臺最大對外貿易商港的地位。事實上，臺灣總督府最初相當重視淡水港的商業價值與重要性，因此來臺之初便立刻著手進行淡水河下游至河口航道的疏浚與河川水文調查作業（詳第十六章），一方面維持淡水港繁忙的航運與貿易機能，另一方面也為將來的港口整建預做準備。與此同時，作為日本第一個領有的殖民地，總督府亦積極展開全臺近代港口修築的調查、選址與規劃，以期為殖民地經營打下良好根基。

最初針對全臺港灣修築提出具體構想的中心人物，為首任臺灣總督樺山資紀。一八九五年九月，全島征討作戰（乙未戰爭）正如火如荼展開之際，他向當時的參謀總長小松宮彰仁親王提出「陳請興築基隆港」的公文。[3]曾擔任日本海軍大臣與海軍軍令部總長的樺山深知軍港建設的重要性，認為位處日本最南端的臺灣可謂扼守帝國南方的鎖鑰，將來必定成為日本海軍艦隊海權擴張的主要根據地，因此臺灣近代港口的整備，特別是修建能與日本內地海上交通緊密連結之軍港，為當前最急迫與緊要的事項。

樺山資紀認為，基隆港是全臺唯一具天然良港地勢條件的港口，並擁有與母國海上連絡的優勢，應列為優先整建的對象。依照他的構想，以基隆軍港作為進入殖民地臺灣的玄關口，同時搭配未來擬由基隆延伸至打狗（高雄）之西部縱貫鐵路，一方面能增進內地與臺灣間的連絡，另一方面也能強化母國的掌控。除了在軍事與統治上具有意義，對於日後全島的交通輸運、資源開發及產業發展，亦具備相當的效益與價值。

在軍港為主、商港為輔的構想下，東北角的基隆作為港口修築的優先候選地，主要是基於軍事及統治上的考量。[4]為此，總督府敦促日本內閣及軍方盡快提撥經費，並派遣築港技師與專家來臺。[5]此一請求終於在一八九六年三月獲得內閣同意，從臨時軍費撥款支援，並派遣具橫濱築港經驗的海軍技師前來協助。[6]

就在基隆建港調查如火如荼進行之時，時任日本海軍水路部部長的肝付兼行，奉日本海軍省之命，於一八九七年五月執行臺灣全島及澎湖群島的水文、航路測量與港灣調查作業，並於隔年十月提出調查報告。值得注意的是，肝付提出的報告詳細記載測量調查過程與結果，又進一步針對臺灣未來的建港提出具體建議。他呼應樺山資紀的想法，強調基隆港對於軍事國防的重要性，但卻認為該港欠缺作為貨物集散中心的優勢，應定位為純軍港，不適合作為商港使用。[7]

肝付引用當時歐美的主流港灣學者所言，主張擁有優良的貿易商港是國家富強的根源，而優良的商港則取決於是否具有河口之地利與水運之便利，以及集散與吞吐國內外貿易貨物之能力。依此論點，全臺最佳商港非擁有河川水運之利的淡水港莫屬。他補充道，現今航道已日益淤積的淡水港，其關稅貿易額仍占全臺四處對外通商口岸總額的半數以上，[1]若投入經費進行河道疏浚及近代港口設備整建，前景將無可限量。因此，他極力鼓吹將基隆港、淡水港分別當作專責的軍港與商港，並據此投入港口的修築計畫。

肝付為他心目中的商港擬訂了設計藍圖。首先，利用河口中央沙洲與右岸間的河道，作為淡水港埠的預定地，並浚深靠近左岸八里坌的河道，作為淡水河的主要河道，開挖的砂土則用於中央沙洲及右岸的填埋與港埠築造。接著，於港埠預定地兩岸整建繫船碼頭，港灣出入口處則興建兩座防波兼導流

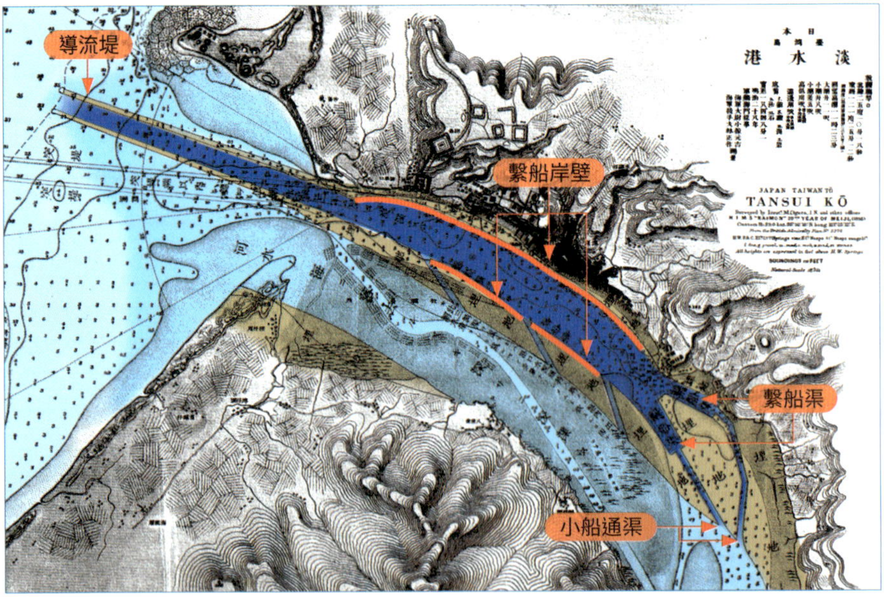

圖8-1　肝付兼行於1898年提出的淡水建港規劃是利用地形及河川水流的精巧設計。他以沙洲為基礎，填埋土地（棕色塊）、浚深河床，導淡水河主流（淺藍色塊）入海，北方則成為港區（深藍色塊）。港區兩岸邊施作繫船岸壁（橘線）和繫船渠停靠大船，並與主流河道間有三條小溝作為穩定港口水深之用，以及小船通渠以換乘小船進入主河道，與上游大稻埕間連絡。河口則興建導流堤與填埋地相接（繪有另一導流堤作為備案），引導船隻在其中航行。

資料來源：〈臺灣及澎湖列島觀察意見書付測量事業に関する件〉（1898年10月），《海軍省公文備考》，日本防衛省防衛研究所典藏，JACAR：C06091160800。

堤，供大型汽船進出港口與泊靠之需，港口最底處則設置兩座供小型船隻停泊的船渠，方便往來大稻埕、艋舺與淡水港間之小型船隻停靠使用。

換言之，肝付沿用了清末開港以來形成的航運貿易體系，不同之處在於他將西方的近代築港技術應用於淡水港的設計中。例如傳統河港未對河川進行任何改造措施，但西方河港常用導流堤（與海灣式港口的防波堤不大相同），一方面導引、穩定河川水流入海，一方面作為河道向河口外海的延伸，確保船隻航行的穩定性與安全性。此外，船渠、大型繫船岸壁等設施，以及區隔主流河道與港域的規劃，亦是受到西方的影響。

以河運爲中心的貿易港：大阪商船株式會社社長的淡水築港論

肝付兼行於一八九八年提出的建港構想，似乎與當時總督府的全臺建港事業政策有相當程度的關聯。事實上，早在前年十月，當海軍水路部正對臺灣島及澎湖群島進行水文測量與港灣調查、而總督府正進行基隆建港調查之際，府內亦同步成立了「淡水港修築調查委員會」，展開淡水建港的各項調查工作。[8]

對當時的臺灣官民而言，比起透過鐵路連結基隆港的海陸連絡輸運體系，以淡水河流

❶ 四個對外通商口岸包括淡水、基隆、安平及高雄（打狗）。

域為中心的北臺河川水運體系不但便捷且更具經濟效益。基隆港充其量僅是與內地對接之港口，淡水港則是唯一兼具與對岸中國、日本內地及海外往來貿易之港，並擁有全臺貨物集散能力，因而成為總督府建港的主要選項之一。[9]

淡水建港調查作業期間，[10]時任大阪商船株式會社社長的中橋德五郎於一九〇一年九月投書《臺灣日日新報》，闡述自身對於臺灣建港的構想和建議。[11]中橋與肝付兼行的看法相同，認為將基隆港定位為連絡日本內地與臺灣間海運交通間的角色即可，並不需耗費鉅額經費與全部時間投入其建設，但淡水建港與否對於臺灣的經貿發展則具有舉足輕重的影響，是當前最急迫的任務。

中橋特別舉出日本的對照案例。位於淀川河口的大阪港，利用江戶時代以來即發展成熟的內河與海上航運體系，讓大阪港穩坐關西地區的貿易中心之位。反之，其鄰近的神戶港雖擁有得天獨厚的自然條件，且由政府耗費鉅資整建，卻缺乏具航運之利的河川流域作為港口腹地，單憑鐵路連結港口，運量過低且成本高昂，以致於從海外進出關西的大型汽船不願停靠神戶港裝卸貨物，反而轉向大阪港。在中橋心目中，大阪港之於神戶港，就如同淡水港之於基隆港，因此淡水築港才會如此重要。

不管是海軍的肝付兼行或商社的中橋德五郎，均認為港口建設的投資應優先考慮其對將來區域經濟、貿易的發展性與影響性。因而以河川航運為核心、掌控河川流域與經濟產業腹地的河口港，自然遠優於以鐵路陸運為核心、透過海陸連絡體系輸運的海灣式港口。[12]在兩人的言論影響力之下，優先推動淡水港修建之呼聲似乎逐漸凌駕全力整建基隆港的聲音。

洪水來襲：淡水建港計畫及內河航運體系的終結

然而，河口港有兩項最大的隱患——航道淤積與洪水問題，這兩個問題在此時為淡水港修築計畫帶來變數。

一方面，淡水河下游淤積的問題早在清代便已存在。到了日治初期，總督府幾乎年年都得投入不少經費進行下游河道的疏浚，以維持河口的淡水港至大稻埕間水運暢通。[13]另一方面，更大的課題來自於淡水河頻繁的洪患災害。每年一到夏天的颱風旺季，暴漲的淡水河洪水經常沖毀河岸的碼頭設施和泊靠的船隻，同時也造成港口背後與其唇齒相依的市街地區出現水患災情。更糟的是，一當洪水退去，受水流擺盪影響而改變的河道地形，以及因洪水侵蝕而崩落的河岸土石，又再次成為下游航道淤積的主因，讓先前好不容易完成的疏浚又前功盡棄。[14]

一八九八年九月，也就是肝付兼行提出淡水建港構想的前一個月，淡水港至大稻埕、艋舺間的淡水河流域下游區域（即廣義的淡水港域）才剛遭受暴漲的洪水侵襲。洪水不僅造成清末建成的護岸堤防潰決，沿岸碼頭機能癱瘓，連原本航行在淡水河的船隻都被沖進市街當中，淡水與臺北市街也都出現淹水災情。儘管臺北縣技師牧彥七於隔年就展開大稻埕護岸堤防工程，但其主要目的並非為了防洪，而是保護大稻埕河岸的泊船碼頭，以維持港口的機能（詳第十五章）。[15]隨著調查期間陸續發現的河川問題，以及接踵而來的大小水患，總督府不得不認清現實，開始思考是否應放棄淡水港，再次全力建設基隆港，並賦予其國際商港之角色。

令人意外的是，總督府於一九〇五年改變臺灣建港計畫的主要因素，實是出於基隆港本身。最初，總督府的基隆建港方案基本上仍繼承樺山資紀的構想，即港灣東岸規劃為面向日本內地的貨物輸運與商貿碼頭，港灣西半部全部劃作軍港使用。然而，就在第一期港內疏浚維持工程即將竣工之際，至關重要的外港防波堤建設預算卻屢屢遭到日本帝國議會的否決。

為確保建港事業繼續推動，時任臨時基隆築港局局長的後藤新平決定變更計畫，在沒有外港防波堤保護的情況下，將原設定於東岸北側正對港灣進出口的商港碼頭，移至西南岸的軍港碼頭預定地，以避免泊靠於碼頭的船隻遭遇強勁的東北季風與巨浪侵襲。與此同時，為配合碼頭區位的變更，後藤遂將原本以軍港（西岸）為主、商港（東岸）為輔的基隆港定位，變更為承平時作為純商港、一旦發生戰事再全部轉作軍港使用的模式。[16]至此，基隆建港計畫正式由軍港機能轉為以商港為主。

弔詭的是，就在同年九月，總督府頒布包含臺北城內與城外市街的臺北市區改正計

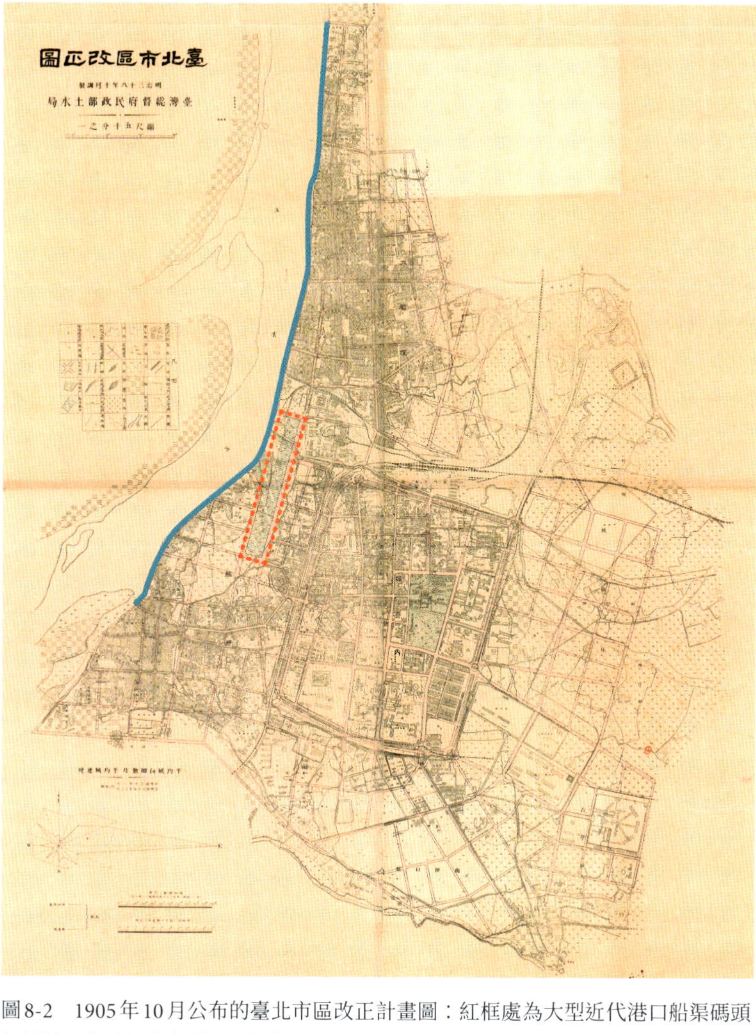

圖8-2　1905年10月公布的臺北市區改正計畫圖：紅框處為大型近代港口船渠碼頭低溼地，後因興建大稻埕至艋舺間淡水河岸之RC牆式防洪堤防（藍線處，由十川嘉太郎設計）而無疾而終，改將此地規劃填埋為新生土地。

資料來源：〈臺北市街市區計畫改正決定ノ件〉（1905年9月11日），《臺灣總督府公文類纂》，國史館臺灣文獻館典藏，典藏號：00001136004。

畫。在該計畫中，西門外東北側一大片的艋舺低溼沼澤地，被規劃整建成一座大型的近代港口船渠碼頭，作為往來淡水河口至大稻埕、艋舺間大、小型船隻停靠之用。[17]此舉足以印證，總督府並未完全放棄淡水港的整建構想，且依然重視淡水河流域下游的內河航運機能。

但故事還未結束。歷經一九一〇、一九一一連續兩年的颱風侵襲，臺北三市街全域遭受前所未有的水患災情後，情況又有一百八十度的大翻轉。洪災過後不久，由日籍政商界有力之士組成的臺北公會率先發難，於一九一一年九月向總督府請願，提出沿著大稻埕至艋舺間淡水河岸興建高牆式堤防的防洪策略。[18]此提案歷經曲折，被反對的原因之一即為阻礙航運，但最終被當時主

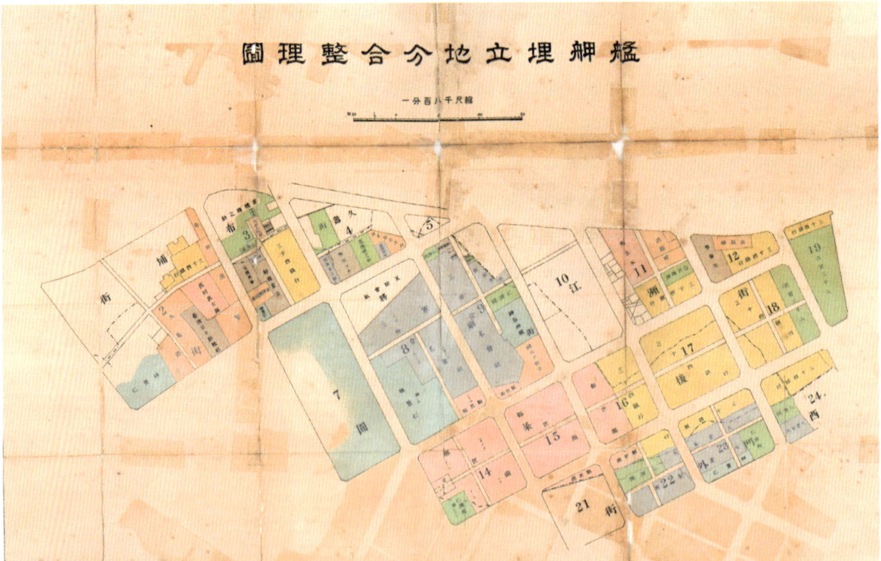

圖8-3　艋舺低溼沼澤地填埋土地區劃整理圖（北方朝右）：彩色區塊為填埋整理地區，約為今忠孝西路二段、環河南路一段、成都路與西寧南路包圍的區域。

資料來源：川井田幸五郎，《艋舺低地埋立事業報告書》（臺北：臺北廳庶務課，1919），圖片頁，國立臺灣圖書館典藏。

▶ 圖8-4　艋舺新起街至大稻埕河溝頭新生地排水暗渠埋設工程施工情形

◀ 圖8-5　艋舺西門外街（今西寧南路、洛陽街與福星國小附近）低溼沼澤地填埋工程施工情形

資料來源：川井田幸五郎，《艋舺低地埋立事業報告書》（臺北：臺北廳庶務課，1919），照片頁，國立臺灣圖書館典藏。

導淡水河防洪治理規劃的土木技師十川嘉太郎採納，並進而設計出鋼筋混凝土構造的防洪牆，隔離河岸與市街（詳第十七章）。

伴隨防洪牆建設的定案，先前於艋舺低溼沼澤地整建船渠碼頭的計畫變得毫無用武之地，因而改將低溼地全部填埋為新生土地，並重新規劃為艋舺的新興市街區。[19]防洪牆與艋舺填埋工程於一九一三年正式動工，[20]這不僅象徵淡水港及淡水河流域下游內河航運體系的終結，也等同宣告總督府建港政策的轉向：放棄淡水建港，將臺灣國際貿易商港的角色轉移至基隆港，並集中資源全力建設。

圖8-6　位於西門國小內的艋舺埋立地紀念碑

資料來源：石振洋拍攝（2024年11月15日）

效法曼徹斯特運河：下游一體化的民間築港論

有趣的是，報紙登出臺北公會的提案後，地方上立刻出現不同的聲音，擔心堤防興建後直接影響淡水河蓬勃的水運貿易，扼殺未來淡水港整建計畫的可能性。其中，一位筆名為「海の人」的海運界相關人士，自一九一一年九月中至十月初，在《臺灣日日新報》上連續發表了十三篇以「淡水築港論」為題的系列專文。[21]

「海の人」的專文得以連續刊載，或許並非等閒之輩，且其觀點亦具有國際的宏觀視野。他首先說明，世界三大航線包括自北歐港口經蘇伊士運河抵達東亞港口的歐亞航線、從東亞港口至北美太平洋沿岸港口的太平洋航線，以及由北美大西洋港口通往北歐港口的大西洋航線。在即將完工的巴拿馬運河開通之後，三大航線將連結成一體的環球航線。此後，在西方列強覬覦之南洋與中國東南沿海航線上占據重要地理區位的臺灣，其海運貿易的重要性勢必更加凸顯。

尤其，盤據該區之列強勢力早已卯足全力，經營其殖民地或租界的港市，諸如美國的馬尼拉、英國的香港、德國的青島及中國的上海，並已掌控此地區在國際海運航線上的海權與航運經貿利益。臺灣是日本第一個殖民地，又有地理區位優勢，極有潛力發展成為歐亞航線上第二個控制重要航道的「海峽殖民地」。[22]若欲如此，前提是要選定商港地點並投資整建，而坐擁淡水河流域河運與經濟腹地的淡水港可謂唯一首選，勢必能成為世界性的

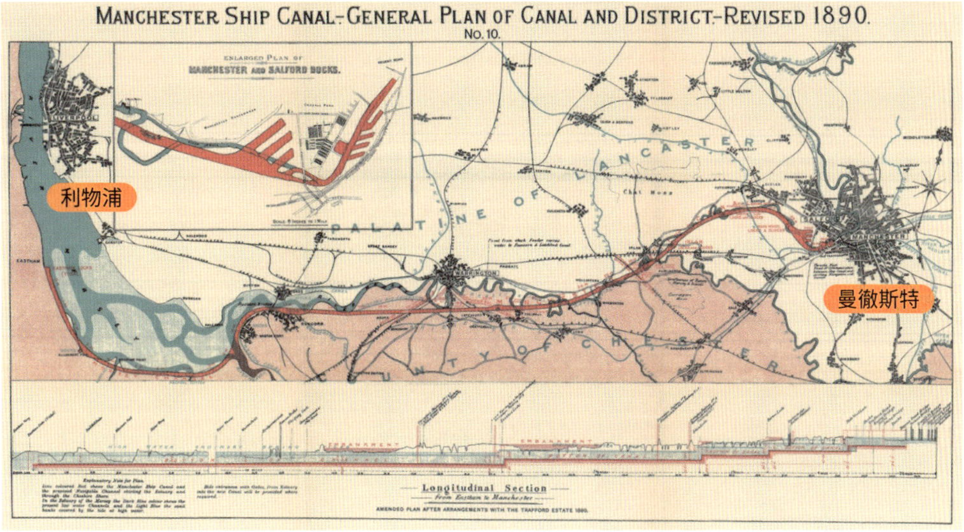

圖 8-7　曼徹斯特船舶運河計畫圖：運河（紅線）連結了梅西河口之利物浦與上游之曼徹斯特，左上黑框內為曼徹斯特船渠碼頭局部放大。

資料來源：Sir Bosdin Leech, *History of the Manchester Ship Canal* (Manchester: Sherratt, 1907).

國際大商港，並為殖民母國帶來巨大的利益。

為此，「海の人」對總督府轉向將全部預算投入北部基隆港與南部高雄港的建設計畫，頗不以為然。他指出，透過縱貫鐵路連結的兩港充其量僅能連結內臺間交通連絡與貿易運輸，尤其基隆港冬季風浪強勁，在未有防波堤保護之下失事沉沒的船隻甚多，周邊平地及腹地又極少，難成大器。[23]

他苦勸官方回心轉意，並為整建淡水港提出具體建議。他將淡水河與英國的人工運河相比，認為下游河道就好比一條天然的曼徹斯特運河，位於河口的淡水港則可比擬為梅西河（River Mersey）河口的利物浦，河岸的大稻埕與艋舺則等同於梅西河上游的曼徹斯特。沿著梅西河開挖的人造曼徹斯特運河，用以連結利物浦與曼徹斯特，而擁有廣闊河道的淡水河下游區域，不需經人工開挖便具有天然的優良內河航道，連結河口與上游。因此，大可仿照曼徹斯特運河的方式，將淡水至大稻埕、艋舺間視為一整體的河川港域，進行大規模的河道疏浚作業，並於河口興建大型碼頭與岸壁，以停泊萬噸級遠洋貨輪，再依此為起點於河岸各處整建停靠岸壁直通大稻埕與艋舺，以及興建如曼徹斯特的船渠，供千噸級貨船航行與停泊裝卸。[24]

同時，沿著曼徹斯特運河鋪設、連結利物浦至曼徹斯特的「里港鐵路」（Liverpool and Manchester Railway），以陸運輔助航運，與沿淡水河岸興建、用以連結淡水至臺北的「淡北鐵路線」有著異曲同工之妙。不過，他也如同先前的肝付兼行、中橋德五郎，強調鐵路陸運通常無法與航運競爭，但可作為航運的最佳輔助。[25]從「海の人」的提案尚可發現，其已擺脫過去將淡水港、大稻埕、艋舺分別作為獨立港口的思維，而將淡水河下游區域視為一整體港域進行規劃，這可能也對日後臺北廳技師梅田清次的淡水港構想帶來影響。

儘管「海の人」的投書洋洋灑灑，但他並未針對淡水港所面臨的洪水與淤積兩大問題提出有效方案。然而，在各界施予總督府築堤治水的壓力日增的情況下，築堤防洪工程仍讓淡水建港計畫暫時告終，[26]此一具有國際視野的提案亦無聲無息地消失在歷史舞臺。

以下游爲中心的國際河港都市：臺北廳技師的淡水建港計畫

在此之後，淡水建港的呼聲逐漸平息，基隆港的建設事業則飛躍發展，至一九一二年底已初步完成第二期內港碼頭設備，並接續進行第二期的內港埠頭岸壁追加擴張工程。[27]然而，受到第一次世界大戰物價飆升的影響，基隆港被迫於一九一七至一九二〇年間暫時停工。此時，來自各方對於淡水建港的希望竟又重新燃起。

其中，主要的原因在於基隆建港先天性的致命傷。如前所述，基隆港自始至終未著手興建外港防波堤，僅專注於內港的碼頭設施，導致即使內港建設新穎、設備完善，但進出港口的船隻都得與強勁東北季風與怒濤海浪搏鬥，以避免沉船。而單憑縱貫鐵路連結海港的海陸運輸體系果然也出現問題，因鐵路輸運效率不佳，屢次造成滯貨事件，貿易輸運功能大打折扣。[28]有鑑於此，支持淡水建港的倡議者重新找回了著力點。例如臺北廳參事洪以南，[29]或以「天麗學人」為筆名的民間人士，都在這段期間發表漢文或日文文章，重提淡水建港的重要性。[30]

最值得關注的，還是臺北廳土木技師梅田清次於一九一九年十二月提出的淡水建港計畫書。梅田與後文提及的總督府技師德見常雄（詳第十七章）有師徒之情，他透過臺北廳向總督府呈上此一計畫，也受到海軍的初步認可。梅田的構想十分特別，相較於此前的建港呼籲多僅從殖民經營、海權掌握、國際貿易等視角考量，土木工程背景出身的他除了繼承前人觀點外，特別關注淡水港建港的兩大痛點，對洪水整治、淤積河道議題提出了全盤考量。

梅田認為，淡水河下游河道土砂淤積的主要原因並非上游開墾與水土保持問題，而是下游砂質土壤河岸的持續沖刷，導致大量砂土隨洪水侵蝕崩落於河道中。因此，他提出下游河道整體的港口整建，亦即在河道兩岸砌築碼頭護岸，不但可作為船隻停泊裝卸的碼頭，又能鞏固脆弱的砂土河岸，避免河道淤積。與此同時，他還規劃於下游河道以及河口至外海興建導流堤，藉以固定河道中心，運用自然流水力量排砂，避免河道淤積並維持航道水深，更可降低水流沖刷河岸。再者，延伸至外海的導流堤，還可防止因潮汐回溯所導致的河口淤積。[31]

接著，梅田清次以關渡隘口為界，將該處以下至河口兩岸設定為淡水港之外港區域，用以停泊萬噸以上巨輪，自關渡上溯至大稻埕、艋舺之兩岸，則規劃成內港區域，作為千噸級船舶與內河疏運船隻航行、停泊之用。他的計畫書，亦首度將大臺北未來的都市計畫構想納入考量。他認為，未來的大臺北都市發展應橫跨淡水河下游兩岸區域，即以下游作為流貫城市的核心，透過下游河道全體港口化的整建，使之與河川兩岸區域共同形成一航運交通便利、城市與港口共榮發展的國際河港都市。

根據梅田清次的設計，河口右岸（即既有淡水港）偏南側的菜寮、鼻仔頭至竹圍間，應興建大規模的棧橋式楔形（梳子型）碼頭區，作為外港區域之國際貿易商港專用埠頭，同時將位於其附近關渡以南、基隆河與淡水河交會處的社仔庄、溪洲底庄與士林，設定為新興的商業發展區，未來更可連結既有的大龍峒、大稻埕商業街區，成為大臺北都市的主要商業中心。左岸的和尚洲、三重埔一帶，則同樣可透過棧橋式楔形碼頭的整備，搭配鐵

圖 8-8 梅田清次的淡水建港規劃設計圖

資料來源:〈淡水港計画の件(1)〉(1919 年 12 月),《海軍省公文備考》,日本防衛省防衛研究所典藏,JACAR:C08021685200。

路線與貨運場站，將其背後廣大的腹地劃為大臺北的主要新興工業區。藉此，一座以淡水河下游為核心、結合河口整備、工商業都市規劃的近代河港城市，成為他理想中的臺北未來像。[32]

未竟的築港之夢

梅田清次的計畫終究只是一個夢想。對於早已耗費鉅資與時間投入基隆港及高雄港建設的總督府而言，與其再次投入新的港口建設，集中資源持續投資既成的港口建設被認為是更好的選項。在此之後，民間人士倡議淡水建港的聲浪始終未曾停歇。尤其，日治後期全臺各地

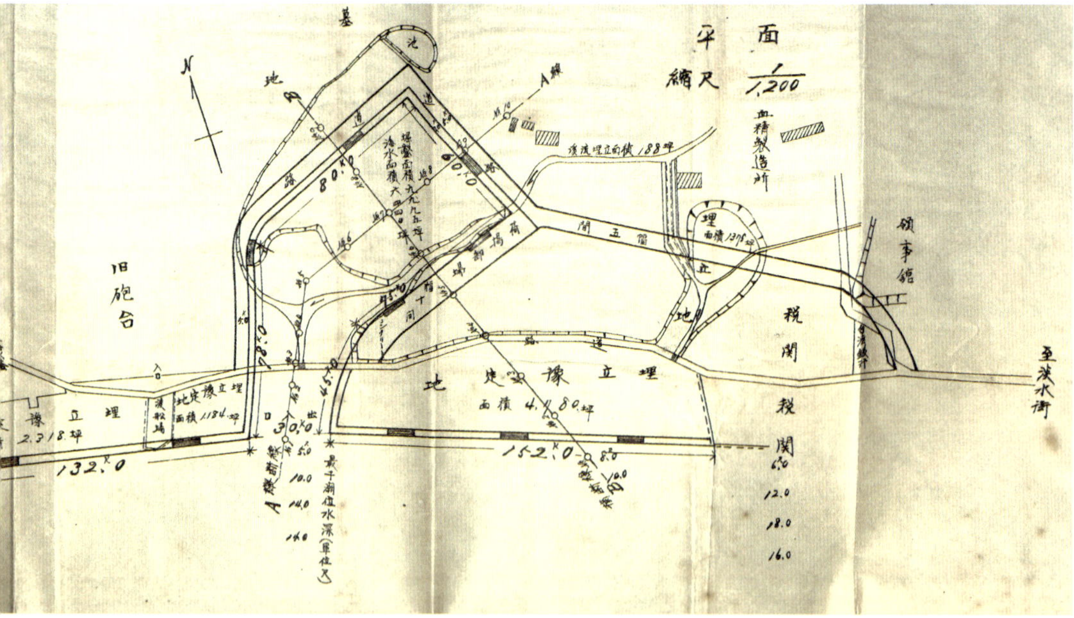

圖8-9　淡水郡役所提出的淡水漁港兼船舶避難港規劃圖：港口主要以小型船渠為形式，船渠入口兩側「埋立豫定地」為向外填埋的河岸新生地，作為小型的港口碼頭設施用地。

資料來源：山本正一，《淡水港の整備に就て》（淡水：淡水郡役所，1927），頁36，國立臺灣圖書館典藏。

掀起一股築港請願熱潮，[33]淡水地方官廳甚至將過去遠大的建港構想縮小，卑微地建議於油車口附近設置淡水漁港兼避難港。[34]

日治末期，因嘉南大圳而知名的土木技師八田與一，受總督府之託主導淡水河的治理計畫。在見諸報章的早期規劃中，包含開挖基隆河分洪兼運河隧道，讓基隆河成為連結淡水港與基隆港的都市運河。[35]在此基礎之上，八田延續、擴大了梅田清次的築港計畫，透過淡水河下游河道的整治以及楔形橫堤兼埠頭的港口建設，讓臺北重新成為以淡水河下游航運為中心的近代河港都市（詳第十九章）。[36]然而，直至日治時期結束，官方始終對淡水河築港缺乏興趣，所有提案如同一場烏托邦式的夢境，均未實現。

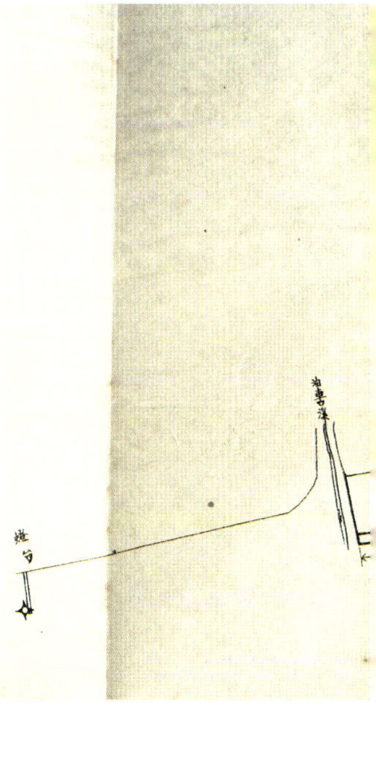

第九章

河畔風景：河岸生活文化與近代休閒娛樂

李宗信

對流域居民而言，淡水河是生存與生活的母親之河，無論是灌溉、捕魚、養殖、飲用、洗濯或航運，均離不開淡水河的「水之利」，但傳統臺灣社會中，人們普遍對水抱持著敬畏的態度。隨著河畔市街興起、城市發展，它不再只是一條「實用」的河流，更承載人們對精神慰籍及休閒娛樂的渴望。從清代的「淡北八景」，到日治時期的都市親水提案，不同時代的文人、市民為淡水河留下無數創作，展現出這條大河數百年來如何逐漸融入臺北人的生活，也見證人、河關係的微妙變化。

淡北八景中的淡水河

清代文人留下不少吟誦淡水河的詩文。一七三一年（雍正九年）大甲溪以北至雞籠（基隆）正式劃歸淡水廳管轄，三十多年後，余文儀的《續修臺灣府志》已列出「坌嶺吐霧」、「戍臺夕陽」、「淡江吼濤」、「關渡分潮」等「廳治四景」。[1]一八七一年的《淡水廳志》，又增加了「蘆洲泛月」、「劍潭夜光」、「峰峙灘音」、「屯山積雪」，共同組成「淡北八景」，而其中就有五景與淡水河系相關。[2]

「蘆洲泛月」除了是「淡北八景」之外，也是「芝蘭八景」之一。關渡出身的文人黃敬，藉著河溝圳道構成的航道月夜泛舟，寫下此詩，歌詠此處美景勝地的體驗可勝於蘇東坡遊訪赤壁：

> 淡北關前一小洲，荻蘆搖曳泛中流。江含夜色清輝漾，月照波光罩影浮。
> 葭葉有聲翻白露，浪花無際滾金毬。小船乘與隨機轉，賽過蘇公赤壁遊。[3]

另一位詩人林逢原則將「峰峙灘音」形容成靈動的「仙妃曲」，「淡江吼濤」則如十萬大軍奔騰之聲。[4]此外，臺北舉人陳維英除了以〈關渡分潮〉一詩描寫關渡河潮交會的奇景（詳第二十五章），還在劍潭之畔建立讀書處「太古巢」，並以劍潭地名的由來傳說，為此地水面於夜間發出奇異光芒的神祕意象創作了一首〈劍潭夜光〉：

> 寶劍何年擲水中，夜光高射斗牛紅。

> 料想化龍潛已久，幾回燒尾欲騰空。[5]

一九二八年（昭和三年）出生於艋舺的文學少女黃鳳姿，聽了爺爺講了八景的故事後，以十二歲的稚嫩筆調留下淡北八景的生動描述，並由衷表達她對臺北近郊美景與奇景的讚嘆：

> 「蘆洲泛月」是指在和尚洲附近的河流。月夜時，河面倒映著月亮，景色非常迷人。「水返腳琴聲」（即峰峙灘音）指的是現在的汐止，當基隆河的潮水退去時，那水流的聲音聽起來像是琴音。「關渡分潮」則是指在淡水附近的關渡，海潮水和淡水河上游的淡水在這裡交會，神奇的是它們會沿著一條線分開。「劍潭夜光」指的是傳說鄭成功曾將劍投入劍潭，夜晚常會見到光芒從圓山的劍潭發出……這八景全都是臺北附近極為奇特的地方。[6]

臺灣人的洗衣日常

相較於清代文人遠望自然景觀而記述的八景，日治時期以來的作品似乎更注重淡水河與河畔居民互動的日常。其中婦女清晨群聚在河畔洗濯衣物，是許多繪畫及攝影作品的常見題材。

圖 9-2　《臺灣新民報》中刊載的淡水河畔洗衣婦女照片

資料來源：〈洗衣女〉，《臺灣新民報》第439號（1932年5月15日），3版。

圖 9-1　日治時期攝影師拍下的淡水河畔婦人洗衣日常

資料來源：〈洗衣〉（1908）、〈大稻埕河岸〉（1931），翻拍自臺北市立文獻館。

關於臺人在河邊洗衣，日治初期來臺約三年的總督府官員佐倉孫三曾說：

> 婦女滌衣裳甚勞，不問河水、池水，苟有水而洗濯衣類。今視其方，跪坐水邊，形如溪行，或摩擦石面、或棍棒打之，洗又洗，打又打，至微無塵埃而後止。其精苦可想矣。[7]

民俗學者片岡巖則有如下的觀察：

> 本島人原來無設置風呂桶也無風呂屋，僅將水注入洗面器中以布沾溼擦拭身體，清潔不徹底的情形下，汗垢常附著於衣物上。於是對本島婦女而言，每朝第一要務便是至河岸池沼邊洗衣。[8]

也就是說，傳統臺灣人由於缺乏洗浴的條件和習慣，身體清潔不夠徹底，衣物也易沾黏汗垢，因此必須經常藉由更衣、洗衣來保持體面。在當時來臺的日本人眼中，臺灣人是「洗衣甚於洗澡」。附帶一提，一九一〇至一九二〇年代，臺灣有幾次霍亂大流行，一九一九年臺北的疫情尤其嚴重。為了避免病菌進入水中又透過食物被人吃下，並確保臺北水道不受汙染，官方經常動員警察，配置於淡水河兩岸，強力管制。除了禁止所有船筏溯航至林口庄（今臺大水源校區一帶）以上的上游地段，也嚴禁居民有任何洗衣、捕魚、清洗魚和蔬菜等活動。[9]

日本人的夏日清遊

清末福建臺灣省決定以臺北府作為省會，也奠定了日後臺北成為臺灣最高行政中心的地位。數百年來環繞著臺北的淡水河，從一開始提供灌溉及水產之利的河流，轉而開始滿足市街居民的要求，甚至被期望成為一個休憩娛樂的場所。

一九〇七年，日本畫家石川欽一郎受總督府之邀來到臺灣。他撰文陳述對於臺北的初次印象，認為似乎與京都有幾分神似之處。他將淡水河比擬成鴨川；周圍的群山包括大屯山、觀音山，則有如比叡山與愛宕山；圓山一帶與吉田、白河相似；和尚洲附近則像嵯峨野；至於古亭庄，或許可對應伏見。[10]伏見是日本三大清酒產地之一，自古就以生產優質水源而聞名，而有「伏水」之別稱。石川將古亭庄比擬為伏見，正符合當時新店溪給大眾的印象：擁有可以盛產香魚的優良水質，更是臺北居民用水的重要來源。

一九二六年，市營的東門游泳池剛剛開放，激發了報刊主筆橋本白水的靈感，特地在其《島之都》一書中寫下一篇〈在淡水河畔清遊〉。橋本認為，淡水河是最適合清遊之地，獲得上天恩澤、充滿自然之美的淡水河，遠比市營游泳池來得更好，並把淡水河比擬為東京的清流玉川。[1]他遺憾人們似乎不懂得真正加以利用淡水河，因而呼籲應充分發揮其美麗的景色與清新水質、空氣的優勢，比照東京的清流玉川，好好規劃成為市民親水之地。

在一九二〇年代的臺北市，有超過七成的日本人居住在臺北城內、大稻埕和萬華一帶。隨著臺北都市計畫的推動，除了公共衛生與交通等物質建設之外，也陸續規劃了攸關市民休閒生活的公園、動物園和運動場等場所。[11]對橋本來說，位於新店溪畔的古亭特別值得推薦：

> 夏日黃昏時分，前往古亭水鄉的河畔散步，絕對不是無益之事。雖然臺北近郊有草山與北投等地，但夏日消暑莫過於親水之樂。尤其是能浸泡在清澈的水中，讓人一掃整日的炎熱，實在是別有一番趣味。

他提及河畔開了各式各樣的餐館，讓遊客也能享受美食。古亭護岸堤防邊林立了樂

[1] 清流玉川引自多摩川，從東京都羽村市流至新宿區四谷。

水、新茶屋、紀州庵、潯陽亭、清涼亭、晴月、川定等料亭，「以河魚料理為傲的水鄉氣息，更是因為這些餐館的存在而增添情趣。」[12]橋本記述餐館內除了有鮮魚佐酒，還有從臺北城內聘請來的藝妓表演，洋溢「悠揚的琴歌聲，喧鬧的豔語」，可以感受穿梭其間的酒女們所營造的曖昧歡樂氣氛。[13]

此外，河面上泛舟納涼已頗為盛行。紀州庵的川端分店（今紀州庵文學森林）於一九一七年開幕時，特別準備了配備漁網的船隻，供客人享受漁獵之樂。其後更從內地高知縣引進八隻鵜（鸕鷀）及兩名專業鵜匠，讓新店溪的遊客也能像在日本長良川體驗「鵜飼」一般，乘船觀賞這些訓練有素的鸕鷀捕魚，捕獲的魚類既可作為伴手禮，亦可即時烹調享用。[14]一家名為「魚金」的餐館甚至建造了可以搭載五十人的大型納涼船，可以一邊乘船一邊享用料理，成為頗受時人歡迎的消暑方式。[15]

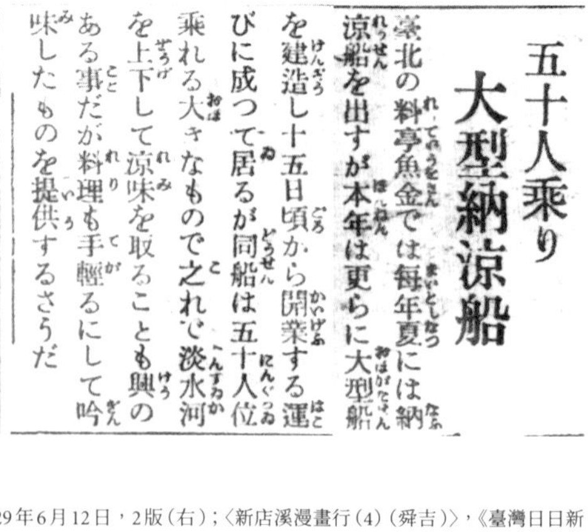

五十人乘り
大型納涼船

臺北の料亭魚金では毎年夏には納涼船を出すが本年は更らに大型船を建造し十五日頃から開業する運びに成つて居るが同船は五十人位乘れる大きなもので之れで淡水河を上下して涼味を取ることも興のある事だが料理も手輕るにして吟味したものを提供するさうだ

圖9-3　乘「納涼船」遊淡水河

資料來源：〈五十人乘り大型納涼船〉，《臺灣日日新報》，1929年6月12日，2版（右）；〈新店溪漫畫行（4）（舜吉）〉，《臺灣日日新報》，1926年10月9日，n02版（左），漢珍知識網。

夜遊淡水河：從避水到親水

橋本白水特別提及古亭河畔的夜晚，即便是明月高懸的晚上，此處也有極好的景色：

試著在月夜裡撐舟泛遊，遠近的群山朦朧連綿，如畫般展現在眼前。舟槳聲緩緩傳來，蘆葦船倒映在月光下，宛如置身於一幅畫中。沿著艋舺航行的屋形船上，隱約的紅燈光影映照在水面，這樣的景致，除了這條河，在臺北甚至整個臺灣都難得一見。[16]

夜幕低垂、華燈初上，艋舺一帶的河畔，還可以看到大阪「以船為館」、牡蠣船式的酒樓茶館。人們在此或悠然淺酌，或伴著爵士樂與酒女共舞談笑，更有年輕人帶著心儀對象或藝妓，划槳泛舟於河上，盡情享受夏夜的浪漫。更遠的圓山附近，月明之夜也頗有情趣，適合散步賞景。特別是臺灣神社（今圓山飯店）的夜晚總是清涼怡人，是令人流連忘返的避暑勝地。[17]

有趣的是，一九三一年編寫《臺北市史》的田中一二提及，相較日本人偏愛夜間前往河畔納涼，臺灣人卻少有這個習慣。這可能與臺灣民間社會普遍存在敬水和畏水的傳統觀念有關，水甚至被認為是凶險的所在。[18]換言之，近水較多是為了生存或生活，即便是八景的吟誦也多屬遠觀性質的描述，特別是晚上或農曆七月，至今或許還有不少長輩告誡避水。田中觀察到，臺人大多禁止子弟前往水域活動，雖有部分思想較為開明的家長允許孩子前往泳池或海水浴場戲水，一般民眾的夏夜納涼方式最多也只是將竹椅置於家門前，圍坐搖扇而已。即使是住在淡水河岸附近的民眾，也鮮見前往河邊散步乘涼。

不過，自從一九二五年第三代臺北橋完工後，近水的人愈來愈多。臺北市民新增了一處重要名勝。除了佇立在這座大鐵橋上遠眺大屯山、觀音山，俯瞰河面上點點帆影，或夜晚五彩繽紛的燈光，亦有愈來愈多臺人於橋上人行道鋪設草蓆納涼賞景，直至深更，人影還久久不散。[19]詩人張迺西的作品〈夜遊淡水河即事〉，印證了田中一二對此現象的有趣觀察：

無邊景色豁心胸。月自團圓水自溶。
大士星搖山欲動。淡江風靜膝堪容。
納涼灯爛分双道。避暑人堆列幾重。
絕好盤桓饒雅興。沾襟不覺露華濃。[20]

詩中描寫，風平浪靜的淡水河，令人感到特別舒緩，心生雅趣。納涼處架設的燈火分成兩道，閃爍如星，前來避暑的人群一排排席地坐著。不知不覺之間，露水沾溼了衣襟，讓人更加感受到夜晚露珠的清涼。

仲夏夜之夢：河岸休閒娛樂的民間提案

事實上，日治中期經常可以看到日人投書或報刊社論，呼籲當局應進一步規劃淡水河成為居民從事休閒活動、與河共樂的場所。對當時的臺北市民來說，臺北在物質生活方面已初具規模，有了電話、電燈、煤氣等近代化基礎設施，但精神上的娛樂空間卻相對匱乏，僅有少數幾間劇場，無法滿足快速增長的人口需求。

當時市民提出了許多奇思妙想，包括在河中提供畫舫或日式遊船，作為夏季的娛樂設施，或建造裝上馬達的輕便遊船並設置簡單的水閘，讓遊船能往返於新店溪或大嵙崁溪之間。堤岸可效仿東京的隅田川或荒川堤，規劃成為市民的休閒遊覽區，至於河岸地帶，則可開闢成供馬車和汽車駕駛的道路。[21]甚至有人主張，應該參考東京日比谷公園的規劃，開設茶館，提供冰品、啤酒，販售丸子、櫻餅、紅豆湯等小吃，或者透過自來水及電力系統，在園內打造人造瀑布，營造清涼氛圍，讓遊客可以在日式茶屋內邊品茶邊觀賞景色。此外，在淡水河畔設置花圃、運動場、簡易健身器材及露天茶館等，鼓勵市民舉家攜帶便當享受戶外家庭聚會，或從事棋藝吟詩等活動的提案，不勝枚舉。[22]

這些靈感和構想，可能汲取自日人的去國懷鄉之感，並與在地歷史元素揉合而成，企盼淡水河有朝一日能在日益邁向現代化的臺北城市中，扮演更重要的娛樂與文化角色，藉此提升市民的生活品質。儘管如此，他們同時也呼籲應減少過度的商業化開發，以避免破壞淡水河畔珍貴的自然與歷史景觀。不管是臺人近水觀念的轉向，或是日人濃烈鄉愁的展現，日治中期以來有關淡水河上遊樂、親水堤岸建設、夏季避暑設施的提案，雖然多數並未落實或未受官方重視，但仍具體呈現出時人對於淡水河如何成為臺北市休憩娛樂場所的各種想像，也充分凸顯了淡水河作為一條城市之河的特殊性。

第三部

河流的明暗

匯聚在狹小盆地、深受潮汐影響的淡水河，往往一場颱風暴雨後，河已成災。號稱「史上最慘重」的災情報導不斷更新，但要到總督府於一九一〇年代起展開水害及河川調查後，水災頻率與嚴重性才有了比較基礎。至於何以成災？日治初期的文人已不再將水災單純視為上天懲罰的天災，轉而批評上游開發所導致的人禍，「坡地墾伐—土砂流下—河道淤積—頻繁致災」的因果關係幾乎成為貫穿日治至戰後初期的共識。然而，根據水利專家調查，淡水河河床並沒有愈來愈淺。事實上，真正讓洪水成為災害的，是人們對這條河流日益加深的依賴——對淡水河的利用程度愈高，就愈無法忍受河水或土砂的短期變化。

官方文獻呈現的災害與百姓親歷的感受不見得相同。一方面，民間記憶深刻的慘禍，未必在清代官方史料中留下痕跡；另一方面，總督府官員眼中的重大災情，對當地百姓而言，有時不過是反覆經歷的日常考驗。正是這種認知落差所留下的紀錄縫隙，提供了一扇窗，讓我們得以一窺河畔居民面對頻繁洪水時孕育出的地方知識與調適手段。

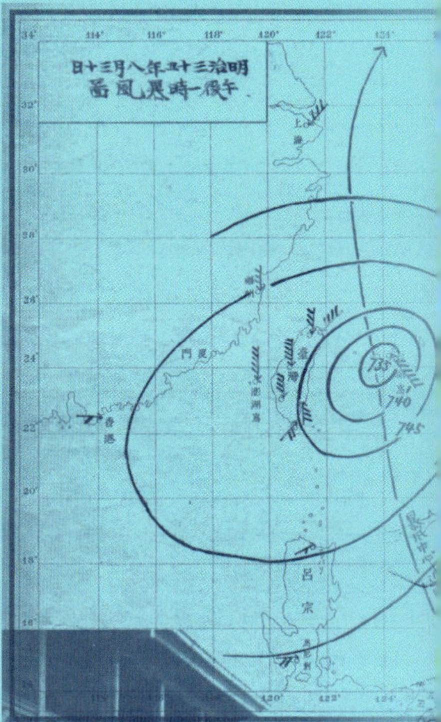

第十章

河已成災，何以成「災」：災害的歷史建構

顧雅文

一九〇〇年九月十六日，颱風剛掃過臺北隔日，《臺灣日日新報》記者採訪了一位艋舺耆老。老人娓娓道來他的水災記憶，說起兩年前的洪水雖然浩大，卻遠不及一八五八年（咸豐八年）那場驚心動魄的災難。

回憶當年六月的景象，他仍不禁顫慄。連日連夜的大風雨使淡水河水位高漲，洪水來勢之快前所未見，幾乎沒有逃生時間，奪走了至少五百條性命。受害最慘重的不是艋舺、大稻埕的市井小民，而是和尚洲（蘆洲）、士林、枋橋（板橋）一帶的農家。二期稻苗幾乎全數流失，連作物的根都被拔起，迫使當

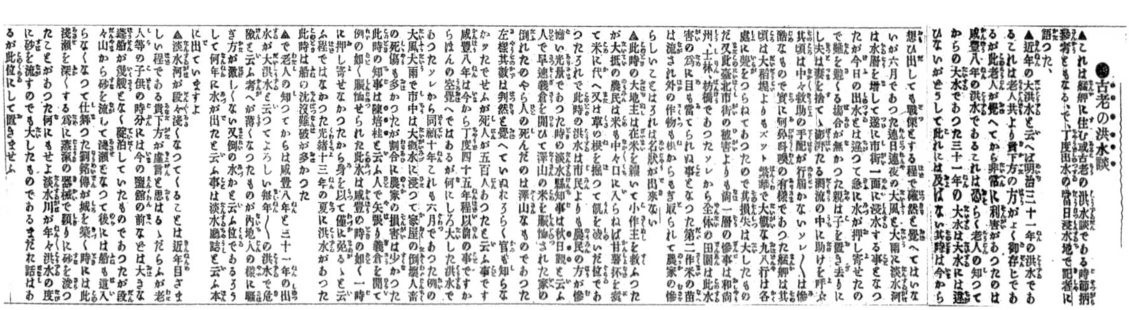

古老の洪水談

▲これは艋舺に住む或古老の洪水談である時節柄參考ともなるので、丁度出水の當日浸水地で記者に語つた、

▲近年の大洪水と云へば明治三十一年の洪水であるこれは老人共より貴下方の方がよく御存じであるが此老人が覺へてから非常に利害があつたのは咸豐八年の洪水であるこれは恐らく老人の知つてからの大水であつた三十一年の大水は大水には違ひないがどうして此れには及ばない其時は今から想ひ出しても戰慄とする程で確然と覺へてはいないが六月であつた連日連夜の大風と大雨で淡水河は水嵩を増して遂に市街一面に浸水する事となつたが今日の出水とは違つて急に水が押し寄せたので難を避くる場合が無かつた親は子を置き去りにし夫は妻を捨て丶澎湃たる濁流の中に助けを呼ぶ其頃は中々救助の手配が行屆かないソレ〳〵は慘酷なもので實に阿鼻叫喚の有樣であつた艋舺は其頃は大稻埕よりもズット繁華で大概な九八行は各處に甍をつらねてあつたので其損失は大したものだ又此臺北市街の被害よりも尚一層の慘事は和尚州、士林、枋橋であつたソレから全體の田圃は此水害の爲に目も當てられぬ事となつた第二作米の苗は流され外の作物も根からもぎ取られて農家の慘らしいことはそれは名狀が出來ない

▲此時の大地主は在米を糶いて小作主を救ふつたが大抵の農民は米も中々口に入らねば甘藷杯を賽て米に代へ又は草の根を掘つて飢を凌いだ位であつたそれで此時の洪水は市民よりも農民の方が慘憺い光景であつた時の淡水縣知事は秋日覲と云ふ人で早速義倉を開ひて澤山の米を賑恤された家の倒れたのやら人の死んだのは澤山なものであつた左樣其數は判然と覺へていぬれろらく官でも知らなかッたでせふが死人が五百人あつたと云ふ事です咸豐八年は今から丁度四十五年程以前の事ですからほんの空覺へではあるが何にしろ大した洪水であつたソレから同治十年これも六月であつた例の大風大雨で市中は大概水に浸つて家屋の倒壞人畜の死傷も多かつたが割合に農家の損害は少かつた此時の知事は陳培桂と云ふ人で矢張り義倉を開て例の如く賑恤せられた此水は咸豐の時の如く一時に押し寄せなかつたから身を以て僅に免るゝと云ふ程ではなかつた光緒十三年の夏に洪水があつた此時は船の沈沒難破が多かつた

▲で老人の知つてからは咸豐八年と三十一年の出水が大洪水と云つてよろしい并年〳〵の洪水で危險と云ふ考へが薄くなつたものが內地人の樣に騒ぎ方が激しくない又例の水かと云ふ位であろうして何年に水が出たと云ふ事は淡水廳誌と云ふ本に出ていますよ

▲淡水河が段々淺くなつてくることは近年目ざましい程である貴下方が虛言と思はるゝだらふが老人等の子供の時分には今の鹽館の前などは大きな戎克船が幾艘となく碇泊していたものであつたが段々山から砂を流して淺瀬となつて後には船も這入らなくなつて仕舞つた劉銘傳が城を築く時には此淺瀬を深くする爲に蒸氣の器械で頻りに砂を浚つたこともあつた何にもせよ淡水川が年々洪水の度に砂を流すのでも大したものであるまだ話はあるが此位にして置きませふ

圖10-1　臺北耆老的水災記憶

資料來源：〈古老の洪水談〉，《臺灣日日新報》，1900年9月16日，4版，漢珍知識網。

時的淡水廳同知秋日覲不得不開倉賑恤。在老人記憶中，一八七一年（同治十年）、一八八七年（光緒十三年）的兩場大水也留下深刻烙印，前者促使同知陳培桂出面賑濟，後者則造成許多船隻或毀或沉。

清代官方紀錄與民間記憶中的洪水災害

奇妙的是，清代地方志、宮廷檔案中的北臺灣水災紀錄中，並沒有找到上述三次災害，然而耆老所言的地方官員均確有其人，短暫的在位時間亦都與災害發生時點符合，應該有一定可信度。這意味著，官方所認定並記載的「嚴重災害」，與地方百姓親歷的感受並不一定相同。

不過，僅就不完全的官方資料來分析，還是能看到一些變化趨勢。以寬鬆標準計算，清朝統治的前一百多年，康熙、雍正、乾隆三朝（一七九五年以前）的北臺灣颱風水害僅有三十五次，嘉慶以後的第二個一百年（一七九六至一八九五年），則增加到五十四次。水災數字增加有多重原因，可能只代表紀錄變得更加翔實完備，又或者與人類活動的發展有關。畢竟洪水只是自然現象，洪水要成為水災，往往取決於當地人口、活動型態等特定條件及人為定義。

但還有兩條線索值得注意。首先，若將目光投向新店溪，在此有大坪林圳及瑠公圳引

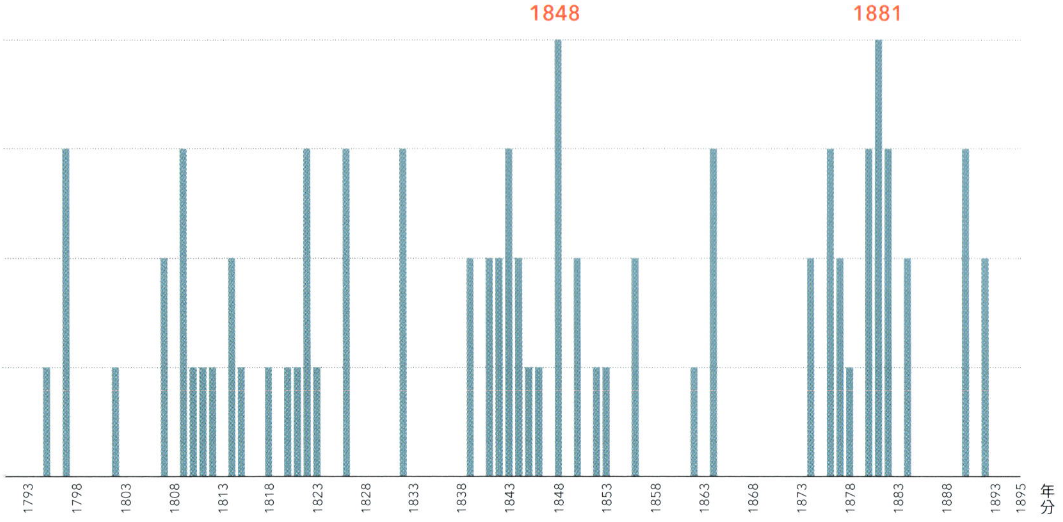

資料來源：曹永和、林玉茹，〈明清臺灣洪水災害之回顧及其受災分析〉，收於吳建民總編，《臺灣地區水資源史（三）》（南投：臺灣省文獻委員會採集組，2000），頁310-354。徐泓，〈清代臺灣天然災害史料補證〉，《臺灣風物》第34卷第2期（1984年6月），頁1-28。徐泓，〈清代臺灣洪災與風災史料〉，《清代臺灣天然災害史料彙編》第72-01號（國科會防災科技研究報告，1983年7月）。鄧天德，〈臺北盆地洪患之地理研究〉，《私立中國文化學院地學研究所研究報告》第3期（1979年11月），頁1-112。毛毓翔製圖。

溪水灌溉（詳第三章）。十九世紀後半以來，灌溉區農民常常面臨兩種困境，不是水圳缺水，就是洪災沖毀水圳，糾紛不斷。[1]其次，大嵙崁溪有著更戲劇性的變化：十八世紀繁盛一時的新莊曾經是千帆林立之港，卻在洪水擾動泥砂下，約莫在一八二〇年時河港漸淺，大船只能轉泊於對岸艋舺。但艋舺港也只維持了五十年榮景，又漸次淤淺，逐漸被大稻埕河港取代（詳第六章）。[2]也就是說，淡水河畔的農人及在水上往來的行旅商人，都為十九世紀中葉起愈來愈頻繁的災害留下了旁證。

上呈日本天皇的風水災害照片集

相較於清代，日治時期的史料中有更豐富的洪災資訊，在總督府以官方力量全面調查洪災損害之前，報紙記述與照片中就能找

一六八三至一八九五年颱風水害

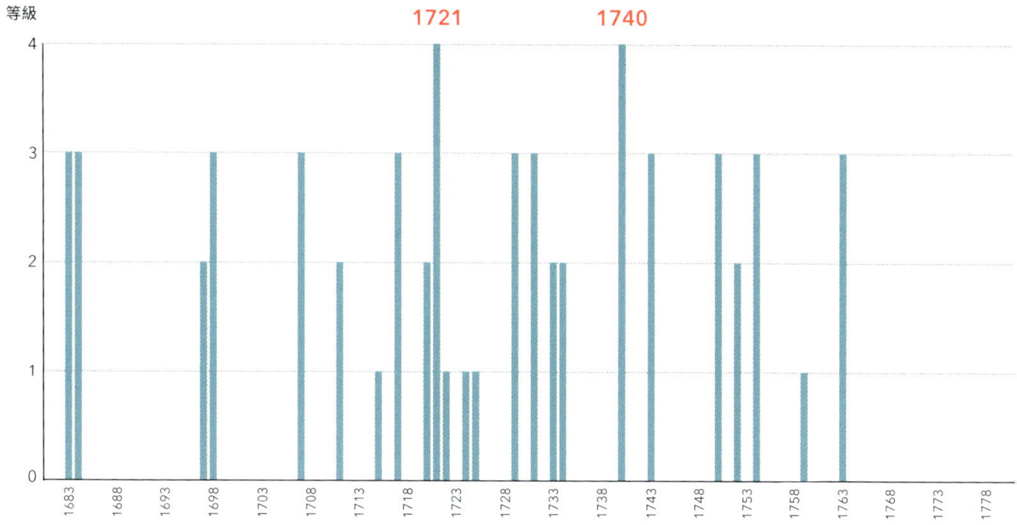

圖10-2　清代文獻中的災害多以定性描述，缺乏定量數據。本圖依據北臺灣相關文獻記載，將發生於一地的風水災定為等級一，跨兩地以上者為等級二，全臺幾有災情為等級三，死亡人數超過百人且多數村莊遭害者為等級四，以呈現歷年北臺風水災的大致趨勢（一年有多次災害者取最高等級）。

到不少災情紀錄。《臺灣日日新報》指出，自日本統治以來至一九〇四年間，臺北幾乎年年都會發生被視為「嚴重災情」的水災。[3]這些災害景況不僅見諸本地記載，有時也被呈報至日本中央，提供軍方或天皇參考。彼時日本宮內省（今宮內廳）負責與皇室有關的國家事務，地方首長須將重大災害及救助情況層層轉交給中央的內務大臣，再由內務大臣向宮內省侍從長呈報，讓天皇掌握情況，其中亦包含殖民地臺灣的報告。

日治初期最詳盡的災情報告是關於一八九八年八月初的那場水災。總督府不待島內詳細調查完成，即向中央政府回報災後概況，隨後又呈上臺北縣、臺中縣的調查，亦附上大比例尺地圖及照片。[4]這場地方百姓稱為「戊戌年大水災」的浩劫，[5]在官方報告中被形容為「臺島五十年來未曾有的暴風雨」。臺北三

凡例
川
池
浸水
堤防欠壊
臺北縣廳
砲兵隊
總督府
砲兵工廠
艋舺
大

圖10-3　1898年8月臺北市街水害地圖（北方朝左）呈現堤防、家屋毀壞的情況，以及不同的淹水高度。

資料來源：〈暴風被害概況　台湾総督府／明治〉（明治時期），日本宮內廳書陵部宮內公文書館典藏，識別號：52945。

圖10-4　1898年8月臺北市街水災照片：上為一艘400噸船隻被大水沖進大稻埕建昌街內側，下為被沖壞的淡水河畔日人料理店「清涼館」。

資料來源：〈台湾風水害写真〉（1898年9月），日本宮內廳書陵部圖書寮文庫典藏，識別號：B8・120。

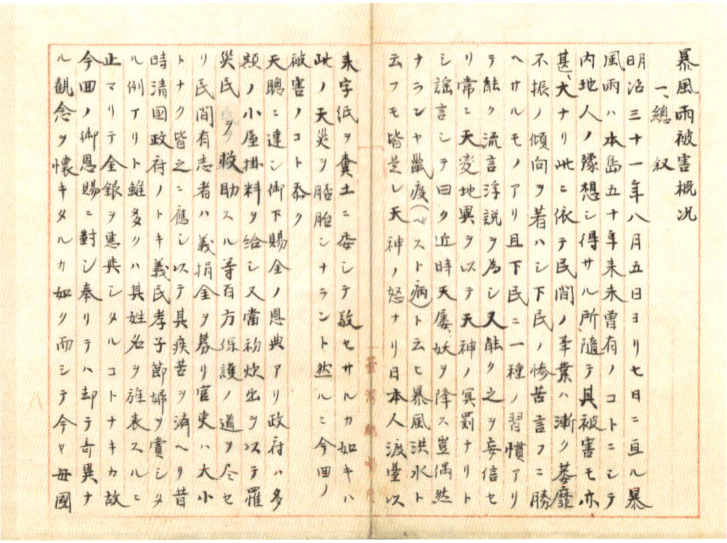
暴風雨被害概況
一、總叙
明治三十一年八月五日ヨリ七日ニ亘ル暴
風雨ハ本島五十年來未曾有ノコトニシテ
內地人ノ豫想シ得サル所隨テ其被害モ亦
甚大ナリ此ニ依テ民間ノ事業ハ漸ク萎靡
不振ノ傾向ヲ着ハシ下民ノ慘苦言フニ勝
ヘサルモノアリ且下民ニ一種ノ習慣アリ
テ能ク流言浮説ヲ為シ又能ク之ヲ妄信セ
リ常ニ天變地異ヲ以テ天神ノ冥罰ナリト
シ謠言シテ曰ク近時天屢妖ヲ降ス豈偶然
ナランヤ鼠疫（ペスト病）ト云ヒ暴風洪水ト
云フモ皆是レ天神ノ怒ナリ日本人渡臺以
來字紙ヲ糞土ニ委シテ敬セサルカ如キハ
此ノ天災ヲ胎シナラント然ルニ今回ノ
被害ノコト忝ク
天聰ニ達シ御下賜金ノ恩典アリ政府ハ多
類ノ小屋掛料ヲ給シ又當初炊出ヲ以テ罹
災民ヲ救助スル等百方保護ノ道ヲ尽セ
リ民間有志者ハ義捐金ヲ募リ官吏ハ大小
トナク皆之ニ應シ以テ其疾苦ヲ濟ヘリ昔
時清國政府ノトキ義民孝子節婦ヲ賞シタ
ル例アリト雖多クハ其姓名ヲ旌表スルニ
止マリテ金銀ヲ惠與シタルコトナキカ故
今回ノ御恩賜ニ對シ奉リテハ却テ奇異ナ
ル觀念ヲ懷キタルカ如ク而シテ今ヤ母國

圖10-5　1898年8月初的臺北水災報告，述及民間關於上天發怒的災害傳說。

資料來源：〈暴風被害概況　台湾総督府／明治〉（明治時期），日本宮內廳書陵部宮內公文書館典藏，識別號：52945。

市街（艋舺、大稻埕、臺北城內）遭受不同程度的浸淹，有的甚至達八尺（二．四二公尺）以上。臺北縣內一百八十二名罹難者中，以大稻埕、士林、新莊及艋舺居民為多，房屋倒壞數量最多的地方則是三角湧（三峽）。許多道路、橋梁、船隻、堤防被沖毀，包含鐵道橋（今臺北橋）兩側的堤防。災後，除了報社募款與紳商賑災等民間自發性援助外，天皇也撥發賑恤金給予災民。

值得一提的是，官員們告訴天皇，當時臺灣民間盛傳一則謠言，認為日治初期頻繁災害是源於上天的憤怒，因為日人治臺後將字紙視同廢棄之物，不再像過去般惜字敬紙。而及時發放的賑災金，則讓百姓感受到殖民母國的仁政與恩典，有效安撫了民心。[6]將自然異象解讀為天譴雖在清代臺灣屢見不鮮，但日治初期出現此類傳說實有其特殊脈絡。除了政權交替帶來的不安，還有鼠疫等怪病肆虐，而連年發生暴風、洪水更讓臺人感到不尋常。

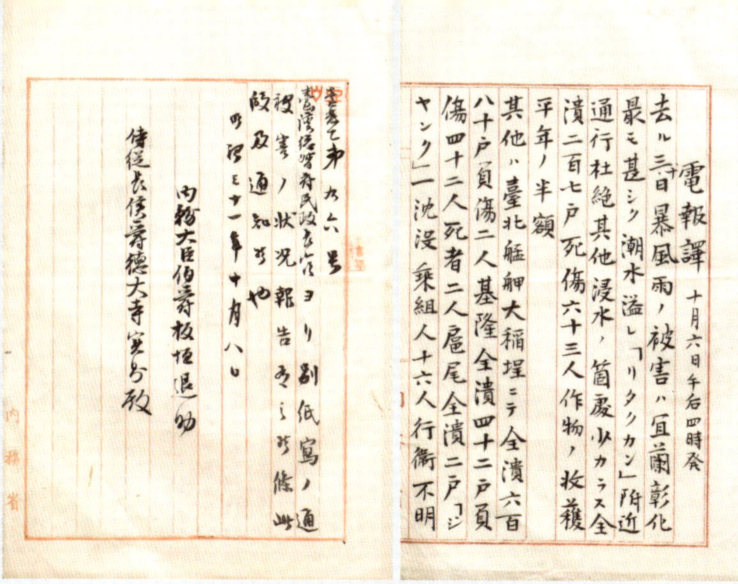

電報譯　十月六日午后四時発
去ル三十日暴風雨ノ被害ハ宜蘭彰化
最モ甚シク潮水溢レ「リククカン」附近
通行杜絶其他浸水ノ箇處少カラス全
潰二百七戸死傷六十三人作物ノ收穫
平年ノ半額
其他ハ臺北艋舺大稻埕ニテ全潰六百
八十戸負傷二人基隆全潰四十二戸負
傷四十二人死者二人扈尾全潰二戸「ジ
ヤンク」一沈没乘組人十六人行衛不明

臺秀乙第九六号
臺灣總督府民政長官ヨリ別紙寫ノ通
被害ノ状況報告越シ候條此
段及通知候也
明治三十一年十月八日
内務大臣伯爵板垣退助
侍従長侯爵徳大寺実則殿

圖10-6　遞交宮內省的1898年9月底臺灣北部風水災害報告

資料來源：〈暴風雨関係書類／明治〉（明治時期），日本宮內廳書陵部宮內公文書館典藏，識別號：54156。

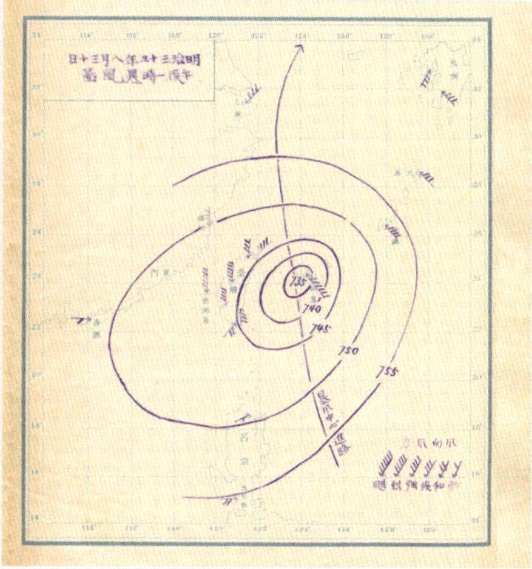

圖10-7　1902年8月發生兩場水災，月初在南部，月底在北部。臺灣總督府向宮內省遞交的報告包含各地災情描述、颱風路徑及災害分布地圖。

資料來源：〈暴風被害概況　台湾総督府／明治〉（明治時期），日本宮內廳書陵部宮內公文書館典藏，識別號：52945。

圖10-8　1911年8月臺北市街水災照片：左為佐久間總督巡視鐵道飯店（今臺北車站對面）附近被害情況，右為府中街三丁目盛進商行（今重慶南路一段上）一帶的光景。

資料來源：〈台湾暴風雨被害惨状光景写真帖〉（1911年8月），日本宮內廳書陵部圖書寮文庫典藏，識別號：B9・3。

歷經四、五年難得的寧靜後，臺北又在一九〇九年九月接連遭逢兩次水患。此後連續六年，每年夏秋之際，報紙總會出現慘烈的洪災報導，有時一年還不只一次。除了前述的戊戌水災，臺灣水災還有一次被以附加照片集的特殊形式呈報至宮內省，即一九一一年八月底的災害，顯示這兩次水患非比尋常。

戊戌水災的照片是由在府前街開設相館「臺北館」的橫澤齊所拍攝，而一九一一年的照片則出自從總督府通信書記退職的成田武司之手，地點擴及全島。除了提供官方使用，他自身亦另外出版了《辛亥文月臺都風水害寫真集》，希望以一介攝影師的身分為「本島有史以來的大暴風」留下永恆的見證。[7]事實上，此次水患發生的前一年，日本本土才遭逢了戰前規模最大的水災，掀起一波關於河川治理及災害的深刻討論。[8]這樣的時代背景，或可解釋何以朝野對這場臺灣水患投入如此空前的關注。

總督府的水害時空調查

文字記載中所謂的「史上最大水災」不斷更新，而官方的調查數據則有助於瞭解長期的洪災全貌。總督府延續清末海關的氣象觀測事業，於一八九六年八月設置了測候所，觀測颱風路徑並發布警報。[9]土木課（局）則在災後調查各地氾濫面積、死亡人數，以及農作、土地、房屋、家畜等損失金額。一九一二年起，涵蓋臺灣九大河川的五年期河川調查計畫正式啟動，除了「水位調查」、「流量調查」、「地形測量」、「雨量調查」外，「水害調查」亦是其中之一（詳第十六章），[10]並在計畫結束後成為土木單位的常態調查項目。

暫且不論這些數據是否每一次都與真實情況相符，[11]淡水河就受災面積、死亡人數及財務損失都是九大河川之最。此外，上述三項指標的歷年趨勢圖顯示，一九一二年可說是全島災情最慘重的一年，受災範圍及財務損失都達最高。其中，淡水河流域則在一九一一、一九一二年連續兩年出現大面積土地淹水、流失及大規模財損；一九二四年不僅受災面積、死亡人數都是歷年全臺最高；一九三〇及一九三一年的受災面積或財損亦很顯著。

除了統計數字，地圖亦為官方記錄水災的重要手段。一九一三年，十川嘉太郎提出的淡水河調查報告書（詳第十七章）附了一張〈臺北市街洪水浸水圖〉，以土地調查時的水準面為基準，仔細標示了臺北三市街十八個牆面、柱面位置在一九一一、一九一二年的洪水位（最高水位相當於基準面的高度），以及各地點的地盤高度（地面相當於基準面的高度），是淡水河第一張以精確科學數據呈現的淹水地圖。

一九一一至一九四一年九大河川受災面積比較

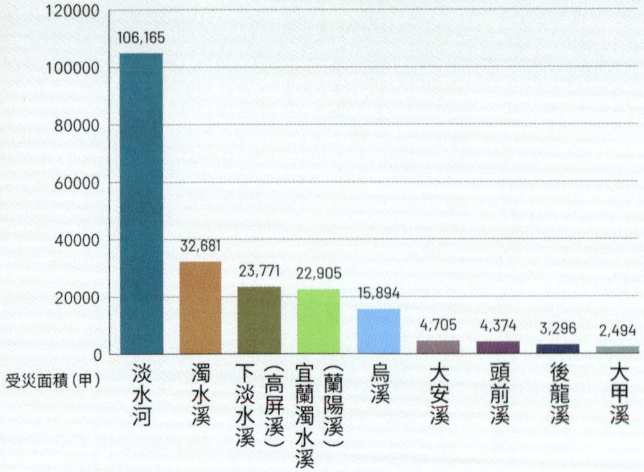

一九一一至一九四一年九大河川死亡人數比較

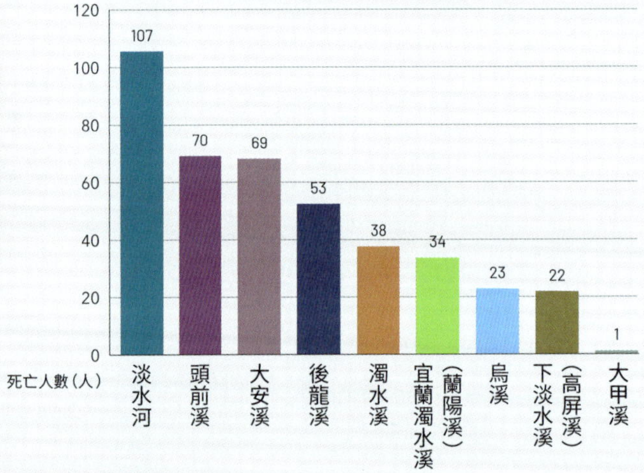

一九一一至一九四一年九大河川財務損失比較

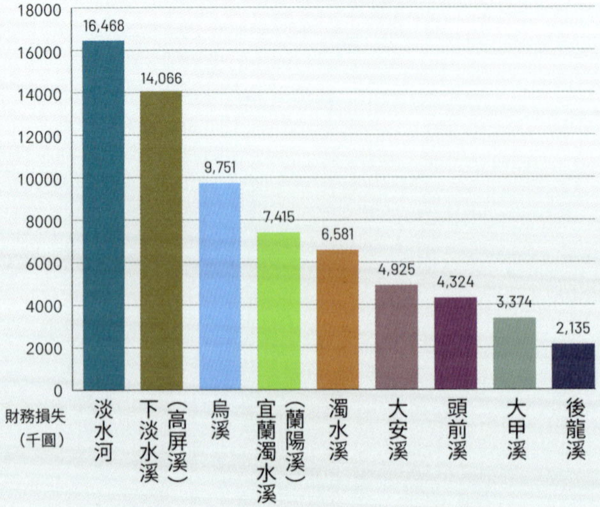

圖10-9　1911至1941年九大河川的水害統計，包括受災面積（土地浸水、沖失、表土流失或土砂堆積的面積）、死亡人數及財務損失（土地、農作物、家屋、基礎設施、家畜家財等被害）。若將所有年度數字加總計算，淡水河每項皆為最高。

資料來源：1911至1930年度數據來自水利署保存的戰前統計資料，為1932年總督府土木課因河川治理所需而調查產生，轉引自徐鴻基，〈漫談戰前五十年的臺灣河川治理〉，《水利》第17期（2007年12月），頁293。1929至1941年度數據見各年度《臺灣總督府內務局主管土木事業統計年報》。若徐文和官方年報數字有差異，則以年報為主。

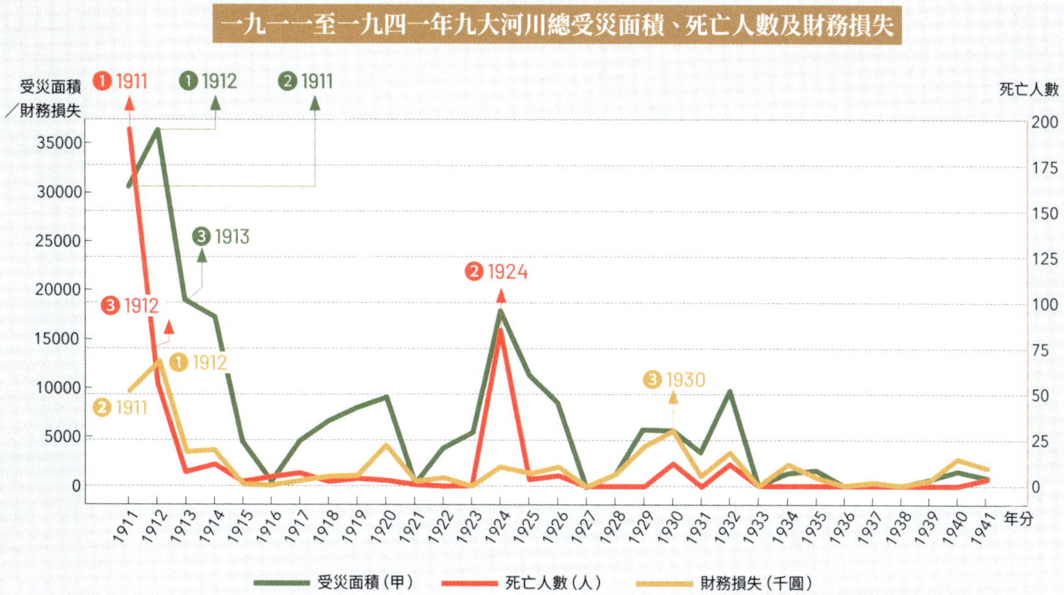

圖10-10　九大河川歷年水害統計折線圖中，各指標的前三高峰大致可視全島災情較嚴重的年度，包括1911年（兩項指標前三）、1912年（三項指標前三），以及1924、1930年（一項指標前三）。各指標熱力圖則顯示（頁204），對淡水河來說災害較嚴重的年分是1911、1912、1924、1930及1932年。

資料來源：同圖10-9

一九一一至一九四一年九大河川受災面積熱力圖

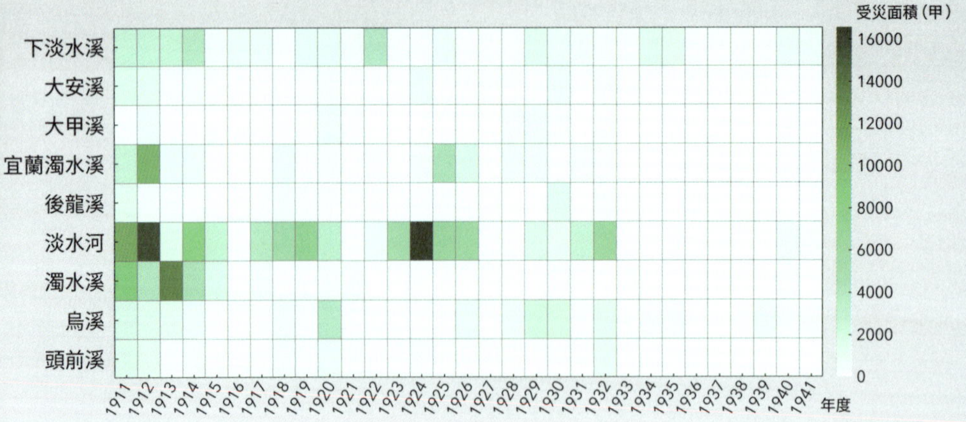

一九一一至一九四一年九大河川死亡人數熱力圖

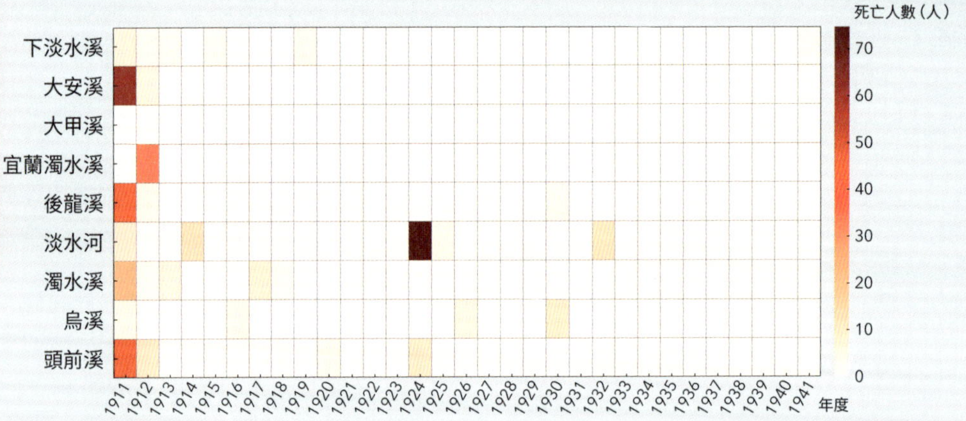

一九一一至一九四一年九大河川財務損失熱力圖

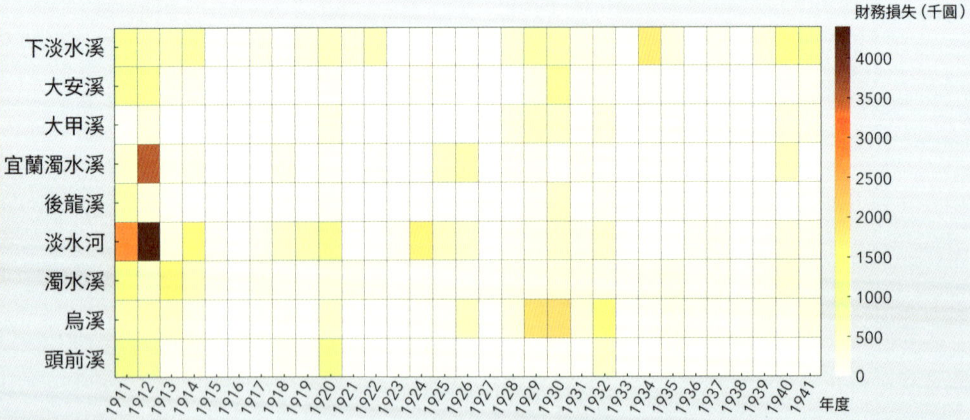

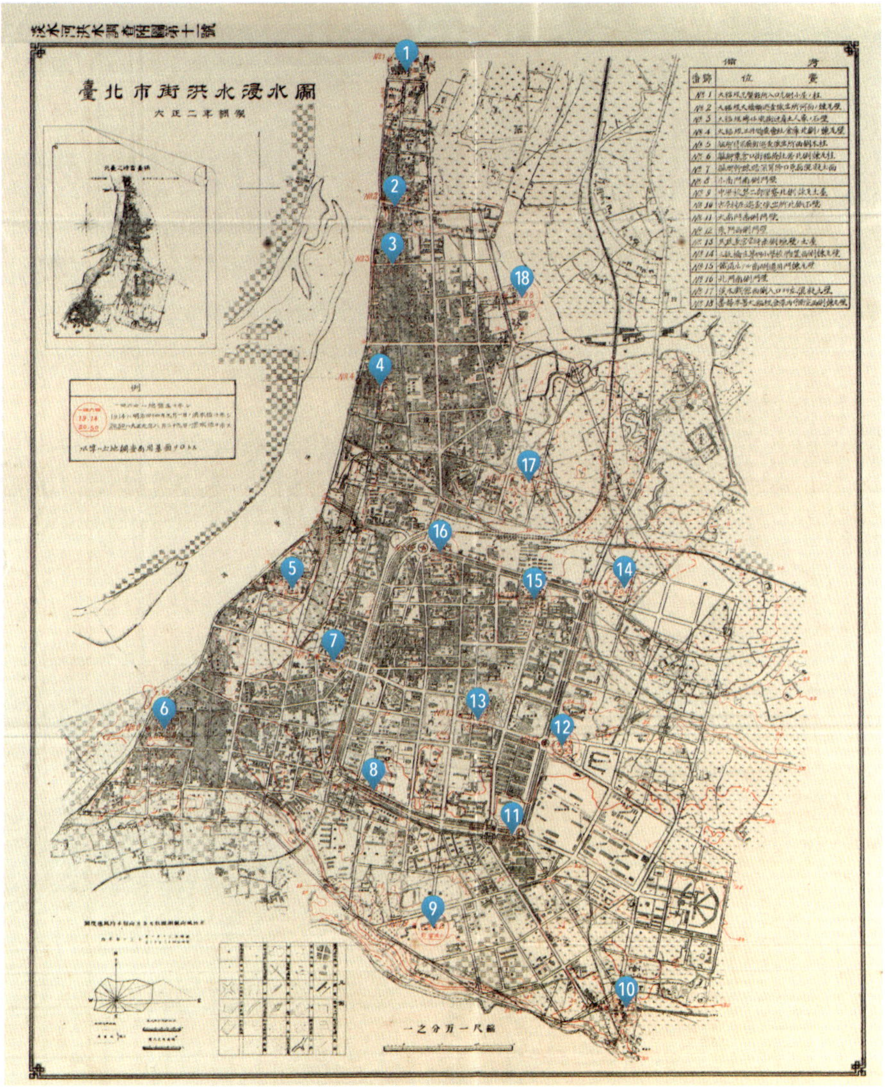

編號	位置	編號	位置
1	大稻埕原製糖所入口左側小屋之柱	10	古亭村庄巡查派出所北側石牆
2	大稻埕大橋頭巡查派出所面河之磚牆	11	大南門南側門牆
3	大稻埕埤仔墘街十字路口臺人家屋石牆	12	東門西側門牆
4	大稻埕三井物產會社倉庫北側的磚牆	13	民政長官官邸南側垣牆之土臺
5	艋舺將軍廟街巡查派出所西側木柱	14	三板橋庄第四小學校儲藏室西側磚牆
6	艋舺粟倉口街稻荷神社旁北側磚柱	15	鐵道飯店南側通用門磚牆
7	艋舺幹線暗渠昇降口東面混凝土面	16	北門南側門牆
8	小南門南側門牆	17	淡水戲院西側入口左側混凝土牆
9	中學校第二部學寮北側磚土臺	18	蕃務本署大稻埕倉庫內守衛室西側磚牆

圖10-11　1913年臺北市街洪水浸水圖

資料來源：毛毓翔製圖，根據《淡水河の洪水に關する調查》(1913)，附圖，經濟部水利署水利規劃分署典藏，典藏號：WRPI00073。

近來有一說指稱，一九一一年的災情報導中，淡水河水位比平常水位高了三丈，由此推斷臺北曾遭遇海嘯等級近十公尺的巨浪，整座盆地淹水全滅，猶如回復「康熙臺北湖」的

洪水位與淹水高度

洪水位是指在某次洪水事件中觀測到的最高水位高程，通常會在牆面或柱子上留下水痕紀錄，常以海拔高程的形式表示。淹水高度（深度）則是指洪水水位高程與當地地面高程（地盤高度）之間的差值，此深度即為水覆蓋地面的實際高度，亦即人們日常所感受到的淹水程度（如「水淹到小腿」即為淹水高度的體感表現）。

將圖10-11中18個測量位置之洪水位扣除各自的地面高程後，再將日尺換算成公尺，即可得出下表所示的淹水深度資料。

編號	1911年9月1日淹水高度	1912年8月29日淹水高度	編號	1911年9月1日淹水高度	1912年8月29日淹水高度
1	1.36	1.78	10	0.63	0
2	1.55	2.46	11	0.54	0.16
3	1.11	1.35	12	0.39	—
4	2.02	2.09	13	0.12	0.16
5	1.05	1.12	14	0.27	0.15
6	0.53	0.44	15	1.33	1.02
7	0.59	0.63	16	0.78	0.78
8	0.42	0.01	17	0	0.07
9	1.28	0	18	1.69	2.03

注：缺地盤高度數據的地點，依據圖面等高線內插法推估。

資料來源：經濟部水利署水利規劃分署，石振洋製表。

樣貌。[12]然而，淹水高度並不等於洪水位，需再扣掉地盤高度才能得知。根據該圖可知，在這兩年災情期間，最高淹水位出現在一九一二年的大稻埕大橋頭（臺北橋一帶），高度為二．四六公尺，約等同一八九八年的紀錄。此外，淹水超過二公尺的地方多落在大稻埕北部。

除了一九一〇年代之外，淡水河尚有至少五張一九三〇年代的淹水圖保存至戰後。[13]在地圖上，一九二〇、一九二四及一九三二年的洪水位與氾濫區域經常被標注比較。對照前述的統計數字可知，這三年分別代表不同程度的受災情況，或許是被拿來比較的原因。可惜因缺乏圖例，無法得知圖中色塊代表的意義。

此外，一九二四年展開的第二次河川調查從另一個角度定義了災害空間（詳第十九章）。土木局依據過去資料，在地形圖上擬訂包含淡水河在內的二十七條河川之治水計畫，並依此圖至地方實地訪查、測量，從而確認築設堤防後有哪些土地得以「免浸水（免淹水）」或「免流失」，以及在地價、收成方面的效益（圖19-1）。此項「經濟調查」的目的在於確認各河川治水的經濟利益與實施的緩急順序，反過來想，其揭示的就是未築堤前地方人士認證的易淹水與易流失區。

若將當時調查結果對照今日行政區界，基隆河曲折河道沿岸的松山、中山、大同、士林與北投區，新店溪大轉彎沿岸的永和、中和、萬華區，大嵙崁溪辮狀河段的樹林區、下游的板橋、新莊，以及淡水河主流下游左岸的三重、蘆洲、五股一大片低地，都是大洪水來襲時易漫淹的地區。今日社子島一帶及萬華區南部，則有大半地區屬於容易流失的土地。

圖 10-12　1920、1924、1932 年淡水河洪水氾濫區域圖

資料來源：〈淡水河洪水氾濫區域圖〉(1932)，經濟部水利署水利規劃分署典藏，典藏號：wra00394。

圖 10-13　圖中黑線代表既設堤防包括 1919 年興建的西盛護岸，但並未畫出 1925 年興建的新店堤防，且色塊範圍與圖 19-1 相似，故應為 1924 年第二次河川調查期間的成果。參照圖 19-1 圖例，紫紅色區塊代表易流失區，藍色區塊為易淹水區。

資料來源：〈河川工作物配置圖〉(年代不詳)，經濟部水利署水利規劃分署典藏，典藏號：wra00619。

最大降雨量與洪災風險

雨量站的紀錄為瞭解過去災害性降雨事件的重要依據。水利署目前於淡水河流域內設有32處雨量站，其中三峽雨量站自1903年設立以來，迄今已有超過120年歷史，為該流域內最具歷史的測站。

颱風與豪雨侵襲臺灣時，對陸地的影響時間通常介於1至3日之間。回顧三峽雨量站超過一世紀的降雨紀錄，可觀察到1日、2日及3日的最大降雨量持續刷新，三條趨勢線均往上，顯示極端降雨量有增強的趨勢。

未來將會如何呢？根據聯合國政府間氣候變化專門委員會（IPCC）第六次評估報告（AR6），全球平均氣溫可能在未來20年內升高攝氏1.5度。這將進一步加劇氣候相關風險，極端降雨事件的強度與頻率預期都會超越目前的觀測紀錄。換言之，洪水致災的風險正逐步上升，未來面臨的挑戰將更加嚴峻。

1903至2022年三峽雨量站歷年最大降雨量

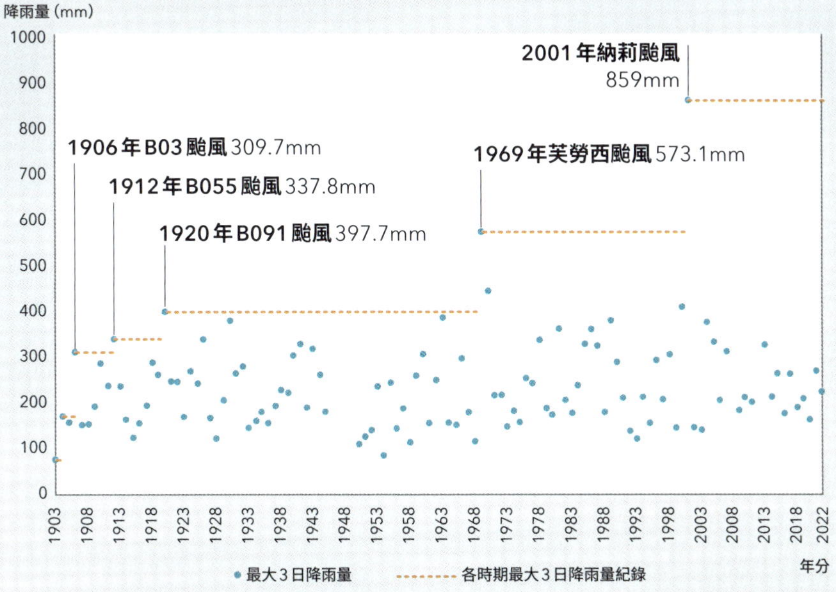

資料來源：經濟部水利署水利規劃分署，石振洋製圖。

淡水河淤積氾濫之謎：多元的災害敘事

從總督府的統計資料來看，雖然一九二〇、一九三〇年代皆有大型水災發生，但日治初期的其他紀錄似乎給人災害特別頻仍、慘重的印象。一九〇一年，艋舺文人粘舜音提供了一名城市居民的切身觀察：

> 臺北當三十年前曾傳雨三次水災，為害頗慘，平常年每值夏秋之交，雖多起暴風雨，而不皆漲水貽患。此數年來烈風淫雨一遭，傍岸居民輒罹水害。俗人之寡識者，泥讖緯機祥之說。

時年四十四歲的他回顧過去三十年的記憶，指出臺北大概是每十年遭逢一次重大水災，即使每年都有颱風豪雨，也不致於釀成災害，但世紀之交卻頻頻發生重大災情。作為知識分子，他斥巷弄的災異傳說為無稽之談，主張此與十九世紀以來的山區開發及地理環境變遷密切相關（詳第二章）。[14]

粘舜音的看法其來有自，要從環山盆地的經濟開發談起。當一八五〇、一八六〇年代郇和等人溯新店溪、大嵙崁溪而上時，映入眼簾的已是正在經歷變化的生態環境（詳第一章）。根據再晚一點的調查，一八六〇至一八七〇年代，淺山丘陵的主要作物由大菁（山

圖10-14　日治中期以前淡水河流域上游的茶園、炭坑分布

資料來源：毛毓翔製圖，茶園分布根據〈臺灣堡圖〉(1904)，《臺灣百年歷史地圖》，中央研究院人社中心GIS專題中心，炭坑分布依據〈臺灣北部炭田圖〉(1925)，發布於《國家文化記憶庫》，國立臺灣歷史博物館。

藍）、菸轉變為茶樹，山地則由材、藤的採集經濟轉為規模化的植樟製腦事業。[15] 眾所周知，茶葉、樟腦、糖是開港後臺灣最耀眼的出口商品，前兩者適合在北臺灣生長，使邊陲坡地搖身一變為開發重地，甚至造成臺灣政經重心北移。[16] 新店溪與大嵙崁溪上游的伐木、種茶熱潮，加上一八八〇、一八九〇年代基隆河上游如火如荼的採煤、採金，一再被關心洪災的知識分子指責為淡水河氾濫的罪魁禍首（詳第十八章）。一九三〇年代住在萬華的耆老甚至認為，河床因此抬高變淺，淡水河的水量不到過去的百分之一，不能再放任上游的土砂流下。[17]

淺山開發導致水土缺失，的確可能加劇洪水或乾旱。失去森林這個天然的「海棉」，上游在暴雨時無法有效滯留和緩衝水流，大量雨水便化身狂暴洪流，快速地衝向下游，導致河中泥砂漂移，河道斷面形狀改變。同時，因為雨水迅速成為表面逕流，降低地下水的補注，也會使基流供應不足，造成水位降低。然而，日治及戰後水利專家的調查報告皆顯示，十九世紀後半葉「坡地墾伐──大量土砂流下──河道淤積──頻繁致災」的因果關係，需要更為複雜的歷史解釋。

一九一〇年代，總督府的土木技師在擬定臺北洪水防禦方案之際（詳第十七章），曾依據當時可取得的高低水位、河寬、河道斷面積及水深資料，試圖判定大稻埕附近河川是否因洪水帶來的土砂而淤積。以固定水面高程為基準，比較一九〇九、一九一一及一九一二年底達到平均高水位時的觀測數據後，他們發現大稻埕沿岸的河面寬度、斷面面積及平均深度皆逐年增加。假設河道坡度變化不大，「這意味著在相同流量條件下，河床逐年發生侵蝕。」報告書中指出此一方法有其局限，但整體仍可看出河床變深的現象，雖然下游的渡仔頭河床還是因淤積而隆起。此外，「洪水期間因流速達到最大，河床會被暫時侵蝕，但在洪水結束後或平時，自上游流下的砂礫又會不斷將河床回填至一個穩定的深度。」[18]

戰後初期的工程師則進行更長時段及河段的觀察。一九六三年的《淡水河防洪計畫調查研究報告》指出，根據一九二九至一九六二年測得斷面結果，淡水河及支流下游有很好的調節能力。除了基隆河呈現局部淤積，其他河流都是輕微刷深，因而大致可稱為「平衡河川」，❶意即河床維持長期的動態平衡，並沒有坊間所謂不斷堆積淤高的情況（詳第二十二章）。[19]民間認知與官方報告這兩種看似矛盾的說法，並不代表其中一方觀察有誤。正如一位一九一二年災後受訪的土木技師指出的：「輿論批評河底淤積，乃是看到平常時期水流變化的結果——因為水勢改變，平時原本四呎深的水域可能變淺為三呎。同一時間，河道寬度必然也從六十呎擴展至八十呎。然而世人往往只承認前者的變化，卻忽略了後者。」[20]有趣的是，歷史行動者對災害及災害成因的觀點落差，恰好清楚體現災害作為社會產物的特質。

事實上，水的災害與水的利用是一體兩面，如果無人仰賴淡水河之便，洪流帶來的淤

❶「平衡河川」係指河水的輸送力（挾砂、搬運泥砂的能力）與上游供砂量大體相當，長期流動下幾乎不再出現持續性的侵蝕或堆積。此處平衡河川是日治時期及戰後初期的用語及觀察，現今淡水河受到築堤、築壩、禁採砂石等各種人為作用，情況已與昔日不同。

積、泛濫或河道變化都只是自然現象，觀者不過會留下郁永河般「滄桑之變，信有之乎」的感嘆。平時泥砂在某處淤積，可能不久後就被洪水及潮水帶走。河岸居民在岸邊看到河床日益淺平，或許不知對岸土地漸被沖崩侵蝕，看到河水從深變淺，亦不會發覺河幅從窄變寬。重點在於，對水的利用程度愈高，就愈無法容忍短期的變化。水田需要定時灌溉，難以配合河流沉積與侵蝕的自然韻律；船隻需要水深穩定而筆直的航道，亦不可能待洪水刷深淤積後才通行。

上游開發確實可能加劇或加快河流的變化，但真正讓洪水成為洪災的，是人們對河流的依賴。當河水的恆常穩定度或深度成為必要，再也無法等待自然力量讓河流回到相對平衡的狀態，自然現象便被記錄成災。換言之，淡水河的洪災從來就不是純粹的「自然災害」，而是人與自然一起共構出來的。

災害作爲河畔居民的生活日常

洪災嚴重性與成因的多元敘事，既然取決於各種歷史行動者的觀點，研究者便不能毫無反思地將洪水視為客觀存在的自然災害事件。遺憾的是，我們多半只能從官員、記者或住在臺北市街的文人筆下得知他們對洪水——尤其是超大洪水——的看法，卻很難聽到長久居住在淡水河流域的臺籍居民的聲音。不過，仍然有一些文獻留下了線索。

一八九五年九月，日人統治者進入臺北城的三個月後，臺北縣有兩位職員視察了芝蘭一、二堡淡水河沿岸村落的颱風水害情況，並回報給民政局長水野遵。他們記錄下溪洲底、浮洲仔至中洲（今社子島一帶）家屋倒壞、道路泥濘積水，以及水田、旱地作物損害情況。在這份應該是日治時期最早的淡水河致災報告中，他們接著寫道：

> 荒涼摧殘之景，不覺令人悵然。然而土人卻泰然處之，似乎毫不關心。這是因為他們天性遲鈍無神經，亦或是因為習慣了例年風水之害而見怪不怪呢？[21]

記述日治初期臺人對水災「危懼感淡薄」的史料並非孤證。一八九七年八月也發生遍及全島的水災，當時總督乃木希典正在日本內地，故在臺官員連日拍電報為他說明臺北的狀況，隨後又請各縣調查受災情況，繳交了一百五十頁以上的水災報告。其中，臺北三市街沿岸不少地方浸水達四、五尺（約一．二至一．五公尺）深，大稻埕淹水家屋一千二百

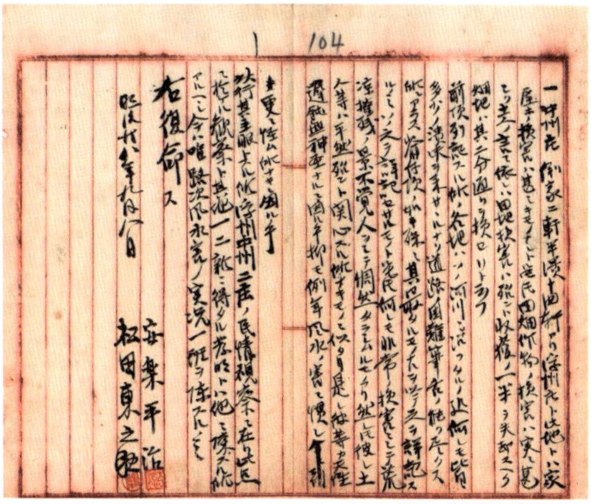

圖10-15　1895年9月臺北縣職員上呈民政長官的水災報告

資料來源：〈敕語報告出張巡回復命書（元臺北縣）〉（1895），《臺灣總督府公文類纂》，中央研究院臺灣史研究所檔案館典藏，識別號：T0797_29_002_0001。

餘戶、艋舺方面也有七百餘戶，和尚洲則是「歷年來未曾有的大洪水」，淹水七尺（約二・一公尺）以上。除此之外，其他地方也有不少家屋倒壞、土地浸水等統計數據。但報告上記載著：

> 艋舺、大稻埕多數住家中浸水，對有危險之虞者，雖警察東奔西馳，諭令他們快點避難，但大多土人認為財貨商品搬運不便，一不想放置不管，再者依據過去經驗，相信危難不會迫及屋內。有的含糊其辭，泰然自若地不為所動，有的爬到二樓或高架，只待大水退去。

此外，「支那形小船的流失破壞數量甚少，因為這些土人能察知氣節與天候，預先警戒避難」，因而官方得出「臺北的被害人民未感到困難，應不需要募集義捐金」的結論。[22] 換句話說，面對年復一年的洪水，臺人發展出減緩損害的調適手段，並仍試圖以這些經驗與知識加以應對。

如前所述，官方定義的災害有時與在地居民主觀感受並不相同。這個時代無法忍受的水患，在另一個時代不一定是問題。那些被官員視為嚴重而必須呈報上級的可怕洪水，對臺人來說或許只是生活中一再重複的日常。官方紀錄與民間認知的落差，恰好形成一個縫隙，在缺乏庶民文獻記載的歷史暗處透出一道光，映照出當時河畔民眾與洪水共存的智慧。

第十一章

與洪水共生：河畔居民的地方知識與調適手段

顧雅文

一八九七年八月的颱風過後，報紙一隅刊出一則小小的奇聞。颱風來襲前夕，街頭巷尾已充斥著關於即將到來的風災預測，獨有一老農提出不同見解：「風不會大，但雨會很大。」老人堅持，他看到月含水氣，雲亦帶水。典型的颱風天氣，必然伴隨著低矮且層層疊疊的雲層與海面相接，但從當時跡象看來，即將來臨的應該是一場水害而非風災。眾人紛紛表示質疑，實際情況卻完全印證這位老農的預測。記者下的結論是，「漢人之書、士人之驗，未嘗無天算之學」，若能精進研究，未必遜色於西方氣象學。[1]

這則耐人尋味的報導，藉由與西方科學對比，將在地的漢人、臺灣人知識界定出來。而在鄉土文獻或田野之間，我們還能看到一些尺度更小、源自特定地域、透過長期觀察而累積出的經驗性知識，有時確實有效地減緩災害。

圖 11-1　颱風來臨前夕，於關渡大愛電視臺拍到的彩虹。
資料來源：大愛電視臺氣象主播倪銘均提供

掌握天候與潮汐韻律

大稻埕在日治時期就能採集到「六月十九風颱旬」、「六月十九，無風水也哮」、「九月，九降風」的說法，以過去經驗判斷颱風時節的來臨。[2]此外，在基隆河畔的三腳渡、也是臺北市最後的渡船頭，現今七十多歲的老漁民回憶起口耳相傳的天候諺語：「出虹跨干豆，風颱做尾後」，當彩虹橫跨至關渡，便預示著颱風即將來襲。事實上，日治時期的文獻就能看到「出虹掛江頭，風颱隨時到」的類似說法。[3]

這些諺語智慧不僅體現在預測層面，也反映在實際的避災行動上。漁民「什麼風就駛什麼船」，顯示隨機應變的生活態度，亦反映其具備的環境知識。[4]如同前章所述，日治初期巡視災害的官員發現淡水河畔臺人的受損率相對較低、小船流失破壞的數量甚少，正是得益於他們對天候變化的敏銳應對。避難靠的是對環境的瞭解。風雨來時，水勢洶湧，漁船都知道哪裡是最好的避風港。

此外，在關渡有「初一十五中晝滇（滿），初八廿三早滇

圖11-2　1920年代關渡附近的養鴨人

資料來源：〈家鴨飼 臺北州〉，美國國會圖書館典藏，典藏號：2021668765。

晚濆」的諺語，意即農曆初一、十五在正午滿潮，初八、廿三時，潮水位則在早上及傍晚最高。[5]此地的漁業及養鴨業仍然興盛之時，掌握潮汐是最重要的生存知識。在漁船還沒有馬達的時代，漁民選擇落潮時出海，把船開到淡水附近作業，漲潮時再藉潮水返回關渡，[6]更要熟知如何順著潮水捕撈鰻苗，以及半鹹水域裡的花殼仔。養鴨人的作息也需順應潮水，天亮後「放港」讓鴨子自行在河中覓食，退潮時趕鴨到河灘高地，以免費又營養的花殼仔當作天然飼料餵食（詳第四章）。[7] ❶

潮水與河水同時滋養著社子島的生命與土地，居民同樣懂得感潮河川的韻律。耆老回憶，彼時關渡尚未拓寬，隨著漲潮進來的海水量並不多，石門水庫未建之際，流下來的淡水源源不絕。大家精準掌握取水的黃金時刻——當潮水漲至三、四分滿前，水最純良乾淨。除非遇上颱風豪雨，上游才會挾帶濁水流而來，但即便如此，也有一套靜置濾水的方

❶在基隆河的下八仙，捕撈、養鴨亦曾興盛一時。紀錄片《河口人》（二〇〇六）記錄了環境變遷對此地漁民生活的衝擊，也呈現當時漁民善於觀察天候與潮汐的能力。三腳渡、關渡、八仙、社子一帶大多共享類似的地方知識。

法。[8]灌溉更是需要「算流水」，捉緊漲潮時機，再用龍骨踏車將淡水打進田裡。[9]

化洪水爲利益

何以選擇在年復一年遭逢洪水的土地上立業生根？社子島的長輩給出了答案。淡水河土壤肥沃，淹水為田地留下珍貴的沃土。社子島曾是何等豐饒，隨意灑落菜籽便能豐收，蒜苗挺拔，白皙又碩大。直到一九五〇、一九六〇年代，河流的餽贈開始摻雜有害物質。因為瑞芳一帶採煤盛極一時，煤屑、煤渣在颱洪時被沖刷到基隆河下游，農民不得不花費心力翻土，將鋪在土面的煤渣埋到地下。[10]

若往前回溯，九十餘年前造訪此處的日人西岡英夫，也從居民口中得到相似的回答。這位愛好文藝、童話的實業家，在一系列關於臺北近郊的文章中特別介紹了社子。他以「浮洲聚落」為這座離臺北咫尺之遙、卻鮮為人知的奇妙地方命名，細緻描繪這裡不施肥料也能孕育出上等蔬菜的農業型態，以及受到大河支配的百姓生活。在他筆下，社子與遙遠的尼羅河三角洲相互輝映。即便水害頻頻發生，卻很少有居民因此搬離。他們彷彿與洪水達成某種默契：洪澇之年難免陷入困頓，但順利收成時卻收入頗豐，過著有餘裕的生活。[11]

淡水河流域的肥沃從十七世紀就獲得認證。第一章提及的西班牙傳教士艾斯奇維就曾建議，為了小麥及稻米的糧食供應，應該在淡水一帶引入中國或日本勞工，因為「有許多肥沃土地未開墾」。同世紀末，郁永河踏訪此處時，也被「武勝灣、大浪泵等處，地廣土沃，可容萬夫之耕」的景象震懾。12

武勝灣指的是五股、板橋及新莊等地。一七三〇至一七四〇年代可說是競墾的關鍵時期，漢人以各種管道從武勝灣社手中取得土地拓墾。❷其中，自廣東來臺、深具投資眼光的劉氏家族向武勝灣社租得加里珍的荒埔，成為業主，而後在那場一七五九年（乾隆二十四年）的大洪水中看到可乘之機（詳第二章）。❸洪水導致大嵙崁溪支流石頭溪改道，把潭底庄（樹林潭底）墾戶張家的佃人農田沖崩成溪。劉家便趁機「率眾數百人壅水築圳」，遠赴潭底將溪水引入受災低地開墾成埤，再開圳引至五股，完成後的水圳被稱為劉厝圳。13

這條水圳引發受災民眾抗議，以及劉家與張家的長期訴訟，又因開圳後的極大利益引起原地主武勝灣社覬覦，另向劉家要求增加地

❷在一七四〇年的《重修臺灣福建府志》中，興仔武勝灣庄、興直庄（新莊）、加里珍庄等漢人聚落已被記錄，而新莊平原的大型水圳也約莫在一七六〇年代開發完畢。陳宗仁，《從草地到街市：十八世紀新庄街的研究》（板橋：稻鄉，二〇〇八），頁七七—一五九。

❸劉家於一七三〇年到五股一帶，以高價向武勝灣社租地開拓。此時清廷有「首報陞科」制度，向原住民租地的漢人一度能合法將土地登記在自身名下並向官方繳租，原本出身廣東而不得成為墾戶的劉家因此取得五十甲土地，並在隨後築圳引水、「陞科」更多土地，從水田化的土地取得更多利潤。陳志豪、黃宥惟，《「客家」業主：清代臺北新莊地區的潮州、汀州籍移民及其移墾事業》（南投：國史館臺灣文獻館，二〇二三），頁六九—九二。

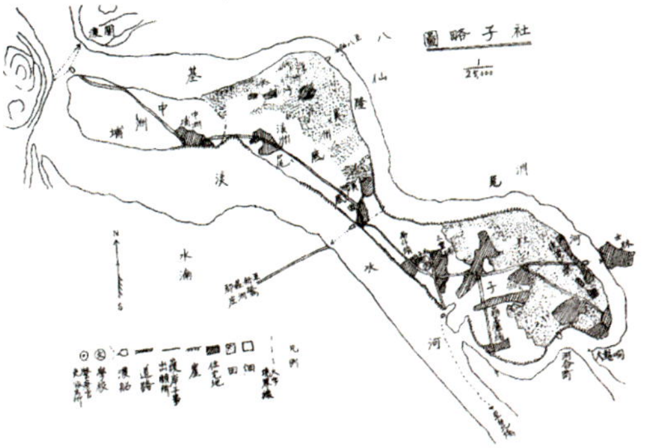

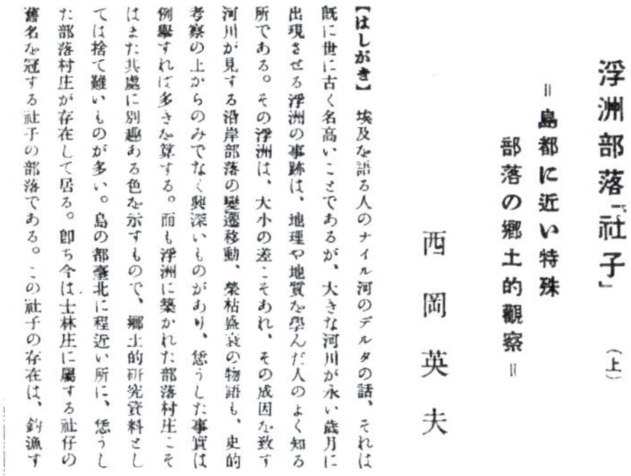
浮洲部落「社子」（上）
＝島都に近い特殊部落の鄉土的觀察＝
西岡英夫

【はしがき】埃及を語る人のナイル河のデルタの話、それは既に世に古く名高いことであるが、大きな河川が永い歲月に出現させる浮洲の事跡は、地理や地質を學んだ人のよく知る所である。その浮洲は、大小の差こそあれ、その成因を致す河川が見する沿岸部落の變遷移動、榮枯盛衰の物語も、史的考察の上からのみでなく興深いものがあり、愬うした事實は例擧すれば多きを算する。而も浮洲に築かれた部落村庄こそはまた其處に別趣ある色を示すもので、鄉土的研究資料としては捨て難いものが多い。島の都臺北に程近い所に、愬うした部落村庄が存在して居る。即ち今は士林庄に屬する社仔の舊名を冠する社子の部落である。この社子の存在は、釣漁す

圖11-3　1933年西岡英夫調查社子島

資料來源：西岡英夫，〈浮洲部落「社子」（上）——島都に近い特殊部落の鄉土的觀察〉，《臺灣時報》1933年第11期（1933年11月），頁133、135。

租。一七七八年，雙方留下的一紙契約中，記載了當時五股一帶的地景：

契界尚有河墘新浮沙埔、水窟，自樹林頭庄背古屋庄角瀉水溝至洲仔尾、關渡一片，乃係水沖沙湧之地。及傳兄弟用工本開築堤岸，招佃耕種地瓜、什物……。

簡而言之，武勝灣社的土地內有「河墘新浮沙埔、水窟」，正是位於第二章提及的塭子川分支附近，也就是環繞和尚洲西側的河道旁。劉家為這塊河埔新生地開築堤岸，又招佃耕種，種植地瓜、蔬菜等雜作，但因洪水常常氾濫，只能「三冬一收」。在契約中，武勝灣社願將土地歸給劉家，換得劉家每年「加貼番租四十石，永為定例」。[14]

過去研究多將這些作為放在與自然搏鬥的脈絡中探討，意即漢人築堤防洪又築圳引水，試圖讓這片淹水卻又缺水的土地成為良田。然而，若說劉家是帶著投資想法來到此地拓墾，或許浮覆地對他們來說反而是一片蘊含無限可能的膏腴之地，讓他們願意為了洪水帶來的好處而甘冒風險。

這樣的詮釋，在兩個世紀後的民間智慧中得到了印證。新莊中港厝靠近塭子川一帶流傳著一句有趣的諺語：「三年若沒風颱，豬母就可以掛金耳環。」[15]地方耆老解釋，當地地勢低窪，租金低廉，卻是不需施肥的天賜良田，每逢颱風，塭子川河水倒灌，田地變得肥沃，收穫反而更好。在被自然改良的土地上耕作，只要颱風不要太頻繁，低成本與高收益便有了加乘效果。「別人四十石，本地一年就多收幾十石，三年便有一百多石。所以說，三年沒刮颱風，此地種田的人就快活了。」這句諺語當然可以理解為農人看天吃飯的無奈，但他們深知洪水之害，卻也懂得利用洪水之利。

類似的例子也出現在加蚋仔（南萬華）的窪地。居民回憶，加蚋仔有不少富農，二戰空襲時背著一整個布袋的現金到防空洞避難，原因便是受惠於新店溪經常氾濫，洪水帶來的肥沃泥土有利於種植麻竹筍、韮菜花等蔬菜，以及秀英花、山黃梔（黃枝花）、茉莉花等具有高經濟價值的香花。[16]尤其香花送至大稻埕製茶，利潤很高。日治時期，臺灣他處有「米糖相剋」的經濟現象，在新店溪兩岸的溪洲庄、港仔嘴、加蚋仔、下崁庄等處卻是「花蔗相剋」，在種蔗之地競種香花。[17]

農民多樣的地方知識與調適手段

頻繁遭受洪泛的地區，處處可見農民的在地知識與調適手段。稻田需要水圳灌溉，臺北盆地自十八世紀中就有大圳築成，但作為水圳最重要部分的圳頭，卻僅以簡易竹籠、石塊堆疊。事實上，圳頭是在沖毀的預設下築造。大水一來，圳頭崩解，反而能避免洪水被引入圳道、對農地造成更大的破壞（詳第三章）。[18]

作物種類或品種選擇也很重要。就西岡英夫的觀察，除了水稻，社子島上種了白蘿

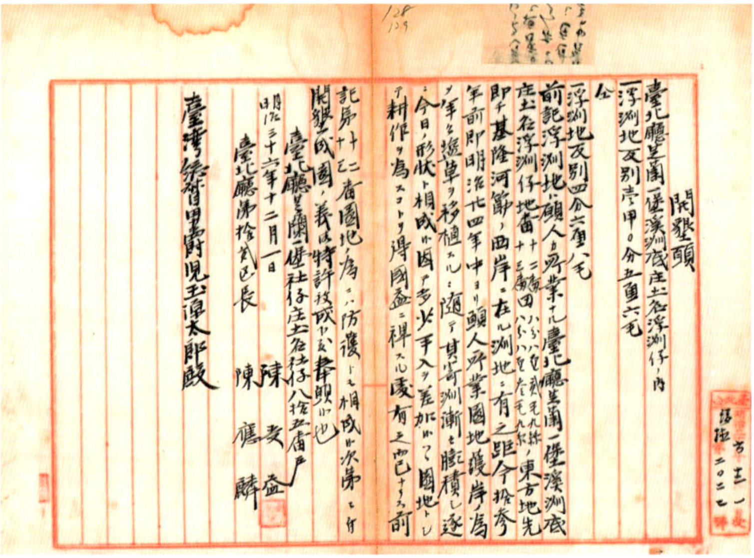
開墾願
臺北廳芝蘭一堡溪洲底庄土名浮洲仔ノ内
一浮洲地反別壹甲〇分五厘六毛
仝
一浮洲地反別四分六厘八毛
前記浮洲地ハ願人ノ所業ナル臺北廳芝蘭一堡溪洲底
庄土名浮洲仔地番十二番田八分八厘貳毛九絲ノ東方地先
即チ基隆河節ノ西岸ニ在ル洲地ニ有之距今拾參
年前即明治[illegible]四年中ヨリ願人所業園地護岸ノ為
メ年々鹹草ヲ移植スルニ隨テ其寄洲漸々膨積シ遂ニ
今日ノ形状ト相成ルハ因テ多少手入ヲ差加ヘテ園地トシ
テ耕作ヲ為スコトヲ得國益ニ裨スル處有之而已ナラス前
記第十二番園地ノ為ニハ防護トモ相成ル次第ニ付
開墾成園ノ義特許被成下度奉願候也
臺北廳芝蘭一堡社仔庄土名社仔八拾五番戸 陳友益
明治三十六年十二月一日
臺北廳第拾貳区長 陳[illegible]麟
臺灣總督男爵兒玉源太郎殿

圖11-4　社仔庄陳家以長期種植鹹草固土為由向臺北廳申請開墾河岸沙洲「浮洲仔」

資料來源：〈浮洲開墾願不許可ノ件〉（1903），《臺灣總督府公文類纂》，中央研究院臺灣史研究所檔案館典藏，識別號：T0797_04_152_0010。

萄、蒜、芹菜、瓜類、豆類、花生、大豆、甘藷、黃麻、秀英花等多元作物。五股等地也有多樣農作栽培，其中一些不需經夏季洪氾季節的早熟作物，讓居民足以償其所失。例如蔬菜或甘藷成本低、生長期又短，秋冬栽種後，不待隔年的洪氾季節就能收成，這在新店溪沿岸較低的河灘地亦十分常見。[19]蘆洲農業則曾以蔬菜為主，水稻次之，因稻田被水淹沒後須等到隔年春天才能再種，但洪水退去後可立刻恢復蔬菜種植，數十天後就能收成，彌補洪水帶來的損失。[20]

種植多元作物本身就是減災的方式。另外還有幾種特別的作物，不但有經濟價值，還能降低災害風險。例如關渡、蘆洲與社子的居民都曾大量種植鹹草，其不但可以作細繩，也可以編蓆，更重要的功能是固土及改良鹽化土壤。社子一帶在清代先後被稱為「艸洲」、「咸草埔」，即肇因於此一特殊地景。日治初期，社仔庄的陳家因為基隆河岸（浮洲仔）一塊載浮載沉的沙洲捲入所有權的糾紛，而向臺北廳申請開墾這塊土地。陳家特別主張，其於一八九〇年代就「為了圈地護岸而年年移植鹹草」，浮洲仔才逐漸淤積形成現在的相貌。[21]

此外，以竹、木固堤護岸也是古老的智慧。早年社子居民就常種刺竹以減少土地流失。[22]三重埔竹圍仔庄（今三重成功里）在乾隆年間由安溪陳姓開闢，據地方耆老說，這塊地緊臨溪邊屢遭水患，因而沿河遍植刺竹，「防禦水患又可防風防賊」，才得到「竹圍」之名。[23]

歷史證據顯示，這些定居在淡水河流域氾濫區的先民們，絕不只有無助悲慘的一面。對於如何跟大自然打交道這門學問，他們曾經是最優秀的學生。藉由敏銳觀察環境變化的韻律，他們超前布署以防災、避災，除了築堤擋水之外，也以各種多元靈活的方式降低風險、緩和損害，並讓自身具備快速復原的韌性。先民願意承擔風險，在險中求生計甚至富貴。讓他們足以這麼做的，正是從面對頻仍洪水的日常經驗中淬鍊出來的地方知識。

第十二章

合作應對洪災：社子島拓墾共同體的災害韌性

顧雅文

在今日社子島北端，應該有不少在地人知道「七十股公產」或「李復發號」的故事，或許自身還是其中主角之一。在這個名為中洲埔的小聚落曾有一套特別的拓墾方式，經由在地研究者悉心爬梳才得以重現在世人面前。[1]

乾隆年間，兌山李家自福建泉州赴蘆洲、三重一帶開墾，爾後越過淡水河來到這片浮覆地。根據清代留下的文件，他們陸續於一八四六年（道光二十六年）、一八八〇年（光緒六年）申請入墾中洲埔，一八八八年才拓墾有成，取得丈單（官府丈量土地後的憑證）。其後，開墾者以一種生命共同體的理念規劃了後世子孫維持家業的方式——土地所有權為家族共有，後代需抽籤定期交換土地。

變幻無常的沙洲之島

在清代臺灣開發史中，以抽籤鬮分土地產權的方式屢見不鮮，共同開墾的模式亦時有所聞。但定期交換土地卻是少見的事例，其背後的土地觀，源於社子一地獨特的自然環境。

現今的社子島早已不復島嶼風貌。一九六〇年代的淡水河防洪計畫工程拉直了基隆河，後又堵塞填平了番仔溝，讓這座小島從此與陸地相連。但從一百二十多年前的〈臺灣堡圖〉中，我們還是能窺見它昔日的島嶼地貌。若再往更久遠的歷史追溯，此處正如第二章所述，是由陸續浮覆的沙洲聚合而成。[1]河道及沙洲的地景變化影響社子島聚落間的關係，並反映在其境界複雜的祭祀圈上。[2]此外，行政區界的歷史變動亦為解讀舊地貌提供了線索。

攤開光緒年間的堡里庄界圖，可以見到社仔庄孤懸河中，隸屬北邊的芝蘭一堡；中洲埔與河對岸的浮洲歸芝蘭二堡管轄（圖2-9）；夾在其間的溪洲底與溪砂尾共處一方沙洲，劃歸南邊的大加蚋堡。一八九五年夏秋之際，臺北縣吏員奉命深入各地訪查，他們繳交的報告書為當時的社會經濟情況留下了歷史見證。巡視芝蘭一堡的人員指出，社仔庄下轄三角埔仔庄、渡仔頭庄、葫蘆庄與後港墘庄等自然村落，「四面被水圍繞，從事漁業者比他

❶ 參考王志文，〈兩河環抱共福禍——社子中洲埔「李復發號」之七十股公產〉，《臺北文獻》直字第一四八期（二〇〇四年六月），頁三〇五—三三四；廖桂賢等，《城中一座島：築堤逐水、徵土爭權，社子島開發與臺灣的都市計畫》（臺北：春山，二〇二二），頁一九五—二〇三。

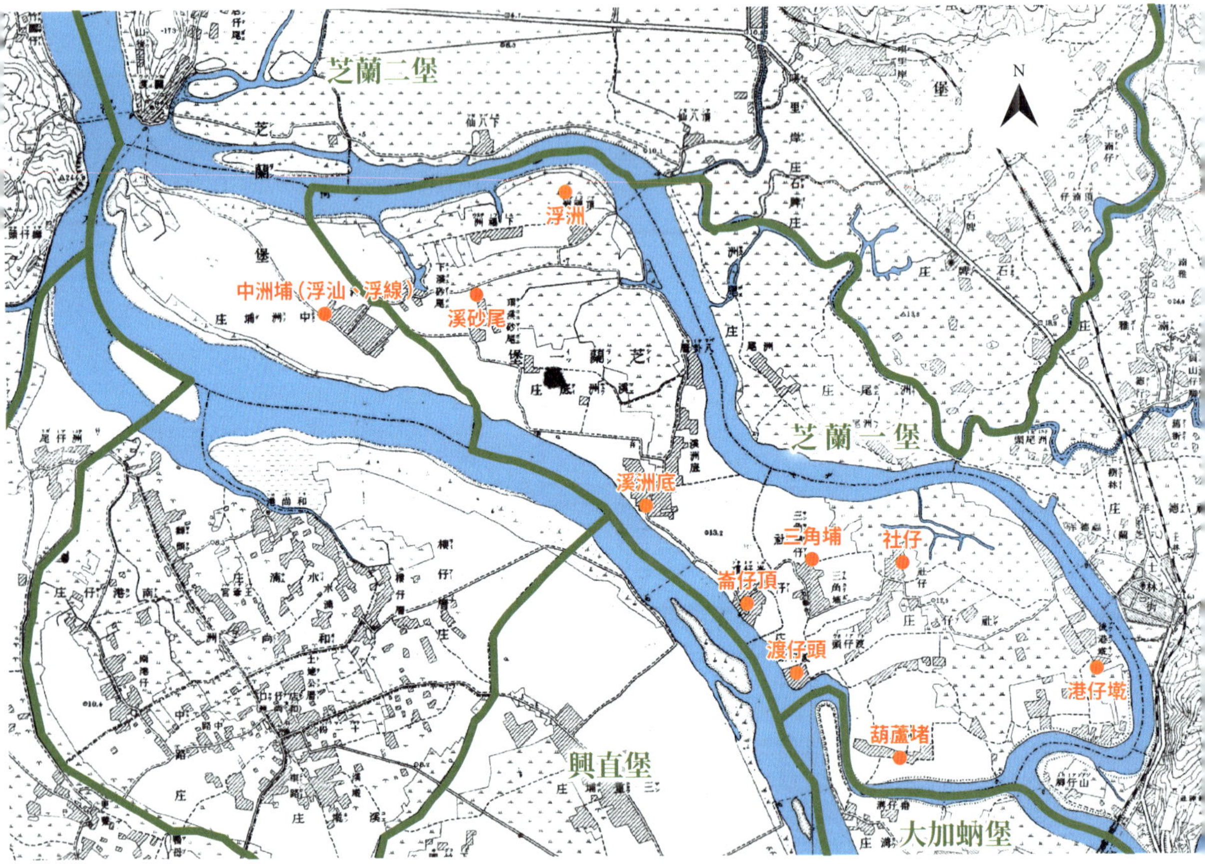

圖12-1　社子島聚落位置

資料來源：毛毓翔製圖，底圖為〈臺灣堡圖〉（1904），《臺灣百年歷史地圖》，中央研究院人社中心GIS專題中心。

聚落
河道（1904）
堡界
0　750　1,500公尺

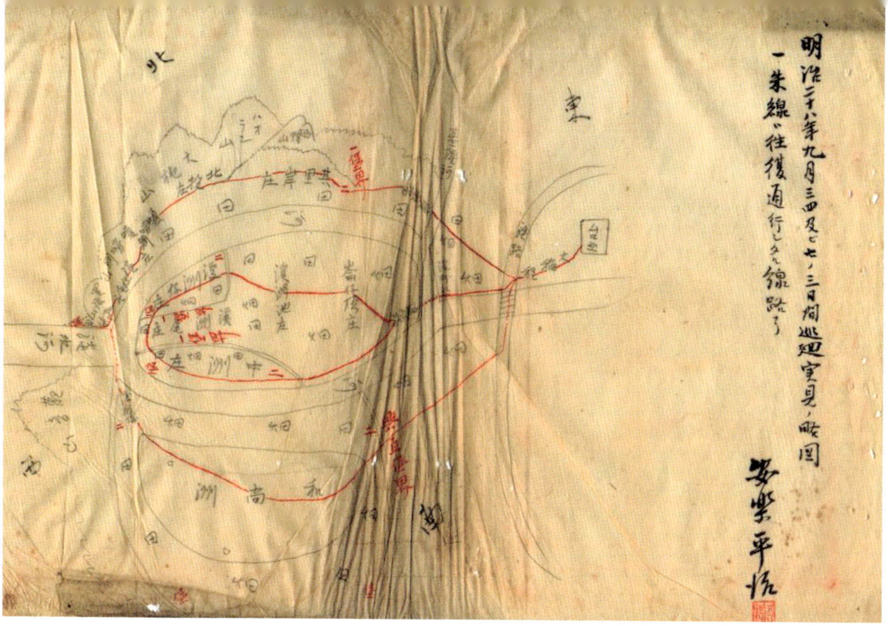

圖12-2　臺北縣吏員安樂平治手繪的芝蘭二堡示意圖

資料來源：〈視察復命書（臺北縣）〉（1895），《臺灣總督府公文類纂》，中央研究院臺灣史研究所檔案館典藏，識別號：T0797_29_015_0001。

庄為多……庄中一百五十六戶中，有五十七戶以漁業維生。」而芝蘭二堡境內，浮洲仔庄約五十餘戶，中洲（埔）庄約六十餘戶，和尚洲庄與興直堡僅僅一條小溝之隔。面對怪異的行政區界，大加蚋堡與芝蘭二堡的訪視者不約而同感嘆其劃分之複雜。

吏員之一的安樂平治特別手繪一張示意圖，直言此一編制在行政上可能有所窒礙。[3] 一八九九年，負責土地調查的地方官員終於提出建議，將浮洲、溪砂尾、溪洲底三庄合併，歸入芝蘭一堡，以符合地形與治理上之合理性。[4] 此後，這三庄連同崙仔頂合併為溪洲底庄，與社仔庄一同劃歸芝蘭一堡，而中洲埔庄仍然隸屬芝蘭二堡，直到一九二〇年行政區重整，才與社子島上其他聚落共同劃入新設的士林庄。[5]

清末行政區的奇怪劃分，應是河流等自

然分界線不斷變動所致。當兒山李家踏上河對岸的新天地，眼前所見仍是一片變幻無常的水鄉。河道穿流其間，沙洲時而分離、時而相連，一場洪水過後，可能就有截然不同的景觀。他們發展出如此富有彈性的家業經營之道，為的就是在如此不穩定的環境條件下，公平分攤風險並同享利益。

中洲埔的「李復發號」：定期抽籤換地平攤風險

李家開墾的範圍內，土地依耕種條件被劃分為「實畑」、「上帖」，以及「下帖」三個區段。每區分成七份交由七大股管理，其一「股頭」為負責人，多為年高德劭之長者。每股之下又分十小股，由內部自行協調分配收益，因而形成「七十股公產」的結構。

「上帖」能作旱田種植雜糧，以二十丈寬（約六十公尺）為界，依東北、西南走向平行切出七份，並以抽籤決定誰有權取得哪一份，每十年再重新抽籤交換，須於農曆過年前交接清楚。「下帖」地勢最低，面積常因沖刷而變幻不定，只能種植花生、番薯，或當作放牛、養鴨的潮埔地，故每十年依當時土地情況分成平行但不等寬度的七份，抽籤分配。至於地勢較高的「實畑」可以作為住宅及菜園，首次抽籤分配後就成為各大股的永久管業，但有「流失土地互補」的巧妙公約。因第七、六、五股距河最遠，需分別與較近河的第一、二、三大股兩兩配對，若遭大水，雙方股頭均認為災情慘重，受災的大股則可向對方索取損失面積一半的土地，作為補償。

可以想像，在河道與環境的無常變化下，該區的拓墾共同體必須以各種不成文的共識、合作、協調等為前提才能順利運作。為此，李家立下規定，子孫只有土地的使用權，所有權則世代為家族共有（公產），且「此中洲埔業不許賣出他姓，違者公誅，將業充公」，以防止外姓介入而不願配合、破壞團結。

日治時期，他們以「李復發號」之名，在總督府的土地臺帳上留下稱號。但隨著家族擴張、入贅、嫁娶等人事變遷，他姓也逐漸滲入這個封閉系統。且因應日治及戰後的法律，李復發號曾幾度將業主（所有權人）改為全體派下成員共有，但內部運作規則並未改變，土地不能分割的想法亦始終為家族頭人堅持。一九六〇年代的李復發號，名下共有七十三公頃土地，除十六公頃為建地外，其餘耕地為一百多人共有之公業，支持著一千五百餘名家族成員的生計。[6]但因有一部分土地落在淡水河治本計畫第一期工程的河槽拓寬區（詳第二十五章），再加上一九六六年中國海專（今海洋科技大學）在當地尋購校地，這個延續一百多年的共治體系最終還是逐漸瓦解。

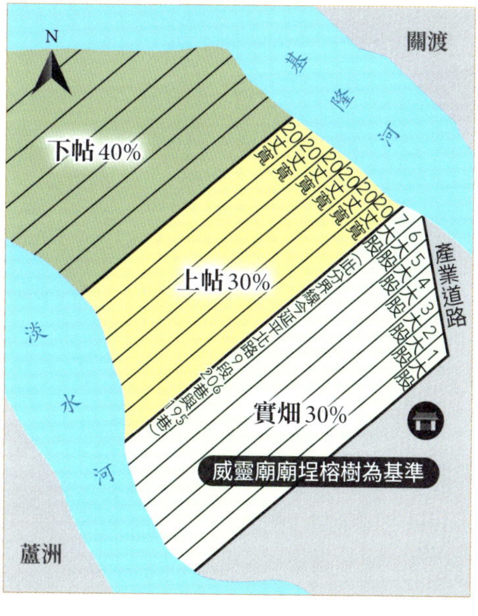

圖12-3　「李復發號」公產示意圖

資料來源：毛毓翔製圖，根據王志文，〈兩河環抱共福禍——社子中洲埔「李復發號」之七十股公產〉，《臺北文獻》直字第148期（2004年6月），頁316。

另一個拓墾共同體：浮洲仔的「十一份」

事實上，中洲埔的故事並非唯一個案。一九〇〇年，一位土地調查事務官的調查揭示了鄰近地區另一個鮮為人知的例子。[7]他在芝蘭一堡第一派出所轄區內的浮洲仔一帶發現某種共業制，並認為很難以現有的調查規範來記錄，因而上簽給時任土地調查局局長後藤新平，想確認如何登記土地業主權。

這塊二十八餘甲的土地同樣由一群人共同開發，不同的是這十二人之間並沒有血緣關係，被通稱為「十一份」。他們比兌山李氏來得更早，一七六九年（乾隆三十四年）便由連總、蔡烏兩人出面，與毛少翁社的業主昇舉簽訂給墾契約。該土地三面環水，坐落於「東至港、西至闊口港、南至蔡聘園、北至八仙大港〔基隆河〕」間，包含連、蔡在內的十二人合力出資，總共花了三十多年才逐漸墾成。

如同李復發號般，開墾土地是共有的，沒有人能出賣或讓與土地所有權，只有使用、收益權能買賣轉讓。土地被分為大小不等的十個區域，每區再分為十一份，以抽籤決定每份的耕作者（收益者），並且每六年重新抽籤。每次抽籤，每「份」的邊界並不相同，例如圖12-5中「下塭」區內，黑線代表前期每份的分界線，紅線則為次期的分界線。由此，十二人能隨機取得分散在十區內的不同旱地，且不管條件如何惡劣，都有擔耕的義務，藉以讓收益及災損趨近公平。

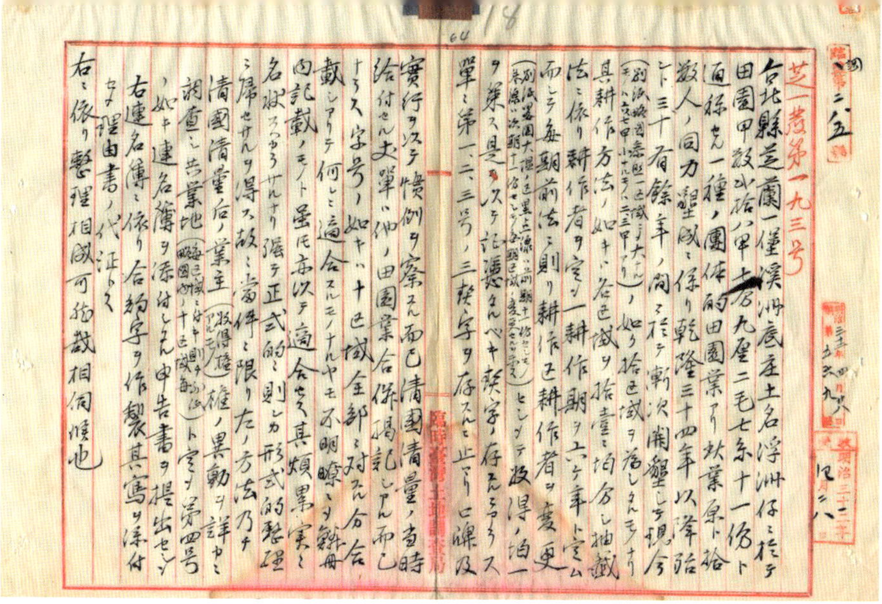
芝一蔗第一九三号
台北縣芝蘭一堡溪洲底庄土名浮洲仔ニ於テ
田園甲數弐拾八甲七分九厘二毛七糸十一份ト
通稱スル一種ノ團体的田園業アリ此業原ト拾
数人ノ同力墾成ニ係リ乾隆三十四年以降
ト三十有餘年ノ間ニ於テ漸次開墾シテ現今
法ニ依リ耕作者ヲ定メ一耕作期ヲ六ヶ年ト定ム
而シテ毎期前法ニ則リ耕作区耕作者ヲ変更
單ニ第一、二、三号ノ三葉字ヲ存スルニ止マリ
實行ヲ以テ慣例ヲ案スル而已清國清賦ノ当時
給付セル丈單ハ仍ノ田園業合併掲記シアル而已
ナラス字号ノ如キハ十区域全部ニ対スル合
載ニアリテ何レニ適合スルモノナルヤモ不明瞭ニシテ
内記載ノモノト異ニ茲ヲ以テ適合セス其煩累實ニ
名状スヘカラサルナリ
ニ帰セサルヲ得ス故ニ當件ニ限リ左ノ方法乃チ
清國清賦台ノ業主
調査シ共業地
ノ如キ連名簿ヲ添付シタル申告書ヲ提出セシメ
右連名簿ニ依リ合約字ヲ作製其寫ヲ添付
セシメ理由書ノ代証トシ
右ニ依リ整理相成可然哉相伺候也

圖 12-4　關於浮洲仔「十一份」共業開發方式的土地調查公文

資料來源：〈芝蘭一堡第一派出所共業田園整理方ノ件〉（1900），《臺灣總督府公文類纂》，中央研究院臺灣史研究所檔案館典藏，識別號：T0797_14_041_0018。

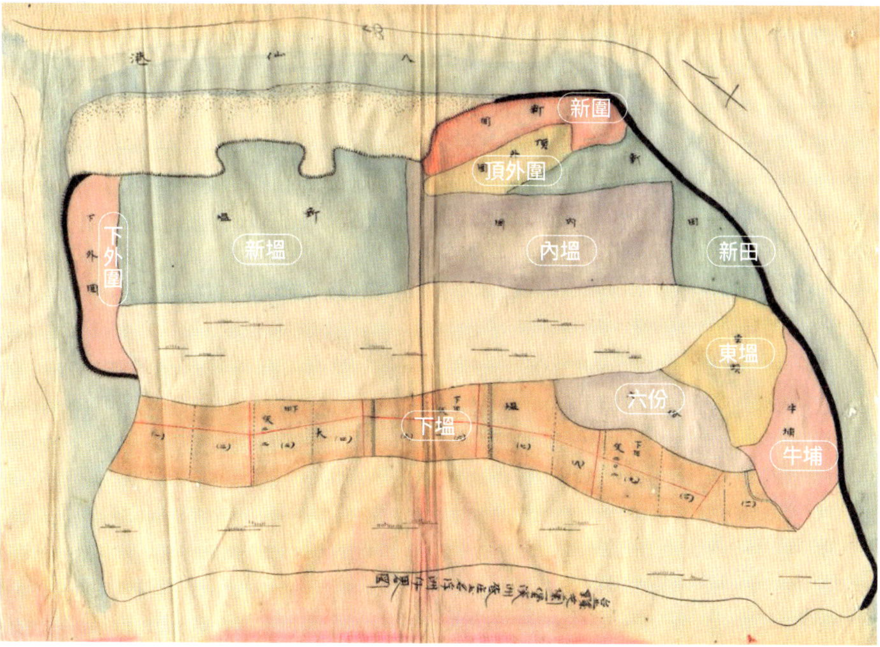

圖 12-5　浮洲仔「十一份」共業地分區圖：北方朝左上，圖中色塊代表十區，每區再分成十一份。

資料來源：同圖 12-4

雖然他們並非同一宗族，但仍展現了強烈的凝聚力量。尤其，在洪災頻仍、河道變化不定之地，土地侵占的事件屢見不鮮。一七七二年，十二人互相簽定一紙合約。這份直白的公約指出，他們本在和尚洲（蘆洲）共同經營土地，「遠涉洪波而來本庄」，但礙於南邊的蔡姓家族常常恃強逞凶、橫占土地，雙方相議多次依然無效，因而決定推舉一人前去官府控告。所有立約人願以公費補償此人的耕種損失、路費盤纏及官司費，若此人萬一為了自保而失手殺人，能得銀兩補償，萬一遭遇不幸，也得以獲得慰問金。如果有人一時沒有銀兩作為公費，須獻出土地抵押，若互相推諉導至延誤公事，則「眾鳴共攻」。

拓墾期間，十二名耕作者合力負擔勞役及工銀，在沿岸築堤、在內部開鑿水路。十區多以「塭」、「圍」命名，透露出當時的開墾方式與圩田近似：需要築堤圍地，引入洪水淤泥，攔截海潮鹽水，再排水並改良土地。距今約二十年前，當地還有耆老記得「塭田」的稱呼。[8]時至今日，以前農民在田邊排成一列，用鋤頭挖土、堆成土圍擋水的景象，依然留在浮洲、溪砂尾長者的記憶中。[9]

合作應對洪水威脅

共同築堤可以說是調適洪水最積極的手段。基隆河下游能找到一些帶有「築沿海泊岸攔潮內」、「共備工本竭力圍築泊岸」等用語的清代契約，[10]而大漢溪亦有建造堤岸的紀錄。

例如三角湧（三峽）一帶的辮狀河段經常改道，一八一七年便有業主聯合佃農「固築石岸，以防水傷」，並在其下埋管排水。[11]當英國人葛顯禮於一八六〇年代溯大漢溪而上，所見的景象剛好與這些記載相互印證：「為了防止水流侵蝕農田，河岸上修築了木、石堆成的堤防，並在許多地方堆放竹子作的框架，裡面填滿了卵石。」[12]河畔居民試圖透過集體協作堤防護岸的方式，來抵抗洪水的威脅。蘆洲、關渡等地出現臺灣北部難得的集村型態，聚居較為密集，則可視為合作防洪在聚落層次上的體現。[13]

從中洲埔和浮洲仔的拓墾故事，能清楚看到淡水河畔的先民如何合作應對洪水，透過共立規約、協調資源、共同協作、集體動員的方式分攤或降低洪災風險。在防災研究中，此一鑲嵌於人際關係與社會網絡的資源被稱為「社會資本」，是提升社群災害韌性的重要因素，而互助合作正是社會資本的核心表現。這些跨越兩個世紀的故事反覆證明，居住於變化才是常態的大河旁邊，團結合作正是應對環境挑戰的關鍵。

第十三章

讓路於水：高地避險與分洪減災

顧雅文

一九三〇年代的實業家西岡英夫，將受淡水河餽贈沃土的社子比作尼羅河三角洲，但將尼羅河的洪水與淡水河相比，不一定完全恰當。埃及人在自然形成的高地生活、在低處耕種，洪水被引入盆地的堤壩灌溉系統，而住在淡水河下游低地的臺北人沒有高地可去，他們並不總是奮力抵禦河水漫淹，有時也想辦法讓路給水。

居高避災：垂直式避災的建築設計

河畔居民累積了豐富的洪水經驗，最直接的應對方式就是爬得更高，這被一群對臺灣風俗舊慣感興趣的探險家、官員或研究者給記錄下來。十七世紀的西班牙傳教士艾斯奇維如此描述基隆河的景象：當洪水位高漲造成氾濫，原住民就乘著船搶救家當，並以刀在屋子木頭上刻劃出洪水的高度。[1]十八世紀的巡臺御史黃叔璥則說：「澹水〔淡水〕地潮溼，番人作室，結草構成，為梯以入。」[2]

來自日本的伊能嘉矩亦是熱心的紀錄者。一八九五年，年輕的他抱持人類學的研究熱情踏上臺灣的土地，到處訪查十年之久。其成果之一《大日本地名辭書》中記載如下的典故：「樓仔厝庄」（今蘆洲東北）於一八一五年間成庄，近在河畔，為避免淹水而興建「樓屋」，因而得名。[3]十多年後，臺北州協議員石坂莊作在一九二〇年代的田野訪查得到類似的說法。他指出，此一樓屋形式是水上住居常見的「找上家屋」之變形，是為了防止淹水的設計。[4]「找上家屋」應該是「杙上家屋」的誤字，意即建在木椿上的房屋，也就是高腳屋。

此外，蘆洲另一種特殊的建築形式「半樓仔」，即閣樓之意，因著名的蘆洲李宅古蹟而

和尚洲（ホエシウチウ）　芝蘭二堡に属し、淡水河の南岸に在る数庄の総称とす。（往時は興直堡に属せしが、光緒元年芝蘭堡に属す）。原と淡水河と沙洲より成れる地にして、葦葦叢生せしより、

（蘆洲）
蘆洲の名ありき。（台北庁和尚洲区庄長の調書に拠れば、「水湳庄与楼仔厝庄交界之処、有特産出幼蘆荻、於月上東、蘆荻因之而向東、及月斜西、蘆荻亦因之而向西、以致蘆荻泛月之故事」といへり）。清の雍正十年の頃より、八里坌に在る漢族は、佃を招き、観音山脚を経て、新庄（興直堡）に向ひ移殖を企つるや、此地は其の中路として開かれ、（今中路庄の名を存す）、河水環拱の地形に因みて、

（河上洲）
一に河上洲の称ありき。乾隆の頃竹塹（新竹）城隍廟の僧梅福なる者、官に請ひ、此地の業産を以て関渡媽祖宮の油香料に充つるの許可を得、毎年来りて今の水湳庄に宅し、租穀を徴収せり。

（和尚厝）
是に於て里人和尚厝と呼びたりしが、和尚厝の昔「ホヱシウツウ」は、偶〻河上洲の音「ホヲシォンチウ」に近似せしより、彼此混同して和尚洲（ホエシウチウ）なる新地名を成すに至れり。而して今の楼仔厝庄は旧河頭なりしを以て、旧港嘴の土名を存せしが、嘉慶二十年間之を開きて一庄を立て、水辺に近きを以て、楼屋を建て浸水を避けしより、楼仔厝と名づくるに至れり。斯くて此地方を根拠として、更寮庄（興直堡）山脚庄（八里坌堡）等に及べりといふ。

圖13-1　伊能嘉矩負責《大日本地名辭書》臺灣篇，調查「樓仔厝庄」名稱的由來。

資料來源：吉田東伍編著，《大日本地名辭書》（東京：富山房，1909），頁661。

圖13-2　蘆洲李宅的「半樓仔」
資料來源：毛毓翔拍攝（2025年4月22日）

為人所知。李宅是兌山李家在蘆洲的支派之住宅，約在十九、二十世紀之交建成，坐落於沼澤遍布的南港仔（蘆洲西北）。其本身就是一座大型的防水住宅，以上等的花崗岩構成外牆，石牆上還能隱約看到水災留下的洪水線。半樓仔構築在李宅正身的各角落，平日儲藏物品，遇到大水則能避洪。正身兩側的護龍雖無此設計，但會在大梁上放置多根圓木，作為洪水來時應急之用。半樓仔並非富有人家的專屬設計，而是普遍存在於蘆洲的民宅內。[5] 據當地耆老說，「古早的厝上頭都會有一個半樓仔，這是隨便用幾塊板子弄的，颱風若來了就到上頭躲水。」[6]

這與西岡英夫在一九三〇年代觀察到的社子島景況異曲同工。在社子聚落，家境中等以上的人家會將地盤墊高，住在磚造的二樓房。中等以下的居民，若經濟還算寬裕，則住在地盤墊高、屋頂挑高的土埆厝，並在上方放幾根堅固大梁。水災甚大時，梁上鋪上木板，將家具等財物都搬上去，人也一起爬上去。若淹得更高就爬到屋頂，還是危險的話，就利用救生艇載往建有二樓的別人家避難。

圖13-3　社子李和興宅的二層式三合院

資料來源：毛毓翔拍攝（2025年4月22日）

因而河畔往往停泊為數極多的小船，平時多為家家戶戶的交通工具，載運人、貨或捕魚，大水時就成了必備的防災工具。[7]

戰後初期，社子溪砂尾的兌山李家後代修建了李和興宅。該宅是三合院形式，但正身抬高一公尺，還建為兩層，就是為了讓族人在洪水時能齊聚二樓避災。[8]據說有時候也會將雞、鴨、豬等家畜一起帶上二樓。[9]

墊高地基的策略，在新店溪畔亦廣泛存在。民俗學家國分直一在一九三〇年代來到臺灣，曾為農家建築技術留下紀錄。據他觀察，在低溼的臺北盆地，民宅地基往往非常堅固，且地基高度與雨量及洪水有關。經常遭遇洪水的新店溪岸邊農家，多將房子蓋在高築的石堡平臺上，畜欄則架設於人力堆起的土臺上。[10]根據雙園（南萬華）耆老的回憶，居民需先去河裡採集石頭，砌成地基，再砌牆蓋屋，地基高度有時甚至達到一．五公尺。[11]此外，清末於大稻埕河畔規劃建昌街與千秋街時，為了防止水淹，建築物臺基多高於路面，亭仔腳（騎樓）約及腰高，門口設有

圖13-4　新店溪畔建在石堡上的農家

資料來源：國分直一著，邱夢蕾譯，《臺灣的歷史與民俗：溯先人足跡、探文化之源流》（臺北：武陵，1991），頁135。

四、五階臺階（詳第十五章）。[12]走在今日的貴德街，還能看到此一防災留下的印記，成為此處街景的一大特色。

有趣的是，在河道擺動頻繁且劇烈的曾文溪，人們則會「扛茨走溪流」。溪南寮等地的傳統民居「竹籠茨」以竹管為骨架，以藤線與茅草為屋頂，再以竹篾片塗上溼泥或石灰為牆。竹籠茨易組構又易拆解，在水災來臨前或發生後，村民便會合力將牆面拆下，扛著竹籠茨移動避災。[13]相較之下，在河道相對穩定的淡水河，當地人則發展出「垂直式」的避災方式，往高處尋找出路，展現出不同流域居民對水環境的深刻理解，以及調適不同河流與洪災特性的靈活思考。對淡水河流域居民來說，受到洪水威脅時，最安全的地方就是架高於水面之上。

埤塘滯洪：分散式減災的流路規劃

除了建築形式，讓路於水的策略亦在地景層次留下印記。一則日治初期的請願書提供了線索：一八九八年八月戊戌水災後，住在大稻埕的紳商李春生等人向臺北縣知事提出請願，請求解決大稻埕的洪災問題。這一次，在地紳商考量的並非在淡水河畔築堤防圍堵「外水」，而是盡快將「內水」排除。他們建議在日新街東市場頭開鑿水道，順應地勢，引導洪

三腳渡的升降土地公

士林三腳渡位於基隆河與番仔溝的交會處（後港墘），在1964年淡水河防洪治本計畫第一期工程開工之前，曾是繁華的渡口，也曾有豐富漁產，現今則以「臺北最後一座碼頭」著稱。河畔的土地公廟「天德宮」，有一段曲折而有趣的歷史。1980年代大家樂盛行之際，撈捕紅線蟲的漁民時常在基隆河撿到被賭徒們求財不靈而丟棄的漂流神明，並將其送到天德宮重新供奉，因此廟裡神像極多。與此同時，天德宮因被防洪計畫劃在堤外，成為行水區中的違章建築，不時接到遷廟或拆廟的警告。面對洪水及市府拆除大隊的壓力，居民想到一個變通的辦法：必要時就連廟帶神一起抬離現場，後來甚至將小廟裝上輪子，方便移動。

約在2005年間，居民集資為天德宮設計一座升降機，四角四支鐵柱，底下裝一底盤，將重達18噸的廟放在上面。只要颱風警報發布，廟方人員就焚一柱清香默禱，後將廟升高。此一垂直式避災裝置通過官方的防汛測試，被允許原地保存，成為全臺唯一會坐電梯的土地公廟。

資料來源：〈三腳渡地標 全臺首座「行動廟」〉，《聯合報》，2005年1月27日，C3版。〈三腳渡天德宮 免拆除〉，《自由時報》，2005年1月27日，13版。照片為毛毓翔拍攝（2024年8月5日）。

水經由埤塘網絡流向基隆河。

請願書中提及，過去只要大稻埕側的南港（淡水河）洪水高漲，水自會沿著劍潭、八芝蘭（士林）、北投及獅頭（五股獅子頭），從北港（基隆河）分流出海。然而，鐵路破壞了上天賦予這片土地的自然疏洪之道。戊戌水災的洪水欲沿著地勢較低的雙連埤流去、穿越「新雅庄」，❶而流至劍潭旁的北港，無奈鐵道高阻，使得大稻埕積水難退。

象徵近代化的鐵軌在劉銘傳時代開始興築，卻因路基抬高阻擋原有的東向水流通道，以致大稻埕漲水三小時之久，災情嚴重。因此紳商們建議從日新街東市場開鑿一條直通雙連埤的排水大溝，疏通水勢。這揭示了埤塘在水利系統中扮演的多重角色，除了日常蓄水灌溉，更是洪水來襲時重要的分洪與滯洪空間，也能在暴雨和洪水期間充當暫時的洪水緩

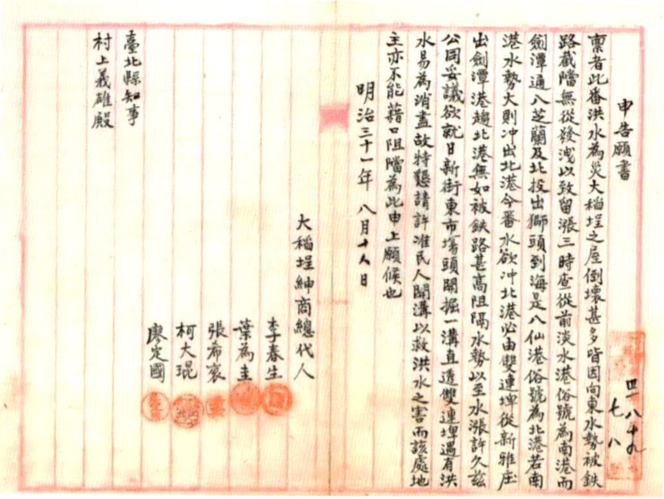
申告願書
稟者此番洪水為災大稻埕之屋倒壞甚多皆因向東水勢被鉄路截牆無從發洩以致留漲三時查從前淡水港俗號為南港而劍潭通八芝蘭及北投出獅頭到海是八仙港俗號為北港若南港水勢大則沖出北港今番水欲沖北港必由雙連埤從新雅庄出劍潭港趨北港無如被鉄路甚高阻隔水勢以至水漲許久茲公同妥議欲就日新街東市場頭開掘一溝直透雙連埤遇有洪水易為消盡故特懇請許准民人開溝以救洪水之害而該處地主亦不能藉口阻牆為此申上願候也
明治三十一年八月十八日
大稻埕紳商總代人
李春生
葉爲圭
張希袞
柯大璟
廖定國
臺北縣知事
村上義雄殿

圖13-5　1898年大稻埕居民請願開溝排水

資料來源：〈臺北大稻埕溝渠開鑿ノ件〉(1898)，《臺灣總督府公文類纂》，中央研究院臺灣史研究所檔案館典藏，識別號：T0797_02_073_0019。

❶不確定請願書中的「新雅庄」所指何處，如果是在劍潭對岸，可能是指埤塘圳路縱橫的「新庄仔庄」。

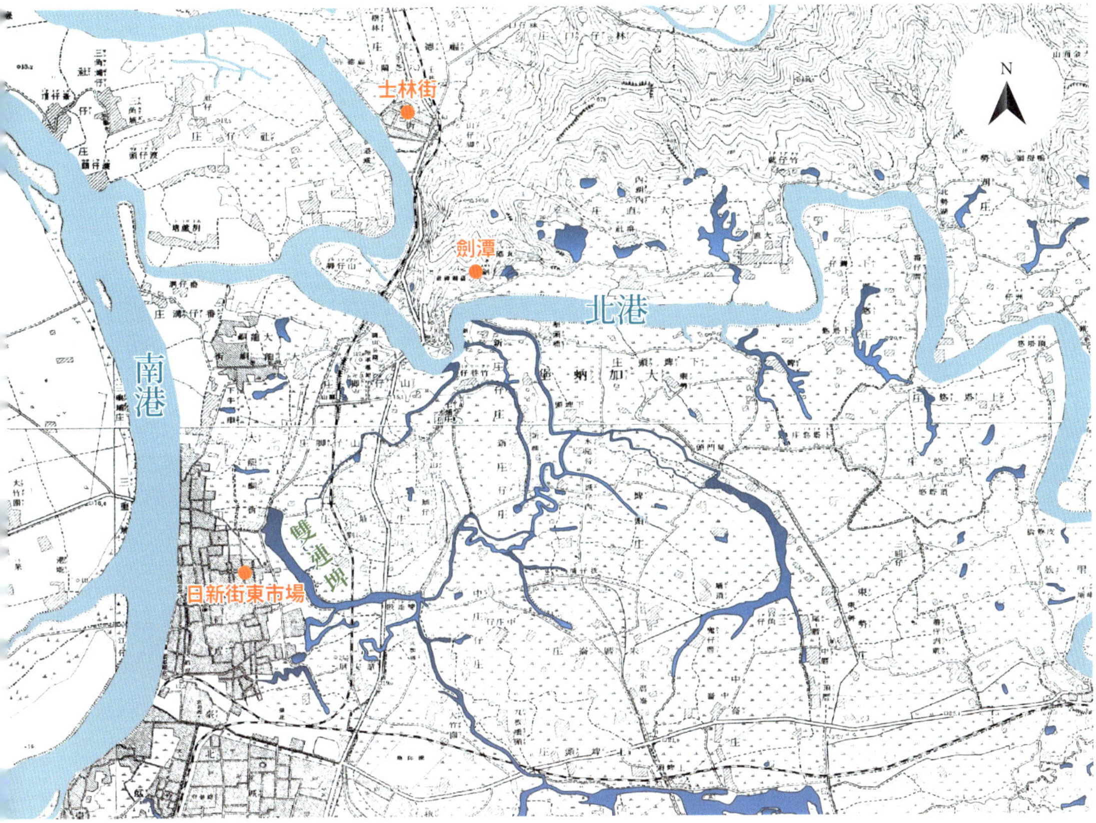

圖13-6　南港(淡水河)洪水流經雙連埤並至劍潭入北港(基隆河)的自然流路

資料來源:顧雅文製圖,底圖為〈臺灣堡圖〉(1904),《臺灣百年歷史地圖》,中央研究院人社中心GIS專題中心。

衝空間，減少主河道洪峰壓力，降低下游淹水範圍。李春生等人請願開溝直通埤塘的建議，反映出基於在地經驗的避洪手段。

事實上，清代臺北平原曾有不少埤塘，多在十八世紀中葉前後利用自然地勢築成。埤塘大多為庄民共有，主要用於灌溉，但也拿來養殖魚、蝦，作為公有收益或埤塘維修費用。其中尤以雙連埤最為壯觀。早在一七三〇年代，這座大埤便已灌溉附近二百餘甲水田，其水域之廣闊，甚至能在其上泛舟。[14]前述一八九七年水災過後訪查臺北縣各堡的吏員，曾驚嘆大加蚋堡境內沼澤甚多，並將雙連埤視為「此地有益之沼澤」。[15]

圖13-7　大加蚋堡埤塘分布

資料來源：顧雅文製圖

埤塘圳溝
河道（1904）
堡界
0　1　2公里

被稱為大安埤的上埤亦灌溉二百多甲，與之齊名的還有占地近二十五甲的柴頭埤，共同滋養著周邊聚落。下埤規模較小，卻也潤澤四十甲良田。瑠公大圳通水後，埤塘上流下接，仍承接雨水或大圳餘水，繼續發揮功能。[16]除此之外，臺北三市街內曾存在一些溝渠，例如今日熙來攘往的西寧北路，過去是一條名為「港仔溝」的小水道，載運茶葉等貨物到大稻埕的商行卸貨，見證了當時的商貿繁榮。[17]

若回到十九世紀，看到星羅棋布的埤塘、大圳與河溝，或許也會以「水城臺北」為這片土地留下注腳。但從日治到戰後，這些小水域在一個個水利、衛生、土地開發、市區改正或都市發展為名的計畫中，一度被規制、利用，而後或被填埋、或被加蓋（詳第七章、第十七章）。這也意味著傳統社會的減災方式正逐漸失效。不過，這類透過分布廣泛的水體來吸納與疏導洪流的「分散式」減災方式，似頗能與今日「海綿城市」、「逕流分擔」、「在地滯洪」等洪水管理方式交相呼應。❷無論是人往高處爬的「垂直式避災」，或讓洪水往埤塘流的「分散式減災」，反映出的正是先民早已擁有的生活智慧。

❷「逕流分擔」指將集水區內的降雨妥適分配於水道與土地，共同分擔降雨逕流，降低僅由水道承納洪水的淹水風險，並避免洪峰過度集中，提升土地耐淹能力。「在地滯洪」指以獎勵及補償方式鼓勵農民將田埂或路堤加高，以暫滯、分散洪水，可緩解淹水風險，並補注地下水。

第十四章

心靈縫合：水信仰與民俗活動的災後慰藉與認同形塑

李宗信

淡水河流域水患頻繁，沿岸居民長期以來深受突然降臨的水災、意外溺水或偶發船難所帶來的生命和財產威脅。為療癒集體記憶中的傷痕，人們經常藉由宗教信仰尋求心靈層面的慰藉。無論是超越各族群認同、並深具地方特色的水仙尊王信仰與龍舟競渡活動，或是慰藉亡者、安撫孤魂的水鬼信仰與中元普渡，[1]都展現出居民如何藉由儀式力量

圖14-1　淡水河水信仰寺廟分布圖

資料來源：毛毓翔製圖

撫慰精神與修復社群關係，同時縫合因畏懼河流而產生的距離，重新建立與自然和諧共處的生命節奏。

河港的水仙尊王信仰

一般而言，臺灣的水仙尊王廟主要分布於澎湖、府城、笨港、竹塹等海港附近，主要信眾為漁民、水手及郊商，基本上與航海活動較有淵源，內陸河港則較少見。[2]但淡水河流域自清代以來就有不少供奉水仙尊王的廟宇，例如艋舺水仙宮、松山慈祐宮、洲美屈原宮、蘆洲清海宮等，而社子島的中洲埔等地早期雖無廟宇，卻也有供奉水仙尊王。❶

艋舺水仙宮由當地郊商於乾隆年間集資興建，原址位於今桂林路、西昌街口，現在只能看到一座舊址碑。依碑文所述，水仙宮在一八四〇年已漸損毀，但未及時修建而後倒塌，神像則被移到艋舺龍山寺後殿左

圖 14-2　艋舺水仙宮舊址碑

資料來源：毛毓翔拍攝（2025 年 5 月 8 日）

❶ 直到一九九〇年蘆洲清海宮興建之前，蘆洲和社子島中洲埔輪流祭祀水仙尊王金身。李建次，〈地方性在現代性衝擊之下的轉變——以蘆洲市信仰為例〉（臺北：國立臺灣師範大學地理學系碩士論文，二〇〇八），頁五〇。

龕供奉。

松山慈祐宮雖然主祀媽祖，在寺廟後殿四樓亦有供奉水僊尊王（水仙尊王）。錫口（松山）自清代漢人移入以來，向來是基隆河最重要的渡船碼頭，具有河運中繼轉運功能。無論是來自基隆、宜蘭，或是運往艋舺以及後來大稻埕的貨物，均是利用錫口作為集散中心。如同當地俗諺「一流水過暝」所指，來自基隆、宜蘭的船隻，通常會利用基隆河漲潮達兩公尺並開始退潮之際，把握時間，順著潮水將載滿貨物的船隻順流而下，半天即可抵達錫口，等待過夜之後，利用早晨再次漲退的時機出發，即可順利到達艋舺或大稻埕。[3]

然而，航運畢竟是充滿風險的行業。為了祈求航行平安，信徒們在錫口最重要的信仰中心慈祐宮供奉水僊尊王。儘管錫口的河運機能因清末興築鐵路而逐漸沒落，仍可從水僊尊王的信仰見證此處在清代的盛況。

至於社子、洲尾（今北投洲美）地區，自清代以來就分屬不同的祖籍來源與認同。日治時期的人類學家岡田

表14-1　日治時期社子、洲尾地區水仙尊王信仰

祭祀範圍	祖籍	主祀神	承辦祭典者推舉法	祭祀儀式
洲尾	漳州人	水仙尊王 土地公	正爐主一人、副爐主一人、頭家六人，擲筊定之。	每年端午節（農曆5月5日）舉行祭祀儀式，並借兩艘船進行競渡。
溪洲底 **浮洲仔**	泉州同安人	水仙尊王	不詳	每年農曆5月5日，向和尚洲、中洲埔及對岸水湳各借船一隻舉行競渡。
和尚洲 **中洲埔**	泉州同安人	水仙尊王	爐主一人	每年農曆5月7日，搭造小屋以祀水仙尊王，各戶供牲醴，向和尚洲借船一艘，與聚落的另一艘船舉行競渡。

資料來源：岡田謙著，陳乃蘗譯，〈臺灣北部村落之祭祀範圍〉，《臺北文物》第9卷第4期（1960年12月），頁14。

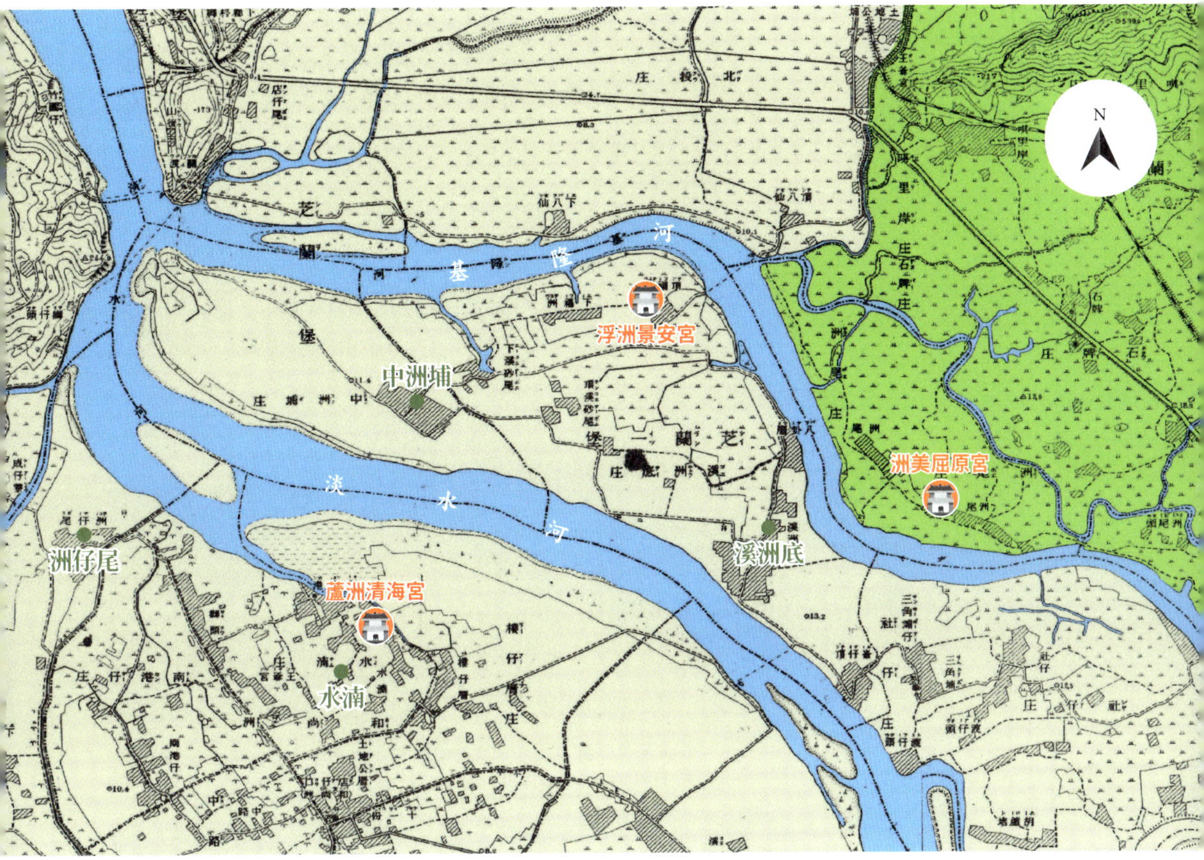

圖14-3　日治時期社子、洲尾地區水仙尊王信仰分布圖

資料來源：李宗信製圖，根據表14-1，底圖為〈臺灣堡圖〉(1904)，《臺灣百年歷史地圖》，中央研究院人社中心GIS專題中心。

寺廟
聚落
漳州優勢區
泉州優勢區
河道(1904)

0　0.5　1公里

謙詳細調查了此地的情況，發現洲尾一帶為漳州籍民的生活領域，信仰中心為今洲美屈原宮，而基隆河對岸社子的浮洲仔信仰中心為今浮洲景安宮，與同處一地的溪洲底、中洲埔皆以泉州人為主。此外，跨越淡水河的和尚洲亦屬於泉州同安籍民的優勢區域，信仰中心為今蘆洲清海宮。有趣的是，儘管來自不同祖籍地的居民在清代經常發生紛爭，卻因為皆定居於河濱之地而奉祀水仙尊王，可見其超越了祖籍畛域，成為當地水濱居民的共同信仰類型。[4]

洲尾地區的龍舟競渡

岡田謙對龍舟競渡亦有深入觀察。他指出龍舟競渡是水仙尊王信仰的祭祀儀式，由河岸一帶從事漁業、或深受洪水災害的各村落一同維繫。[5]岡田認為，村落間的共同祭祀行為是團結的表現，且有強化凝聚力的功能。

洲尾一帶龍舟競渡的史料特別豐富，其歷史已達百年以上，據傳在一八八五年清法戰爭前就已存在。[6]當地俚語云：「西仔叛進前就有扒，西仔來臺北叛的年又造新的。」意思是指清法戰爭（俗稱「西仔反」）之前就有扒龍船比賽，而法人攻臺失敗後，福建陸路提督孫開華召集各地龍船齊聚淡水舉行競賽，最終洲尾贏過十三庄，而被封為船王。

日治時期，洲尾的龍船曾在臺北橋附近參加過數回比賽。[7]據說，當時士林划龍船人數乃全臺最多，一船三十二人。士林傳唱著許多相關歌謠：「五月五日，龍船鼓滿街路」、「頂港下港扒龍船，青蒲紫蓼滿中洲，波渺渺，水悠悠，長奉君王萬萬秋」，也有童謠吟唱：「龍船龍船作真長，食粽榲白糖，糖甜甜粽參焿，粽食終庭闊闊，洗浴來飲午時水，洗香香掛香芳，各位來看扒龍船。」[8]透過歌詞描述，讓我們一窺清末至日治時期此地的端午盛況。

根據臺北縣淡水支廳在一八九五年十二月的調查，農曆五月初一至初五時，淡水河岸都會舉行龍舟競渡活動，地方富紳及子弟也紛紛登船參與，船上歌妓奏樂隨行，笙歌管笛悠揚，船頭高掛錦標，以競速爭勝。淡水一帶的習俗則自農曆五月初六展開，直至十一日止。這段期間，大稻埕、八里坌與芝蘭堡沿河兩岸觀賞人潮絡繹不絕，摩肩接

圖14-4　洲美屈原宮正殿右壁之龍舟競渡浮雕

資料來源：毛毓翔拍攝（2025年6月1日）

踵，場面熱鬧非凡。9

此外，士林仕紳潘迺禎在一九四一年曾前往洲尾採訪，對於扒龍船的過程有生動的紀錄：

1 準備階段

比賽場地設於士林街洲尾沿岸的基隆河。工作人員先將水面的浮竹以錘固定，這個過程稱為「做定」。終點處有插上紅色三角旗的芭蕉幹，這個標誌稱為「浮旗」。通常，起點到浮旗的距離超過六百尺〔約二百公尺〕，比賽方向為順流而下。

2 接龍船

各隊的龍船停靠在主持臺旁邊。當迎接對方的船隻時，會敲銅鑼表示歡迎，對方也會以同樣的禮節回應。接著，雙方約定賽事細節，稱為「選定」。

3 競漕

龍船在浮竹前進行二、三次練習。頂洲尾的槳原為紅色，但因下洲尾反對而改為綠色。比賽開始時，持舵者抓住浮竹並點燃炮竹，敲鑼者帶領節奏，划槳者隨之動作整齊。當接近旗子時，敲鑼者加快節奏，划槳者奮力取旗，先取得旗子的一方獲勝。每回合結束後，雙方互換位置，並回到出發點，這稱為「死船對活船」。比賽一般以二、

四、六回合為原則進行。

4 送龍船

比賽結束後，雙方互相敲鑼致意，送別對方的龍船。

5 遊客與活動

比賽當天，士林及其近郊的觀眾湧向河岸，對岸的社子人也來觀賽，河邊的飲食店熱鬧非凡。爐主在船上設立祭壇，街民乘船觀賞，稱為「遊江」。

6 搬龍船

比賽結束後，組員們扛著龍船燒香，並將其置於空地。初六這一天，士林街的河岸為了比賽而繁忙，初十則準備謝工。

7 享用點心

比賽後，組員們聚集在爐主家享受米糕、茶果等點心，大家汗流浹背談笑風生。

8 大戲〔歌仔戲〕表演

當天會舉行歌仔戲表演，場面非常熱鬧。

9 初六的行事

初六在新街舉行龍舟賽，方法與初五相同。比賽後，邀請洲尾人共餐，觀賞者眾多，遊江者以花絲裝飾，共同雅遊。[10]

從中可以發現，每年端午節於河岸舉行的龍舟競渡活動，洲尾對岸的社子人也會前來觀看，但不參加賽後洲尾人的共餐儀式。清治以來，社子島的泉州同安人與基隆河對岸的洲尾漳州人，因對立的族群意識而頻繁械鬥。雙方水火不容的情勢至日治末期已逐漸消弭，至對方地域也相安無事，然清治時期留存下來的賽後共餐，仍維持只有洲尾人能參與的固有習慣。

水鬼信仰、陰廟與中元普渡

此外，為超渡溺死亡靈，居民往往在每年農曆七月於淡水河的沙洲上搭起道壇，聘請道士誦經超渡，築起戲臺，上演民間百戲。好奇的住民，甚至會僱船渡河看戲，或站立於橋俯視，儼然一幅特殊的民俗百戲圖。自古以來，淡水河周邊的居民世代相傳，河中棲息專門抓人的水鬼是

▶ 圖14-5　基隆河三腳渡的龍船

資料來源：李宗信拍攝（2024年8月5日）

◀ 圖14-6　在基隆河大佳河濱公園舉辦的臺北國際龍舟錦標賽

資料來源：柯金源拍攝（2025年5月31日）

圖14-7　農曆7月於基隆河行船時依照習俗往河面抛灑紙錢

資料來源：毛毓翔拍攝（2024年8月5日）

由溺死者的怨念凝聚而成。其中，在艋舺布埔街（今環河南路中興橋一帶）河岸水流彎曲處有一片深潭，經常捲起漩渦，據說那裡正是水鬼棲身之地。當地人對此非常謹慎，尤其是船夫和漁夫，至今在農曆七月作業時都會依照習俗往河面抛灑紙錢。[11]

以社子地區為例，該地位於淡水河與基隆河交會之處，早期河道交錯、水流湍急，經常發生溺水事故，導致不少無名遺骸漂流至岸邊。為安撫亡魂，居民紛紛建立陰廟供奉祭祀，逐漸形成在地獨特的信仰文化。尤其沿著社子島延平北路一帶，陰廟林立，包括治吟婆廟、百福宮、許英媽廟、陳靈公廟、萬善堂及聖靈公廟等，主要分布於聚落主要道路或土地境界上，成為守護地方的非典型神祉。[12]

至於中元普渡，通常都是在農曆七月十五日這一天舉行，除了延請和尚、道士前來誦經、祭拜外，也會準備供品給鬼魂享用，同時施放焰口（在瓦缽裡放置硫磺和香，點起來就像小煙火），據說可以超渡溺死亡魂。但淡水一帶的習俗尤其特別，普渡儀式從七月初一就開始，一直到八月十五日，每條街巷都會在各自固定的日子舉辦，即使遇到颱風暴雨

圖 14-8　社子島陰廟信仰分布圖

資料來源：毛毓翔製圖、拍攝（2025年4月22日）。

也照常進行。

根據一八九五年淡水支廳的調查報告，儀式當天，居民會宰殺豬隻並堆得像山一樣，稱為「肉山」，另外也會搭起高棚，裡面擺滿豐盛食物。從下午一直到晚上，鑼聲一響，大家就一擁而上，開始爭搶食物，稱為「搶孤」。這些活動的花費通常由當地居民一起集資，或以廟宇的公共資金來支付，因此也被稱作「公普渡」。報告還提及，每年這個晚上都會非常混亂，甚至出現一些不良行為，因此曾經被官方下令禁止。[13]

在艋舺一帶，當地才女黃鳳姿於一九四〇年發表的〈中元〉則提供另一個民間視角。七月初一，鬼門打開，孤魂得以來到人間。人們會在這天祭拜祖先，也安慰那些無人祭拜的孤魂。主要廟宇門口會豎起大約八公尺高的竹竿，稱為「燈篙」，竹竿頂端掛著燈籠，上面寫著「慶讚中元」或「水陸平安」，讓孤魂知道哪裡有祭拜活動。此外，各家門前則懸掛燈籠，寫上「普照陰光」或「慶讚中元」，以及注明各戶姓名和地址，以引導孤魂行進。這些孤魂一般被稱作「好兄弟」，以表示對他們的尊重。

普渡儀式有分兩種，一種是在大型寺廟由眾人一起舉辦，稱為「公普」，另一種則是每戶人家各自舉辦，稱為「私普」。艋舺地區的公普非常熱鬧，龍山寺在七月十三日舉行，媽祖宮在十八日，祖師廟則是二十日。寺廟前搭起高大的孤棚，擺滿豬、羊、雞、鴨、米飯等各種祭品，並請和尚或道士來誦經祭拜孤魂。私普的日期則因地而異，每家都會準備豐盛的祭品，例如牲禮、菜飯、粿等，以祭拜好兄弟和普渡公。儀式結束後，各家還會邀請親朋好友來家裡吃飯聚餐。

公普的前一天，廟宇門口會立起一種用竹子做的圓筒狀物，叫「⿰車藏」，大約一公尺高，表面貼著紅綠色的紙及專門給孤魂用的紙錢。信徒轉動⿰車藏，希望幫助那些因溺水或生產過世的孤魂解脫。到了晚上，人們還會舉辦「放水燈」儀式，把點燃的燈放到河流上，通知河裡的水鬼來參加普渡。各城鎮居民競相提著各種漂亮的燈籠出來，水燈筏、龍燈、花燈以及熱鬧的音樂隊伍，在街上遊行，非常壯觀熱鬧。[14]

圖 14-9　中元普渡放水燈

資料來源：芝山巖惠濟宮王俊凱提供

民間的水信仰除了透過祭典儀式之外，也常以立碑（例如「南無阿彌陀佛碑」）[15]或口耳相傳的方式，警示後世記得災害。水信仰一方面讓河畔居民永保對水的敬畏之心，另一方面，那些因為生活而必須冒險在水上活動的人們，也得以安撫心中對水的畏懼。淡水河的水鬼與水神信仰，縮短了沿岸居民與淡水河之間的心理距離，讓人們相信在無形力量的庇佑下，可以更安心、更有自信地從事各種水上活動。更重要的是，信仰的力量還縫合了左、右兩岸不同祖籍居民的認同差異，促進地方團結，為應對洪災奠定重要基礎。

河流美學

李宗信

側分別是觀音山及大屯山。本圖除了描繪出當時臺北市民不分族群參加民俗節慶的熱鬧風情外，也呈現出作為防洪設施的淡水河堤防，不僅沒有阻絕市民參加親水活動，反而成為畫家筆下表現二十世紀臺北步入現代化與都市化的水岸美學象徵。

蔡雪溪於1930年入選第四回臺展的名畫〈扒龍船〉，描繪了日治時期中葉大稻埕水門外的龍舟競渡活動。圖中右側應為水門堤防，河岸邊則有穿著和服、臺灣衫、洋服等各種服飾的人聚集觀看。時值夕陽西下，彩霞映照於水面上，河上有數艘小船搭建而成的木製戲臺，正以鑼鈸及二胡等樂器，搭配身穿戲服的武旦上演傳統戲曲，為龍舟比賽炒熱氣氛。畫面遠方則可以看到當時的臺北鐵橋，其後左右兩

蔡雪溪，〈扒龍船〉(1930)，膠彩、絹本，125×210公分。

資料來源：尊彩藝術中心提供

陳澄波同樣是以淡水河為繪畫主題而聞名的畫家。除了故鄉嘉義之外，他在1930年代留下了許多以淡水河為主題的畫作，並展現出豐富的敘事性及戲劇感。其中，〈臺北橋〉被視為陳澄波最早描繪淡水河的作品之一。

這幅畫最初被命名為「基隆河」，後來研究者根據畫中的沙洲，判斷描繪的地點應該是在大稻埕，而畫中的橋梁應該是淡水河的重要地標——臺北橋。相較於同時期陳植棋與李石樵的臺北橋畫作，陳澄波的繪畫角度更為獨特，他將鐵橋置於遠景，順著蜿蜒的河流動向逐漸消失。從河流的南方望向北方的大橋、山脈與河堤，形成和諧共鳴的畫面。至於點綴其中的農民、漁夫，則緩和了鐵橋工業化的冰冷外表，為1930年代的臺北近郊留下時代見證。藝術史研究者認為，陳澄波將鐵橋與自然融為一體，創造出一種表達現代化的新視覺語彙。[1]

陳澄波，〈臺北橋〉（1933），油彩、畫布，49.0×63.5公分。
資料來源：財團法人陳澄波文化基金會授權

鄉原古統著名的「臺北名所繪畫十二景」系列作品，也有以臺北橋為創作主題。所謂「名所」指的是地方著名的景點，與日治以來興起的文化觀光活動密切關聯。〈大稻埕大橋〉主要採用江戶時代浮世繪的繪畫表現手法，生動展現1920年代中期大稻埕的傳統渡船與臺北橋等現代元素交錯並存的風貌。在作品中，橋上穿梭的車流、漫步的行人、繁複的鐵橋結構、橋下擁擠的船隻，與遠方的自然景觀共同展現出臺北橋剛建成之際的熱鬧景象。從橋上可以遠眺觀音山、大屯山，以及淡水河口的壯麗山海美景。[2]

今天，舊的臺北鐵橋已不復存在，取而代之的是1997年以鋼筋水泥重建的臺北大橋。儘管淡水河的景觀已不同於百年前畫筆下的模樣，但現在的市民和遊客仍能通過「藍色公路」之旅重新體驗這條歷史河流的美景。[3]

鄉原古統，〈臺北名所繪畫十二景——大稻埕大橋〉（1920年代），膠彩、紙，21.7×18.7公分。

資料來源：臺北市立美術館典藏

同樣以淡水河堤防為主題的著名畫作，還有入選1928年第二回臺展西洋畫部的〈眺望淡水河風景〉。該圖由稻垣進所繪，取景自臺北市淡水河畔堤防的一處水門，遠處的觀音山隔著淡水河與近景的街道遙遙相望，通往水門和堤防外碼頭的路面上，則鋪設了方便搬運貨物的臺車軌道。在畫中，水門有如一扇門窗，使得堤防不再是將居民阻絕在淡水河之外的設施物，而是得以隨意進出、連結水岸的重要通路。

稻垣進，〈眺望淡水河風景〉(1928)。

資料來源：〈第二回臺灣美術展覽會圖錄〉，《郭雪湖畫作與文書》(1929)，中央研究院臺灣史研究所檔案館典藏，識別號：T1089_09_01_0002。

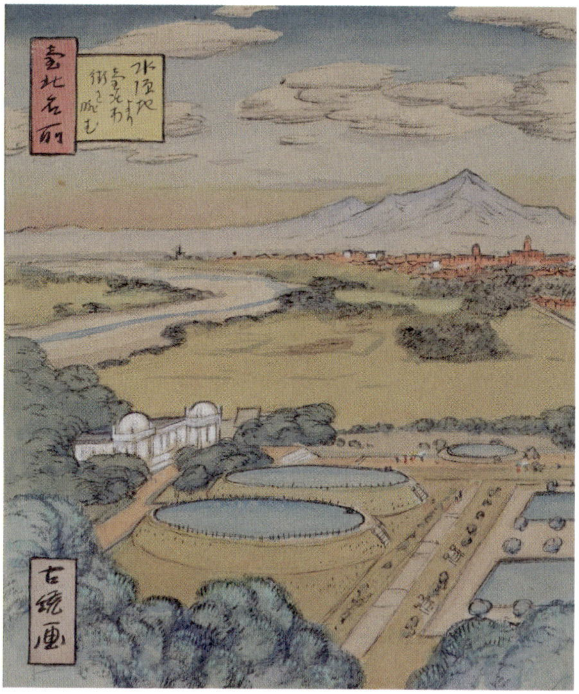

由鄉原古統創作的〈從水源地眺望臺北市街〉，同樣屬於「臺北名所繪畫十二景」的系列作品。鄉原以俯瞰的視角，呈現當時臺北水道水源地（今臺北自來水園區）。畫面前景所描繪的兩個圓形與右側的正方形設施，正是全臺首次以鋼筋混凝土技術建造的沉澱池與過濾池，後方較小的圓形設施則為噴水塔。至於畫作中間的白色建築群，就是被視為臺北自來水系統「心臟」的唧筒室（幫浦站），以及辦公和接待空間，展現出歐式的設計風格及氣派的建築外觀。

流經畫面左上的溪流，說明水源地坐落於新店溪右岸，引自新店溪水。鄉原引導觀者順著新店溪而下，到達淡水河右岸，眺望臺北市街，以一系列紅磚色建物與水源地遙遙相望。仔細端詳則可發現，當時被視為全臺最高建物的臺灣總督府，也隱約矗立其間。最後，鄉原將高聳入雲的觀音山置於畫作上方，給予整體構圖穩重之感，讓人一眼便能識別出繪畫地點。整體而言，本圖藉由明確的視覺語言及藝術性的表現手法，傳達了日治時期以自來水設施達成城市衛生改造的時代意涵，及其背後所象徵的殖民現代化進程。

鄉原古統，〈臺北名所繪畫十二景——從水源地眺望臺北市街〉（1920年代），膠彩、紙，21.7×18.7公分。

資料來源：臺北市立美術館典藏

〈淡水〉是陳澄波完成〈臺北橋〉後另一幅以淡水河為主題的作品，地點是在淡水河下游，亦即淡水與八里之間的渡船航線之上，河中央即為目前業已消失、在當時被稱為「浮線」的沙洲。順著畫家的視角從右岸老街往觀音山遠眺，我們彷彿可以感受到位於前景的老街所傳來陣陣喧鬧聲。在老街裡散步的行人、在河中徐徐航行的孤帆船影，以及遠方安穩不動的觀音山，分別呈現出近、中、遠景並陳的不同距離感，以及快速、緩慢、靜止的不同移動意象，提示我們另一個觀賞淡水河風景的有趣視角。

陳澄波，〈淡水〉(1935)，油彩、畫布，145×119公分。

資料來源：財團法人陳澄波文化基金會授權

倪蔣懷為臺灣第一代水彩畫家，其原名〈臺北李春生紀念館〉的畫作現多以〈裏通（裏街）〉為名，以當時臺北市港町與永樂町間一條俗稱「港仔溝」（今西寧北路）的小河溝為主題。畫作中央的河溝兼具運貨與消防汲水功能，穿流其間，洋樓及周邊建築則分布於溝渠的左岸。倪蔣懷師承石川欽一郎，師徒二人均曾描繪此地。當地風光尤其是倪蔣懷偏愛的寫生主題，經常造訪以汲取靈感。[4]本圖最大的特色除了構圖布局完整、色彩表現溫潤清雅，全圖上色採用乾疊法展現類似油畫渾厚的調性，而不是一般透明水彩的流動效果。[5]

倪蔣懷，〈臺北李春生紀念館（裏通）〉（1929），水彩、畫布，43.4×58.5公分。

資料來源：臺北市立美術館典藏

岸為主題的創作，可以從中看到河畔栽培了大量薰製包種茶用的香花，顯示當時三重埔香花產業的盛況。[8]此外，各地諸如養豬、蜂蜜、蜜柑、蔬菜、茶葉、木炭、竹筍及甘蔗等特色產業，以及工廠、學校、寺廟、渡船頭等設施和機關，均在地圖上詳細標示。連結臺北市區的臺北橋則成為圖中最重要的交通節點，不僅可以通往市區、前往基隆港，甚至是搭船前往門司港和神戶港的唯一路徑。

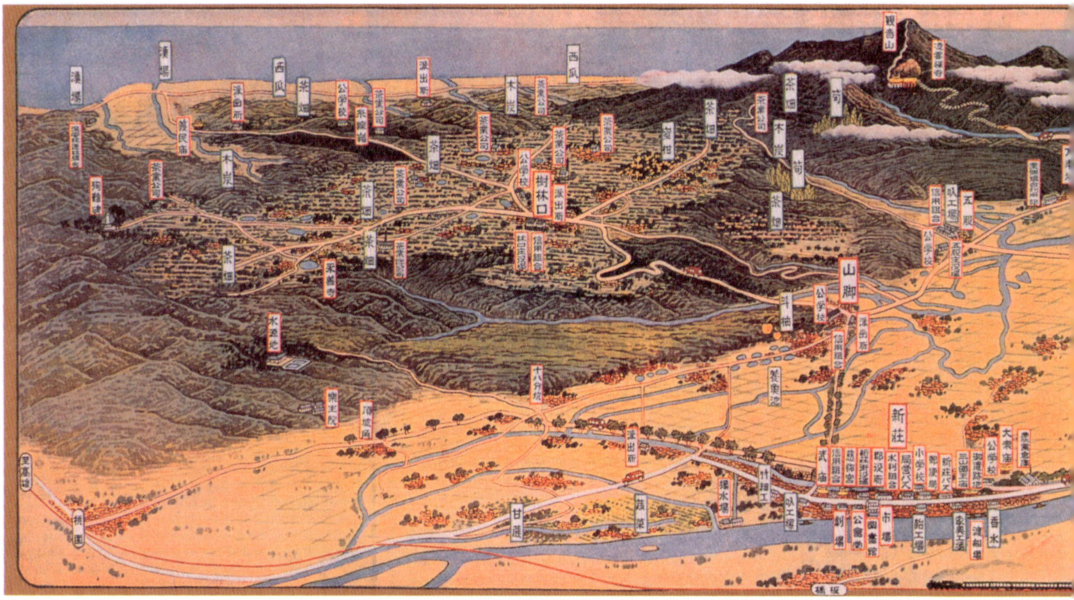

金子常光〈新莊郡大觀〉採用的「初三郎式」地圖風格，由大正至昭和時期著名的鳥瞰圖畫家吉田初三郎所創，特色是以俯瞰的視角描繪城市，強調主要的道路、鐵路、建築、名勝古蹟及山川地貌等。[6]本書的封面設計上半部，就是參照吉田初三郎的〈始政四十周年紀念臺北市鳥瞰圖〉。

在〈新莊郡大觀〉中，金子常光藉由鳥瞰視角，呈現新莊郡所在的廣闊地理空間，即新莊平原。畫面中，大嵙崁溪（當時改名為淡水河）與淡水河貫流其間，一端流向大海，背景則是以山脈襯托，藉以呈現街道的細緻樣貌。[7]本圖也是少數以淡水河左

金子常光，〈新莊郡大觀〉（1934），同拉頁圖。
資料來源：中央研究院人社中心GIS專題中心提供

秋

鄉原古統將〈淡水河．觀音山遠望〉的美景放入其「臺北名所繪畫十二景」中。畫作中央背景為觀音山，從長滿甜根子草的沙洲推測，應是在中秋節前後繪製。河面上的多艘帆船緩緩航行，以不同遠近層次的構圖呈現，具體勾勒出沉靜的觀音山與流動的淡水河，形成悠然自得的寧靜和諧氛圍。

鄉原古統，〈臺北名所繪畫十二景——淡水河．觀音山遠望〉（1920年代），膠彩、紙，21.7×18.7公分。

資料來源：臺北市立美術館典藏

鄉原古統的「臺北名所繪畫十二景」中，〈新店溪・朝霞〉是以淡水河的上游支流為景，描繪碧潭岸邊鋪滿鵝卵石的河灘，以及停泊、航行於溪上的渡船。畫面主體是遠方層層交疊的山巒，隱約籠罩於晨霧之中，呈現出清晨寧靜而迷濛的景象。

鄉原古統，〈臺北名所繪畫十二景——新店溪・朝霞〉（1920年代），膠彩、紙，21.7×18.7公分。
資料來源：臺北市立美術館典藏

與〈淡水〉相較，陳澄波的〈淡水夕照〉同樣以淡水老街為主題，但選擇另一個創作視角，從淡水河的上游往下游觀看。他以將近占三分之二的河岸比例構圖，細緻描繪落日餘暉下的淡水老街，並以光影勾勒出優美的建築線條。遠方的淡水港則與天際連成一線，彷彿將河域無限延伸，充分呈現淡水這座港都城市的無限可能。

陳澄波，〈淡水夕照〉(約1935至1937年)，油彩、畫布，91.5×116.5公分。

資料來源：《陳澄波畫作與文書》，中央研究院臺灣史研究所檔案館，識別號：CCP_01_03021_OCT1_35。

石川欽一郎的〈河畔〉亦是捕捉黃昏時分的淡水河。其視角主要從萬華河岸遠眺大屯山，構圖明晰可分為三個層次：上半部的山景、中段的大稻埕市鎮與停泊在萬華的船隻，以及下半部的淡水河景。畫中的大屯山系以藍紫色調的冷色系為主，呈現山體在厚重雲層下的沉靜與距離感，僅在山頂與雲間以淡粉色輕輕點染，暗示著夕陽微光穿透雲層的剎那。畫面中段的大稻埕市鎮則是最具視覺張力的焦點，也是整幅畫中色調最為溫暖的部分。[9]石川巧妙地以鮮紅的船帆、正在洗衣的人影，以及因陽光灑落而呈現橘紅色的聚落，構築出充滿生活氣息的場景，也隱含了淡水河畔城鎮生活的熱度與溫度。

畫作的下半部以淡水河面為主，展現出印象派式的色彩堆疊技巧。河水並非單一藍色，而是透過黃、綠、藍等色層層覆蓋，營造出水波粼粼、光影交錯的視覺效果。相較於上方冷色的山景，河面顯得更具動態感與溫暖氣息，呈現日暮時分的水光瀲灩。值得一提的是，石川雖以水彩畫著稱，然此幅油畫作品卻展現出與其水彩風格不同的厚實質感與飽和色彩。他透過油彩更自由地掌握光影與肌理，將淡水河畔的自然地貌與市井風情，交織成一幅詩意與真實感兼具的圖像敘事，也蘊含其對於土地的深刻觀察與情感連結。

石川欽一郎，〈河畔〉（1927），油彩、畫布，116.5×91.0公分。
資料來源：阿波羅畫廊提供

洗衣

在大漢溪的支流三峽溪畔，李梅樹的〈清溪浣衣〉重現婦女們聚集在溪邊洗衣的場景。畫中婦女們頭戴斗笠，背對著翠綠的河岸，觀者彷彿可以從這幅靜止的畫面中，聽到她們之間親切的交談聲以及潺潺水聲。本圖呈現了祥和的鄉村情境，充滿樸實的鄉土氛圍。

李梅樹，〈清溪浣衣〉(1981)，油彩、畫布，80×116公分。

資料來源：李梅樹紀念館典藏

藍蔭鼎的〈霞光萬丈〉構圖精緻，判斷畫作描繪的地點極可能位於基隆河與淡水河交會處的社子島一帶。畫中除了成群結隊的鴨群之外，畫面焦點落在手持趕鴨棍的養鴨人身上。儘管人物的體態並不醒目，但仍能從其穩健的步伐與從容的姿態，感受到一股專業的氣勢。畫作上半部可以看到從西側天空雲層穿透而下的夕陽，營造出黃昏時分養鴨人正引領鴨群返回鴨寮過夜的熱烈氣氛，彷彿傳來鴨群此起彼落的吵雜叫聲。

藍蔭鼎，〈霞光萬丈〉（1968），水彩、畫布，56×76公分。

資料來源：藍蔭鼎家族陳玉芳女士授權

第四部

島都駁河術

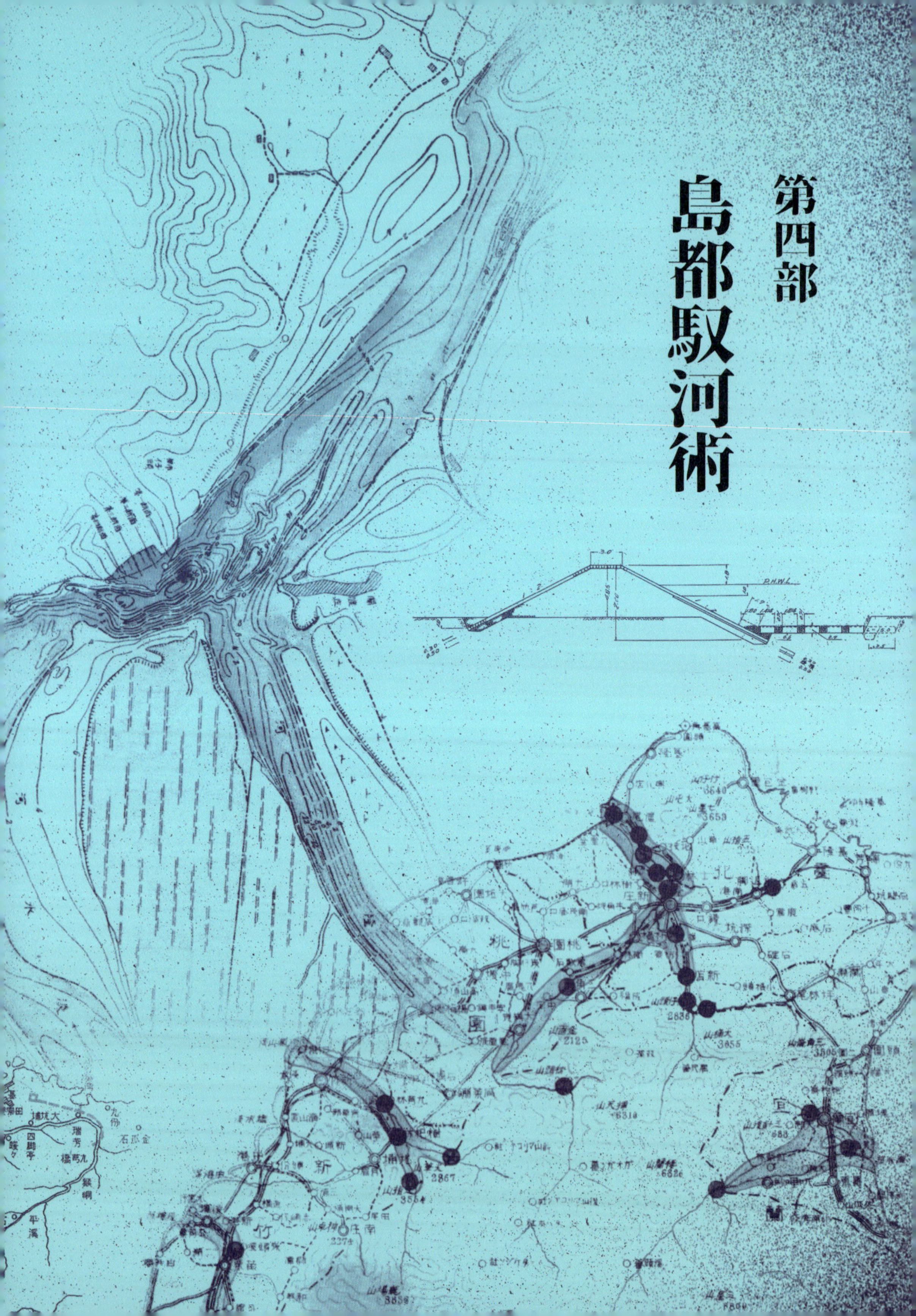

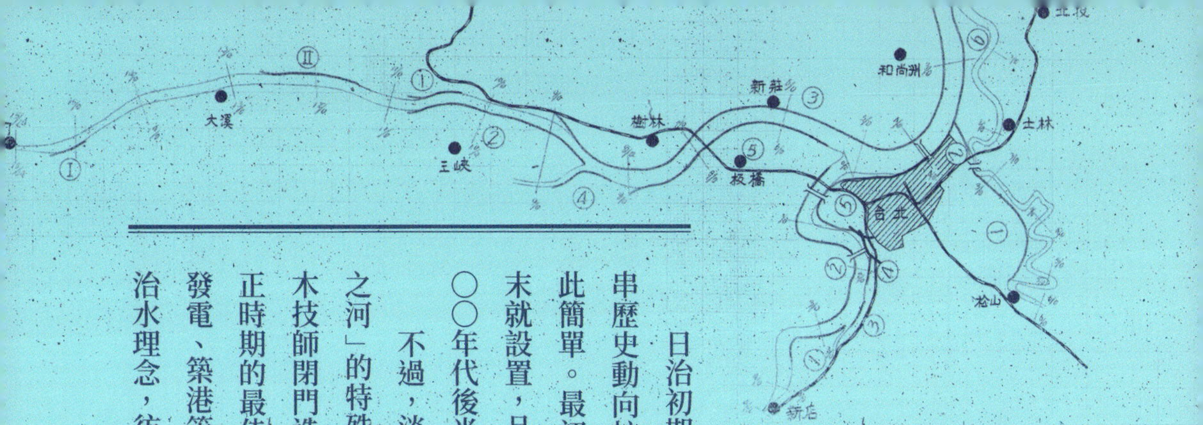

日治初期，總督府陸續於幾場水災之後啟動河川調查、築起城市堤防。如果僅將這一連串歷史動向按時間排列，很容易陷入近代土木技術防洪治水的簡化敘事。然而故事並非如此簡單。最初河川測量的目的並不是為了治水，而是尋找「有用之河」；大稻埕堤防早在清末就設置，且並不著眼於防洪，反而看中其貿易功能。促使全島治水計畫萌芽的，則是一九〇〇年代後半逐漸擴張的經濟建設，以及整理河道後可得的新生地利益。

不過，淡水河的治理卻超出了官方為全臺河川擬定的治水興利藍圖，體現其身為「城市之河」的特殊性。一九一三年，以「輪中堤」保護臺北的治水方案脫穎而出，這絕非府內土木技師閉門造車的結果，而是在市民多方建議中權衡出的辦法。到了一九三〇年代，這個大正時期的最佳方案卻被視為下下之策，而浮現另一種以石門水庫為核心，包含防洪、灌溉、發電、築港等目標在內的淡水河總合治理計畫。此一「昭和水利計畫」採用國際間最新穎的治水理念，彷彿如此才足以配得上這座殖民地文明中心的「島都」。

第十五章

保護大稻埕：臺北近代城市堤防的誕生

簡佑丞

走在臺北市環河南路二段上，你是否曾注意到一堵斑駁的牆？這其實不是牆，而是一九一〇年代淡水河治理留下的堤防遺跡。然而，如果要談臺北的近代城市堤防，其實還可以追溯更遠：早在清末，大稻埕一帶就有「堤防」了。雖然被稱為堤防，但其與日治時期以防洪為主要目標的「高水堤防」卻有些差異。兩者到底有何不同？大稻埕又為何被選為築造城市堤防的原點？若要瞭解，則必須同時探索日人

圖 15-1　臺北市環河南路二段與桂林路口一帶的日治時期堤防遺跡

資料來源：毛毓翔拍攝（2025 年 5 月 27 日）

治理河川的思維與技術脈絡，以及大稻埕發展的歷史。

臺灣近代城市堤防建設的原點：大稻埕

由於河道與沙洲變遷，大稻埕一度位處淡水河、大嵙崁溪及新店溪（艋舺河）匯流之處（圖2-13）。坐落在河流凹岸的大稻埕，水流既深且廣，使其具備水運的有利條件，從而逐漸取代航道變淺的艋舺，成為淡水河流域的主要航運貿易集散中心（詳第六章）。十九世紀下半葉，許多原本設在艋舺的外國貿易商行（洋行）及領事館陸續遷移至大稻埕。[1]不過，最終將此地推向北臺最繁榮市街的人物，莫過於首任臺灣巡撫劉銘傳。

一八八七年（光緒十三年），剛到任不久的巡撫劉銘傳規劃將大稻埕定位為臺北最重要的商業中心，並依此目標推動新市街的擴張建設工程。[2]此項「造鎮」計畫地點選在大稻埕西南側。事實上，凹岸的地理位置為大稻埕帶來發展利基，卻也帶來容易受災的問題。這塊地左右由淡水河主流及港仔溝（今西寧北路）圍繞、地勢低窪，又正對大嵙崁溪匯入淡水河的轉彎處，在颱風豪雨季節常常成為洪水侵襲、河岸沖刷的第一線，因此長期處於荒蕪人煙的狀態。

為此，劉銘傳於一八八九年遊說幫辦林維源與和記洋行買辦李春生共組建昌公司，投入五萬元大洋率先築堤，接著於堤防後方進行低溼地填高、整地，以及整體新興街區劃

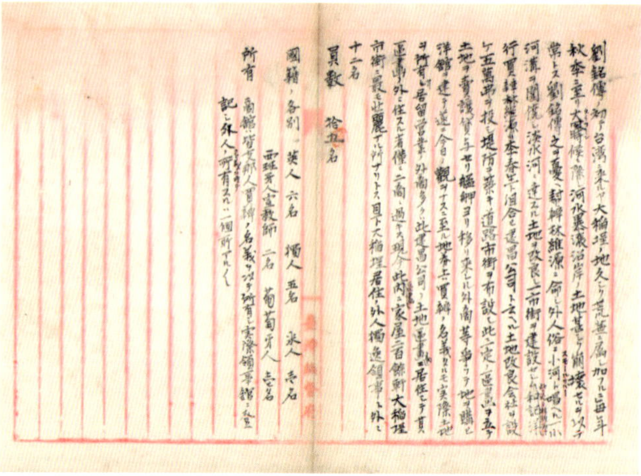
劉銘傳ノ初テ台灣ニ来ルヤ大稲埕ノ地久シク荒蕪ニ属シ加フルニ毎年
秋季ニ至リ[illegible]河水裏淡沿岸ノ土地甚シク崩壊セルヲ以テ
常トス劉銘傳之ヲ憂ヘ紳林維源ニ命シ外人俗ニ小河ト唱ヘル小
河溝ノ開濬シ淡水河ニ連接スル土地ヲ改良シ一市街ヲ建設セシム[illegible]
行買辦林維源ハ李春生ト組合ヒ建昌公司ト云ヘル土地改良会社ヲ設
ケ五萬両ヲ投シ堤防ヲ築キ道路市街ヲ布設シ此ニ[illegible]
土地ヲ賣讓貸与セリ艋舺ヨリ移リ来レル外商等爭フテ地ヲ購ヒ
洋館ヲ建テ遂ニ今日ノ觀ヲナスニ至ル地券ニ買辦ノ名義ナルモ実際土地
ヲ所有シ居留営業ノ外商多ク此建昌公司ノ土地[illegible]ニ居住セ[illegible]
[illegible]外ニ住スル者僅ニ二商ニ過キス現今此内ニ家屋二百餘軒大稲埕
市街ニ最モ比麗ナル所ナリトス且下大稲埕居住外人猶逸領事ト外ニ
十二名
買數 拾五名
國籍ノ各別 英人 六名 獨人 五名 米人 壱名
西班牙人宣教師 二名 葡萄牙人 壱名
所有 商館ハ皆支那人買辦ノ名義ヲ以テ所有シ実際領事館ニ[illegible]
記シ外人ノ所有スルハ二個所[illegible]

圖 15-2　總督府對於大稻埕外國人土地、建物所有權的調查報告，內容述及清末建昌公司建造新市街的經過。

資料來源：〈獨逸領事館所在地及各居留地外人取調外務大臣へ報告〉（1896），《臺灣總督府公文類纂》，中央研究院臺灣史研究所檔案館典藏，識別號：T0797_01_028_0011。

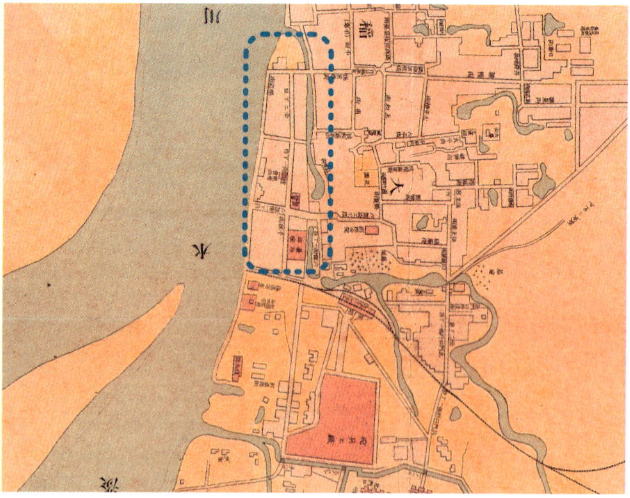

圖 15-3　虛線為建昌公司興築的大稻埕新市街範圍

資料來源：岡田豐吉編，〈臺北市街全圖〉（1989），國立臺灣歷史博物館提供。

設、道路鋪設等作業。[3]完成後的新市街即大稻埕港邊街、千秋街、建昌街、六館街一帶，吸引原本位在艋舺的眾多外商轉移陣地，爭相前來購地、建築新的洋行商館。[4]此後，大稻埕便一躍成為北臺規模最大、最繁華的商業城市。

注重貿易功能的低水護岸堤防

築堤是大稻埕新市街整建計畫中相當重要的一環，也可說是全臺最初的城市河岸堤防工程。不過，從影像史料中可發現，當時築造的是鞏固河岸的亂石砌「低水護岸堤防」：堤防前設有一條石砌階梯，連接泊船的棧橋，後面則為貨物裝卸與人員運輸用的夯實泥土堤岸道路。

所謂低水護岸堤防，也可簡稱為「低水堤防」或「低水護岸」，是相較於「高水堤防」而出現的名詞。為了避免豪雨或漲潮引起之暴漲水流侵蝕沖壞自然河岸，故順著河岸坡度、地形，以人工築土、堆石或砌石方式鞏固、保護河岸。[5]此一概念源自於日本明治維新時期以航運為主、防洪為輔的近代河川整治事業。十九世紀後半葉，為了推動這項國家級的事業，明治政府特地聘請多位荷蘭籍的水利顧問技師前來指導，協助規劃與施工。

圖15-4　清末興建之大稻埕低水護岸堤防與碼頭

資料來源：日本陸軍參謀本部陸地測量部，《臺灣諸景寫真帖》（東京，1896），日本國立國會圖書館典藏。

由於荷蘭國土低平，境內河川水流和緩穩定，因此發展出利於航運的河川整治思維，伴隨的即是以護岸為主的工程技術。這些思維、技術隨著赴日技師傳至日本，成為明治初、中期河川整治事業的主流。

不過，整治成效讓日本土木技術官僚逐漸體認到荷蘭技術的局限。一方面，外來的工法似乎並不適用於坡陡湍急、豐枯流量比差異甚大的日本河川。另一方面，低水護岸工程著眼的航運逐漸被快速拓展的鐵路交通建設所取代，頻繁的洪水災害反成為河川治理的首要目標。因此，到了明治中後期，日本逐漸發展出由低水護岸轉換為高水堤防的想法。[6]

一九二〇年代出版的《日本明治工業史》，將低水堤防定義為便利通航而進行之河道或河岸梳理、矯正、加固的護岸工程，高水堤防則是為防禦洪水侵襲、危害而進行之堤防工程。[7]換句話說，低水護岸堤防與其說是防洪設施，不如說更強調航運與商貿功能。為了方便船隻泊靠、碼頭人員移動、貨物裝卸等，低水護岸興建高度通常與原來的自然河岸高度相當，即自平時的河道流水面（低水路）起算，等同或略高於市街地及碼頭。其設計的中心思想主要是抵擋、減緩洪水的強勁水流，在避免河岸、碼頭遭到嚴重破壞的前提之下，允許暴漲洪水緩慢地漫淹過堤防。❶

從這個角度來看，清末建昌公司築造的堤防，其實就是日人所定義的低水護岸堤防。其主要功能為緩衝正面迎來的淡水河洪水，雖能減緩大水對市街房屋的衝擊，但並不保證市街地不會淹水。或也因此，新市街內興建的商行洋館、住宅大多會加建高牆，或建在各自墊高的地基上。

第十章提及的一八九八年（明治三十一年）水災，恰好可以檢視低水護岸堤防的作用。根據當時的記述，大水不僅造成堤防潰決、碼頭機能癱瘓，連原本航行在淡水河上的船隻都被直接沖進市街，矗立於街道中央（圖10-4）。[8]不過，從災情地圖來看，大稻埕南北兩區的災情有些差異。北側的市街，即原縱貫線鐵路通過的第一代臺北橋附近，洪水長驅直入，沖毀大量房屋，災損最為慘重。反觀大稻埕南側的新市街，幾乎全域皆淹水，但堤岸與房屋受損情形極少，可見低水堤防還是發揮了一定作用。

❶ 一般而言，現代高水堤防的制式構造下方有低水「護岸」，其上再興建「堤防」阻擋洪水漫淹。

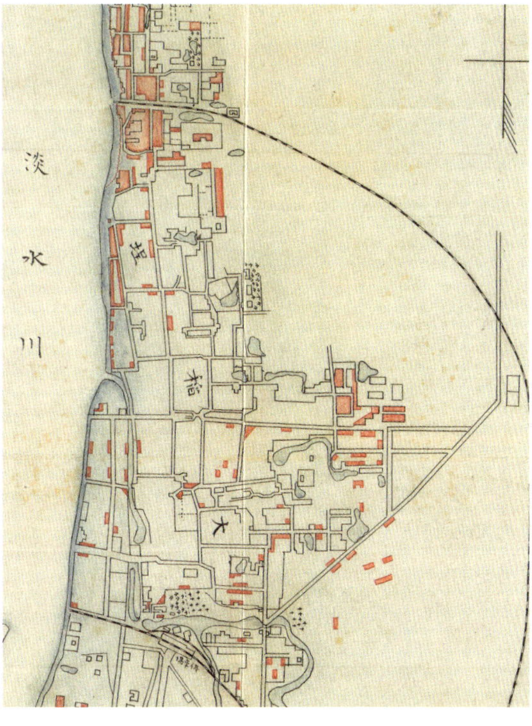

▲ 圖15-5　大稻埕港邊街堤防旁的外國人俱樂部皆加建高牆

資料來源：皮摩丹，《「臺灣與澎湖群島的回憶」珂羅版印刷寫真帖》（東京，19世紀末），國家攝影文化中心授權。

▶ 圖15-6　1898年8月臺北市街水害地圖：紅色表示房屋損毀，藍色表示淹水，大稻埕北部受災顯然比南部嚴重。

資料來源：同圖10-3

東亞近代河川治理技術的前沿：砌石堤防與木工沉床

有鑒於此，繼續整建受損的河岸並保護大稻埕，成為殖民地官員的當務之急。災後隔年初，臺北縣就派遣了轄下土木技師牧彥七，著手規劃臺北橋兩側河岸的護岸堤防整建。[9]

牧彥七設計的砌石護岸堤防以該橋為界，向南、北展延，分別長一八四．五間（約三百三十六公尺）、二六五．五間（約四百八十三公尺）。南側興建至大稻埕杜厝街與大有街交界處，北側則至大稻埕與大龍峒市街交界，範圍正好涵蓋此次大稻埕受災最嚴重的區域。值得注意的是，南側還特別設置四處砌石混凝土的階梯式裝卸碼頭，❷意味牧彥七的規劃仍是以水上交通運輸及保護河岸為主，防洪則為次要。

然而，在構造形式與技術上，此時的低水護岸堤防已與清末明顯不同。南側護岸與四處裝卸碼頭，採用西方近代港口普遍使用的整形方塊石砌混凝土直立壁式構造，北側護岸則是斜面式，採用源自日本的間知石砌石技術。[10]

牧彥七的大稻埕護岸融合了日本傳統與西方近代兩種砌石工法，正反映出此時代的特色。間知石工法源自日本傳統的築城技術，將石塊雕琢為表面四方形（邊長約三十公分）、

❷階梯式的碼頭設計讓船隻在高潮位及低潮位都能有效停靠，工人能沿階搬運貨物。

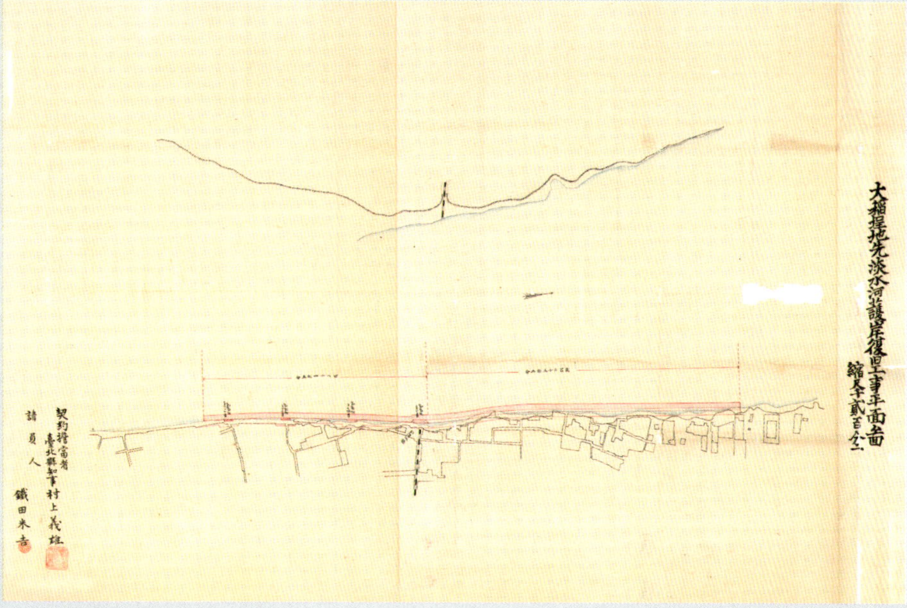

圖 15-7　牧彥七設計之大稻埕低水護岸堤防位於舊縱貫鐵路臺北橋兩側（紅線），南側（左側）並設有四座碼頭。

資料來源：〈淡水河護岸工事費原議綴（元臺北縣）〉（1899），《臺灣總督府檔案．總督府公文類纂》，國史館臺灣文獻館典藏，典藏號：00009206001。

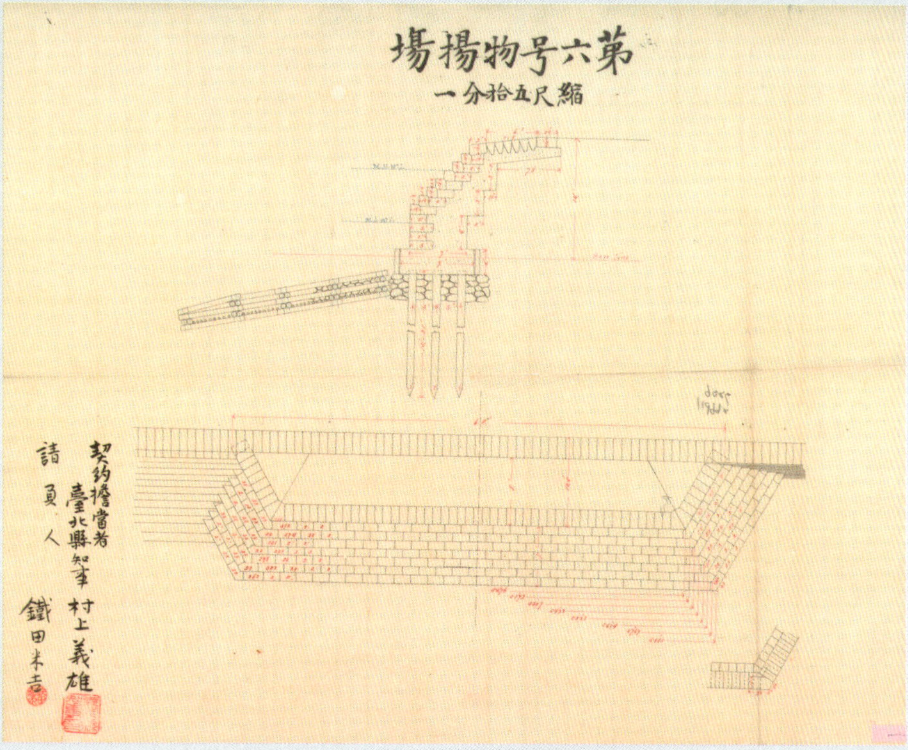

圖 15-8　上半部為南側貨物裝卸碼頭（即「物揚場」）之斷面圖，二條水平藍線分別代表高、低潮位，下半部為其平面圖，顯示砌石塊的排列方式及尺寸。

資料來源：〈淡水河護岸工事費原議綴（元臺北縣）〉（1899），《臺灣總督府檔案．總督府公文類纂》，國史館臺灣文獻館典藏，典藏號：00009206001。

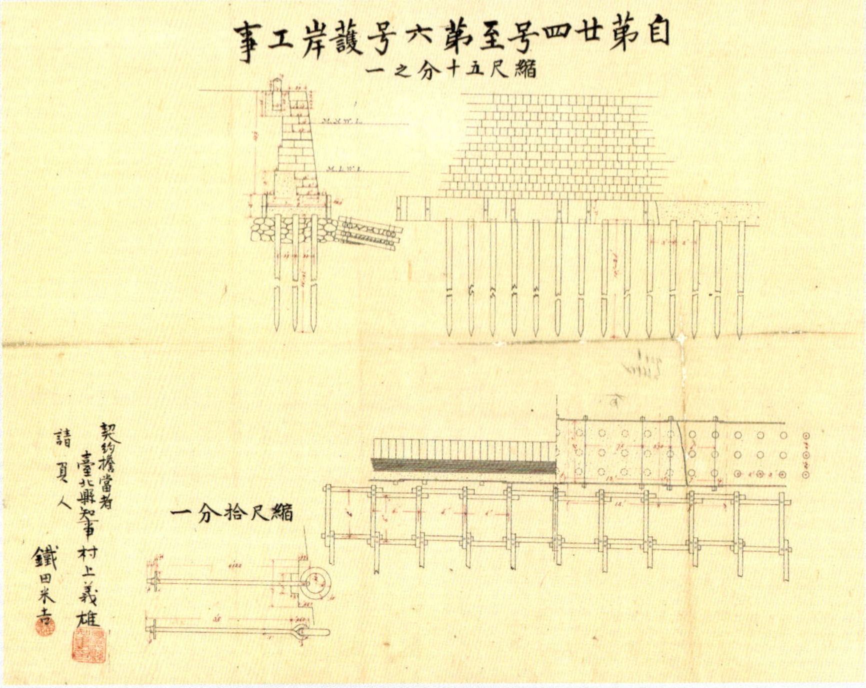

圖15-9 南側砌石護岸堤防設計圖：左上斷面圖顯示其為直立壁式，並採西式整形方塊石砌混凝土工法，底部配置加強版的鐵索構件木工沉床。

資料來源：〈淡水河護岸工事費原議綴（元臺北縣）〉（1899），《臺灣總督府檔案．總督府公文類纂》，國史館臺灣文獻館典藏，典藏號：00009206001。

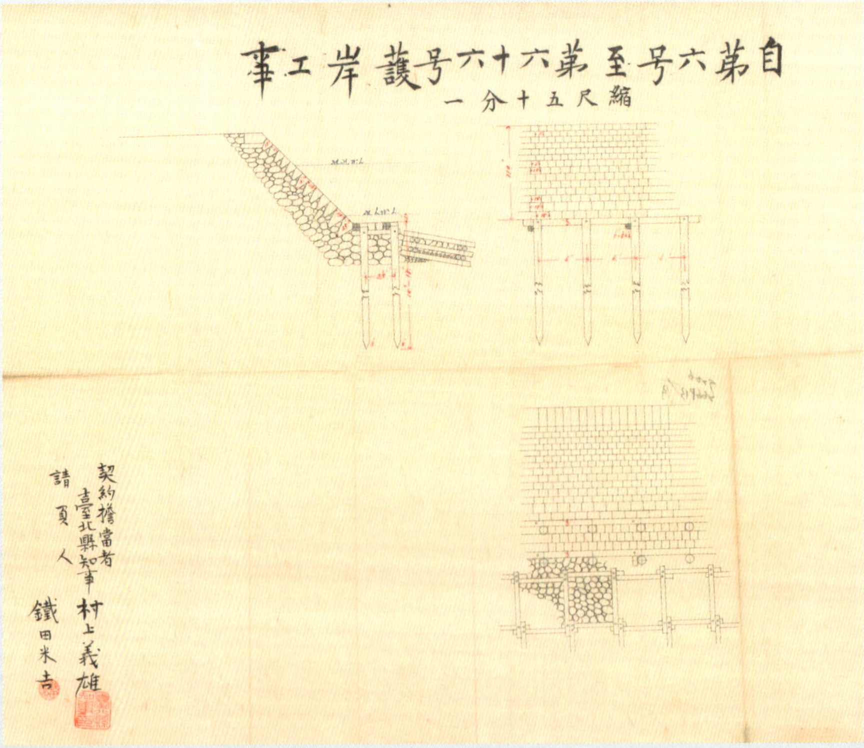

圖15-10 北側砌石護岸堤防設計圖：左上斷面圖顯示其為斜面式，並採日本傳統間知石砌石工法，底部配置木工沉床。

資料來源：〈淡水河護岸工事費原議綴（元臺北縣）〉（1899），《臺灣總督府檔案．總督府公文類纂》，國史館臺灣文獻館典藏，典藏號：00009206001。

背後錐形的樣子，再像釘子一樣將石塊「釘入」牆內，背後再以礫石或砂石填充夯實，成為堅固的結構體。據說因為六塊石塊組起後，長度大約為一間（近二公尺），而得此名。

間知石技術至江戶中期，逐漸成為護坡或護岸等擁壁設施的標準工法，明治時代後持續應用於各項近代土木建設工程中。[11]而整形方塊砌混凝土工法則是於明治維新時期，由荷蘭、英國為首的西方技師引入日本，運用於明治政府的近代港口建設事業。[12]此時興建的熊本三角西港、神奈川橫濱港，均可窺見相同或類似的構造，而日治初期基隆港、高雄港的岸壁工程也是採用此法。[13]但其在臺灣的首度應用，應該是大稻埕的低水護岸堤防工程。[14]

除此之外，南北兩側堤防底部均設置有木工沉床，以保護堤防基礎。該技術源自明

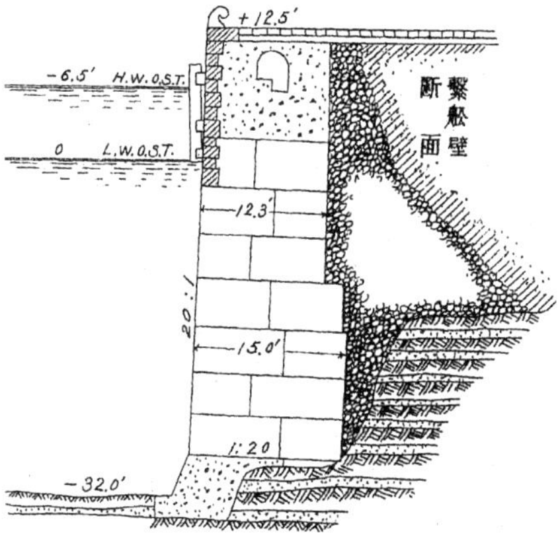

圖15-11　橫濱港岸壁斷面圖

資料來源：廣井勇，《日本築港史》（東京：丸善株式會社，1927），無頁碼。

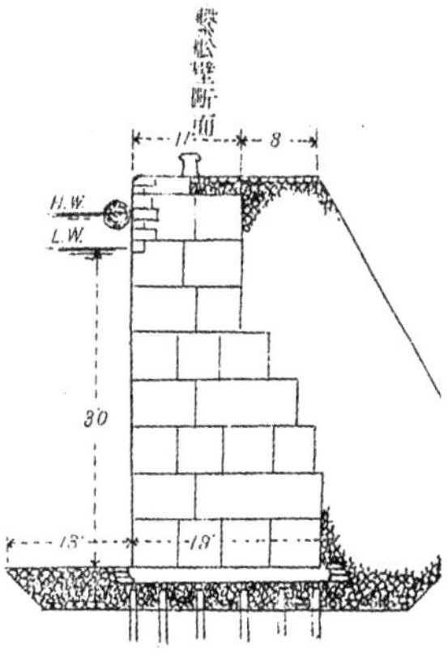

圖15-12　高雄港岸壁斷面圖

資料來源：廣井勇，《日本築港史》（東京：丸善株式會社，1927），無頁碼。

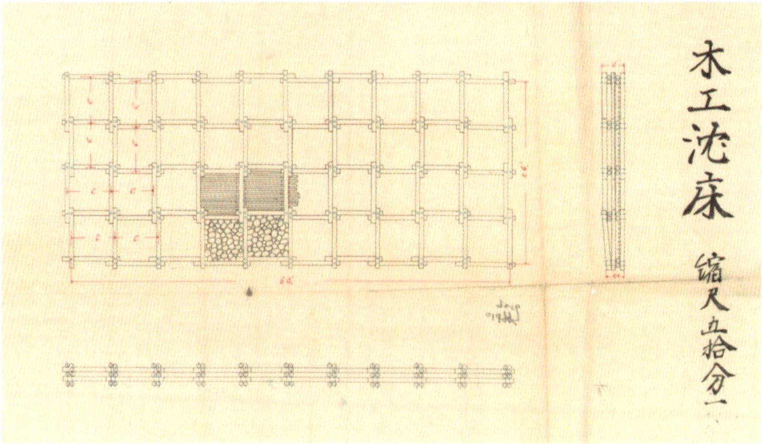

圖15-13　大稻埕砌石護岸堤防採用的木工沉床構造設計圖

資料來源：〈淡水河護岸工事費原議綴（元臺北縣）〉（1899），《臺灣總督府檔案．總督府公文類纂》，國史館臺灣文獻館典藏，典藏號：00009206001。

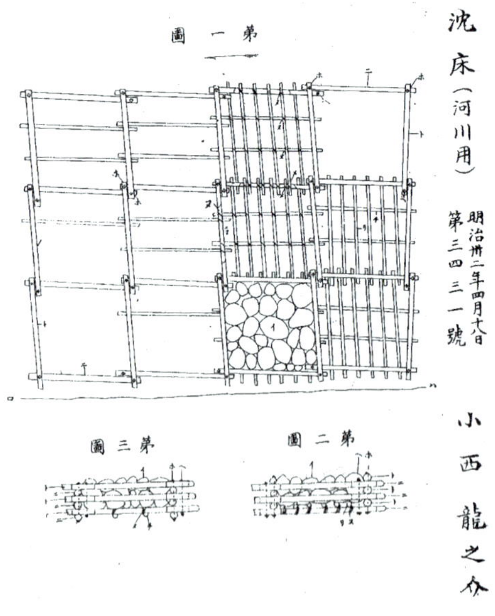

圖15-14　小西龍之介於1899年申請的木工沉床專利

資料來源：國土交通省河川局河川環境課，《石積み構造物の整備に関する資料》（東京：國土交通省，2006），頁34。

治初期，由荷蘭水利技師引進日本的粗朶沉床工法。在荷蘭、比利時及德國北部等西歐低地國，興建碼頭岸壁、導流堤或防波堤時，常會在底部以樹枝綑成一束並組成多層四方形框架，框架中再填入石塊，以保護堤防基礎免於河水或海水沖刷、掏空而導致潰決。但此工法被移植到日本河川後，經常因強度不足屢遭洪水破壞，無法發揮應有的護堤功能，讓日本技師苦惱不已。

一八九三年（明治二十六年），時任內務省長野縣飯田土木出張所技手的小西龍之介，從事天龍川治理工程時，嘗試將綑成一束的樹枝替換成整根木條，結果成效甚佳。[15]他因此於六年後申請專利，而逐漸打開知名度的木工沉床亦在明治四〇年代後普遍取代粗朶沉床，成為戰前日本河川治理的主流工法。[16]牧彥七在小西申請專利僅僅兩個月後，便應用此法，甚至還自行設計鐵件扣環補強構造，以強化其抵禦洪水的能力。[17]從這點來看，日治初期的大稻埕砌石護岸堤防工程可謂走在東亞近代河川治理技術的尖端，不僅是全臺最早，也領先於同時期的日本，在技術史上具有重要的意義和價值。

日本傳統木工沉床工法的現代運用

沉床至今還是水利工程的常見工法，只是現代多使用鋼筋混凝土結構，而非木、石等材料。近年，日本水利工程界在一些地區嘗試恢復或融合傳統治水工法，木工沉床即是其中一例。一方面，天然材料產生的縫隙能為生物提供棲地，對生態更加友善。另一方面，這些工法能讓當地居民參與製作，成為「河川營造」（河川づくり）的協作者，不僅有助於民眾更加理解當地治水工程的設計緣由，亦能保存傳統文化，增加居民對地方的認同感。

風雨中拼起的大稻埕堤防

牧彥七規劃設計的堤防工程，如同今日般要經過招標程序。投標的「澤井組」與「鐵田組」都是經常參與官方木土工程的日籍業者，歷經一番波折，最後由鐵田米吉負責的「鐵田組」得標，③並於一八九九年九月正式興工。[18]

鐵田組所用的石材自對岸廈門進口，而鞏固堤防基礎所需的基樁用材則是產自日本內地的杉木。此外，為了進行木工沉床的施工作業，還自國外進口八臺潛水器，供水下作業人員使用。[19]施工期間，堤防曾遭遇暴風雨與洪水，進口器材的運輸船「北洲丸」又不幸在外海翻覆，導致工期進度延

圖15-15　推測為牧彥七主導之大稻埕北側間知石砌低水護岸堤防

資料來源：〈淡水河岸的大稻埕〉（年代不詳），真理大學校史館典藏。

誤，一九〇〇年五月十八日才終於全部竣工。[20]

完工後剛滿四個月，大稻埕沿岸再次遭遇淡水河洪水的侵襲。牧彥七的護岸堤防挺過了考驗，僅有部分輕微破損，但這也導致洪水灌入清末舊堤防北端與新堤防南端之間沒有受到保護的地區。亦即，在租稅檢查所（今民生西路與環河北路口）至杜厝、大有街交界處之間，長約三丁（三二七．六公尺）的半自然狀態河岸，成了水患的重災區。[21]為此，臺北縣又編列預算，著手該區間之簡易砌石混砂礫黏土護岸的復舊補強工程，並於同年十一月二十日完工。[22]

回顧堤防興建的歷史，占據淡水河水運集散最有利位置的大稻埕，同時亦最容易受到河川洪水威脅，最終使其成為臺灣城市河岸堤防建設的原點。自清末的建昌公司，至日治初期的臺北縣，接力完成沿淡水河的護岸工程。風雨之中，保護整個大稻埕的城市堤防，終於補上了最後一塊拼圖。

❸ 一八九九年六月的招標由鐵田組以較高價得標，但遲未開工，導致眾說紛紜。臺北縣官員解釋，承包商列出牧彥七設計書中沒有的工程項目，需向總督府請示技師的設計是否有誤，因而延遲。確認無誤後，臺北縣於七月重新招標，並另外要求包商進行之前遭洪水沖毀的第一代臺北橋之橋桁打撈與橋墩基礎敲除作業，最終仍由鐵田組得標。

第十六章

掌握河流：從調查「有用之河」到治理「無益之河」

顧雅文

如果穿越時空回到二十世紀初期的淡水河流域，從空中俯瞰，應該可以看到一小群臺灣總督府土木單位[1]的工程人員穿梭在河域間，忙碌地操作各種測量地形、河深、流速等工具或儀器。其中領頭的是技手今野軍治，他於一九〇一年（明治三十四年）一月起帶著下屬展開臺灣北部河川的大調查。[2]今野雖然年輕，卻已在日本東北的宮城縣、山形縣等地累積了十多年的河川調查經驗。擔任此次的測量主任，無疑是他來到臺灣最重要的挑戰。

清晰化的開始：早期的河川調查

從淡水河口開始，今野一行人逆流而上，選擇重要河段進行探查。夏天時，他們駐紮在枋橋（今板橋）至三角湧（今三峽）間，秋冬之際暫時轉往鳳山溪及金門厝溪（頭前溪），年底又移師到基隆河與淡水河的合流點，展開沿河的調查旅程。一九〇二年，當大嵙崁溪、新店溪的縱、橫斷面測量結束後，這場持續兩年的淡水河系量測工作也暫時劃下句點。

不過，測量淡水河並非始於日治時期，掌握水深與河寬是一門古老的技術。荷蘭時代的西方水手早就在河口探測水文，目的是尋求可以航行的水道；清代的測量除了航運貿易需要，還有海防需求，例如清法戰爭中，為阻止法國艦隊深入而進行的填石塞港等防禦工事，也需事先進行勘測。而對總督府來說，今野的工作更不是淡水河首次在土木機構的工事簿冊中留下紀錄。日人於河口的水文量測在一八九七年就已經開始，只不過當時是為了調查淡水港，最遠僅溯及大稻埕的河段。[3] 換言之，一八九七至一九〇二年間，總督府的土木工程師不斷以「港灣調查」與「河川調查」為名，試圖破解這條大河的奧祕。

實地調查多少揭示了這些河流的性格。蜿蜒數十公里的淡水河，僅大稻埕一帶有人為的護岸工程，其餘皆是自然原始的狀態（詳第十五章）；新店溪以豐富水量與漁產著稱；

[1] 日治時期土木主管機關歷經多次改制，河川事業的主管機關為：總督府民政局臨時土木部（一八九六年五月至一八九七年十月）、總督府財務局土木課（一八九七年十月至一八九八年六月）、總督府民政部土木課（一八九八年六月至一九〇一年十一月）、總督府民政部土木局土木課（一九〇一年十一月至一九〇九年十月）、總督府土木部土木課（一九〇九年十月至一九一一年十月）、總督府民政部土木局土木課（一九一一年十月至一九一九年八月）、總督府土木局土木課（一九一九年八月至一九二四年十二月）、總督府內務局土木課（一九二四年十二月至一九四二年十月）、總督府國土局土木課（一九四二年十月至一九四三年十一月）、總督府鑛工局土木課（一九四三年十一月至一九四五年八月）。

[2] 關於日治初期河川調查，以及一九一〇年代正式啟動調查與擬定治水計畫的過程，見顧雅文，《測繪河流：近代化下臺灣河川調查與治理規劃圖籍》（臺中：經濟部水利規劃試驗所，二〇一七），頁四一—四六、五二—五三。

[3] 除了官方，日治初期的民間企業也亟欲蒐集河流資訊，例如日本大型商船公司大阪商船會社曾於一八九九年派遣基隆支店技手測量河身，以評估船隻進港的可能性。

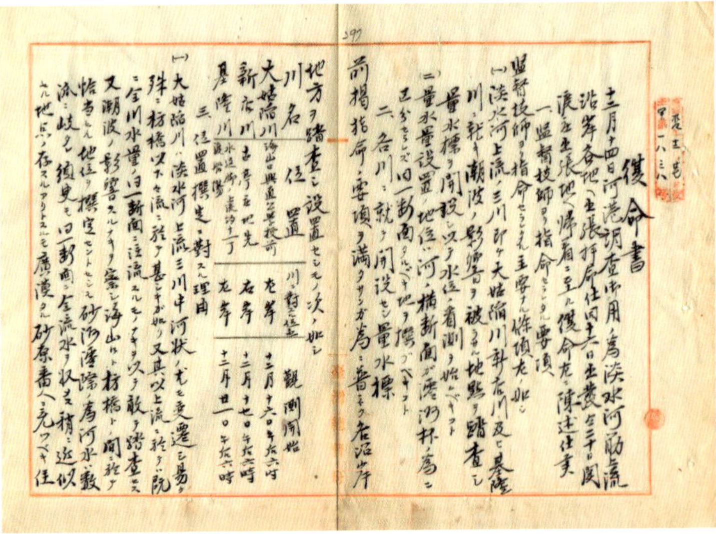

復命書

十二月十四日河港調査御用ノ為淡水河筋流
沿岸各地ヘ出張拝命仕同十六日出発仝二十日関
渡ヘ出張地ヘ帰着ニ至ル復命左ニ陳述仕候

一、監督技師ヨリ指命セラレタル要項

監督技師ヨリ指命セラレタル主要ナル條項左ノ如シ

(一)淡水河上流ノ三川即チ大姑嵌川新店川及ビ基隆川ニ就キ潮波ノ影響ヲ被ラサル地點ヲ踏査シ量水標ヲ開設シ以テ水位ノ看測ヲ始ムベキコト

(二)量水標設置ノ地位ハ河ノ横断面ガ潮汐相ノ為ニ迄ガセラレズ同一断面タルベキ地ヲ撰ブベキコト

二、各川ニ就テ開設セシ量水標

前掲指命ノ要項ヲ満タサンガ為ニ普ネク各沿岸地方ヲ踏査シ設置セシモノ次ノ如シ

川名	位置	川ニ対スル位置	観測開始
大姑嵌川	海山口興直堡枋橋街	左岸	十二月十六日午後六時
新店川	古亭庄地先	右岸	十二月十七日午後六時
基隆川	水返脚ノ東約十丁	左岸	十二月廿一日午後六時

三、位置撰定ニ對スル理由

(一)大姑嵌川ハ淡水河上流三川中河状ノ尤モ変遷シ易ク殊ニ枋橋以下ノ流ニ於テ甚シキガ如シ又其以上流ニ於テハ既ニ全川水量ノ同一断面ニ注流スルモノナキヲ以テ敢テ踏査セズ又潮波ノ影響スルナキヲ察シ海山口ト枋橋トノ間ニ於テ恰当ナル地位ヲ撰定セントセシモ砂洲澄渟ノ為河水ハ数流ニ岐レ続ヒモ同一断面ニ全流水ヲ収メ稍ニ近似スル地点ノ存スルアリトスルモ広漠タル砂原ニ充ツベキ住

圖16-1　土木局土木課技手原田清輔於1901年底奉命調查潮汐對淡水河的影響，分別於三大支流各選定一地設置量水標，進行水位觀測。

資料來源：〈港灣調查川上技師外一名復命書燈臺建設物調查青山技師復命書〉(1902)，《臺灣總督府公文類纂》，中央研究院臺灣史研究所檔案館典藏，識別號：T0797_15_219_0030。

圖16-2　日治初期港灣與河川調查的範圍及水位觀測地點

0　2.5　5公里

日治初期水位觀測地點

資料來源：顧雅文製圖，底圖為〈日治臺灣假製二十萬分一圖〉(1897)，《臺灣百年歷史地圖》，中央研究院人社中心GIS專題中心。

大嵙崁溪河段的狂野多變則讓今野的團隊吃足了苦頭，「有的地方河岸每日崩壞數公尺，有的地方河道分了八股，有的地方生出幅員數公里的沙洲，有時才剛剛調查，一個月後便已滄海桑田。」[1]相較之下，溫和的基隆河贏得了「上等河流」的美譽，「兩岸都是岩石形成的天然堤坡，河道本身不常變動，河底也很少因為泥砂橫流而有起伏深淺的變化。」[2]

比起主觀的形容，這些技術人員更大的貢獻在於提供定量指標。淡水河系關鍵河段的空間地形已被掌握，河道內的水則需要用更精確的語言描述。油車口庄、江頭庄與江瀕街設置了「量水番所」（觀測崗哨），水返腳（今汐止）、古亭庄及新庄街（今新莊）等地立起了「量水標」，用來定期監測潮位及水位的起伏。手持儀器的技手們想要記錄的，則是特定位置的流速等水文變化。他們進行的其實是一場將複雜自然簡化、清晰化的關鍵任務。

掌握流量密碼：カレントメータ與浮子

有了量測數據，河流的利與害便能透過計算來精確預估，而這正是明治政府僱請的荷蘭技師為日本帶去的禮物。[3]流量被視為解開一切祕密的鑰匙，指的是流水在單位時間內流經某一橫斷面的量，因而可以藉由河道斷面面積與流速的乘積算出。弄清一條河流在一年間最大及最小的水量，以及水量變化的時間韻律，才能判斷河流是否穩定到足以發電，或估算如何有效安排灌溉及船隻通航，而瞭解洪水時期的洪峰流量，更直接關乎如何防止災害。[4]十九世紀下半葉，荷蘭技師為改修流經江戶（東京）的利根川及大阪的淀川而使用的調查儀器，也在日治初期出現於臺灣的河域之上。[5]

根據荷蘭人留給日人的使用指南，我們大致可以想像出測量淡水河的景象：測量員首先要找一個與流心垂直的河道切面，在大河兩岸豎立「町杭」（斷面樁）作為記號，利用測錘量出此一切面的水下地形；其次，依據地形特徵將斷面分為數個區塊，分別測定流速；最後以公式計算出整個斷面的流量，再依此程序重複操作於其他斷面。

流速測定方式主要有兩種。若在平緩水流中，「カレントメータ」（current meter，流速儀）最為簡便，只要將其固定在小船上，觀察水中葉片的旋轉次數，再透過方程式校正誤差，便能間接得出流量。若要測量較大流速時，則換成稍微麻煩的「浮子」法。他們會在選定的河段四角插上標旗，從上游投放浮子，記錄其通過標旗的時間，從而計算出

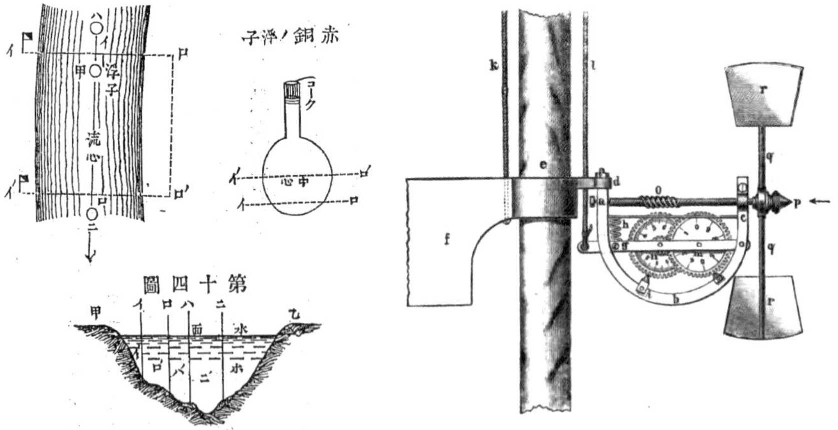

圖16-3 測量流速的工具與方法：浮子（左）與カレントメータ（右）

資料來源：杉山輯吉編，《川河改修要件・碎石道路築造法》（東京：工学書院，1888），頁21、22、24（左）。君島八郎，《君島大測量學》（東京：丸善，1913），頁210（右）。

流速。浮子有時是特製的紅銅製品，但在預算有限的情況下，淡水河域上的測量員可能更常就地取材，使用麥酒罎（啤酒瓶）或一端置入鉛塊的竹筒作為簡便的替代品。[6]

尋找「有用之河」與官設埤圳的啓動

進行河川調查的數年間，淡水河流域幾乎年年都發生水災（詳第十章）。儘管今野等人已經意識到調查洪水時期流量等水文情況的重要性，但實際調查成果卻相當有限。事實上，此時全臺治水事業完全不在總督府的考慮之中，河川調查也不是治水計畫的一部分。一九〇一年一月，當帝國議會審查明治三十四年度（一九〇一年四月至一九〇二年三月）的總督府預算時，民政長官後藤新平對著質疑「河川調查費」的議員回答：

流速儀

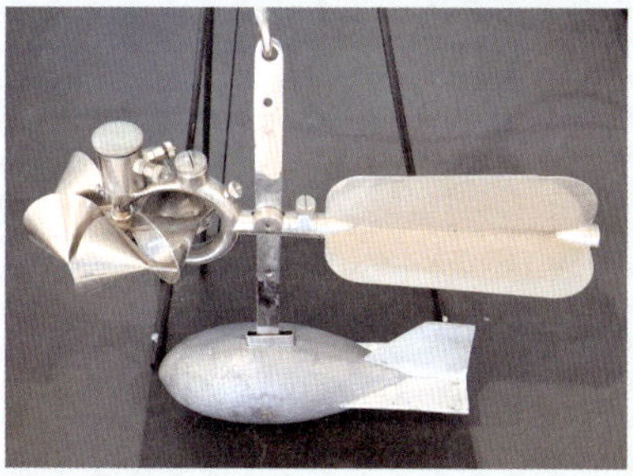

典藏於水規分署的旋杯式流速儀（又稱普萊斯流速儀），為其前身「臺灣省水利局河川治理規劃總隊」在1967年設立後所購置，是早期常見的流速測定儀器。旋杯式流速儀前端有一個像螺旋槳的旋杯，記錄水流帶動旋轉葉片的圈數，便可轉換為流速。運作時下方須加上一個形狀類似魚雷的鉛體，藉由其重量來穩住儀器。目前最先進的流速測定工具是雷達式流速儀，但前述機械式的工具仍然使用至今。

資料來源：經濟部水利署水利規劃分署。照片為石振洋拍攝。

> 日本內地之人都說，如果開始在臺灣的河川上投入〔改修〕經費，即使耗盡日本的財產也於事無補。我們也是這麼想的。臺灣的河川中，有只帶來危害沒有利益的河川，也有帶來利益的河川……最有用的河流是什麼呢？就是成為田園灌溉源頭的河流……我們調查的是作為灌溉源頭的河流並加以掌握，並不是要針對那些大河像木曾川改修那樣動工治理。[7]

當時臺灣財政仍需仰賴中央補助，殖民地的統治者只願將有限財源運用於最為必要、最有利的項目。❹投入鉅額經費改善那些從未被馴服的原始河流，仍然被認為是得不償失的投資。

後藤所謂「有用河流」的概念，在他離開臺灣一年多後，進一步實現於一項為期十六年、總額三千萬日圓的大型水利事業上。一九〇八年，總督府說服中央政府支持，發行公債籌措財源推動「官設埤圳」的興建，讓作為水源的河川發揮最大化的利益。這個野心勃勃的工程計畫包含十三條清代舊圳改造，以及兩座「貯水池」的新建，後者由總督府技師德見常雄主導。

此一試圖將常常致災的「無益之河」賦予新價值的創見，源於後藤自歐陸帶回的「タールスペル」（Talsperre，高壩）見聞。簡單地說，在高壩與貯水池的想法出現之前，水被視為厄介之物，愈早放流至大海愈好，但新思維改變了一切。若能在河川中築壩，水太多時將其暫時留存於山上，缺水時再逐漸放其流下，洪水就變成一種資源，下游的災害也能減輕，而這正是現代意義上「多目標水庫」的概念源起。

第一座貯水池位於二層行溪（今二仁溪）上游，目的是儲存荖濃溪及楠梓仙溪引入的水，灌溉臺南的看天田，並發電供南臺灣使用。另一個更宏大的構想則與淡水河有關，計劃在大嵙崁溪上游的石門建壩，不僅可以潤澤桃園地區的廣袤原野、發電點亮市街燈火，還能減緩下游的洪水威脅。[8]但德見沒有想到的是，二層行貯水池失敗了，他心中的大壩烏托邦亦一度變得遙不可及，直到一九三〇年代才又重新受到注目（詳第十九章）。

殖民地治水事業的起點：將「無益之河」化爲「有利之地」

另一方面，一九一一年（明治四十四年）八月，臺灣遭遇範圍遍及全島的嚴重暴雨洪災。災害促使總督府更加重視治水問題，但這並非治水事業的起點。事實上，政策轉向的跡象早在兩年前就已顯現。[9]對殖民地官員來說，洪災的意義正在改變。洪水破壞的不再只是一般的耕地，而是鐵道、市街建設成果，以及帝國的糖業經濟。製糖會社專用的鐵道、工廠因此受損，河道變動更打亂了原料採取區的分界線，成為官方獎勵日資企業來臺投資

4 歷經後藤新平的改革，臺灣於一九〇五年才財政獨立，不再需要中央政府提供補助金。

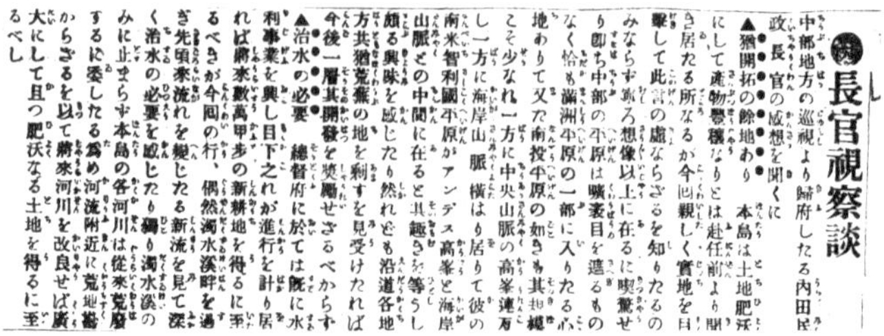

長官視察談

中部地方の巡視より歸府したる内田民政長官の感想を聞くに
▲猶開拓の餘地あり　本島は土地肥沃にして產物豐饒なりとは赴任前より聞き居たる所なるが今回親しく實地を目擊して此言の虛ならざるを知りたるのみならず寧ろ想像以上に在るに喫驚せり即ち中部の平原は曠袤目を遮るものなく恰も滿洲平原の一部に入りたる心地ありて又た南投平原の如きも其規模こそ少なれ一方に中央山脈の高峯連亙し一方に海岸山脈横はり居りて彼の南米智利國平原がアンデス高峯と海岸山脈との中間に在ると其趣きを等うし頗る興味を感じたり然れども沿道各地方共猶荒蕪の地を剩すを見受けたれば今後一層其開發を奬勵せざるべからず
▲治水の必要　總督府に於ては既に水利事業を興し目下之れが進行を計り居れば將來數萬甲步の新耕地を得るに至るべきが今回の行、偶然濁水溪畔を過ぎ先頃來流れを變じたる新流を見て深く治水の必要を感じたり獨り濁水溪のみに止まらず本島の各河川は從來荒廢するに委したる爲め河流附近に荒地饒からざるを以て將來河川を改良せば廣大にして且つ肥沃なる土地を得るに至るべし

圖16-4　1910年民政長官內田嘉吉談及總督府已有治水興利的計畫

資料來源：〈長官視察談〉，《臺灣日日新報》，1910年10月13日，2版，漢珍知識網。

的阻礙。

與此同時，河流利益的定義也不同了。報刊上開始出現新的輿論，主張築造堤防堵塞無用支流可以獲得肥沃土地。水災發生前的一九一〇年十月，剛上任的民政長官內田嘉吉巡視全島，便透露出總督府正準備以築堤治水獲得新生地的計畫動向。臺灣河系縱橫交錯的原始狀態，曾經被視為治水事業難以成立的最大障礙，但如今，將那些「無益之河」轉為「有利之地」，反而成為開展治水工程的主要動力。《臺灣日日新報》上的一篇社論精確地指出殖民地治水的特殊性：

與日本內地相較，其河川經過數百年的馴服過程，治水不過是消極地保持戰績，而臺灣一任自然、網狀亂流的河川，則可以積極整理，固定河道、堵塞無益的支流，將舊河床變為新耕地。10

因而，日治時期臺灣的治水工程常常被稱為「河川整理事業」，強調的正是整理雜亂支流藉以興利之意。

一九一〇年代的九大河川調查

一九一二年（大正元年）起，總督府以新成立的「河川調查委員會」推動九大河川的徹底調查。這項為期五年的計畫以宜蘭濁水溪（蘭陽溪）、淡水河、頭前溪、後壠溪、大安溪、大甲溪、烏溪、濁水溪及下淡水溪（高屏溪）為對象，生產出每條河川的水位、流量、流域雨量、歷年水災損失等精確數據及地圖，作為後續推動河川整理事業的根據。與明治時期相比，調查經費從每年二千至五千日圓提升至十萬日圓，驟增數十倍，彰顯了總督府對治水態度的重大轉變。河川調查委員會最初將濁水溪列為調查之首，然而淡水河仍被置於優先，測量員在第二個年度就完成任務，留下近三百張河川地形圖，以及上述各種科學數據。

雖然基本調查項目與過去並無二致，但質與量都有顯著提升。以淡水河為例，流域內增設了更多量水標、自記水位器及雨量站，觀測流量的位置及頻率亦有所提高。此外，大嵙崁溪似乎被視為造成淡水河主流洪氾的主要原因，因而兩者地形測量的河段都更加全面，而新店溪僅納入部分，基隆河則被排除在調查之外。其中，只有「水害調查」是日治初期沒有的項目，由地方官廳負責記錄每次洪災的淹水情況及損失評估。

河川調查統計圖
縮尺六十萬分一
放大區域
自記水位器
建設豫定自記水位器(大正五年度)
量水標
建設豫定量水標(大正五年度)
測量區域
大正五年度測量豫定區域

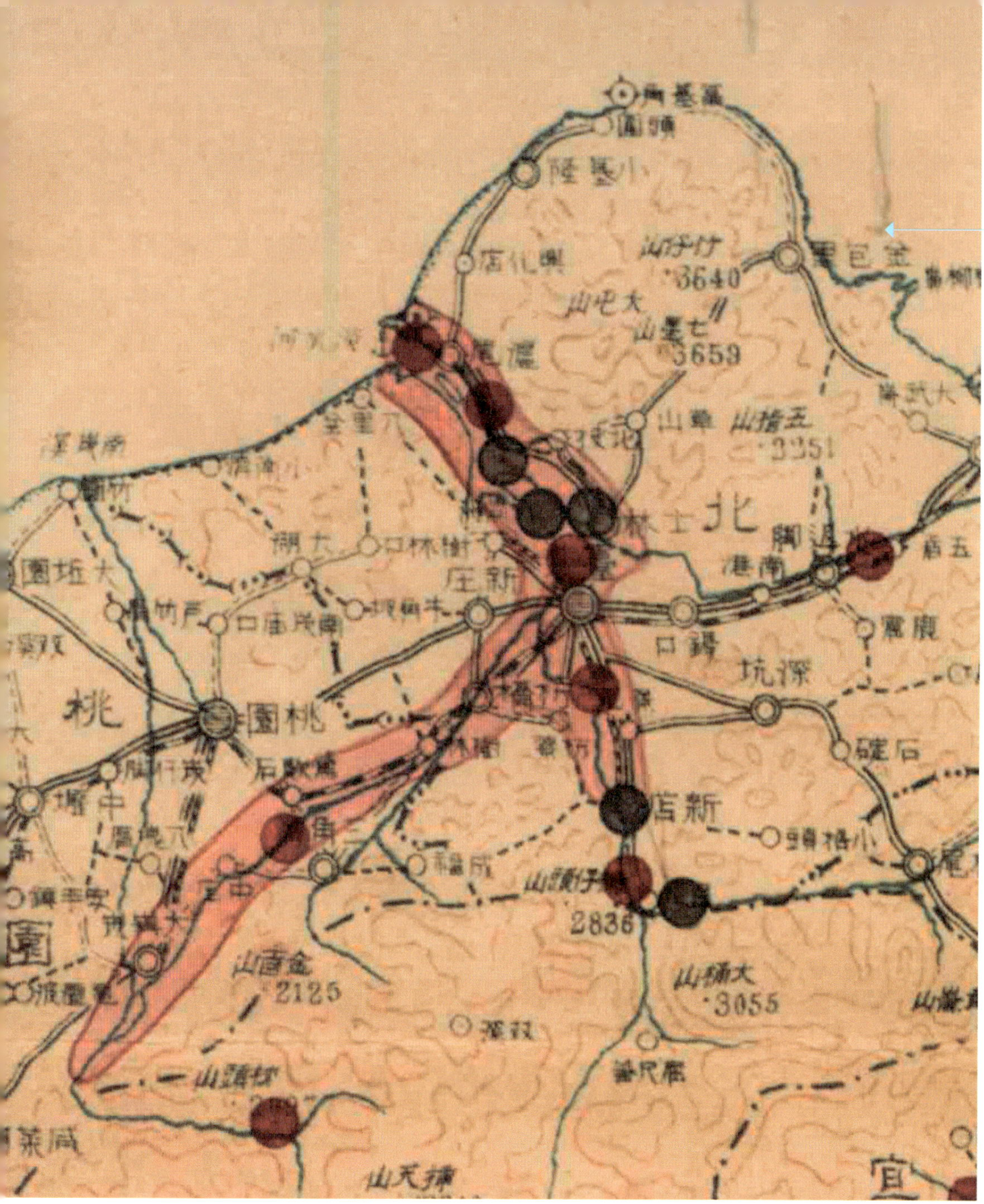

圖16-5　九大河川調查圖中的的淡水河流域：紅色範圍表示地形測量區域，紅圈、黑圈分別為設置自記水位器、量水標之地點。

資料來源：〈河川調查統計圖〉(1916)，經濟部水利署水利規劃分署典藏，典藏號：wra00347。

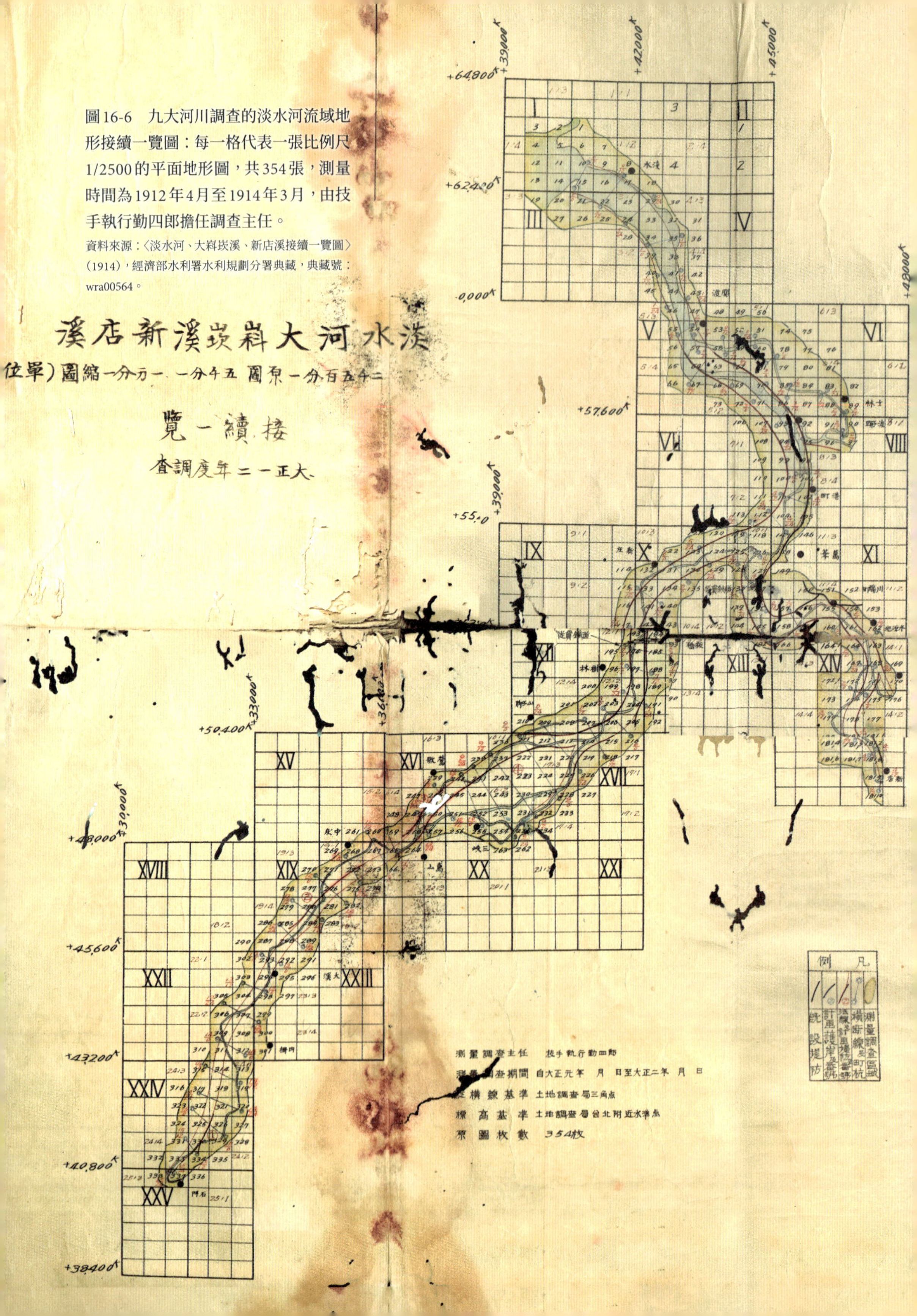

圖16-6　九大河川調查的淡水河流域地形接續一覽圖：每一格代表一張比例尺1/2500的平面地形圖，共354張，測量時間為1912年4月至1914年3月，由技手執行勸四郎擔任調查主任。

資料來源：〈淡水河、大嵙崁溪、新店溪接續一覽圖〉(1914)，經濟部水利署水利規劃分署典藏，典藏號：wra00564。

例外的城市之河：防洪先於興利

值得注意的是，若以「為河流創造利益」來概括此時官方的治水藍圖，淡水河的治理過程卻有些令人意外。對比淡水河防洪規劃與河川調查兩者的時間軸，可以看出淡水河的治理完全超出了總督府為全臺河川擬定的治水興利軌跡。

河川調查啟動數個月後，新店溪畔的古亭庄就迅速築起了川端（古亭）堤防。[11]一九一三年四月，淡水河測量工作才進行至一半，總督府的土木技師十川嘉太郎便已擬出「臺北洪水防禦案」，果斷排除了德見常雄的大壩構想，而選擇興築「輪中堤」作為唯一解決之道（詳第十七章）。此外，一九一四年春天完成的淡水河平面地形圖中，艋舺地區已標示

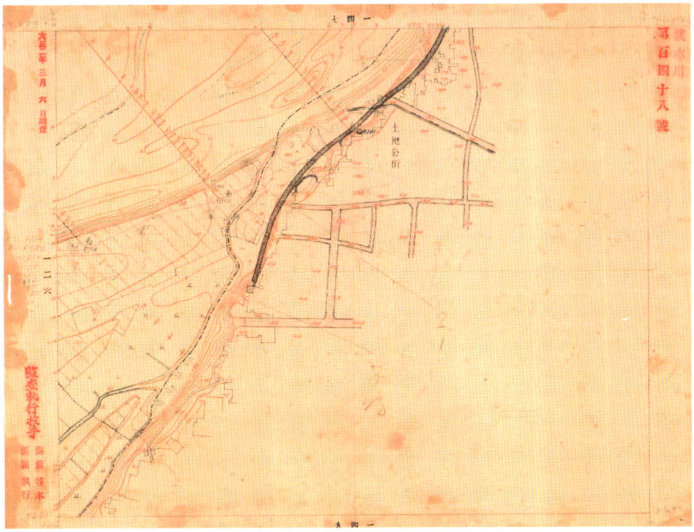

圖16-7　淡水河平面地形圖第148號測繪艋舺土地公街一帶（今環河南路一段）：黑線表示既設堤防，即十川嘉太郎設計的防洪牆，其南端即為圖15-1堤防遺跡所在位置，只是現今周邊土地已被填高，顯得堤防較為低矮。

資料來源：〈淡水河平面圖〉（1914），經濟部水利署水利規劃分署典藏，典藏號：wra00604。

出一道「既設堤防」，即前年度著手興建的高水堤防（防洪牆）之部分成果。[12] 甚至在全島治水計畫尚未提出的一九一六年八月，官方就宣告淡水河防洪工程暫時成功。[13]

唯有識別出這一系列急迫行動如何非比尋常，又如何偏離總督府對其他河川的治水邏輯，才能理解淡水河置身官方治水藍圖中的獨特。在土木技師調查的科學視角下、在統治者對「有用之河」與「無益之河」的權衡間，這條大河被賦予清楚的定位：它不僅僅是一條普通的河流，更是牽動臺北脈動的城市之河。淡水河帶來的利與害、福與禍，以及官方與民間對治理它的各種規劃或想像，都與臺北城的發展緊緊相依。

第十七章

圍城之術：臺北輪中治水方案與近代高水堤防的形成

簡佑丞

護岸擁壁高幾尺，為洪水防禦計畫。
延長千間工殆成，雄姿堂堂驚河伯。

——〈狂頓詩　驚河伯〉（一九一五）[1]

一九一六年（大正五年）初，沿著大稻埕與艋舺的淡水河岸綿延近一千五百間（約二·七公里）的鋼筋混凝土牆式堤防，即一般所稱的防洪牆，如一道都市城牆般拔地而起。[2] 這項大規模的建設是臺灣總督府「臺北洪水防禦案」的暫時成果，似乎正向世人宣告，有了此一巨大工程，連河神都要敬畏三分。《臺灣日日新報》上刊載的詩作投稿，貼切地捕捉到當時堤防聳立的巍峨景象，以及眾人對其所懷抱的殷切期待。

這道完工後總長將近一里（約三·九公里）的鋼筋混凝土牆式堤防，是由總督府技師十川嘉太郎所設計，不僅是日治中期以後保衛臺北市最重要的防洪堡壘，更成為戰後全面整建大臺北防洪堤防的設計基礎。今日，不論行經淡水河、新店溪、基隆河或大漢溪，均會看到岸邊高聳而綿延不斷的堤防與附設水門，其最初的設計思維即來自於此一具劃時代意義的建設。

從低水護岸堤防到高水堤防

如第十五章所述，自清末至日治初期，保護大稻埕市街之砌石護岸堤防陸續完成，然而低水護岸的設計理念，並不能完全保證堤防後方的市街地不會淹水。堤防完工後，大稻埕與艋舺、臺北城內合稱的三市街，仍於每年的颱風季節遭受程度不一的洪水災害。[3]一九一〇、一九一一年（明治四十三、四十四年）連續兩年的颱風侵襲，三市街全域幾乎成了水鄉澤國（詳第十章）。[4]弔詭的是，有低水護岸保護的大

圖17-1　大稻埕的鋼筋混凝土牆式堤防與牧彥七時代的間知石砌低水護岸堤防（圖15-15）皆位於第一代臺北橋的北側，但結構上已大不相同。

資料來源：〈臺北市大稻埕河岸〉（約1920年代），國家圖書館典藏。

稻埕，有時災情竟反而高居三市街之冠。[5]

與清末建昌公司興建之既有護岸堤防相同，牧彥七也採用低水護岸堤防的設計。除了減低建設經費之外，臺北縣廳考量的應是維持淡水河便利的航運交通與活絡的集散貿易。然而，隨著基隆建港與臺灣縱貫鐵路的完工通車，航運漸失去重要性，加上日益頻仍、日漸嚴重的災情，大稻埕的低水護岸堤防顯然已無法滿足當前治理需求，以防洪為重的河川治理主張在官方與民間都逐漸萌芽。事實上，如果把視角放大到整個日本帝國，大稻埕的情況不過是一個縮影。明治中後期，日本政府意識到低水護岸堤防的局限，將治水政策轉換為建設防洪為主的高水堤防，此時大稻埕官民的思維轉向，或許也是受到大環境的影響。

臺北公會的提案：高架化鐵路兼高水防洪堤防

一九一一年九月，距八月底發生的大水災不到兩週，由政商界有力之在臺日人組成的市民團體——臺北公會——率先發難，針對臺北的水害問題提出具體策略，向總督府請願。首先，公會提議變更縱貫鐵路的路線，因為隔開臺北城內與艋舺的鐵道總是成為排水阻礙。如果能將線路往河邊遷移，使其通過臺北車站後就向西直達淡水河岸，再沿著河岸一路往南延伸到新店溪橋（今華翠大橋位置），便能解決城內與艋舺的內水排放問題，將淹水時積在市街的內水快速排至河中。其次，若利用新的鐵道線路充作防水堤防，

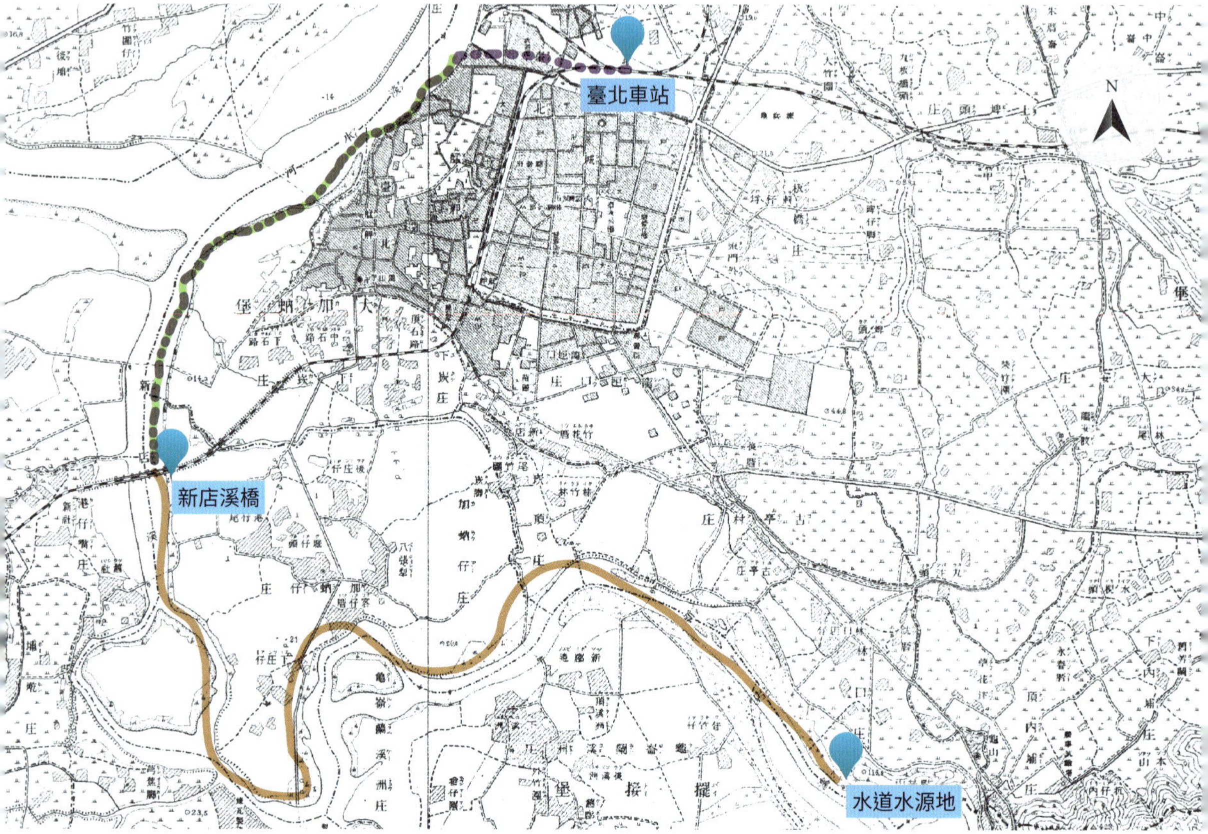

圖17-2　臺北公會提出之臺北防洪建議案

資料來源：簡佑丞標示，底圖為〈臺灣堡圖〉(1904)，《臺灣百年歷史地圖》，中央研究院人社中心GIS專題中心。

土堤
高牆式防洪堤防
高架化縱貫鐵路

再加建從公館的水道水源地到新店溪橋的沿岸堤防，就可以形成一道L型的防洪屏障，保護艋舺與城內。[6]

時隔二日，臺北公會進一步提出追加決議，希望增設排水設施，以徹底解決內水溢淹的難題。此外，其又提案建設大稻埕至艋舺間的高牆式防洪堤防，同時將新的縱貫鐵路高架化，成為兼具鐵路功能的防洪堤防。如此一來，高架鐵道下方即是防洪堤，可與新店溪堤防共同保護臺北的西側與南側。[7]以副議長松村鶴吉郎為代表，臺北公會透過臺北廳向總督府提出了這份「一石數鳥」的請願陳情書（詳第十八章）。

借鏡巴黎、倫敦與東京

臺北公會的建議案，首度將高水堤防概念引入了臺灣。這個頗具前瞻性的創意思維從何而來，或許可以從歐陸與日本的城市中找到線索。

自中世紀開始，沿河岸興起的歐陸各主要城市便築有低矮的垂直立面或斜坡面石砌護岸。十九世紀初以後，隨著產業革命與近代工業化、都市化的發展，城市水患問題日趨嚴重，又逐步在既有的低水護岸基礎上，建設高牆式的垂直防洪堤防。其中，流經法國巴黎市中心的塞納河堤防即是經典案例。

一八〇一至一八〇六年間，塞納河連續發生的水患重創巴黎，甚至連著名的香榭里舍

▶ 圖17-3　柏林市街高架化鐵路

資料來源：維基百科

◀ 圖17-4　東京市街高架化鐵路

資料來源：鐵道院東京改良事務所，《東京市街高架鐵道建築概要》（東京：鉄道院東京改良事務所，1914），頁53。

大道都淹沒在洪水之中。有鑒於此，以巴黎土木局長莫雷爾（Edmund Morel）為首的土木工程師團，花了四十年分期推動塞納河兩岸的防洪工程。除了重新劃定河道境界線、拆除阻礙河道的違章建築外，最核心的部分便是沿河建造石砌高牆式堤防。[8]塞納河的經驗成為十九世紀末、二十世紀初期歐陸沿河大城的河川治理範本，各地紛紛仿效興建此種高水防洪堤防。

另一方面，貫穿市街的高架化鐵道則可追溯自一八三六年的英國倫敦。倫敦的市街鐵道沿著泰晤士河，由倫敦塔延伸至格林威治，既要順利穿越人口密集的市中心，又要避免阻礙市街的活動與發展。於是，負責興建的英國皇家工兵團（Royal Engineers）藍德曼上校（George Thomas Landmann）與沃特（George Walter），便發想出世界最初的高架鐵路線方案。而為防止泰晤士河的洪水侵襲，鐵路高架線採用厚實的磚拱構造砌造而成。[9]此後，高架化的鐵道模式迅速擴展至其他歐陸主要城市，代表案例包括一八五九年巴黎市中心的巴士底鐵路高架線，以及一八七二年柏林的市街鐵路高架線。

臺北公會的成員多為見聞廣博的政商名流，可能還具備豐富的海外考察經驗，面對同樣緊挨大河發展的臺北市街水患問題，歐陸城市常見的高水防洪堤防或許就被當成重要參考。此外，日本的高架鐵路正好在臺北公會請願之際蔚為話題。一九〇〇年，日本遞信省欲在東京新橋至永樂町間，沿著海岸或河岸興建鐵路，並聘請曾主持柏林市街鐵路高架線設計的普魯士鐵路工程師巴爾澤爾（Franz Baltzer），協助設計日本首條市街高架化鐵路。[10] 歷經十年的建設後，東京的高架化鐵路在一九一〇年底竣工通車。此一頭等大事必然成為臺北公會成員關心之事，也很可能是他們結合高牆式堤防及高架化鐵路之靈感來源。

德見常雄的回應：市街墊高與興築大壩

負責回應的總督府土木部工務課課長德見常雄，並不全然支持臺北公會的提案。他初步肯定高水防洪堤防的想法，並指出這至少需耗費三百萬日圓的工程經費，而是否在堤防上鋪設高架鐵路，對總經費而言並無太大差別。然而，更關鍵的問題並不在於財政是否能夠負擔，而在於臺北的未來。若沿著大稻埕、艋舺之淡水河岸築設鐵道與堤防，意味著臺北的發展將被限定在淡水河右岸，往後只能向東、向南拓展，可謂一拙劣的方案。

在德見的想像中，城市與水實具有密不可分的關係，包含臺北在內的國內外著名城市均立足於河岸或海岸，透過航運之利逐漸蓬勃成長。未來的臺北勢必朝向淡水河的左岸擴張，左右兩岸將築起多座橋梁，並整建利於船舶交通與貨物裝卸的低水護岸，有如歐洲許多大城的風貌一般。因而，縱貫鐵路根本不需遷移，只需在原地高架化，既能避免阻礙城市發展，又能解決內水排水問題。[11]

除了德見之外，臺北公會遞交的請願引起了總督府內多方討論，卻遲遲無共識。也有其他土木部技術官僚認為，臺北市街遭受水患的主因乃地勢低窪所致，從而主張將市街地填高約一公尺，便可免於淹水之苦。[12]然而，也有人認為此一構想只關注到內水，一旦淡水河的洪水高度超過已墊高之土地，從河道而來的外水仍會造成水患。事實上，針對外水問題，德見已有相應的對策。當時他正全力擘劃由官方主導的全臺水利建設事業（官設埤圳），其中之一即為以石門貯水池（水庫）為核心的桃園大圳建設計畫。該計畫構想於大嵙崁溪上游興建大壩，攔蓄大嵙崁溪水，除提供桃園臺地灌溉與發電用水外，最主要的目的即是攔截大嵙崁溪上游洪水，以防止下游淡水河的氾濫。[13]

由此便不難理解，對德見常雄來說，花費鉅資遷移鐵道並築造高水防洪堤防並無太大意義。他更重視淡水河的航運價值及城市發展，從而主張優先整備低水護岸堤防，至於造成淹水的內水與外水問題，只需靠市街墊高及興建大壩就能消解。

十川嘉太郎的全面評估

不過，墊高市街地盤勢必得拆除大量民宅屋舍，而石門大壩的構想則仍在調查與紙上作業階段，德見常雄又準備辭官返回日本內地，使得總督府遲遲無法定案淡水河的防洪對策。與此同時，臺北公會以外的許多民間有識之士亦紛紛向官廳陳情，提出個人的治水見解（詳第十八章）。

繼德見之後主導淡水河防洪治理的中心人物，則是任職於臨時工事部、同時身為河川調查委員會成員的土木技師十川嘉太郎。一九一三年四月，一份極可能出自十川之手的報告《關於淡水河的洪水調查》被提出，一一研究了上述各種提案的可行性與優劣利弊，並總結出最後的「臺北洪水防禦案」。[14]

歸納起來，各方的防洪提案共可分為七種。首先是人工疏浚。十川認為疏浚大稻埕附近的河床毫無成效可言，因為一旦洪水來襲，剛浚渫完的河床就幾乎恢復原本的淤積狀態，不如維持河川的自然變動。其次是關於關渡隘口拓寬。根據他的分析，無論拓寬左岸的獅仔頭或右岸的中洲埔庄（今社子島延平北路九段）、亦或兩岸皆拓寬，均需耗費鉅資，但仍無法保證解決水患問題。

其三，對於民間重視上游之山坡地水土保持、造林防砂與水源涵養的提議，十川亦提出質疑。他指出，臺灣山坡地地質脆弱、破碎，加上地勢陡峭、風化作用劇烈，透過造林

淡水河洪水調査附圖第十號

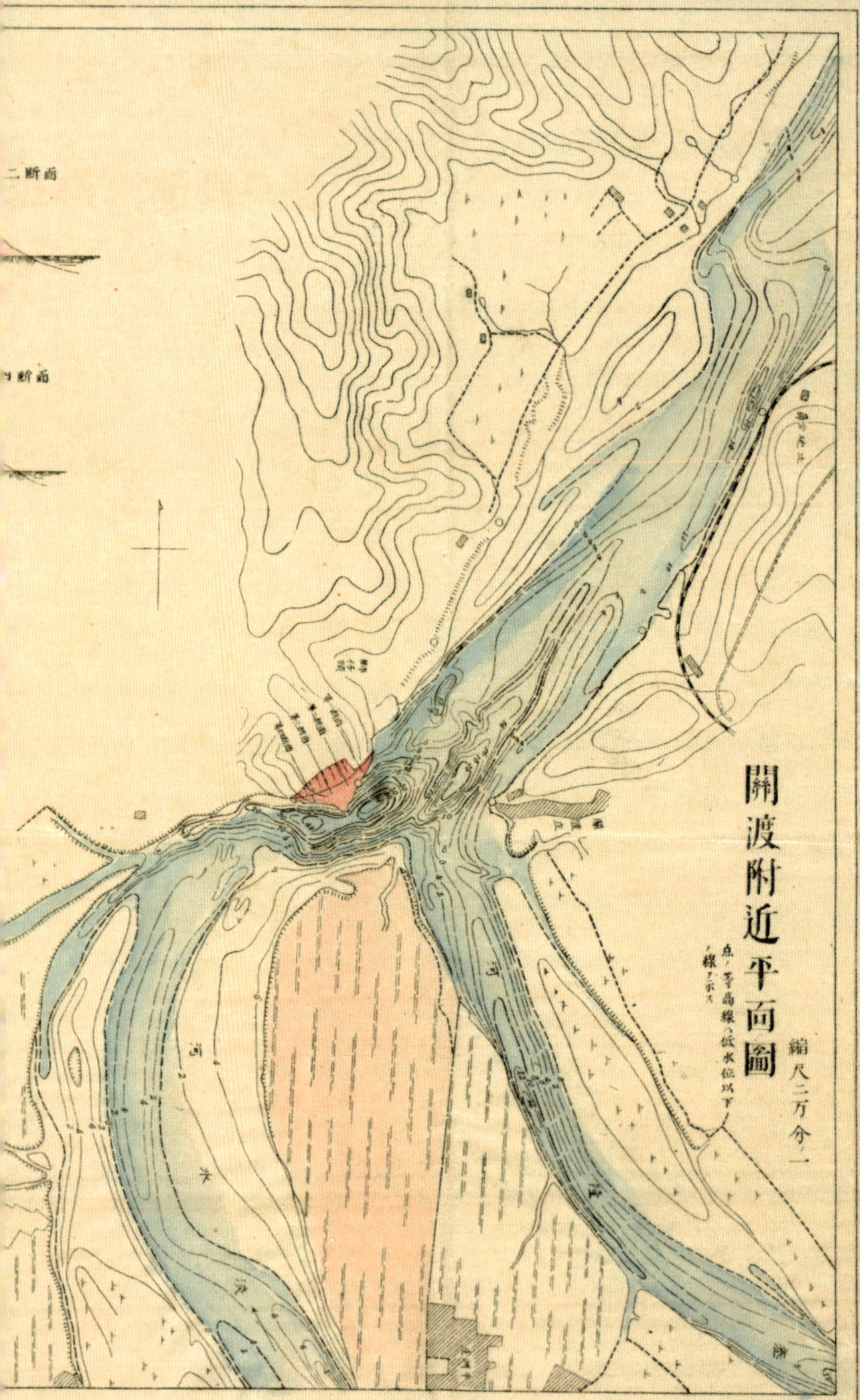

圖 17-5　十川嘉太郎研究之關渡拓寬（右）與大嵙崁溪分流（左）規劃設計圖

資料來源：《淡水河ノ洪水ニ関スル調查》（1913 年 4 月），經濟部水利署水利規劃分署典藏，典藏號：WRPI00073。

治水難度極高，效用也低。洪水來襲時，山地流下的漂流木更成為水患的元凶之一，不如放任山坡地維持自然崩落狀態為宜。而針對市街地盤墊高與石門大壩的第四、五種方案，他也提出否定看法。前者經費高昂，且拆遷建築過多，在現實上不易實施，而後者受限於臺灣河川上游陡急的環境條件，興建之水庫往往庫容有限，難以滿足防洪預置容量，因此亦非有效對策。

報告中以較多篇幅討論第六種，即大嵙崁溪分流改道方案。此一方案應該來自文人藤田排雲的提議。藤田指出，降低淡水河下游洪水位最有效的方法，無非就是仿效大阪淀川的方式，另外開鑿一條獨立的新河道（分洪道），將過多的洪水量分流排至出海口。或者，參照木曾三川中之木曾川與楫斐川的區隔分流模式，將匯入淡水河的主要支流大嵙崁溪與新店溪分離，使其獨流入海。但對十川來說，上述提案並不可行。他認為臺北盆地左側為桃園臺地，關渡以下的淡水河兩岸又多為連綿的丘陵地形，無法完全仿照淀川或木曾三川的方式治理。折衷的辦法，就是在新莊至洲仔庄、成仔寮庄（今五股區成州社區）之間，開鑿一條直通關渡的大嵙崁溪新河道。

十川為此擬出折衷方案：先於新埔庄至大嵙崁溪對岸新庄，興建一座長約二千五百四十八公尺的導流突堤，截斷原大嵙崁溪河道，同時以新庄街東側為起點，開挖一條穿越中港厝庄、更寮庄（今五股區更寮里）至關渡的新河道，長約九．三公里。開挖土方可以作為新河道兩岸築堤之用，堤防表面與新河道河床再以砌造石塊鋪面。平時，大嵙崁溪部分水流可透過導流堤引入新河道，其餘水流則利用突堤上的閘門控制流入舊河道，以維持內河航運功能。洪水來襲時，將閘門關閉，全部水流便可透過新河道流至關渡排放。十川認為該方案雖然可有效解決臺北洪水問題，但所需經費可謂天價，如果考量當時的財政，實行的可行性極低。

唯一可行的「輪中案」

前述六個方案一一遭十川嘉太郎否決，他唯一認可的權宜方案，是築堤包圍臺北市街的「輪中案」。「輪中」為日本濃尾平原西部（木曾三川）的獨特用語，意即將土地周圍築以堤防圍繞保護，形成一防水區域，避免周圍河流氾濫侵害，並於堤防適當位置設置水門以利排水。

十川也為臺北市擬出了具體計畫。首先，以臺北市街東端的九板橋頭（今八德路與新生南路口）為起點，向南築堤至新店溪岸之林口店仔（今公館自來水園區附近），再向西沿著新店溪築堤直達艋舺南端與淡水河交會處，土堤總長約七．三公里。接著，沿著淡水河岸在艋舺及下牛磨車庄（今環河西路二段）北端間，築設長約四．一公里的石砌低水護岸，往北經大龍峒後向東，再沿著基隆河岸建設長一．三公里的土堤，直抵圓山公園旁的淡水線鐵道。最後，此處南向的淡水線鐵路路堤，以及臺北車站至九板橋頭之間的縱貫線鐵路

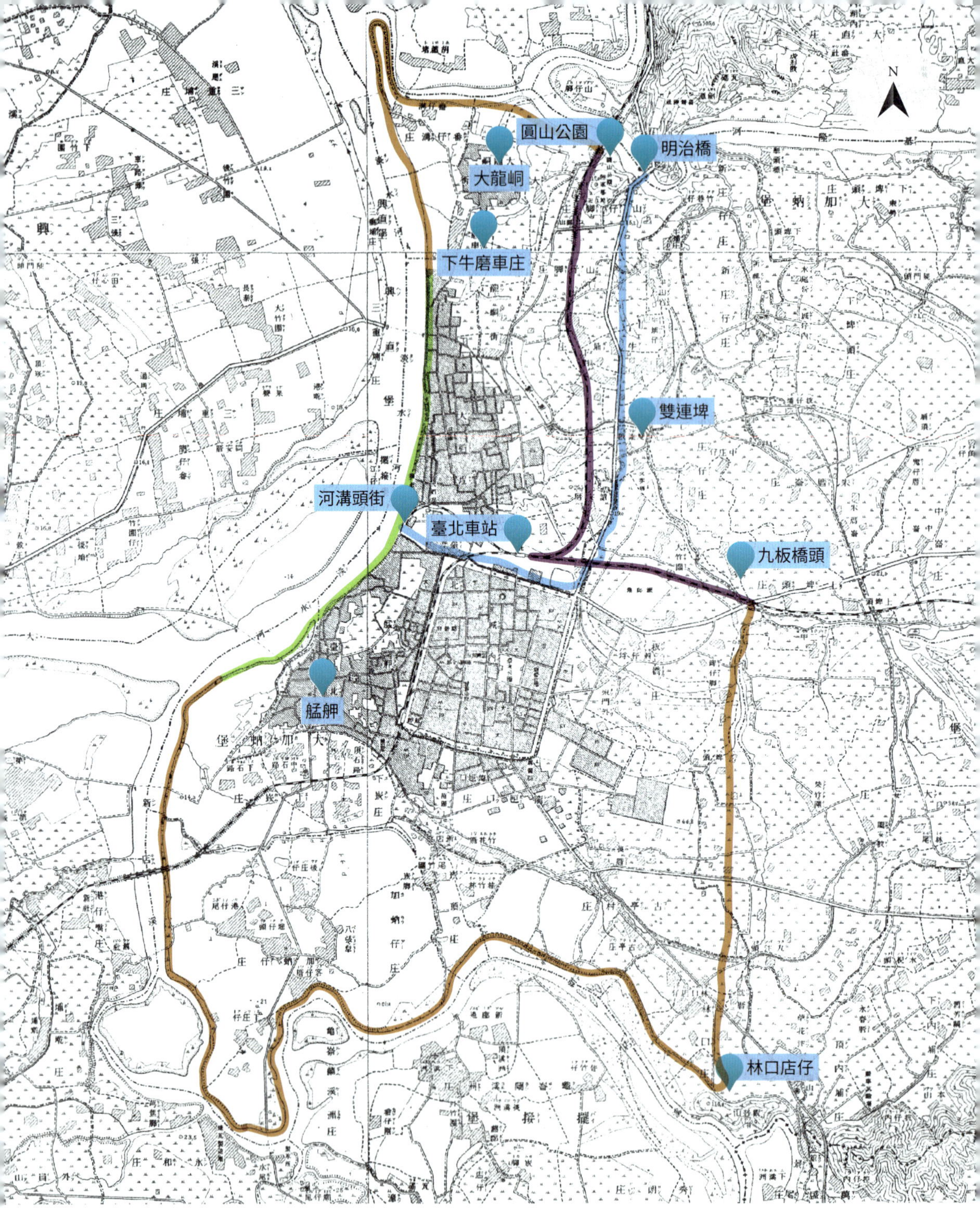

圖17-6　十川嘉太郎規劃之臺北輪中治水方案

資料來源：簡佑丞標示，底圖為〈臺灣堡圖〉(1904)，《臺灣百年歷史地圖》，中央研究院人社中心GIS專題中心。

土堤
石砌低水護岸
鐵路線路堤作成的堤防
排水系統

路堤，可以作為臨時性堤防，形成包圍全臺北的堤防計畫。

除了築堤圍城防禦外水，輪中案也有配套的內水排除措施，將部分低窪地作為游水地（滯洪區）匯集市內內水，待洪水位降低後，再利用抽水設備排出堤防外的河道。十川根據地理條件規劃了一套相當完善的排水系統。根據他的觀察，洪水暴漲時淡水河經常高於基隆河水位，而臺北市街最低窪的地點是艋舺與大稻埕間的河溝頭街（今國立臺灣博物館鐵道部園區以西至淡水河岸區域）。因此，可以將漫過河溝頭的洪水經大稻埕南端的明渠引流至雙連埤，再利用暗渠將埤內多餘的水導向圓山鐵橋（明治橋），排放至基隆河。他設計的排水路透過多條暗渠連通市內多處滯洪區域，並搭配各堤防平均設置的抽水馬達。[15] 順帶一提，這套排水系統其實就是日後臺北特一號大排水溝（堀川）最初的規劃雛型。

十川嘉太郎的設計，顯示出防洪方案往往是過去發想不斷層累疊加的結果。輪中的構思來自木曾三川的傳統防洪形式，但以鐵道與築堤保護臺北的規劃，可說是建立在臺北公會提案的基礎之上。只是十川最初主張的淡水河河堤仍是石砌低水護岸，考慮的還是水運交通，以及都市計畫中預留的艋舺低溼地船渠港口工程（詳第八章）。不過，在臺北公會成員數次拜訪民政長官內田嘉吉及河川調查委員會後，該段堤防變更為附設水門與抽水設備的高牆式高水防洪堤防，並被列為臺北輪中圍堤計畫最優先實施的對象。[16]

影響深遠的築堤技術：RC防洪牆與串磚沉床

一九一三年，總督府開始著手艋舺至大稻埕沿岸的高水防洪堤防工程。其中，有兩項影響深遠的工程技術值得一談。

首先，是鋼筋混凝土（Reinforced Concrete，簡稱RC）結構的防洪牆。在十川嘉太郎的設計圖中，防洪牆共有兩種形式。其一是在牧彥七留下的大稻埕砌石低水護岸上，興建L型RC牆式堤防；其二則是在未曾有任何堤防的艋舺市街沿岸，打設木製基樁地基後，興建一側為垂直壁面的梯形RC牆式堤防。防洪牆面開設多處水門，平時開啟以利河運，洪水時則關閉，使之成為堅實的防洪屏障。防洪牆底亦平均分設多處暗渠排水門，以利堤防市街排除內水。此一構造形式為戰後所繼承，可說是淡水河及臺北防洪計畫中堤防設計的原型。

另一項技術則與沉床有關。第十五章提及的由牧彥七引進的木工沉床，雖然堅固，卻缺乏撓曲度，無法順應河床變化而改變形狀。這點在艋舺興建RC牆式堤防時構成挑戰，因為附近的河床土質偏軟，容易因洪水淘刷而沉陷，缺少彎曲彈性的沉床便無法保護堤腳。

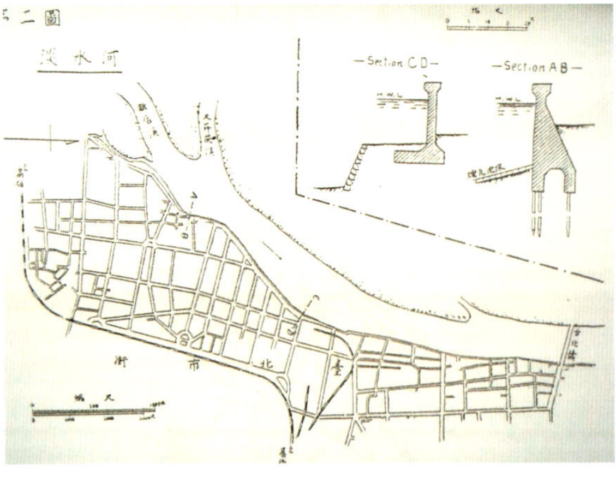

圖17-7　十川嘉太郎的RC牆式堤防設計圖：右上角分別為L型牆式堤防及梯形牆式堤防，後者尚設置十川發明的串磚沉床。

資料來源：十川嘉太郎，《顧臺》（作者自印，1936），圖片頁。

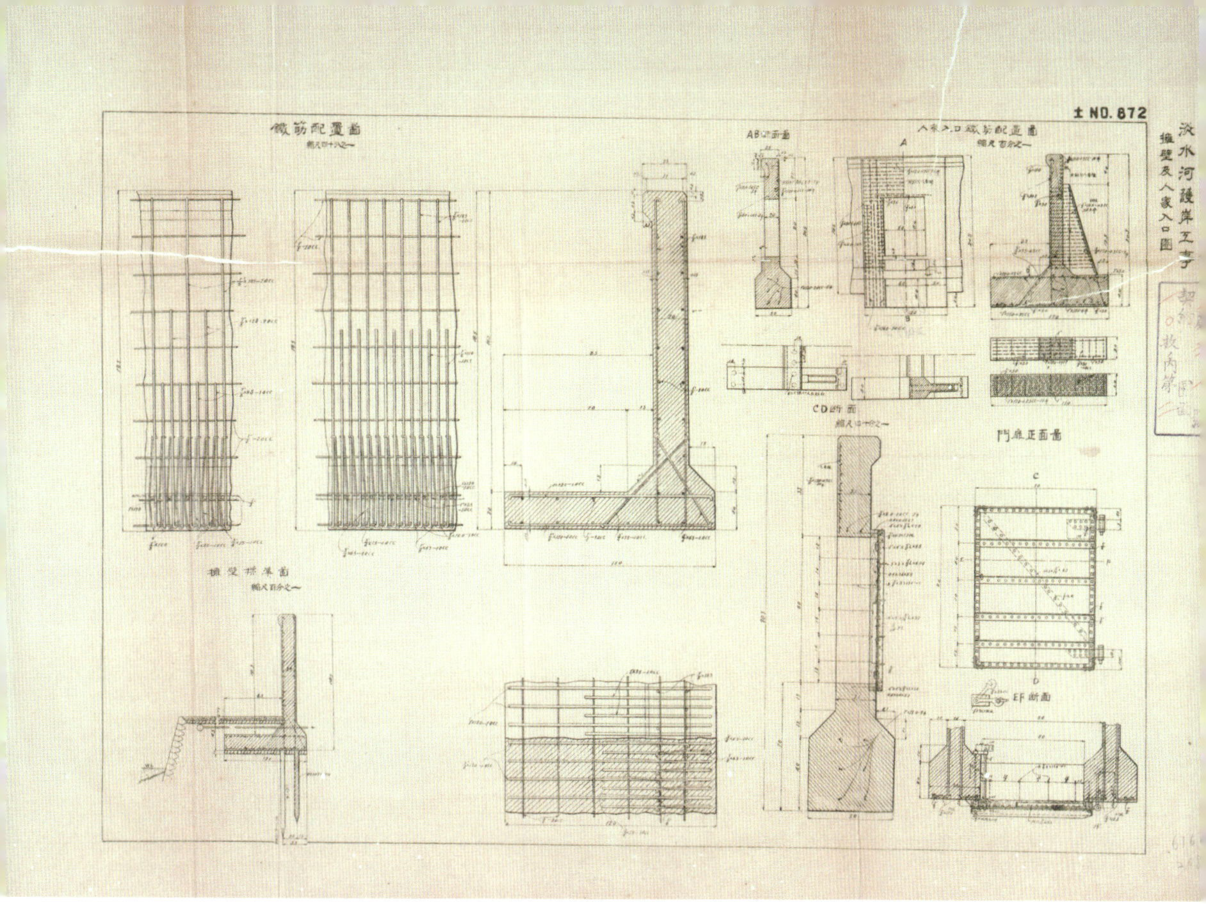

圖17-8　大稻埕L型RC牆式堤防鐵筋配置以及水門設計圖

資料來源：〈淡水河護岸工事〉（1915年1月1日），《臺灣總督府檔案．總督府公文類纂》，國史館臺灣文獻館典藏，典藏號：00006161002。

圖17-9　大稻埕L型RC牆式堤防與附設的電動排水閘門（右下角）

資料來源：臺灣總督府民政部，《記念臺灣寫真帖》（臺北：臺灣總督府民政部，1915），頁29，中央研究院臺灣史研究所檔案館典藏，識別號：B0131_00_00_0030_a01。

為此苦惱的十川偶然從法國的土木專業通信雜誌中看到塞納河畔的案例。為了保護高牆式防洪堤防之基礎，法國工程師採用了一九〇八年由上議院議員德科維爾（デカウュール氏）開發的沉床，以鐵絲串連混凝土塊組成，結果成效極佳。[17]再往前追溯，十川發現其最初被運用於一八九〇年義大利的波河整治工程，又逐漸推展至埃及的尼羅河、蘇格蘭的泰河（River Tay）等地，而後才由法國議員改良成以蒸汽機械力製作、並用灰泥黏結的混凝土塊沉床。

一九〇八年，十川在北海道札幌農學校的同班同學、北海道廳土木技師岡崎文吉，進一步改良此工法，插入鐵片增加撓曲度，應用於當地石狩川的堤防工程。瞭解此項技術演變的歷史後，十川開始思考臺灣的應用環境。相較之下，臺灣的磚材比混凝土塊便宜，撓曲度更佳，又可大量生產，本地亦沒有結冰問題，不需擔憂紅磚表面因熱脹冷縮而剝落。這些條件促使十川將此法改良為臺灣獨有的「煉瓦沉床」（串磚沉床），並首度應用於艋舺的RC牆式堤防之沉床工程中。[18]日後，串磚沉床更成為全臺各主要河川整治計畫中主要的沉床設施。

圖17-10　施工中的淡水河艋舺堤防串磚沉床工程

資料來源：作者不詳，《臺灣に於ける鐵筋混凝土構造物寫真帖》（東京：大島印刷所，1914），中央研究院臺灣史研究所檔案館典藏，識別號：A0189_00_00。

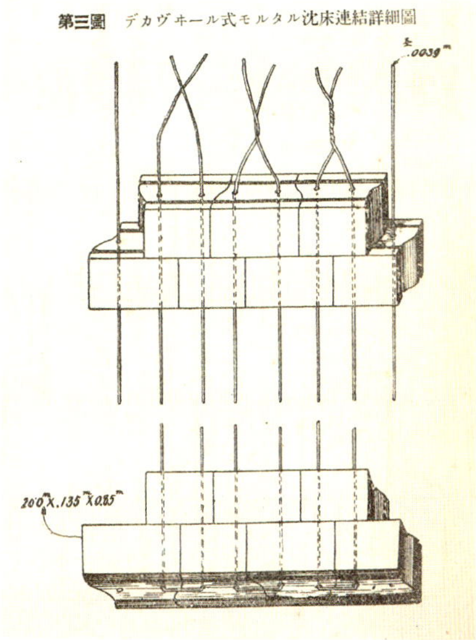

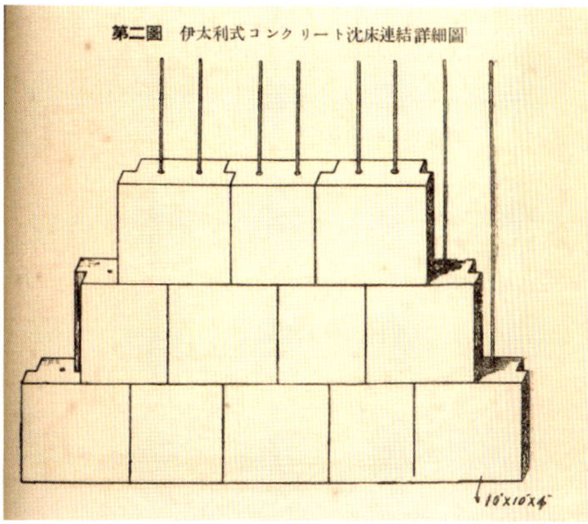

▲ 圖17-11　義大利式混凝土沈床設計圖

資料來源：十川嘉太郎，〈煉瓦沉床〉，《臺灣の水利》第6卷第1期（1936年1月），頁36。

◀ 圖17-12　法國德科維爾式混凝土沉床設計圖

資料來源：十川嘉太郎，〈煉瓦沉床〉，頁37。

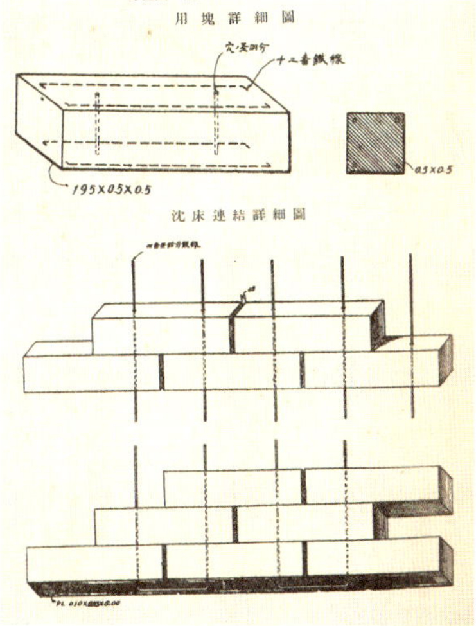

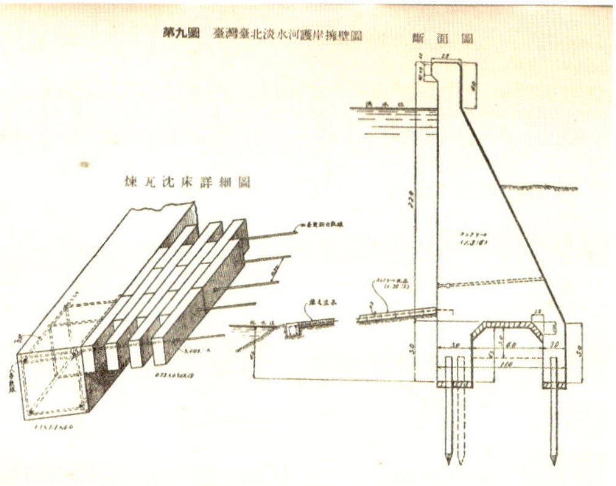

▲ 圖17-13　北海道式混凝土加鐵片沉床設計圖

資料來源：十川嘉太郎，〈煉瓦沉床〉，頁39。

▶ 圖17-14　淡水河RC牆式堤防及串磚沉床設計圖

資料來源：十川嘉太郎，〈煉瓦沉床〉，頁45。

一九一六年八月，臺北輪中圍堤防洪事業的第一階段，即艋舺、大稻埕堤防工程大致完工。[19]淡水河沿岸的城市堤防也由過去的石砌低水護岸堤防，轉變為RC牆式高水防洪堤防。由於財政等種種因素，總督府宣稱防洪已有成效，中止了後續的圍堤工程。[20]儘管如此，防洪牆的價值仍受到當時輿論肯定，[21]而圍城之術的思維脈絡與興建工法，也在臺灣的土木技術史中留下長遠的影響。

第十八章

河畔市民的治水想像與倡議行動

顧雅文

一九一一年(明治四十四年)八月底那場被形容為「六十年來首見」的大洪水剛過,臺北廳廳長井村大吉就到各處視察,觀察新店街、龜崙蘭溪洲庄(今永和北部)及江仔翠庄等地的民情與災情。他向記者說道:「在河畔築堤向來是當局的夙願,今日去看了以後,不禁認為沒有護岸等設施反而是幸運的。因為沒有堤防……河水氾濫向四處彌漫……漲退極為緩慢,稻田不僅沒有被害,水的運輸作用反使大量肥沃的土壤逐漸沉澱,不經意間形成了肥沃的田地。」他認為板橋至古亭一帶的二期作一定會有大豐收,因而「即使臺北與新店兩街受到水災遺留之禍甚為嚴重,但以廳的大局觀來看,我相信計算利益後洪水的損失相對是小的」。[1]

沒有證據顯示城郊的農民究竟是否看到這場洪水帶來的利益,但臺北三市街的居民顯然不這樣想。水災半個月後,臺北公會就以一紙公文透過臺北廳廳長向佐久間佐馬太總督請願，建議在淡水河與新店溪興建連續堤防，處理低窪地的排水，並且將分隔臺北城內與艋舺、阻礙排水又妨礙繁榮的鐵道西移到沿岸（詳第十七章）。[2]此一自稱代表市民意志的團體，實際上是由住在臺北的日本紳商名流組成。與一八九八年大稻埕臺灣茶商開鑿水道的請願相較（詳第十三章），臺北公會提出了截然不同的防洪方案，但兩者保護自身家園的立場如出一轍。

防止自家生命財產受到洪水威脅，實際上是每一位河畔居民共有的心願。不過在這條孕育城市生機的大河流域內，還有一群超越狹隘利己考量、懷抱著宏觀治水視野的市民，凸顯出淡水河獨特的人文風貌。

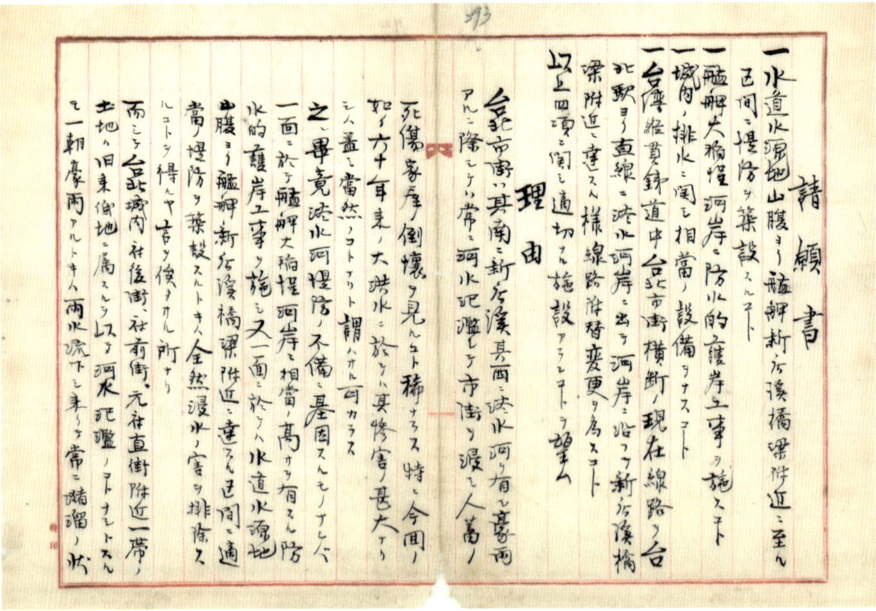
請願書

一 水道水源地山腹ヨリ艋舺新店渓橋梁附近ニ至ル区間ニ堤防ヲ築設スルコト
一 艋舺大稲埕河岸ニ防水的護岸工事ヲ施スコト
一 城内排水ニ関シ相當ノ設備ヲナスコト
一 台灣縦貫鉄道中台北市街横断ノ現在線路ヲ台北駅ヨリ直線ニ淡水河岸ニ出テ河岸ニ沿フテ新店渓橋梁附近ニ達スル様線路附替変更ヲ為スコト
以上四項ニ関シ適切ナル施設アラムコトヲ望ム

理由

台北市街ハ其南ニ新店渓其西ニ淡水河ヲ有シ豪雨アル際ニハ常ニ河水氾濫シテ市街ヲ浸シ人畜ノ死傷家屋ノ倒壊ヲ見ルコト稀ナラス特ニ今回ノ如ノ六十年来ノ大洪水ニ於テハ其惨害甚大ナリシハ蓋シ當然ノコトナリト謂ハサル可カラス
之レ畢竟淡水河堤防ノ不備ニ基因スルモノナルモ一面ニ於テ艋舺大稲埕河岸ニ相當ノ高サヲ有スル防水的護岸工事ヲ施シ又一面ニ於テハ水道水源地山腹ヨリ艋舺新店渓橋梁附近ニ達スル区間ニ適當ノ堤防ヲ築設スルトキハ全然浸水ノ害ヲ排除スルコトヲ得ルヤ言ヲ俟タサル所ナリ
而シテ台北城内ハ府後街、府前街、元府直街附近一帯ノ土地ハ旧来低地ニ属スルヲ以テ河水氾濫ノコトナシトスルモ一朝豪雨アルトキハ雨水流下シ来リテ常ニ滞溜ノ状

圖18-1　1911年9月臺北公會提出治水請願

資料來源：〈臺北市街治水事業ニ關シ請願書（臺北廳）〉（1911年9月1日），《臺灣總督府檔案．總督府公文類纂》，國史館臺灣文獻館典藏，典藏號：00005438011。

日治初期文人的治水建議

從日治初期開始，報刊上便屢屢出現與淡水河治水相關的投書。第二章提及的艋舺文人粘舜音經常在《臺灣日日新報》撰寫時事評議，他深信水災發生是因為內山種茶、伐木及開礦導致下游河道淤積，因此早在一九〇一年就率先呼籲「造林護水」、「築堤護岸」，並且認為疏浚河道「最為長策」，能有利航運並將洪水導之入海。[3]同時期的報紙上，我們還可以窺見一些看似大膽的構想，例如讓大嵙崁溪轉向由中壢出海，或阻斷基隆河與淡水河的直角交會（即番仔溝），讓所有河水流向關渡，以避免水流不暢造成的泥砂淤塞。[4]

不只是築堤，上述類似的呼聲幾乎貫穿整個日治時期，餘音甚至迴盪到戰後一九六〇年代。日治初期具有切身經驗的在地人，一方面出自對淡水港昔日榮景的懷念，一方面是目睹河床日益淤高的擔憂，多支持上游水土保持、下游浚渫通航的做法。那些改道的提案則是源於對地方河流史不全然正確的理解，包括粘舜音在內的文人，大多相信大嵙崁溪在清初曾

▲善後策奈何　去れば若し此壅塞を防禦せんとせば大嵙崁河を中壢に導きて海に入らしめ基隆河を北西海に注がしむるに於ては固より完全の設計ならんも是れ決して實行し得べき事にあらず然れども只河床の浚渫を爲すのみにては到底其煩に堪ゑざるべく年々の經費は巨額に達するを免かれず故に今實行し得べき又稍有効の設計を求むれば基隆河の直角に淡水河に合するを堰き止め其水流を關渡に曲折せしめば其以下は流勢甚だ急なるを以て土砂の埋塞を來すことなかるべく且つ港口に於て相應の工事を施せば土砂を海中に流放することも容易にして大嵙崁河より流下せらるゝ土砂も隨て海中に持去らるべし

淡水河壅塞の原因及び其防禦工事に對する意見は專門家の調査を以てするも恐らく此外に出でざるべく總督府土木課に於ては前年來種々講究する所あり其結果は未だ發表せられざるも聞く所によれば來年度豫算に於て之れが經費を見積り此工事に着手せんとしたりしが豫算の都合にて見合せとなりたる由なれば多分三十五年度に於て豫算に上るなるべしと云ふ

圖18-2　報導指出將大嵙崁溪引至中壢出海、基隆河排入西北方海域或許是最理想的設計，但現實中很難實行，而將基隆河改道至關渡、避免與淡水河直角交會，則是可能實現且多少有成效的設計。

資料來源：〈淡水河身益益壅塞す（救護工事の急）〉，《臺灣日日新報》，1900年12月27日，2版，漢珍知識網。

經從桃園一帶出海，而基隆河曾由基隆注海，或自大龍峒注入淡水河（詳第二章）。無論如何，他們主張若能讓河流循著故道奔流，土砂及水流便再也不會匯聚關渡，導致災害。

一九一〇年代：災後市民意見及其影響

一九一一年的水災引發日人對治水問題更廣泛的關注。住在臺灣的眾議院議員中村啟次郎，在災後視察了各地。他主張治水不能只考慮農業（新耕地），還需保護工商業，至於深受河水與潮水之害的臺北，若能在河道浚渫、兩岸築堤外，再切掉觀音山的一角以拓寬河口，則既可免於洪災又能改善航運。[5]與此同時，一位未具名的官員提出了不同的看法，認為堤防無法有效防洪，應該在臺北市街開鑿大運河連通排水道，即便洪水來襲時還是有可能淹水，但可以大幅減輕災情。[6]前述提出築堤陳情的臺北公會與政界的往來相當密切，很快就得到工務課課長德見常雄的回覆，然而提案並未受到完全支持（詳第十七章）。

一年之後，同樣是在八月底，一九一二年的淡水河流域再次經歷一場有過之而無不及的災難。這一次，新聞報導將其稱之為「比六十年來最大災更慘的水災」。大水不如前一年那般又急又快，因而人畜死傷、房屋倒壞的數量不若之前嚴重，但淹水範圍與損失卻來得更大。社子島及蘆洲一帶宛如大湖，水退之後，淡水河左岸低地數萬公頃的水田幾乎都成了泥濘之地。[7]居民對災害常態化的恐懼如野火般蔓延，對總督府的無所作為更是不滿。

一篇直率的報紙投書寫道：「技術上我們局外人不容易置喙……但河床因為每年從山地流出的土砂而變化的事實，即使是素人的眼睛都可以明顯識別。」浚渫河道、保護山林的話題因此響徹街頭。8也有人倡議應立刻修改建築規則，將樓高增加二至三尺（〇．六至〇．九公尺），或在低窪的江瀨街實施禁建、遷移令。9

臺北公會成員、活躍於實業界的木村匡也有投書提案。或許因為曾任總督府事務官，他為執政者擬出一個具備實務思維的框架性建議，主張將治水事業區分為不同層次：「上策」為理想而徹底的方案，應向學者廣為徵集；「中策」諸如部分河段的堤防、護岸及浚渫，為財政上可以執行的方案；「下策」則為禁伐、植林等消極做法。依他的立場，臺北市本來就應該優先保護，這並非僅是從自身利益出發的片面論調，因為這座城市不僅是「列國環視下的臺灣政治中心」，也是外國人雲集的「茶與樟腦之國際交易樞紐」。宛如本島玄關的臺北，若每六十年就出現一次大水，實在有失

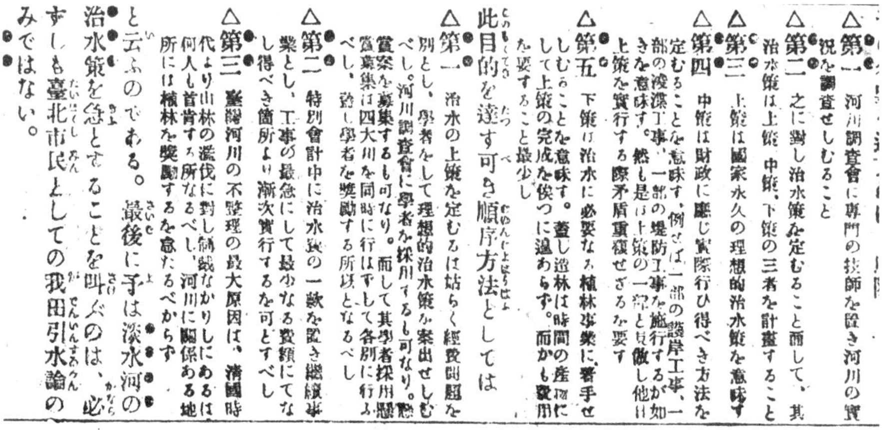
△第一 河川調査會に專門の技師を設き河川の實況を調査せしむること
△第二 之に對し治水策を定むること而して、其治水策は上策 中策、下策の三者を計畫すること
△第三 上策は國家永久の理想的治水策を意味す
△第四 中策は財政に應じ實際行ひ得べき方法を定むることを意味す，例へば一部の護岸工事、一部の浚渫工事を施行するが如きを意味す。然も是は上策の一部と見做し他日上策を實行する際矛盾重複せざるを要す
△第五 下策は治水に必要なる植林事業に着手せしむることを意味す。蓋し造林は時間の産物にして上策の完成を俟つに遑あらず。而かも費用を要すること最少し
此目的を達す可き順序方法としては
△第一 治水の上策を定むるは姑らく經費問題を別とし、學者をして理想的治水策を案出せしむべし。河川調査會に學者を採用するも可なり。而して其學者採用懸賞案を募集するも可なり。懸賞募集は四大川を同時に行はずして各別に行ふべし、[illegible]し學者を奬勵する所以となるべし
△第二 特別會計中に治水費の一款を設き繼續事業とし、工事の最急にして最少なる費額にてなし得べき箇所より漸次實行するを可とすべし
△第三 臺灣河川の不整理の最大原因は、清國時代より山林の濫伐に對し制裁なかりしにあるは何人も首肯する所なるべし、河川に關係ある地所には植林を奬勵するを怠たるべからず
と云ふのである。最後に予は淡水河の治水策を急とすることを叫ぶのは、必ずしも臺北市民としての我田引水論のみではない。

圖18-3　木村匡提出治水的上、中、下策，並主張優先治理淡水河。

資料來源：〈本島治水に就て（木村匡氏の談）〉，《臺灣日日新報》，1912年9月10日，2版，漢珍知識網。

體面。此外，在濁水溪、下淡水溪（高屏溪）、淡水河及曾文溪的臺灣四大長河中，淡水河最具典型河川的特質，因而「施行最為容易」，是最適合的研究對象，經費也在可承受的範圍之內。[10]同年九至十月間，臺北公會數度拜會臺北廳廳長及民政長官內田嘉吉，再次提出了「中策」的築堤請願。[11]

根據木村匡的分類，一些「上策」亦在此階段逐漸浮現，且比十多年前更加深思熟慮。其中，將大嵙崁溪導向南崁溪故道的提案再次出現，[12]而最具代表性的，莫過於通曉漢學的日本處士藤田排雲呈給內田嘉吉的建言。[13]藉由鑽研古籍及走訪耆老，藤田試圖還原基隆河、大嵙崁溪與新店溪的原始流路（詳第二章）。他推斷百餘年前的合流及改道導致三條支流匯聚關渡，是連續兩年發生空前災情的主要原因。他並不反對堤防、植樹、浚渫及拓寬關渡，但認為大嵙崁溪仍然蘊含改道的驚人力量，因此從中游及上游減緩水勢至關重要。

藤田的提案猶如三股知識的匯流。他提及日本木曾三川的著名工程：這片飽受三川合流之苦的流域，經過近二十五年的努力，終於完成中、下游的分流工程而不再氾濫。❶如果能稍加仿效，讓大嵙崁溪改走和尚洲（今蘆洲）西邊的舊道，或將其分流以削弱水勢，多少能成為洪災的緩和之劑。此外，他大膽設想挖一隧道讓基隆河由基隆出海，並預言此項工程就像琵琶湖疏水之於京都，為古都帶來電力、水運與民生用水的多重利益。❷最後，藤田指出昔日劉銘傳欲將大嵙崁溪導向桃園的傳聞，深信石門是築造堰堤的極佳位置，又談及上游蓄水的多重用途，這意味著水庫已是未受近代工程教育的素人都能侃侃而談的新知。他的例子顯示，河畔市民試圖從在地歷史、西方學知及日本經驗中汲取靈感，將其轉化為淡水河的治水建議。

儘管土木局最後將「輪中堤」視為唯一可能的洪水防禦方式（詳第十七章），前述來自民間的意見並未石沉大海。事實上，一九一二年災後，臺北廳的官員曾邀集總督府土木局、稅關及民間商會代表坐船視察淡水河，熱烈討論或辯論各種治水方案，其中就包含上述的提議。[14]換言之，十川嘉太郎於一九一三年四月提出的「臺北洪水防禦案」絕非閉門造車的產物，而是在城市居民的共同參與下孕育而生。

一九二〇年代：市民呼籲下的零星築堤

輪中堤只築了西面及南面的一部分，就因故在一九一六年宣告暫停。總督府宣稱防洪已經取得極好成效，圍城計畫將視財政情況判斷是否繼續。[15]雙連埤被選為市區滯洪池，而堤防也的確為臺北帶來暫時的安全。此後的十數年間，每回保護山林、填高地盤、浚渫河道、疏浚港口及築港等呼籲再度湧現，都是在發生如一九二〇、一九二四年較大的淹水

❶ 木曾三川治水有漫長的歷史：幕府在十八世紀曾動員薩摩藩興建分流堰堤，但未能成功，直到一八八七年由荷蘭技師Johannis De Rijke主導，終於在一九一二年完成中、下游的分流工程。

❷ 琵琶湖疏水工程於一八八五年動工，包括當時日本最長隧道之第一引水道、第二引水道、引水道支渠等三大部分，一九一二年三月竣工。

之後，[16]而官方也只是偶爾因應地方人民的請求新建或延長堤防護岸。[17]

一九三三年度，土木課曾清查各河川既有的防洪構造物。從日治初期開始，總督府在淡水河畔興建了至少十三座防洪設施，但皆零星分布於主流及支流沿岸，而非設立於流域治理的整體規劃下。不過，湧入的國際思潮將一九二〇年代末期的防洪規劃帶向一個全新的階段，總督府不再分別考量淡水河的興利與防洪，而是將兩者共同置於龐大的總合治理計畫中（詳第十九章）。與此同時，石坂莊作於一九三〇年七月出版《是天勝人？還是人勝天？——臺北洪水的慘禍與治水對策》一書，勾勒出一位在地知識分子對治水期待的微妙變化。[18]

編號	名稱	年代
1	川端（古亭）堤防	•1913年興建 •1918、1921年加高並延長 •1926年增設水制 •1933至1934年加高
2	大稻埕堤防	•1913至1916年興建 •1931至1933年延長
3	頂埔堤防	•1897年在地居民築造後流失 •1913年重建 •1925年增設水制
4	西盛護岸水制	•1919年興建 •1925、1927年增設水制
5	新莊護岸	•1922年興建 •1925年延長
6	新店堤防	•1925年興建
7	馬場町堤防	•1927年興建
8	龜崙蘭溪洲護岸	•1927年興建
9	萬盛（桑園）護岸	•1931年興建
10	溪洲底第一護岸	•1933年興建
11	溪洲底第二護岸	•1933年興建
12	社子護岸	•1933年興建
13	安坑護岸	•1934年興建

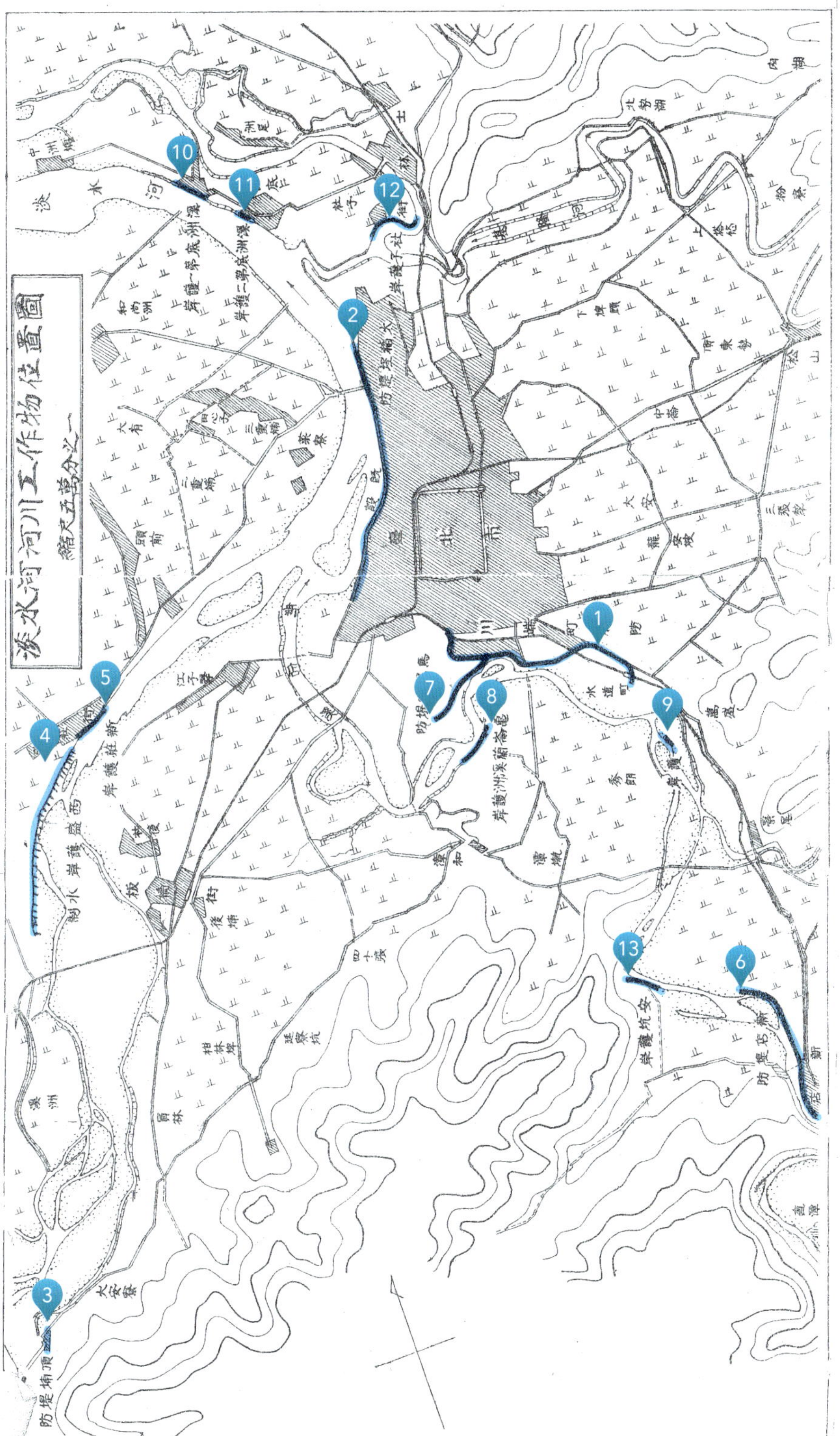

圖18-4　1934年以前築造的堤防、護岸共13座

資料來源：顧雅文標示、製表，底圖為臺灣總督府內務局土木課，《淡水河河川構造物調書》（臺北：該課，1940），圖片頁。

圖18-5　1925年的新店堤防

資料來源：《大正十四年九月暴風雨　淡水河沿岸概況攝影》(1925)，經濟部水利署水利規劃分署典藏，典藏號：wra00075。

一九三〇年代：石坂莊作的全流域提案

石坂莊作是活躍於基隆的實業家、教育家，曾經獲得日本皇太子表彰其對臺灣社會事業之功勞，並憑藉聲望而被州知事遴選為臺北州協議會員。[19]身為文史的著名愛好者，他研究史地文獻、親自實地踏查，❸對淡水河三條支流改道的見解，與藤田排雲如出一轍。他也廣泛閱覽土木、地質主題的各種報告書，以及日本筑後川治水、琵琶湖疏水等專著。

面對土木局曾經提出的各種方案，石坂逐一提出批評：築堤與填埋低地都只是應急工程，造林在山坡陡峭而地層脆弱的臺灣無法收效，關渡拓寬則費多而功少，最多只能讓大稻埕的水位減低一尺八寸（〇．五五公尺），而大嵙崁溪分流雖然能將洪水位減低至少四尺（約一．二公尺），工程經費卻龐大到不可能實行。針對土木局認為唯一可行的輪中堤，他直言：「將城內約七十一萬坪的土地永久保存為滯洪池，從土地利用的角度來看是莫大的損失。」如果將來還要繼續以堤圍城，滯洪池的土地已難再取得，而圍城本身也將成為城市發展的桎梏。他還有更重要的一言：「此主張只顧及了市街地的安全，可以說是消極的計畫。」由此不難發現，他的觀點雖然站在城市必須開發的角度，但帶有更宏觀的視野及更務實的精神，並且試圖兼顧兩者。

❸石坂莊作的田野訪查並未找到支持大嵙崁溪於清代改道南崁一帶的證據，而主張改道應發生在更遠古的時期。

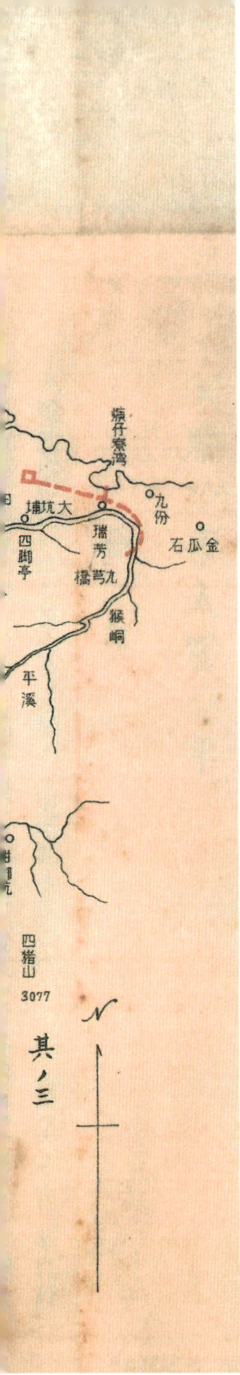

石坂在書中提出的三個方案涵蓋了整體流域的利益。第一案，在基隆河中游瑞芳附近設置分洪隧道，將洪水排入焿仔寮灣外海，再以存蓄的水解決基隆市民夏季缺水之苦，或用於灌溉、發電。第二案，在新店溪景美附近開挖分洪河道，將洪水繞過臺北市區導入松山附近的基隆河。第三案，則是在大嵙崁溪石門兩岸興建大壩截蓄溪水，同時開鑿水渠將水導入桃園，灌溉臺地十萬多甲的農田。[20]

長年居住在基隆的石坂，顯然並未以臺北為中心，而是展現出全流域的視野。作為州協議會員，他也深諳財政現實，強調自己的提案「絕非是那種因為需要鉅額經費而無法實現的空想方案」，而是在防禦洪水外，讓「所有相關地方」都能得水之利。在他筆下，科學的光芒閃耀，他堅信水帶來的災難終將成為幸福的泉源。儘管書名是一個問句，對人類是否能戰勝天意似乎有著疑惑，但內容卻體現了他對科技征服自然的極大信心。

從日治初期以來的三十年間，淡水河流域居民對治水的熱切關注在臺灣其他流域實屬少見。這些意見不僅肇因於個人經歷，更折射出時代的特色。儘管被保留下來的只有少數上層人士的聲音，但其與官方的良好關係，正是讓各種見解進入統治者與技術者視野的原因。他們或許也沒有想到，一些看似難以實現的想法，在數年或數十年後，都將一一成為工程師們認真評估的治水方案。

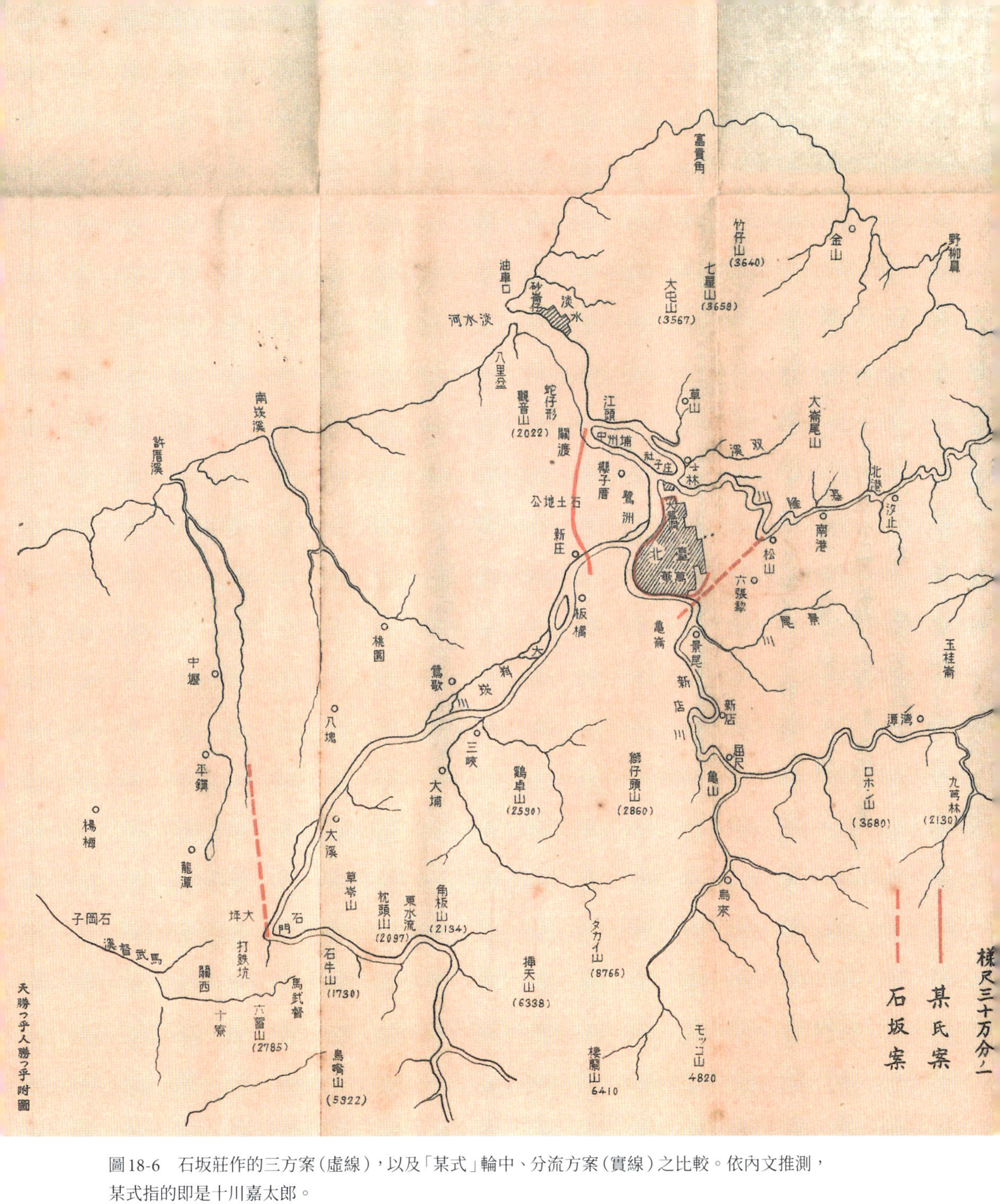

圖 18-6　石坂莊作的三方案（虛線），以及「某式」輪中、分流方案（實線）之比較。依內文推測，某式指的即是十川嘉太郎。

資料來源：石坂莊作，《天勝つ乎人勝つ乎　臺北洪水の慘禍と治水策》（臺北：株式會社臺灣日日新報社，1930），圖片頁，臺南市立圖書館新總館典藏。

戰後的員山子分洪道

瑞芳的員山子分洪道於2005年完工。洪水時將基隆河上游的部分洪水經由分洪道，直接排入東海，以降低中下游地區的洪峰水位，與日治時期石坂莊作的提案（第一案）有異曲同工之妙。

資料來源：葉兆彬拍攝（2022年9月20日）

第十九章

島都之河的總合治理計畫

顧雅文

認真構思、常常說起的烏托邦，馬上就要成真，你將為人所稱道。

——十川嘉太郎（一九三五）[1]

一九三五年（昭和十年）初，自日本赴臺的前總督府土木局技師十川嘉太郎，從行經桃園的車窗外看到被圳水潤澤的田地時，不禁詩興大發。這首將老同事德見常雄的姓氏發音藏於其中的詩，背後有一段歷史。[1]早在一九〇七年（明治四十年），德見就提出他的烏托邦夢想：在石門築壩，以發電、灌溉及防洪。[2]如果瞭解他們的經歷，就會知道十川當時的心情是多麼複雜。

[1] 原文為「とくと見て常に語りユートピア、やがて現出君を称へん」，將德見常雄的姓氏發音（とくみ）藏於文中。

[2] 以下若未另加注釋，皆改寫自顧雅文、簡佑丞，〈大壩烏托邦：日治時期「石門水庫」的規劃與設計〉，《臺灣史研究》第二八卷第一期（二〇二一年三月）頁八七—一二八，及顧雅文，《測繪河流：近代化下臺灣河川調查與治理規劃圖籍》（臺中：經濟部水利規劃試驗所，二〇一七），頁五五—九七。

備受抨擊的官設埤圳計畫

如第十六章所述，一九〇八年的官設埤圳計畫包含了水庫的宏大構思，然而接下來的發展卻不如預期。首先，以高壩防洪的構想並未受到十川嘉太郎「臺北洪水防禦案」的認可（詳第十七章）。其次，官設埤圳中一南一北兩個築壩案中，率先進行的二層行溪堰堤工程遭遇超出預期的降雨量及洪水流量，官方認為原先設計可能不夠安全，不得不在一九一五年（大正四年）中止計畫。以高壩及大型貯水池為核心的桃園大圳初始規劃也被放棄，改回直接自河川取水的傳統方式。

這個事件對臺灣土木界的影響可能遠超過想像。總督府官員在帝國議會連續兩、三年遭受抨擊，被要求承認其事先調查不夠充分。眾議員高橋光威更是直言：

> 土木工程的計畫及執行非常粗糙，是普遍存在的傾向……因為距離中央太遠，導致中央的目光無法觸及……這種情況屢次發生，未來要求的預算可能會被大幅削減……

他提出以懲戒技術人員作為警示，致使高橋辰次郎、張令紀、池田季苗等人均受到懲處。[2]本該負責的德見與十川因已辭去公職而未受罰，但他們內心的鬱悶與無奈可想而知。九大河川調查完成以後，一九一六年起土木局多次提出多年期的臺灣治水計畫書，但都在總督府內部或帝國議會中遭到否決，或許也是跟此事有關。

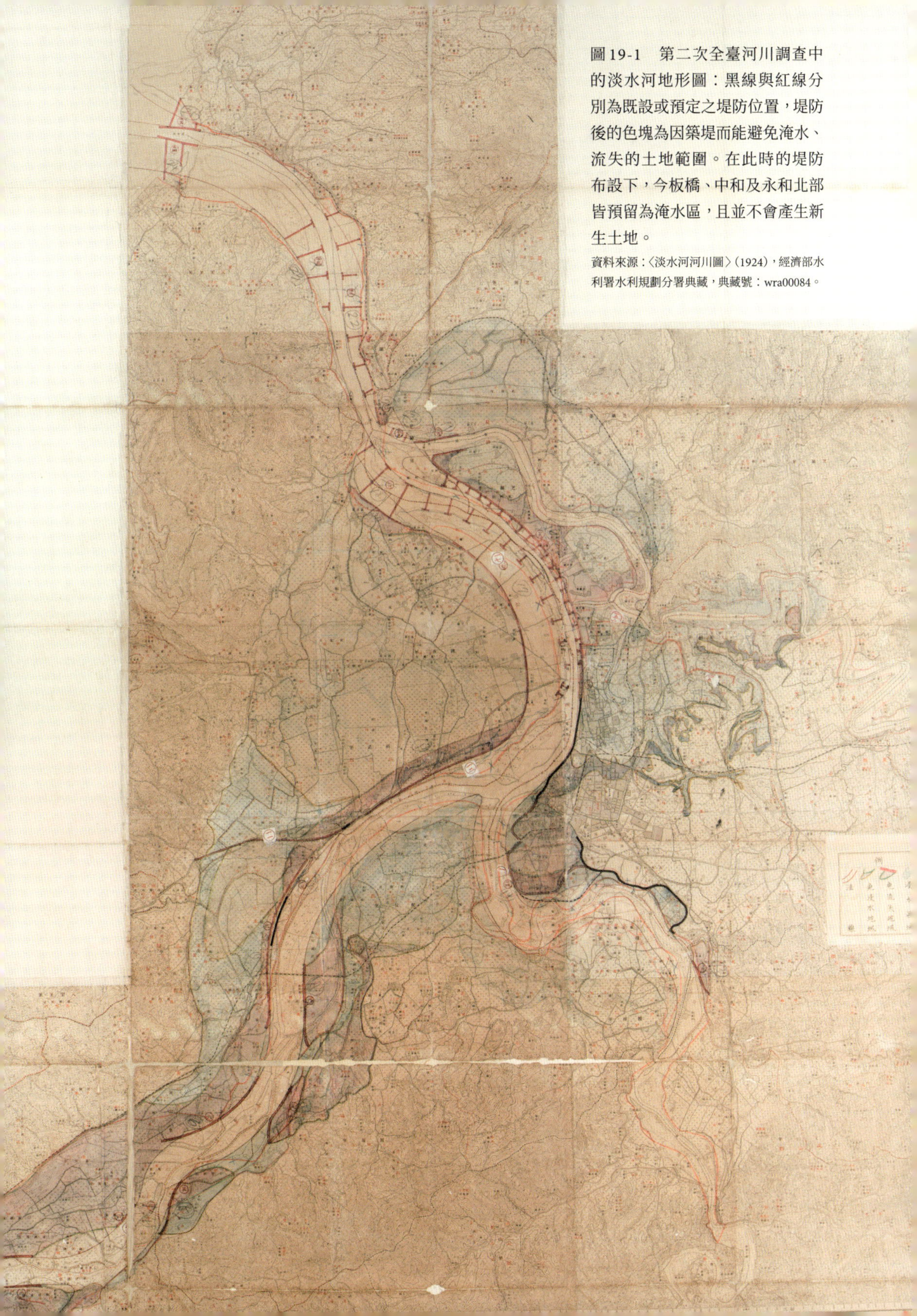

圖 19-1　第二次全臺河川調查中的淡水河地形圖：黑線與紅線分別為既設或預定之堤防位置，堤防後的色塊為因築堤而能避免淹水、流失的土地範圍。在此時的堤防布設下，今板橋、中和及永和北部皆預留為淹水區，且並不會產生新生土地。

資料來源：〈淡水河河川圖〉（1924），經濟部水利署水利規劃分署典藏，典藏號：wra00084。

第二次全臺河川調查與殖民地治水事業的轉機

到了一九二〇年代，逐漸陷入景氣蕭條及關東大地震帶來的經濟危機，讓以興利為宗旨的殖民地治水事業出現轉機。一九二四年（大正十三年）起，河川調查委員會決議展開第二次全臺河川調查，其中當然也包括了淡水河。除了流量、地形等常規調查，還加入「經濟利害」的調查項目，並在河川地形圖上仔細注記築堤後「免浸水（免淹水）」、「免流失」以及「新生地」的預想區域範圍。

隨後，被判斷具有最高經濟利益的下淡水溪（高屏溪），其多年期治水計畫預算終於在一九二七年度受到中央認可。一九二九年（昭和四年）起，各河川的治水計畫也陸續編製完成，十年之後，全臺已有二十九條河川擁有完整治水計畫，包括一九三七年擬出的淡水河計畫書與計畫圖。

不過，在官民熱切期待下，淡

淡水河治水事業

新店溪合流點移江頭

決定自本年度著手　俟長官歸後測量

淡水河治水事業。與大臺北市建設。其密接關係。爲多年之懸案研究。業決自本年度著手。因是本島之正水事業。亦已漸緒。而下淡水溪治水。既自昭和二年度。爲六個年繼續事業著手。自本年度起。宜蘭濁水溪之治水起工。故淡水河。自然入整理順序。其計畫內容。在實地調查前。尙未具體決定。然新店溪之合流點。似欲移在江頭。其規模極大。即依此自三峽。爲歌。向淡水直流。因是浮出土地。不但有數萬甲。且臺北市絕對免水害。其工程。視爲下淡水溪工事以上之大工事。實地測量。俟河原田長官歸臺後。立欲著手云

北勢溪流域

治水造林

新店溪。爲臺北水道水源在電氣灌漑其他水利上。有重要關係。然而年々氾濫。其被害極大。如大正十三年八月。新店市街。殆歸於全滅。每有降雨。則有受其脅威之感。明治三十五年以來。治水工事所投經費。凡百二十餘萬圓。重修提防々備雖嚴。然對其施設。若使之永遠萬全。不得不於源流。而出治山野之根本策。在當局。亦多年爲治水調查。關於治山。重爲考慮。大正十四年以降。殖產局。施行森林計畫事業。同時竝爲治水調查。欲爲保安林編入。或開墾制限。或禁山地之設定。對於國有地急要箇所。正立治水造

圖19-2　報上刊載改造新店溪的消息，但據其內文應是指大嵙崁溪。

資料來源：〈淡水河治水事業 新店溪合流點移江頭 決定自本年度著手 俟長官歸後測量〉，《漢文臺灣日日新報》，1929年4月13日，4版，漢珍知識網。

水河的治水傳聞早就不絕於耳。根據一九二九年四月的一則新聞報導，儘管實地測量尚未開始、具體決議也還未出爐，記者已迫不及待釋出消息，指出官方欲將新店溪（應是大嵙崁溪）與淡水河的合流點移至江頭（今關渡），而此舉預計產生數萬甲的新生地，工程甚至超過下淡水溪的規模。[3]

有趣的是，這並不是唯一的街談巷議。同年六月，隸屬新竹州的中壢升格為街。早就覬覦桃園大圳灌溉利益的日本拓殖會社專務取締役（董事）小松吉久特別撰文慶賀，並在文中透露，他更加期待在大圳取入口石門築造大型堰堤的傳言成真。[4]此一傳聞的可信度可能更高，因為其他報刊在同一時間還刊登了「新竹州大型水利事業第一期計畫」的具體細節。

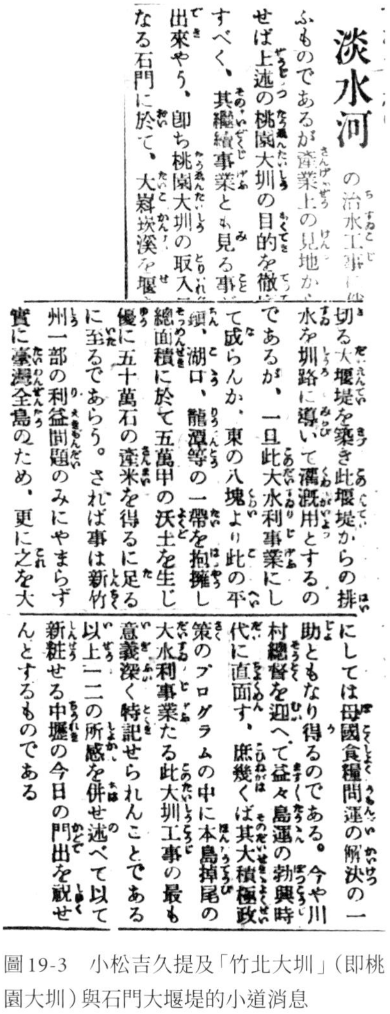
淡水河の治水工事に伴ふものであるが產業上の見地から せば上述の桃園大圳の目的を徹底すべく、其繼續事業とも見る事が出來やう、即ち桃園大圳の取入口なる石門に於て、大嵙崁溪を堰切る大堰堤を築き此堰堤からの排水を圳路に導いて灌漑用とするのであるが、一旦此大水利事業にして成らんか、東の八塊より此の平鎮、湖口、龍潭等の一帶を抱擁し總面積に於て五萬甲の沃土を生じ優に五十萬石の產米を得るに足るに至るであらう。されば事は新竹州一部の利益問題のみにやまらず實に臺灣全島のため、更に之を大にしては母國食糧問題の解決の一助ともなり得るのである。今や川村總督を迎へて益々島運の勃興時代に直面す、庶幾くば其大積極政策のプログラムの中に本島掉尾の大水利事業たる此大圳工事の最も意義深く特記せられんことである以上一二の所感を併せ述べて以て新粧せる中壢の今日の門出を祝せんとするものである

圖19-3　小松吉久提及「竹北大圳」（即桃園大圳）與石門大堰堤的小道消息

資料來源：〈昇格は偶然にあらず 更に大成に備へよ 中壢街の前途は實に洋々〉，《臺灣日日新報》，1929年6月1日，6版，漢珍知識網。

該計畫核心是在石門興建混凝土大壩，並打造一個蓄水量達烏山頭四倍的貯水池。藉此，桃園大圳灌溉未及的四萬六千五百甲一期作田或荒地可以全部轉為二期作耕地，同時讓臺北附近約一萬甲土地免於水害，又能附帶生產二萬瓩以上的電力。再者，此工程將完善大嵙崁溪的治水，如果新店溪治水也得以完成，淡水河土砂問題將得到全面解決，淡水港也能面目一新。若再加上開鑿八堵隧道，將基隆河作為運河，基隆港、臺北平原與淡水港間更能形成暢通的網絡。[5]從上述內容不難看出，這是一項有史以來最為龐大的計畫，不僅承載了德見常雄的夢想，還附加發展築港、航運的願景。計畫的主事者之一，正是剛完成嘉南大圳及烏山頭水庫而聲名鵲起的八田與一。

八田與一的新任務：淡水河治理及桃園大圳計畫

一九三〇年八月，《臺灣日日新報》以斗大標題刊登了八田與一被慰留的消息。原本在嘉南大圳完工後就打算回到日本內地的他，重新被召回總督府，受命入府的任務即為規劃「淡水河改修及桃園大圳計畫」。事實上，派令公告之前，八田已隨同內務局局長石黑英彥到石門實地視察。兩天後，石黑在總督府局長會議中宣布淡水河改修工程計畫的三個基本構想，包括於淡水河上游大嵙崁溪的石門興建大壩攔蓄洪水，將部分洪水導流於鳳山溪中；於新店溪築壩攔蓄洪水，僅將多餘溪水放流至下游；以及將基隆河洪水自瑞芳附近分洪入海。沒有土木專業背景的石黑，在上任一年後能提出如此具體的提案，顯然是得到八田的全力協助。

同一時間，基隆的實業家石坂莊作剛出版了他的專書《是天勝人？還是人勝天？》，提出治水建議（詳第十八章）。「石坂案」與「石黑案」內容大同小異，最大的不同在於，內務局並不是要在三個方案中擇一實施，而是要三案搭配同時進行，粗估的總工費是七千萬日圓。綜合前述關於新竹州大圳的計畫可知，在八田與一的藍圖中，追求河流利益（灌溉、發電、築港等）與防止河流洪水災害，是必須同時考慮的事。入府兩年後（一九三二），八

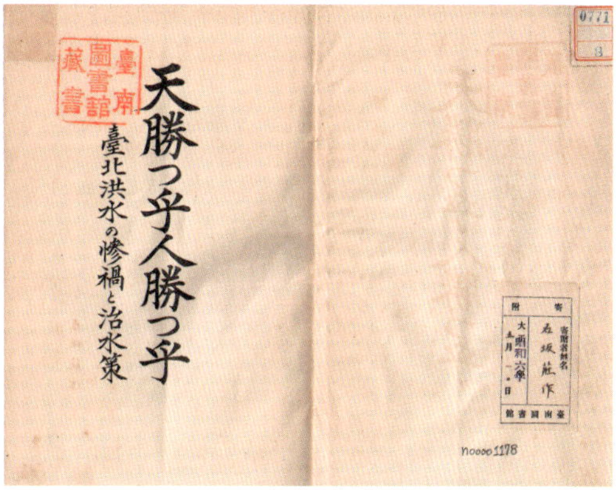

▲ 圖19-4　石坂莊作所著關於臺北洪水及淡水河治理的書

資料來源：同圖18-6

水に脅かされる島都を救ふ方策

淡水河の改修計畫—私見

—内務局技師……八田與一

淡水河の

最大洪水

河川改修

臺北市の

改修工事

土木技術

附帶工事

經濟の取

◀ 圖19-5　八田與一的「拯救島都方策」包含上游水庫、基隆河、大嵙崁溪分洪、關渡拓寬的治水工事，以及排水改良土地、築港等附帶工事。

資料來源：八田與一，〈水に脅かされる島都を救ふ方策淡水河改修計画—私見—〉，《臺灣日日新報》，1932年9月7日，6版，漢珍知識網。

田的計畫已經發展成一個總工費一億日圓的「拯救島都方策」，甚至還加入大嵙崁溪開鑿分洪道的構想，以及土地改良的提議。

國際新思潮：河水統制與總合開發

石坂莊作與八田與一都在此時浮現流域整體開發的想法，且重新「復活」日治初期的「タールスペル」高壩思想，這些當然不是憑空或偶然出現的洞見。若把視角拉至整個日本帝國，一九二〇年代中期，身為東京帝國大學教授、同時也是土木技術官僚的物部長穗，已在日本大力推動「多目標水庫」的理論與實踐。

水庫要同時滿足多重目標並不容易。防洪需預留足夠庫容，發電與供水則要維持較高水位，因此興建水庫前必須進行翔實的環境條件調查，水壩的位置、形狀、高度及容量等設計皆有賴縝密且複雜的考量。技術進展之際，用水需求也日益攀升。尤其，一九二九年經濟大恐慌之後，國際政治緊張、軍需工業擴張，再加上都市人口成長，對水資源的多元需求遂大幅增加。在這樣的背景下，「有害洪水的資源化」再度躍居焦點。原本較著重灌溉、水力發電或自來水等單一目標水庫的日本，也開始積極將洪水調節與治水功能納入水庫設計。以多目標水庫或全流域水庫群為核心的「河水統制」思維，遂成為當時土木水利界的顯學。

再從更大的全球尺度來看，美國聯邦政府於一九三三年成立田納西河流域管理局（Tennessee Valley Authority, TVA），規劃田納西河流域的水資源開發與治理。其由政府主導公共工程的模式及總合開發的理念，進一步促使日本將「河水統制計畫」納為國策。在一九三〇年代亟欲對外擴張、又擔憂外部制裁的日本帝國，「資源」一詞可能是最受矚目的關鍵字，大壩則被視為解決一切資源問題的科學處方。大壩能將洪水之害轉成水資源之利，供給發電、產生糧食，進而改善農村生活，加速工業發展，而後便能自給自足，協助日本對抗充滿敵意的世界。據此便不難理解，淡水河流域的治理，何以逐漸長成一個以水庫為核心、兼顧防洪、灌溉、發電及築港的鉅型計畫。

規模宏大的淡水河全流域治理計畫

此時，臺北早以「島都」作為代名詞，提示著其作為「殖民地文明中心」的地位。[6] 對八田與一來說，採用國際間最新穎的治水理念，似乎才足以配得上這座全臺最進步的城市所承載的重任。那麼，他如何將腦海中的構想一步步轉化為實際的計畫？水規分署典藏的工程文獻及圖資提供了重建這段過程的珍貴線索。

一九二九至一九三三年間，內務局土木課於石門、大稻埕堤防周邊進行地形測量，也補足了基隆河及新店溪上游的詳細測量。[7] 為了更精確地掌握洪水量，土木課於一九三〇年組建了一支專門團隊，只要暴風警報一響，技手及工手們就會被派到沿岸二十三個架設量水標的地方，監測每小時的水位變化，分析主流與各支流間水位之因果關係、淹水範圍及時間。此外，石門的事務所還配置有觀測員，他們平時需觀測雨量，用浮子測量流速、計算流量，洪水來襲時更不能懈怠。

報告書中詳細記述了觀測員的工作流程。他們在湍急的河流上架設一條跨越兩岸的纜線，將帶著竹桿的「浮子投入器」滑到河流中央後，以此投下竹桿並記錄漂流時間，取得數據。臺北橋則是另一個觀測重點，除了平時及洪水時的流量，這裡的觀測員還要監看每小時的潮水位，計算潮差。[8]此外，為了製作淡水河不同比例尺的的平面圖、橫斷面與縱斷面圖，河的兩岸也設置許多「三角點」及「町杭」（斷面樁）。

一九三七年，涵蓋淡水河全流域的治水計畫終於出爐，防洪構造物的布置、設計形式、材料，以及工程預算都有了詳細規劃。[9]再過兩年，淡水港灣及預定石材採取場之測量已經完成，關渡至淡水間的低水工事（河港航路建設）設計圖也已成案。[10]一九四〇年，第一期計畫躍然紙上，臺北市防洪牆及堤

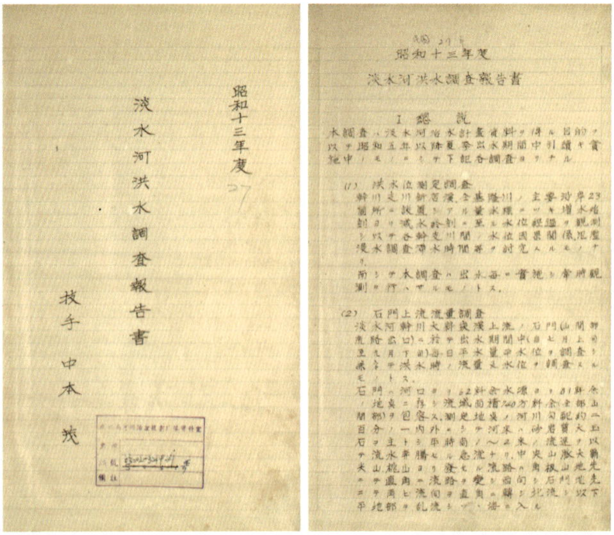
昭和十三年度
淡水河洪水調查報告書
技手 中本

昭和十三年度
淡水河洪水調查報告書
I 總說

圖19-6　1930年起每年都會製作《淡水河洪水調查報告書》

資料來源：經濟部水利署水利規劃分署典藏

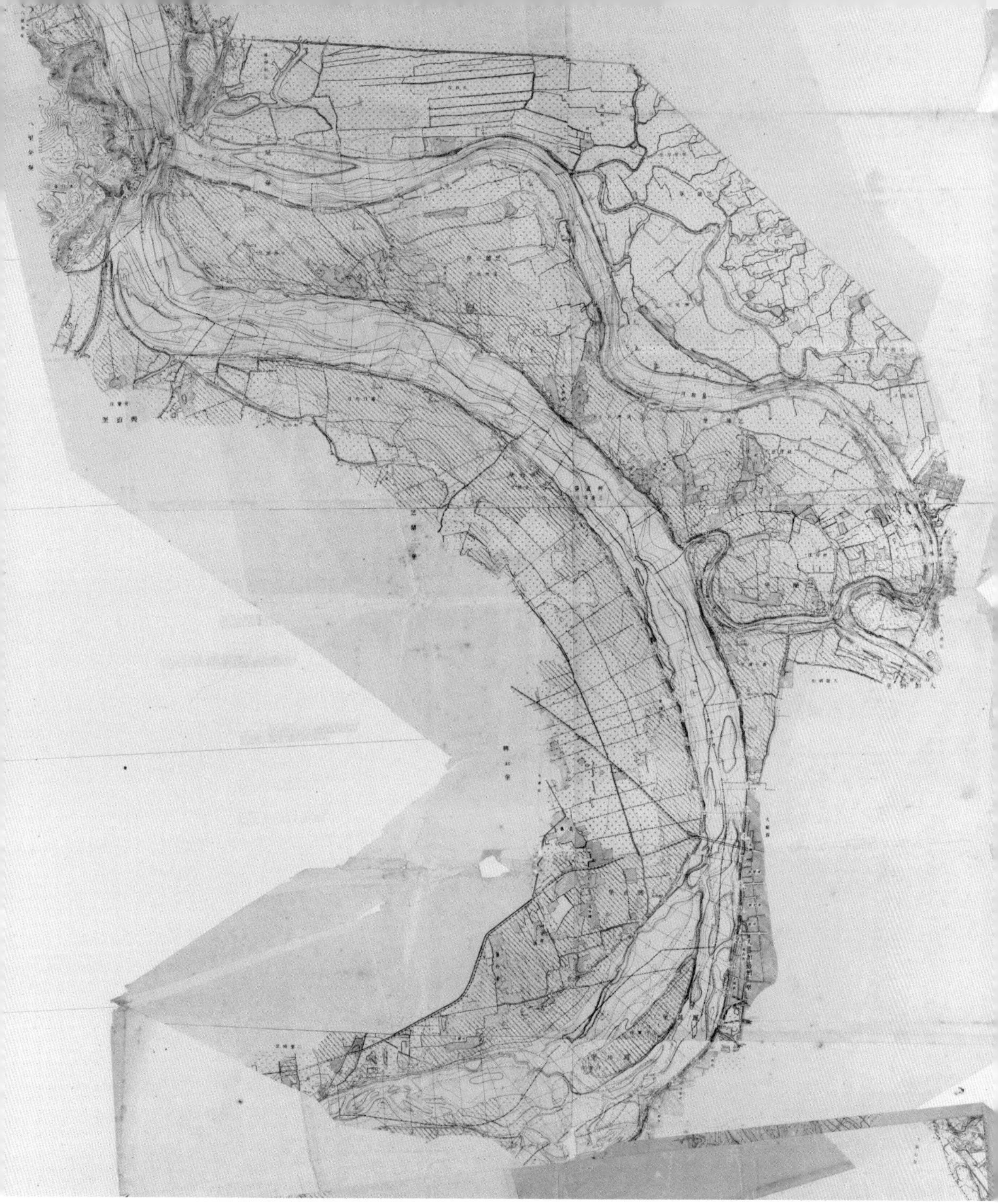

圖 19-7　此圖呈現淡水河及基隆河下游河道的斷面樁位置。測量人員在河岸、河床兩側打入木樁或砌石柱，每對樁柱對應一條橫斷面測線，即圖中與河道垂直的多條平行線，據此可繪製該剖面的高程變化，即橫斷面圖；再依據各橫斷面圖中心點的高程連線，另繪出河道中心高程的縱斷面圖，便能瞭解河床之坡度，作為規劃設計之依據。

資料來源：〈淡水河本流治水計畫縱斷圖〉(1937)，經濟部水利署水利規劃分署典藏，典藏號：wra00590。

防將有新的擴建，淡水河口將改頭換面，基隆河也會有一條新的分水隧道。[11]

雖然圖資中並未見到石門堰堤的設計資料，但有些細微的線索值得探究。從一九三〇年測繪的五百分之一地形圖（圖19-12）中，可清楚看見以鉛筆標示出的弧形石門堰堤位置。十七年後，一份標記著日文水利用語、可以推斷是以日治時期圖資重繪的〈石門堰堤設計圖〉（圖19-13），則具體呈現出石門大壩的斷面設計，以及大壩、發電廠和「昭和水利灌溉給水隧道」的布局。[12]

圖19-8　1937年淡水河治水計畫圖：原圖應為彩色，可惜散佚。此圖無多餘注記且圖名、比例尺等皆相當完整，應為公告用而非內部工作使用。除了標示堤防、護岸位置，與治水後免於淹水、流失及新生的土地範圍，亦附上主流及三條支流不同河段的縱斷面圖。

資料來源：〈淡水河治水計畫圖〉（1937），經濟部水利署水利規劃分署典藏，典藏號：WRPI00010。

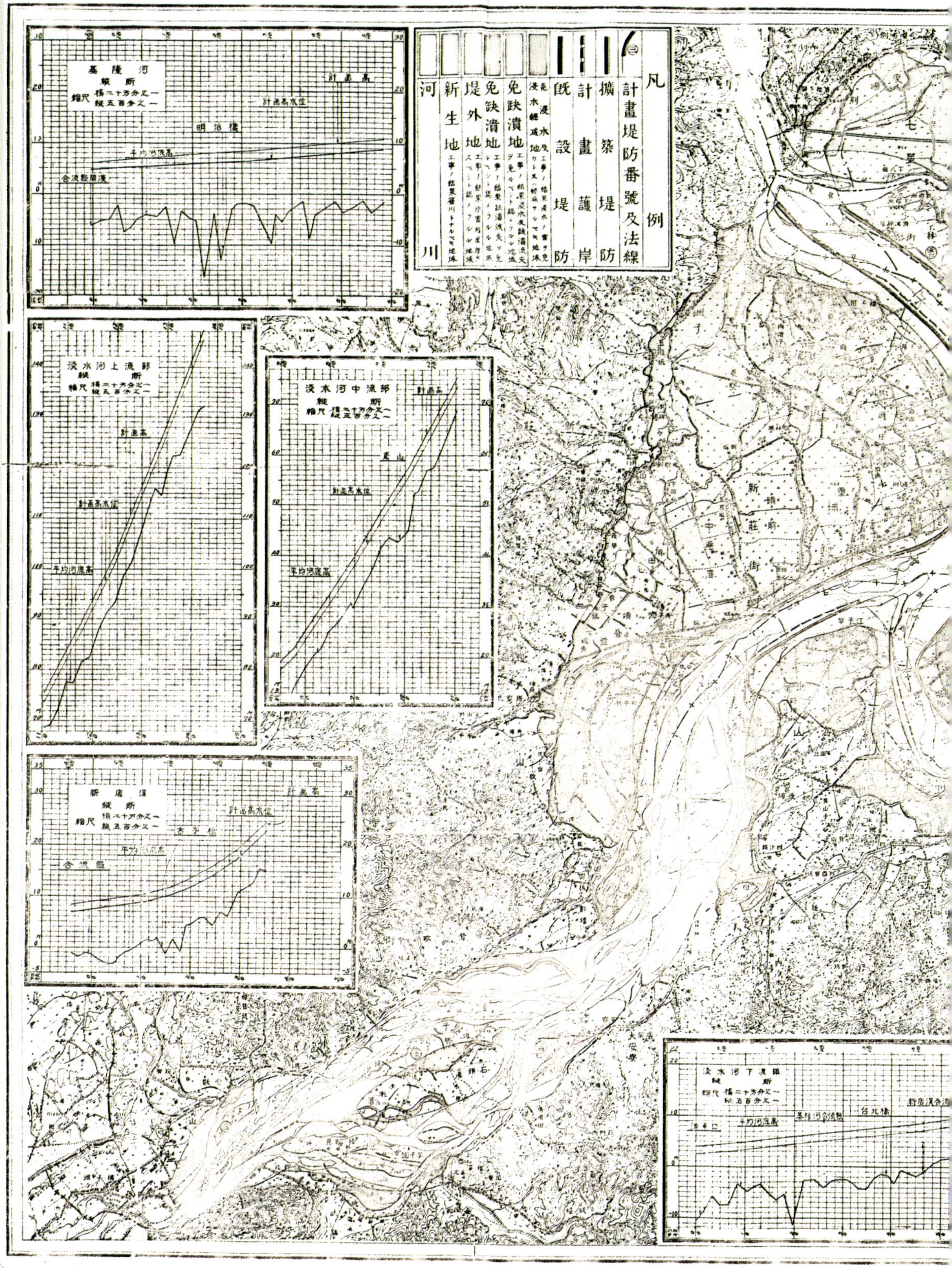
凡例
計畫堤防番號及法線
構築堤防
計畫護岸
既設堤防
免浸水及浸水輕減地
免鉄潰地
免鉄潰地
堤外地
新生地
河川
基隆河 縱斷
淡水河上流部 縱斷
淡水河中流部 縱斷
新店溪 縱斷
淡水河下流部 縱斷
計畫高水位
平均河底高

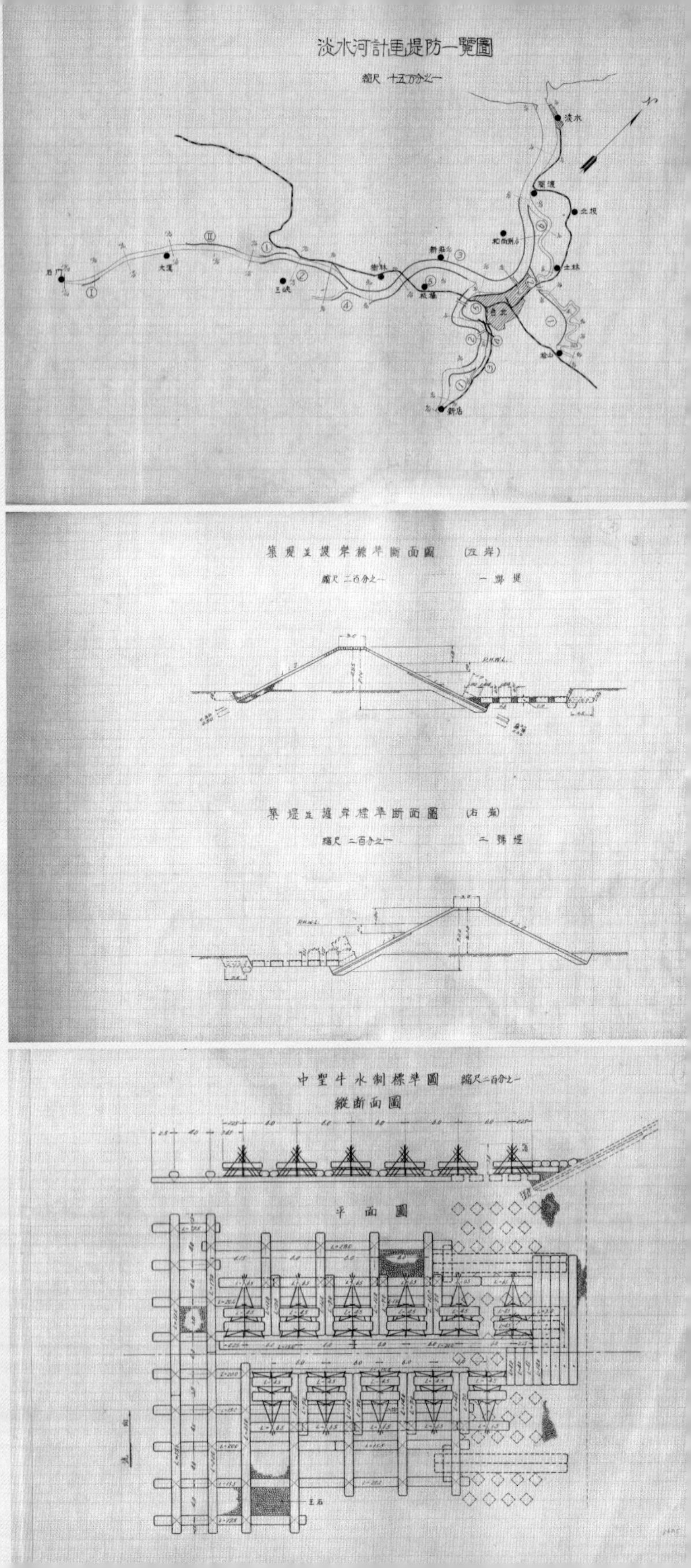

圖19-9　1937年淡水河治水計畫中堤防的布設位置及設計圖：堤防與河流平行以避免洪水，包括石堤與土砂堤，下設護岸。丁壩則與河流垂直以導正水流或削減水勢，包括以鐵絲、木、石等組起的「蛇籠」、「聖牛」、「杭出水制」等。

資料來源：〈淡水河治水計畫設計圖〉(1937)，經濟部水利署水利規劃分署典藏，典藏號：wra00584。

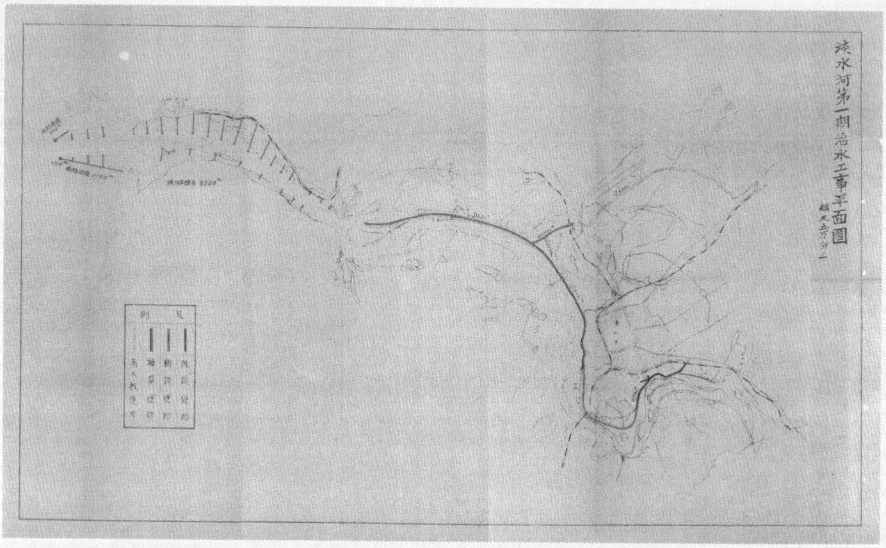

圖 19-10　淡水河低水工事設計圖：紅線為下游輪中堤防的新築或擴築計畫，以及從關渡到淡水河口的河港航路建設計畫，其兩岸垂直的大型丁壩能將水流導正至河道中心，以減少航路淤砂並穩定水深。

資料來源：《淡水河治水書彙》(1940)，經濟部水利署水利規劃分署典藏，典藏號：wra00595。

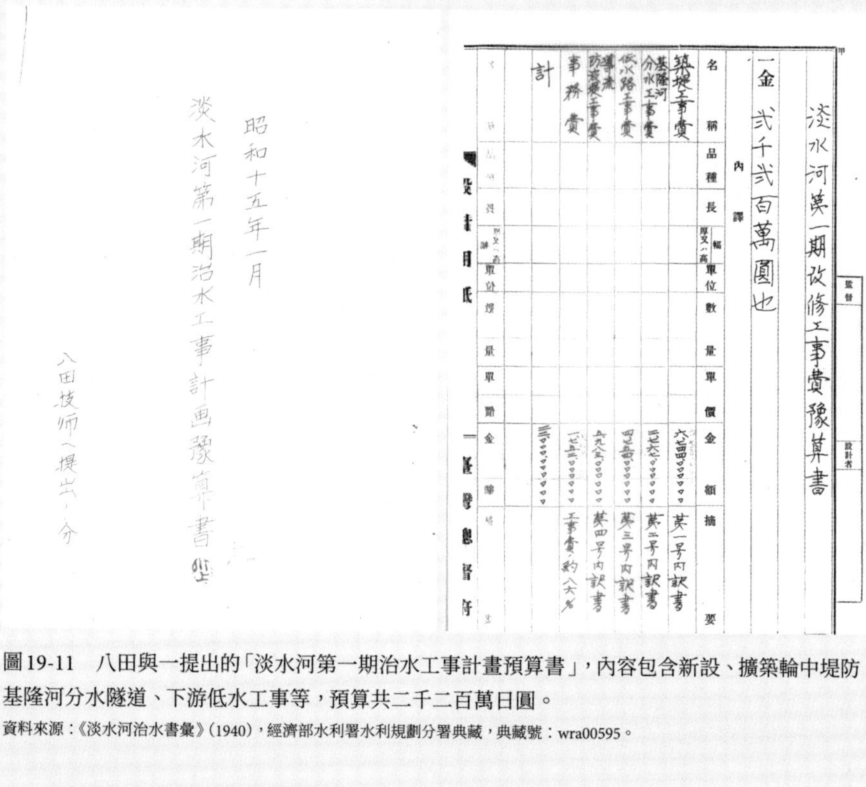

圖 19-11　八田與一提出的「淡水河第一期治水工事計畫預算書」，內容包含新設、擴築輪中堤防、基隆河分水隧道、下游低水工事等，預算共二千二百萬日圓。

資料來源：《淡水河治水書彙》(1940)，經濟部水利署水利規劃分署典藏，典藏號：wra00595。

所謂「昭和水利計畫」

此一期間頻頻在報章雜誌上出現的治水藍圖，映照出整個社會對此的殷切期盼。重溫本章伊始的那首詩，當六十八歲的十川嘉太郎於多年後重新踏上淡水河流域的土地，內心翻湧的感受或許五味雜陳。一年後，他又為這條大河賦詩一首：「頑皮的童年已然過去，如今的淡水河年老而滿載豐饒。」[13]他眼中的淡水河即將經歷奇妙的蛻變，從頑劣幼童成為內蘊豐富的老者，靠的便是代代工程師的創見。十川筆下的詩句，正是對數十年前老同事德見常雄先見之明的由衷讚嘆。

值得一提的是，直至戰後，以石門大壩為核心的烏托邦構想並未被民間遺忘。由地方人士促成的「石門水庫建設促進委員會」，聘請臺灣大學教授徐世大主持研究調查，第一步便是蒐集日治時期的資料，包括一九二九年的《淡水河治水工事設計關係書類》，以及一九三八年的《石門堰堤計畫說明書及工程預算書》。[14]該委員會的報告書指出，八田與一針對石門水庫「曾擬一計畫大要，稱之為『昭和水利計畫』」，但此計畫的真實性仍在史學界引發質疑。[15]「昭和水利計畫」確實不像

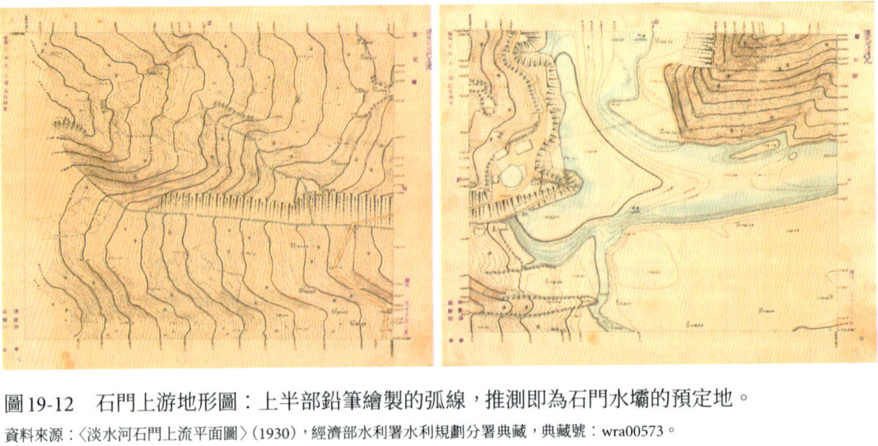

圖19-12　石門上游地形圖：上半部鉛筆繪製的弧線，推測即為石門水壩的預定地。

資料來源：〈淡水河石門上流平面圖〉(1930)，經濟部水利署水利規劃分署典藏，典藏號：wra00573。

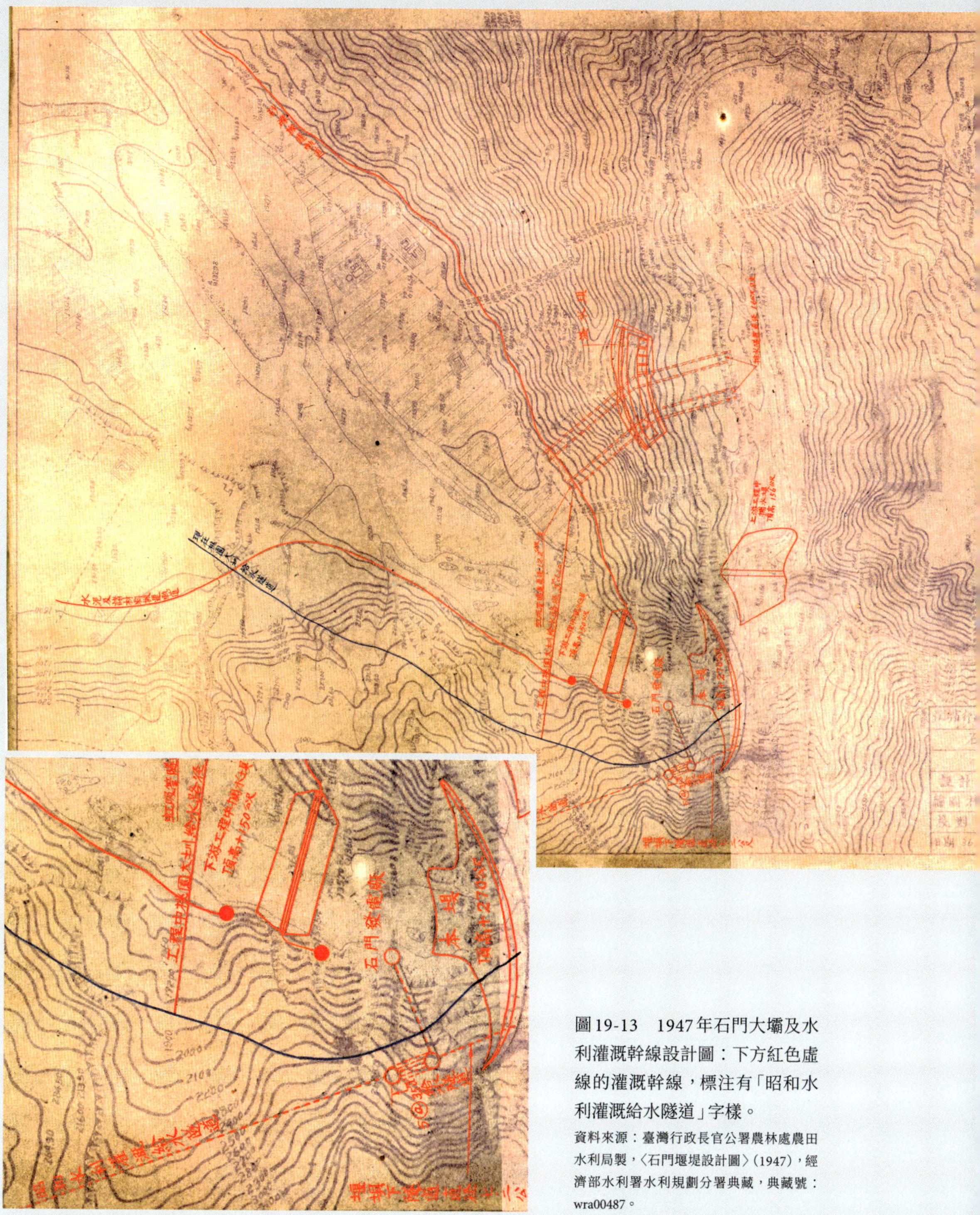

圖19-13　1947年石門大壩及水利灌溉幹線設計圖：下方紅色虛線的灌溉幹線，標注有「昭和水利灌溉給水隧道」字樣。

資料來源：臺灣行政長官公署農林處農田水利局製，〈石門堰堤設計圖〉（1947），經濟部水利署水利規劃分署典藏，典藏號：wra00487。

是正式名稱，然而上述種種資料揭示此一計畫確實存在，其內涵便是淡水河的總合開發。倘若當時水利界存在此一用語，應該是為了與大正時期的輪中治水計畫做出區別。

一九二四年（大正十三年）與一九三七年（昭和十二年）的淡水河治水計畫圖，呈現兩者在工程設計及治水思維上截然不同。大正年間，石門築壩計畫受到二層行溪堰堤事件而停滯，導致利水（桃園大圳）與治水（臺北輪中築堤）脫勾發展。在治水方面，為了達到防禦洪水的單一目的，淡水河兩岸堤防距離留得很寬，今板橋、中和及永和北部皆預留為淹水區域。但到了昭和年間，上游預計興建以防洪為主、灌溉及發電為「附帶工事」的水庫，下游則讓基隆河支流向西分水，而港口又有浚渫築港。在此宏偉願景中，預設堤防因增建或延長而更加連續，留置的堤防缺口減少了，兩堤間的距離亦明顯縮窄，更進一步提取出新生土地的利益。

未能實現的雄心壯志

八田與一在受訪報導中坦率地展露他的雄心壯志：「按理說必須最早開始的淡水河改修工事，比鄉下的濁水溪等大河更晚動工，是因治水根本方針尚未確立，而土木技術者常跟從不同時期為政者的意見，從事最姑息的做法。」[16]言下之意，他批評大正時期的輪中治水計畫不過是應付眼前問題的權宜之計，應該將國際最先進的治水理念應用於流貫島都的

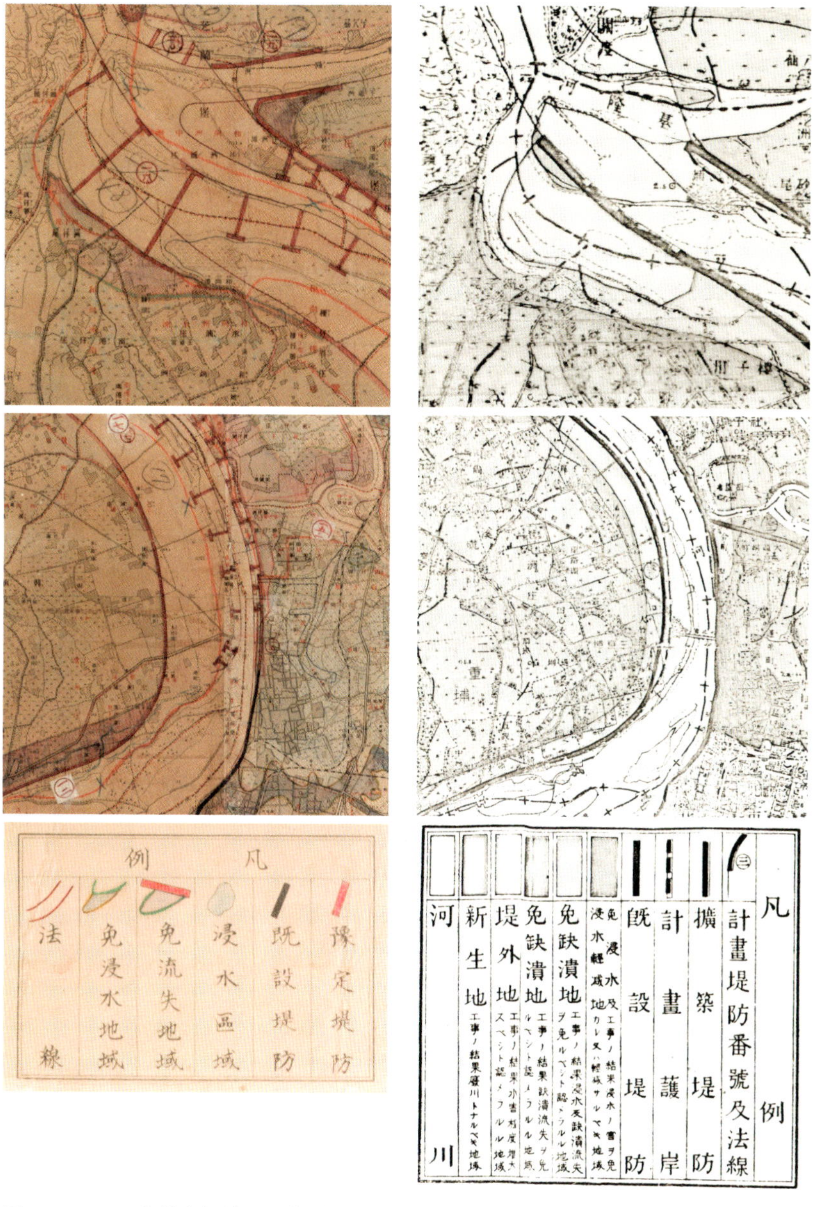

圖19-14　1924年淡水河地形圖（彩色）與1937年治水計畫圖（黑白）之比較

資料來源：圖19-1、19-8局部

淡水河上。

然而，此一龐大計畫最終還是未能實現。一九三七年七月中日戰爭爆發，在八月總督府宣布將臺灣納入「戰時體制」之前，內務局即以「地價高漲、必須重新估價」為由，宣告暫緩提出淡水河改修計畫的預算。[17]不過相關的計畫與調查並未完全停止，總督府甚至請來日本內務省大壩地質權威高田昭，就壩高問題給予修改意見。此外，戰爭陰霾也帶來新的考量。肩負日本帝國總動員版圖中發展軍需工業的任務，臺灣的電力建設成為當務之急，促使原本以防洪為核心的計畫不得不重新調整，將淡水河上游的發電潛力納入考量，以期在各方利益求取新的平衡。[18]但直至終戰，「昭和水利計畫」都沒有進展至向帝國議會提出預算的階段。

島都之河的治理遺緒

從河畔放下第一個量水標的日治初期，到八田與一構思總合治理的日治末期，正是淡水河走向被人為改造的第一個五十年。然而，它究竟要被改造成什麼樣子，並不是按著單一思路持續前進的線性過程。受河流哺育的紳商、文人各懷自保與發展的期望，工程師對島都之河抱持著技術追求，統治者則在政經利益中權衡。多元的群體使得這條大河呈現出相異且時而矛盾的理想樣貌。

相較於臺灣的其他河川，淡水河的治理獨樹一幟，彰顯其鮮明的特殊性。然而，就實際結果而言，除了全島共通的地方水防組織設置，以及上游的森林治水計畫之外，[19]土木局對淡水河的龐大治理構想大部分停留在紙上作業，堤防興築率也僅完成一一%，遠低於高屏溪、蘭陽溪、烏溪及曾文溪等。[20]

淡水河治水的起點與最後的未能實現，必須置於城市之河的脈絡中，才得以充分理解。此一未竟之業也為戰後治理留下雙重的歷史遺產。一方面，豐富的資料與多元的治理構想成為後世規劃的養分。另一方面，築堤成為日治時期淡水河防洪的主要手段，而其不連續、不均勻的設置則揭示總督府選擇性保護的理念：有些地方築起堅固堤防，有些卻未見任何治水建設。如此差別化的保護，埋下了戰後地方各自競築堤防的問題根源。

第五部

蛻變中的大河

圖例
第一期堤防增建
第一期丁壩添建
第一期拓寬及浚渫
第一期橋樑改建
第一期下水道修建
第一期抽水站擴建
防洪教室增建
已成堤防
已成丁壩
計劃堤防
計劃浚渫
關渡計劃斷面圖
堤距 550M
計劃水位
臺北市
三重市
新莊
板橋
中和
淡水
北投
關渡
獅子頭
五股
泰山
樹林
土城
景美
新店
蘆洲
社子
士林
圓山
大直
洲子尾

日治時期的總合治理計畫，並未進展到向帝國議會提出預算的階段，但留下豐富的參考資料，以及零星築設的不連續堤防。到了戰後，大量軍民伴隨中華民國政府遷臺，加上中南部移民到都市謀求生計，使得臺北縣市人口爆增，原本易淹水或流失的區域皆成為住居地。然而，石門水庫的首要任務轉向灌溉增糧，不再是淡水河下游防洪的終極解答。與此同時，臺北縣市屢遭大型水患，築堤等「地方之事」頻頻成為立法院討論的「國家大事」。

如同災害是社會的產物，河流的治理亦非單純的工程技術史。淡水河流域的防洪計畫從一九六〇年省政府啟動研究調查，到一九七三年由經濟部擬出《臺北地區防洪計畫建議方案（草案）》，花費十數年，在市民、學者、本地與外籍專家的反覆辯論中終於成形。在宏觀視野中，這段歷史揭示出臺北城市地位的轉變如何深刻影響治理淡水河的邏輯，成為重塑河流樣貌的依據；在微觀視野下，以工程報告作為文本分析，則能窺見那個時代的技術者所彰顯或隱藏的治水理念，以及從地方居民的回應，體察他們對這條大河的多元期待。

第二十章

「戰勝自然」的官民提案：水庫、築堤或浚渫

顧雅文

一九五三年八月十六日凌晨，北臺灣因為妮娜颱風過境而下起狂風暴雨。淡水河水位急速上升，到了晚上九點半，水位已漲到八．七公尺，再差三．三公尺就要漫過最高的堤頂。[1]

與臺北市一水之隔的三重鎮並無堤防，河水沖垮了河岸，造成二千多間房屋毀壞或倒塌，塭子川沿岸七、八十公頃的水田則被大水及其帶來的砂礫覆蓋。從五股鄉的更寮、塭底，泰山鄉的楓樹腳、埤仔頭，直至新莊鎮的中港里，水田成為一片汪洋，蘆洲農民的菜園也無一倖免。從萬華區向南望去，雙園區（今大部分併入萬華區）盡成澤國。南機場附近看上去像是大海，只有幾棵樹梢露出水面，住宅區完全沒入水中。受困居民站在屋頂上呼救著，然而聲音被吹散在大風的怒吼中；加蚋仔的竹林裡也有人在求救，隱約可見微弱的燈光閃動。再遠一點，新店溪左岸的中和鄉近溪一帶同樣被水淹沒。[2]

隔日早上，洪水如同來時那般地快速退去。市鎮災區滿目瘡痍，但河堤邊已擠滿大批人群，有的觀看退水後仍然洶湧的水勢，有的拾取洪水沖來的雜物與樹木，還有一些人搶在颱風過後下水捕魚或在岸邊垂釣，渴望豐收。報紙記者寫道：「黃昏時分，暮色蒼茫，漁燈點點還點綴在淡水河上，詩情畫意，和一天前的景況恰成顯明的對比」，而郊區「久求未雨之旱象頓除，茶葉、甘藷等類復活，翻新龜裂水田，農民均已驗呈笑容，趕著插秧工作」。[3]

臺北暴風雨

△十六日晨颱風警報越來越緊，強風帶來了驟雨，由於前次克蒂過境時吹壞多少房屋，吹落了若干招牌，市民心目仍蒙上陰影，此次妮娜較之尤爲強烈，所以商店多家實行打烊，雖逢星期日，各家準備應變，市面冷落異常。

△十六日終日暴風雨，臺北市低窪處水深數尺，公共汽車行至中正路時，宛如河內一條遊艇。

△萬華西園路，螢橋附近廈門街，中和鄉，南機場住戶均爲暴風雨洪水侵入，深達數尺，部份竹屋平房多被淹沒，尤以水源路、淡水河堤內一帶，水深八尺，不少房子被水飄起。

△夜深之後，南機場一帶水深八尺，居民來不及逃出的多攀登屋頂，利用火光，發出呼救信號。經臺北市警察局會同有關機關借來橡皮艇四條，開進災區，將災民救出。

△至昨（十七）日晨三時，已全部出險，登岸之災民，分批用卡車運至安全地點。

△本市治安當局已商借各國校作災民臨時收容所，截至十六晚，已置在東園國校五百餘人，龍山國校六百餘人，老松國校一百餘人，螢橋國校二百○八人，雙園國校二百餘人，計當局收容一千餘。尚有二千餘避難於親友家中及旅社內，共約三千餘人。

△省主席俞鴻鈞關心臺北風害災民，特於十六日深夜冒雨至各處災民收容所慰問，並指示各警察主管人員迅速辦理善後救濟工作。

△吳三連市長，昨天深夜在市警察局召集有關單位主管人員舉行緊急會議，商討臨時措施及善後辦法。

△臺北縣中和鄉頂溪洲附近，四週成一片汪洋，附近居民紛紛離家，縣長梅達夫急電公路局求救，公路局即撥車四輛，駛往中和鄉將被水困居民送往臺北安全地區暫避。

△第二屆工商塔籃球錦標賽，因妮娜光臨，全天賽事停頓。

△昨爲「七夕節」，適値颱風降臨，菜市場熱鬧，似較往年減色。（本報記者賓及人）

圖20-1　妮娜颱風的臺北災情報導

資料來源：〈臺北暴風雨〉，《民聲日報》，1953年8月18日，4版。

淹沒區的移民

在長年居住於淡水河畔的居民眼中，這或許已是他們司空見慣的尋常經驗。然而，對那些戰後剛遷居至臺北的移民而言，首度遭逢的大洪水無疑是一場雪上加霜的災難。一

九四〇年代末至一九五〇年代初期，隨著中華民國政府遷臺，臺北市人口數因而急遽增加，迅速躍升為全臺之最。[4]為緩解市中心人口壓力及因應可能的戰事，鄰近的三重、中和等鄉鎮隨後被指定為防空疏散區，也迎來一波人口增長。[5]

新店溪右岸的南機場，在日治時期原來是陸軍練兵場及南飛行場，且是洪水滯留低地。這片人煙稀少的土地在戰後由中華民國軍方接管，一九四九年後又有大量軍民陸續湧入，軍方興建的眷舍及軍民自建的違章建築如雨後春筍般冒起，將此處變成當時全臺規模最大的軍眷區。[6]而淡水河第五、六號水門外的土地，原為延平北路一帶的汙水出口處，一九五〇年代初漸漸聚集另一群住

臺北縣市人口變遷

人口學者依據1897至1943年、1955至2009年較可靠的人口記載，去除行政區界合併、變動因素後，得出長期的人口統計。從中可知，臺北市及臺北縣的人口在戰後初期迎來飛躍式的成長。

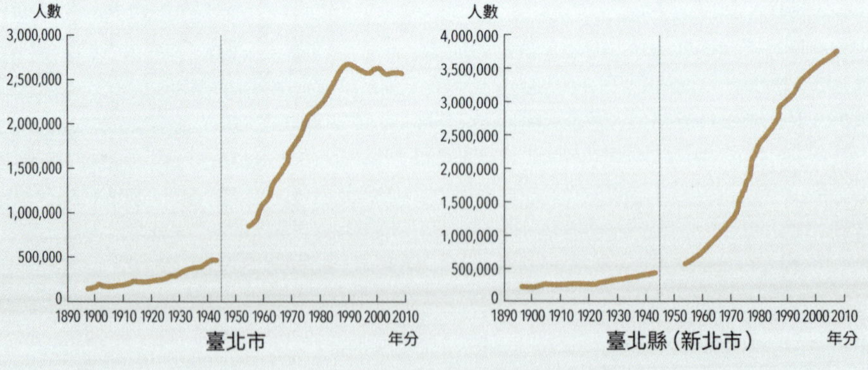

資料來源：根據徐茂炫等，〈臺灣廿三縣市日治時期人口統計之建立〉，《人口學刊》第40期（2010年6月），頁184人口數據重新繪製。

圖20-2　將戰後遭逢水災之地點套疊日治時期河川調查圖（圖19-1），可知第五號水門外、東園街、西園街、南機場等戰後移民居住區，在日治時期皆被視為易淹水區、易流失區，甚至位於河道之中。

資料來源：顧雅文製圖

圖20-3　1940年代末至1960年代淡水河水門內外景象

水門外側與防洪牆內側的日常生活樣貌

資料來源：張才，〈淡水河水門外之二〉(1950年代)，夏綠原國際有限公司夏門攝影企劃研究室典藏(上)。
鄧南光，〈七番坑水門〉(不詳)，夏綠原國際有限公司夏門攝影企劃研究室典藏(下)。

在簡陋竹屋的居民。他們多是來自彰化、雲林、臺南海岸地帶的貧困鹽工或農民，為生計所迫，男人們進城拉三輪車或當小販，婦孺們則靠撿拾破銅爛鐵維生，或從附近的中央菜市場拾菜果腹。[7]

這些原本屬於洪水的低窪地區，如今卻住滿了人。對他們而言，洪水不是自然現象，而是一場更深的苦難，將他們本就艱難的生活推向更險惡的邊緣。

▲ 第二水門外的河邊垃圾場

資料來源：黃則修，〈淡河漣漪——河邊垃圾場（第二水門外）〉，國立臺灣美術館典藏，登錄號：10400145。

▼ 孩童在水門邊玩樂，遠處可見臺北橋。

資料來源：黃金樹，〈玩童〉（1955），臺南市美術館典藏。

石門水庫的定位轉變：從防洪到灌溉

身為臺灣省政府水利局的局長，章錫綏馬不停蹄地視察災區。儘管對災民寄予同情，卻不認為築堤是解決之道。他為災民描述一個美好的前景圖：

中和、新莊、蘆洲、士林、江子翠等濱河地區並無堤防，過去為淡水河、基隆河及新店溪各河泛濫區域，此次如無以上之泛濫區域以緩和流勢，則馬場町及大稻埕之堤防將受沖更甚，危險更大。對以上各泛濫區全部修築堤防，並非良好解決水災之道。根本的解決辦法，即為早日修築石門水庫。8

在章錫綏看來，石門水庫一旦完成，這些地方即便不修堤，亦能避免洪水泛濫。這樣的看法並非他獨有。如曾有出身臺北的省議員建請省政府速修

章錫綏談防災 主張修建石門水庫 以攔蓄大嵙崁溪水

【中央社臺北十七日電】強烈颱風「妮娜」於十六日掠過臺灣北部，帶來豪雨，使臺北附近的錐地區發生水災，水位增高為卅年來所僅見。臺省水利局長章錫綏至臺北近郊馬場町，中和鄉一帶視察堤防後，發表談話稱：「新店溪內水位紀錄，十六日下午七時卅分為廿二，九四公尺，此水位為自民國十三年以來卅年中最高的水位（按民國十三年最高水位為廿四，〇五公尺）八時卅分水位降至廿二，七〇公尺，池說：中和鄉一帶，本為淹水區域，在未築有堤防的地方，帶有泛濫。其他如新店，士林，江子翠等地均屬淡水河基隆河及新店溪內泛濫區域，如果要修建堤防，[illegible]一時無法籌措，但根本的辦法，是要修建石門水庫，使大嵙崁溪水勢可攔蓄於石門水庫，而淡水河的河床，可供新店溪排洪之用，則雖不修堤防，亦不致泛濫了。」章錫綏說：[illegible]的公館及社後兩區[illegible]河川的堤防，略有坍塌，宜[illegible]的福德坑溪及射[illegible]溪兩處，亦會缺口。但已漏夜搶修完畢。有湖口方面報告說：因雨水，該區第二期稻作[illegible]可不成問題，惟各蓄水池尚有半池內水量，仍[illegible]桃園大圳及[illegible]救濟。水利局已通知桃[illegible]國大圳辦理中。

建廳廳長連震東及水利局副局長潘履坦十七日亦會赴臺北近郊馬場町視察堤防，並會轉赴中和鄉被淹地區視察災情，連震東已囑水利局設法研究改善該地區防[illegible]工程，現水利局正在收集資料研究中。

圖20-4　章錫綏視察妮娜颱風災區後受訪，主張修建水庫才是解決之道。

資料來源：〈章錫綏談防災主張修建石門水庫以攔蓄大嵙崁溪水〉，《民聲日報》，1953年8月18日，4版。

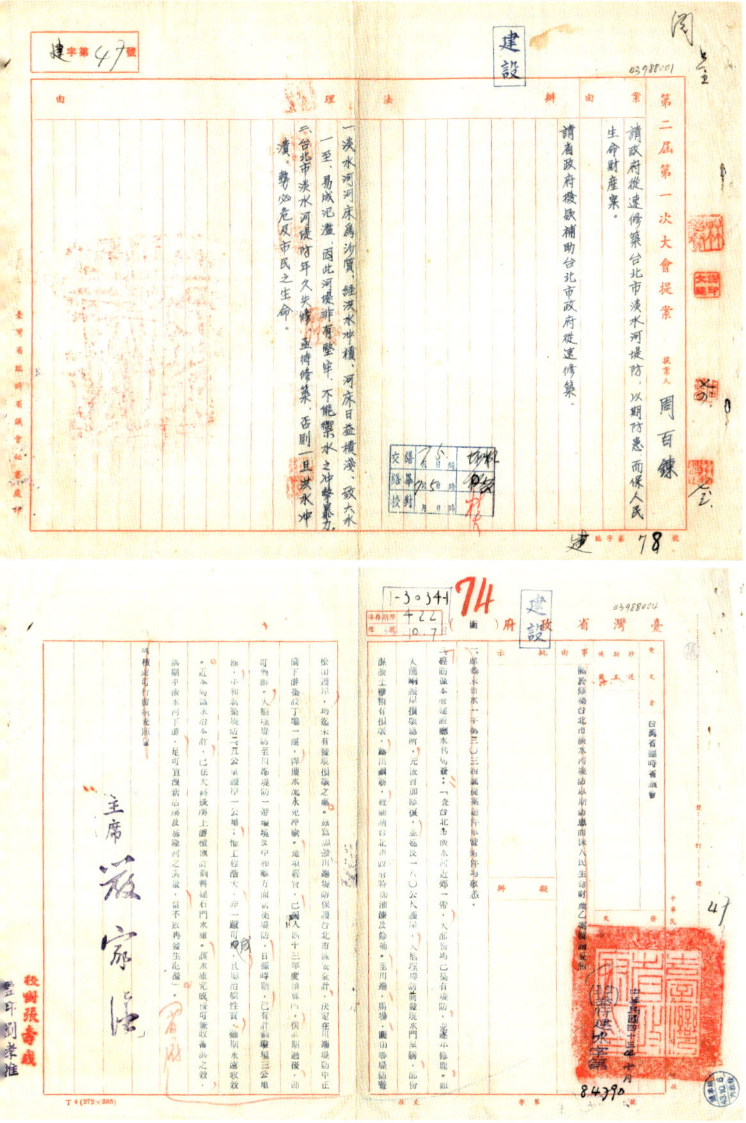
第二屆第一次大會提案　提案人　周百鍊
案由：請政府從速修築台北市淡水河堤防，以期防患，而保人民生命財產案。
辦法：請省政府撥款補助台北市政府從速修築。
理由：一、淡水河河床為沙質，經洪水冲積，河床日益積淺，致大水一至，易成氾濫，因此河堤非有堅牢，不能禦水之冲擊暴力。二、台北市淡水河堤防年久失修，亟待修築，否則一旦洪水冲潰，勢必危及市民之生命。

臺灣省政府（函）
受文者：台灣省臨時省議會
主席　嚴家淦

圖20-5　1954年8月，艋舺出身的省議員周百鍊提案修築淡水河的既有堤防，省政府答覆已積極規劃興建石門水庫，完成後當不再發生氾濫。

資料來源：〈周百鍊提案請政府從速修築臺北市淡水河堤防以期防患〉(1954)，中央研究院臺灣史研究所檔案館典藏，識別號：002_61_403_43024。

淡水河河堤，省主席嚴家淦也給出類似的回答。[9]換言之，一九三〇年代發展出的淡水河總合治理計畫仍未被遺忘，依然是戰後第一代官員心中最理想的防洪方式。

當時石門水庫被稱為「臺省DVA」，這個稱號透露出一個關鍵訊息：仿效美國TVA（田納西河流域管理局）控制河流，是一九四〇年代中國大多數治水工程師的夢想。一九四四年訪華的美國墾務局工程師、水壩權威薩凡奇（John L. Savage）提出著名的「揚子江三峽計畫」，試圖在長江上築一大壩，用以灌溉、發電、防洪及改善通航。計畫被冠上「YVA」之名，水利專家沈怡又將之譯為「揚域安」，意指「揚子江流域從此安瀾」。此後，中國掀起一股規劃流域總合開發的風潮，諸如西北七省黃河上游的「NVA」、下游的「YVA」、嘉陵江的「KVA」、錢塘江的「CVA」等計畫在各地湧現，而大嵙崁溪上游的「DVA」，亦成為復興戰後中國的希望之一。

到了一九五三年，歷經中央政府遷臺及前幾年的韓戰爆發，石門水庫的定位發生了奇妙的轉變，它不再只是「揚域安」的小規模複製，而是一個示範性的代替物，是TVA在「自由中國」之再現，更是戰勝共產暴政的能力與仁政之象徵。隨著石門水庫被賦予強烈的政治色彩，官方的規劃及籌建工作終於如火如荼地展開。[10]

只是，妮娜颱風過境數天之後，薩凡奇才剛將水庫設計的建議寄達臺灣。「大壩烏托邦」依然遙遠，對面臨水災威脅的居民來說緩不濟急。翻閱省、縣或市議會紀錄，幾乎每年都有幾位焦急的議員，建議在淡水河的不同河段築修或修護堤岸。一九五四年初「石門水庫設計委員會」成立，隨即展開關於壩型與壩高的討論。從委員會議中的激烈辯論可以看出，決定壩高的核心顯然在於是否將水資源利用極大化，原本在日治時期放在首位的防洪，在此時僅成為這座多目標水庫的附帶效益。

同年十月，在考慮社會、經濟與財政條件後，經濟部部長拍板決定石門水庫以灌溉增糧為主要目標，石門水庫設計委員會亦在各種壩頂標高方案中選擇較低的二百五十公尺定案。[11]這意味著防洪的預留空間被壓縮，將水蓄留在上游的石門水庫，已不再是淡水河中下游防洪的終極解答，政府不得不開始核可及補助小型築堤工程，以應對地方的需求。

急尋防洪最佳解

一九五九年夏天，新一輪的災難席捲而來。七月，過境東北部的中度颱風畢莉帶來大雨，臺北市雙園區的南機場一帶再次成為重災區。各報也大篇幅報導大陳新村的慘況，這些因追隨蔣氏政權而於一九五五年來臺投奔自由的「義胞」，有一千多人被安置於今永和北部。暴漲的湍急溪水在深夜將這個清貧小村圍成孤島，家具、衣物、米糧及生財工具皆毀於一旦，居民只能依靠政府救濟度日。[12]緊跟著來的是八月的八七水災，催毀了臺灣中南部不少建設成果。一時之間，防洪議題成為朝野最關心的焦點。

水利專家謀求的是一個能取代石門水庫的終極計畫，以徹底解決臺北水患問題。

圖20-6　1959年7月畢莉颱風後的大陳新村

資料來源：中央通訊社提供

為此，省水利局將原本在南部工作的第二規劃調查隊調駐臺北，自一九六〇年七月起展開淡水河的基礎調查、防洪規劃與研究，又另外組織不定期召開的「淡水河防洪計畫技術指導會議」，以共商大計（詳二十二章）。報上不時刊載出水利局的「確定方案」，包括在新店溪修建水庫、以水帶砂將砂石沖出河道、打通關渡兩邊雙山等。[13]與此同時，地方居民除了持續透過民意代表陳情，要求在各自區域築堤自保，也開始提出整治流域的宏觀構想。

「戰勝自然」的提案：全面築堤與浚渫通航

全面築堤及河道浚渫，大致可視為此階段最主要的兩種民間訴求。築堤請願不足為奇，但八七、畢莉水災過後出現了一些更有野心的提議。省議員在提案單上寫著：「政府自四八年八七水災重建成功及橫貫公路開通後，既立完了『戰勝自然』的政策，現中南部災區復原已告段落，對北部防汛工作此其時也。」為此，他建議政府進行基隆河、淡水河的全線堤防工程，為北臺灣築起更強的防洪屏障。[14]隨後幾年，他又兩度提出建議或質詢，並在單子上加入「疏浚三河河床」的進一步要求。[15]

民意代表的防洪請願並不是孤軍奮戰，但另一派浚渫河道的支持者著眼的不只是安全，而是同時把河道中的水與土砂視為資源。臺北市政府是最主要的鼓吹者。當時的議長與市長不時在新聞上援引清代航運帶動臺北商業發展的歷史，主張若自新店溪及大嵙崁溪

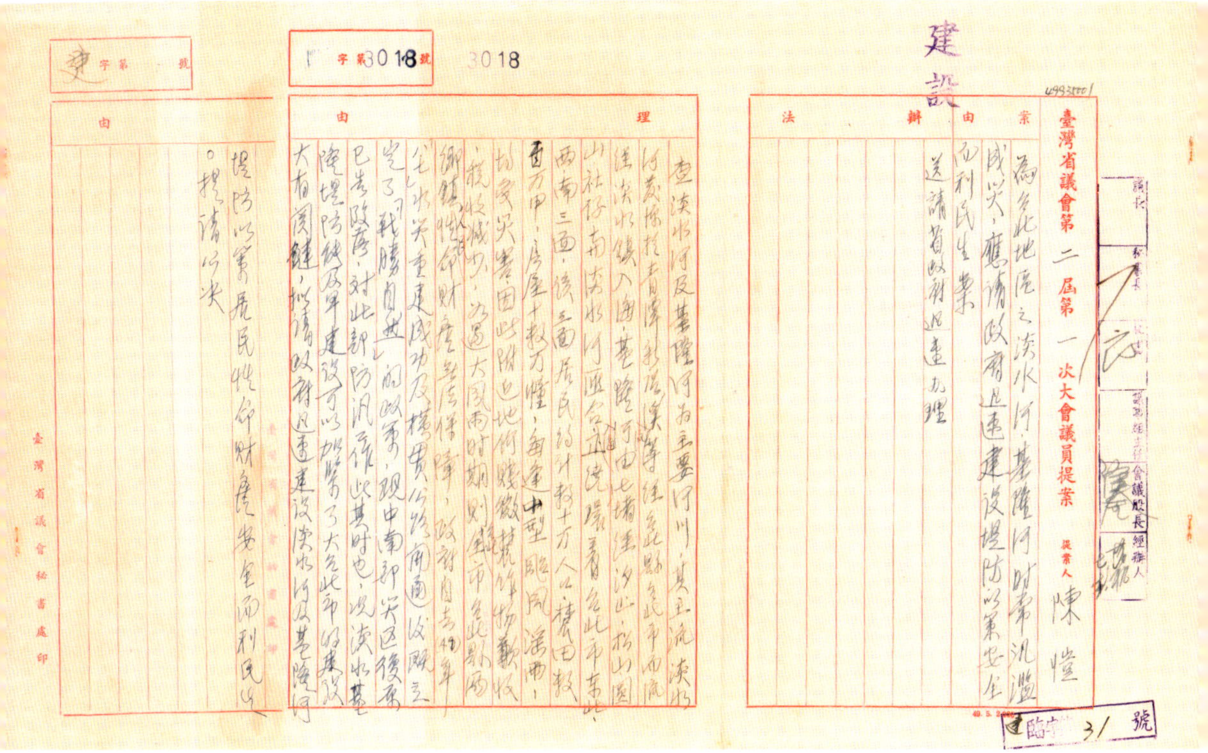
臺灣省議會第 二 屆第 一 次大會議員提案

提案人 陳愷

案由：為台北地區之淡水河、基隆河時常汎濫成災，應請政府迅速建設堤防以策安全而利民生案

辦法：送請省政府迅速辦理

理由：查淡水河及基隆河為主要河川，……

圖20-7　1960年7月省議員陳愷提案淡水河、基隆河應迅速建設堤防以策安全

資料來源：〈陳愷提案為臺北地區之淡水河基隆河常汎濫成災應請政府迅速建設堤防以策安全案〉(1960)，中央研究院臺灣史研究所檔案館典藏，識別號：003_61_419_49019。

開始疏浚河道，就能讓三千噸的貨輪進入河道，並以挖出的泥砂填高兩岸土地或堤防，進而發展工商，再向地主收取土地增值稅，以彌補機具及工程花費。❶市長甚至構思發行公債來資助這個龐大計畫，同時成立專責機構負責河道的浚渫、管理及籌措財源，預估每年添購一艘挖泥船，十年之後，河道上便會有十艘船，輪番而持續地工作。[16]

此一將浚渫、通航與填地結合的想法持續受到關注，每隔一段時間就有人提出。一直到一九六三年第二規劃調查隊的《淡水河防洪計畫調查研究報告》提出防洪建議之前（詳第二十二章），臺北縣市的地方官員、工程師與航運業者，始終是此一方案最積極的支持者。[17]

日治時期未竟的治水理想延續至戰後，與此同時，隨著易氾濫區移入人口暴增，淡水河的洪水成為再也無法忽視的問題。無論是戰勝自然、防止災害，或是改造河流、將洪水與土砂化為資源的構思，在朝野各方不斷湧現。姑且不論其背後的利益糾葛，這些雄心勃勃的提案，在當時崇尚「戰鬥」與「復興」的時代氛圍中，顯得再自然也不過。

❶當時臺北市市長為黃啟瑞，議長為張祥傳。

第二十一章

築堤大戰：從地方之災到國家之災

顧雅文

臺灣省政府的徹底研究與臺北市政府浚渫河道的宏大藍圖尚未有具體進展，一九六一年九月的波密拉颱風瞬間讓一切變得混亂不堪。這場颱風的威力算不上戰後之最，雨量更不及八七水災的三分之一，卻為臺北帶來罕見災情。眷村水患尤其嚴重，中和、永和積水深達數尺。意外的是，原屬臺北縣市掌管的地方災害及災後處理，竟在中央的立法院會議引起熱烈討論。看著首善之都屢次淹水，甚至自家也被淹，委員們不滿情緒高漲，在會議中炮火連連。

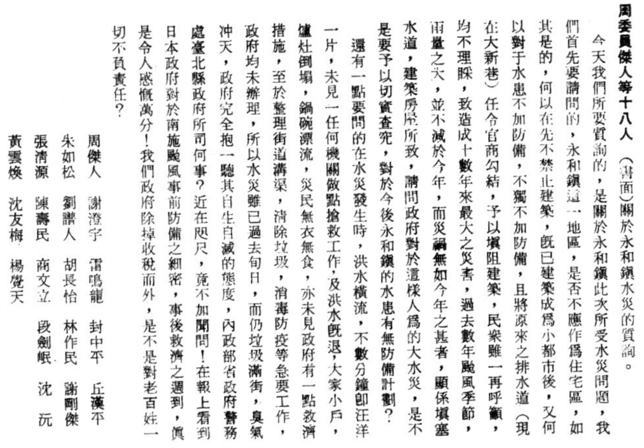

周委員傑人等十八人（書面）關於永和鎮水災的質詢。

今天我們所要質詢的，是關於永和鎮此次所受水災問題，我們首先要請問的，永和鎮這一地區，是否不應作爲住宅區，如其是的，何以在先不禁止建築，既已建築成爲小都市後，又何以對于水患不加防備，不獨不加防備，且將原來之排水道（現在大新巷）任令官商勾結，予以填阻建築，民衆雖一再呼籲，均不理睬，致造成十數年來最大之災害，過去數年颱風季節，雨量之大，並不減於今年，而災禍無如今年之甚者，顯係填塞水道，建築房屋所致，請問政府對於這樣人爲的大水災，是不是要予以切實查究，對於今後永和鎮的水患有無防備計劃？

還有一點要問的在水災發生時，洪水橫流，不數分鐘卽汪洋一片，未見一任何機關做點搶救工作，及洪水旣退，大家小戶，爐灶倒塌，鍋碗漂流，災民無衣無食，亦未見政府有一點救濟措施，至於整理街道溝渠，淸除垃圾，消毒防疫等急要工作，政府均未辦理，所以水災雖已過去旬日，而仍垃圾滿街，臭氣冲天，政府完全抱一聽其自生自滅的態度，內政部省政府警務處臺北縣政府所司何事？近在咫尺，竟不加聞問！在報上看到日本政府對於南施颱風事前防備之細密，事後救濟之週到，眞是令人感慨萬分！我們政府除掉收稅而外，是不是對老百姓一切不負責任？

周傑人　謝澄宇　雷鳴龍　封中平　丘漢平
朱如松　劉譜人　胡長怡　林作民　謝剛傑
張清源　陳壽民　商文立　段劍岷　沈　沅
黃雲煥　沈友梅　楊覺天

圖21-1　波密拉颱風造成永和鎮水災後，18名立法委員質詢政府的責任與今後計畫為何。

資料來源：〈立法院第1屆第28會期第3次會議總質詢〉（民國50年09月26日），《立法院公報》第50卷第28期二冊，頁24。

當地方之事成爲國家大事

從立法院憤怒的聲音，可以清楚窺見臺北居民對環境變化的切身感受。委員們指出，以往颱風來襲，雖然也會有街道積水，但「風去雨止，水也退了」。如今情勢卻大相逕庭，「即使平時下大雨，街巷積水也很深」，「颱風去了兩三日，水尚未退完」。淹水區的問題根源究竟出自何處？他們直指都市排水系統阻塞，新店溪左岸缺乏堤防保護更是罪魁禍首。尤其臺北市一側的雙園堤防於一九六一年底率先動工，省政府卻遲遲不為永和築堤，更引起委員的強烈譴責。[1]

雖然有些委員認為立法院不應干預「地方之事」，[2]但事實上，臺北市與周邊各鄉鎮間早已為防洪掀起一場錯綜複雜的築堤大戰，讓地方問題演變為攸關全局的國家大事。在波密拉颱風尚未來襲的六月，年年遭受淹水之苦的雙園區居民便組成「雙園水源堤防建設促進委員會」，為保護南機場地區發起請願。這項興建案迅速通過市議會審議，市府更表態願意承擔徵地費及三分之一的工程費。[3]

雙園堤防的機密檔案

根據一份行政院的機密檔案，雙園堤防將連結日治時期建造的馬場堤防與大稻埕防洪牆，總長約四公里。這項計畫在行政院會議中以祕密事項討論：省政府向行政院呈報，為使工程能在次年汛期前完工，已商請三軍總司令調派四千名兵工赴臺北市，正在趕築臨時營房，但唯一的阻礙是工程用地的取得耗時冗長，因而請求行政院批准先行施工，之後再與土地業主協商徵收。儘管經濟部水利司與內政部地政司均表支持，但行政院礙於無法可依，擔心地主抗議，更怕其他工程紛紛援例仿效。最後想出的辦法是，由省政府依《土地法》核准徵用民地，行政院再特許這些土地「先行使用」，在徵收公告發出時就能施工。[4]

雙園堤防從陳情到興建不過花了半年時間，不單是因為市府財力充裕，也肇因於南機場位置及住民的特殊性。在官方檔案的記載中，淹水「關係國際觀瞻及經濟繁榮至鉅」，促使市府、省政府乃至中央政府動員一切資源，確保雙園堤防早日興工。

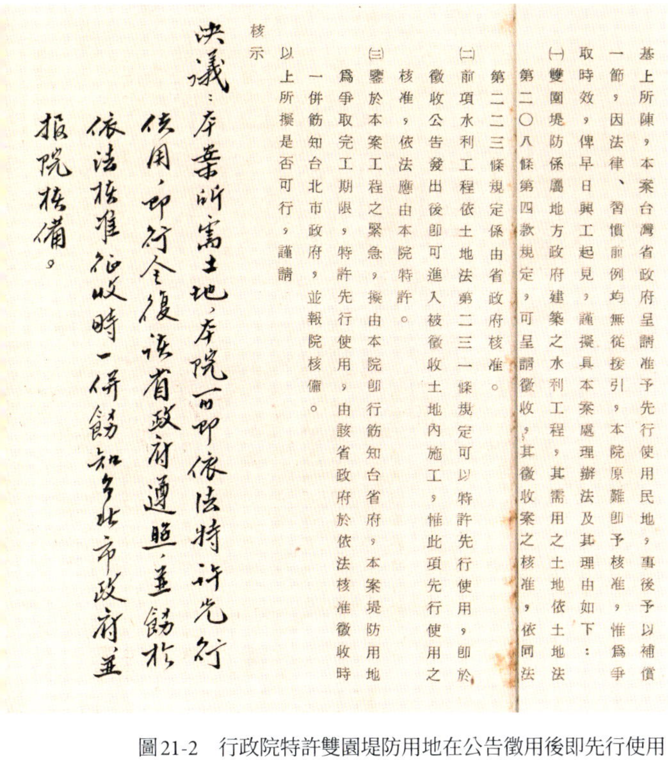
基上所陳，本案台灣省政府呈請准予先行使用民地，事後予以補償一節，因法律、習慣前例均無從援引，本院原難即予核准，惟爲爭取時效，俾早日興工起見，謹擬具本案處理辦法及其理由如下：

(一)雙園堤防係屬地方政府建築之水利工程，其需用之土地依土地法第二〇八條第四款規定，可呈請徵收，其徵收案之核准，依同法第二二三條規定係由省政府核准。

(二)前項水利工程依土地法第二三一條規定可以特許先行使用，即於徵收公告發出後即可進入被徵收土地內施工，惟此項先行使用之核准，依法應由本院特許。

(三)鑒於本案工程之緊急，擬由本院即行飭知台省府，本案堤防用地爲爭取完工期限，特許先行使用，由該省政府於依法核准徵收時一併飭知台北市政府，並報院核備。

以上所擬是否可行，謹請

核示

決議：本案所需土地，本院可即依法特許先行使用，即行令復該省政府遵照，並飭於依法核准征收時一併飭知台北市政府並報院核備。

圖21-2　行政院特許雙園堤防用地在公告徵用後即先行使用

資料來源：〈行政院會議議事錄　臺第一九一冊七四六至七四八〉（1961年12月28日），《行政院》，國史館典藏，典藏號：014-000205-00218-001。

永和堤「不和」

興築雙園堤防的一連串動向使對岸的永和大為緊張，同年九至十一月間，鎮民接連成立了三個組織，一個由縣議員領導，一個由立委、監委及國大代表召集，另一個則由低窪地區的民眾組成。雖然這些組織的共同目標是解決永和水患，立場卻各有不同。5

由低窪地居民組建的「永和鎮防洪技術研究促進會」，成員來自網溪里、成功里（大陳新村）及部分的頂溪、下溪、竹林、復興里民。他們臨溪而居，最擔心的是自己的土地被劃入堤外區。對他們而言，若不築堤，雖會淹水但不致滅頂，一旦築堤，卻要面臨更激烈的水勢，甚至因徵地而被迫遠離家園。在這些居民眼中，

圖21-3　左：雙園堤防興建開工。右：1962年1月，萬華初級中學的三百多位同學由老師率領至雙園堤防工地，幫助裝甲兵施工大隊趕築堤防。

資料來源：中央通訊社提供

其他兩個先成立的「永和鎮新店溪建堤促進會」、「永和鎮建設促進會」成員多為居住在上游或地勢較高之處的地主或政商名流，不需擔心拆遷或補償，反而能在築堤後享地價暴漲之利，因而完全不能代表眾人利益。為了在築堤會議中爭取代表席位，有人大打出手，有的會後不惜以死明志，故他們最終另起爐灶，組織屬於自己的團體進行抗爭。[6]

永和鄰近鄉鎮的抗議

爭議不只限於永和鎮內，還蔓延至鄰近鄉鎮。堤外居民力爭應該疏導河流，主張在中和鄉的低地開鑿新河道，將新店溪截彎取直，如此不但能根絕永和水患，還能將舊河床轉化為新生地，帶來可觀的收益。可想而知，這個提議激怒了中和鄉民，譏笑此案為荒唐至極的瘋狂異想，隨即發起連署，反對永和占用中和的土地。[7]與此同時，得知永和有築堤的打算，三重、景美、板橋紛紛要求同等對待，或建請延長堤防以免自身受害。相關的陳情書如同雪片般飛向縣政府、縣議會、省政府、省議會，甚至送達行政、立法、監察三院，數量多到破了歷年陳情數量的紀錄。[8]

相較於臺北市，臺北縣府財政拮据，各方利益又糾葛不清，來自各鄉鎮的縣議員始終不願通過堤外居民的補償方案，也無法對築堤收益費的徵收辦法有所共識，議會甚至希望省政府承擔所有經費，導致計畫停滯不前。[9]直到大批兵工終於進駐工地，已經是一九

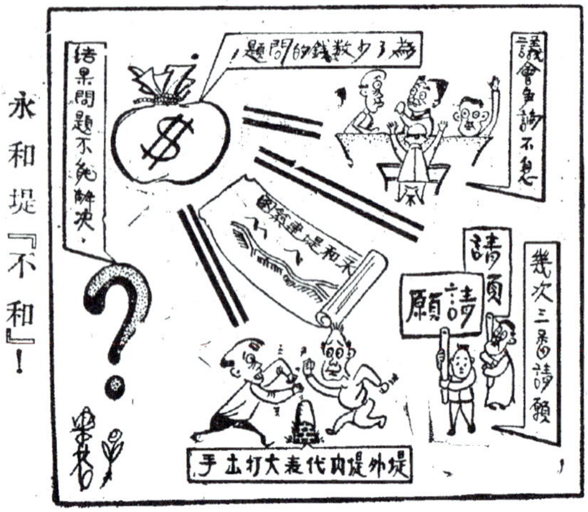

圖21-4　諷刺永和因築堤而不和的政治漫畫

資料來源：〈永和提「不和」！〉，《民聲日報》，1962年3月19日，3版。

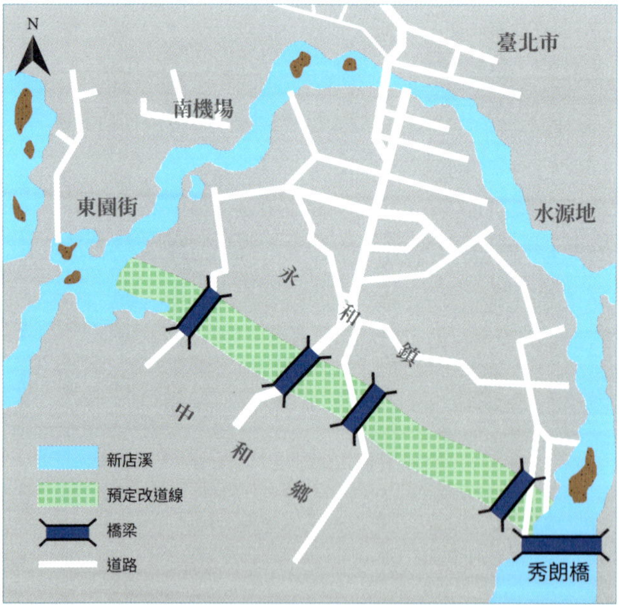

圖21-5　永和鎮低窪地居民的開河提議

資料來源：毛毓翔製圖，根據〈改變河道防山洪 解決永和水患的新擬議〉，《聯合報》，1961年11月27日，2版附圖。

六二年四月，而築堤之戰也迎來衝突高點。尚未得到補償費承諾的二百多位永和堤外居民，憤怒包圍負責築堤工程的委員會之辦公大樓，情緒激動地抗議；沒過幾天，對岸景美鎮溪埔街的二百多位居民也到現場阻撓施工，與警察和憲兵對峙，抗議政府漠視他們的安全。[10]

在颱風中落幕的築堤大戰

令人唏噓的是，這場因颱風而起的築堤保衛戰，最終在另一場颱風中落幕。雙園、永和堤防的竣工並不能使工程師安心，他們必須同時解決新堤防對上下游、左右岸的衝擊。為此，水利局又加建了景美堤防、水源堤防，並鞏固既有的川端、馬場堤防。[11]然而，一九六二年九月的愛美颱風證明，這些工程在面對自然力量之際，有時只是徒勞的努力。

在新店溪上游，木柵鄉迎來七十年來最大的洪水，景美鎮萬盛里也深陷洪災。永和鎮的防洪效果很難評估，有人認為堤防至少保護了中正橋東半部的居民，但更多人質疑西半部的災情何以比築堤之前更甚。[12]在堤防未築之前，洪水多從東邊沖入，而此次則從西側堤尾倒灌進來。原因在於，因經費與時間的限制，加上永和鎮的排水系統早已被建物阻塞、農田侵耕，匆忙興建的堤防只能勉強以排水溝出口處為界。[13]然而，颱風豪雨引發大嵙崁溪的高水位，築堤又導致新店溪水位急速上升，因此洪流無法順利排入淡水河而回

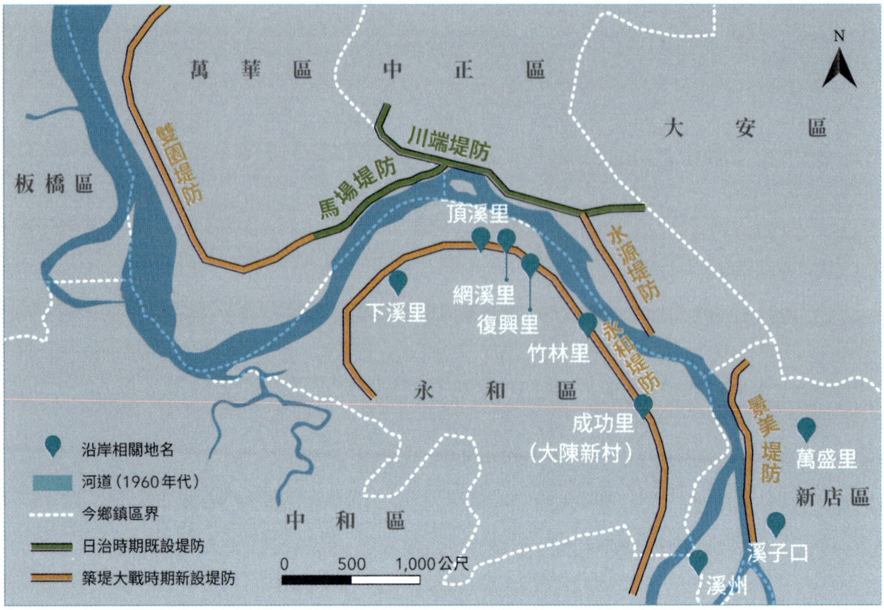

圖21-6　1960年代新店溪、景美溪沿岸堤防及相關地點

資料來源：顧雅文製圖

流，從堤尾倒灌入永和鎮一些從未淹水的地區，而缺少排水閘門更讓積水無處可去。此外，中和鄉中原村、板橋、江子翠、新莊、二重埔、三重埔等下游地區，皆因河道束縮形成的激流帶來史無前例的洪水。

愛美颱風的災情讓不滿民眾的激情進一步升溫，甚至出現治水不力削弱國家力量的批評。上下游居民咆哮著高喊拆堤毀壩，輿論則眾口譁然、罵聲隆隆，要求加高、加長堤防的聲浪不絕，也有人轉而支持疏浚河道。立委則怒斥政府失職：「今天我們在臺灣，常常自稱文化如何發達，科學如何進步，可是對於治水仍舊用共工和鯀的堙塞之法，以致造成足以影響國力的水災！」[14]

或許沒有人比接受質詢的官員及水利專家更加無奈。當他們坦言築堤本就違背專家意見，只是不得不屈從民意代表的壓力時，換來的是更多的指責。[15]洪災從地方之事轉化為國家大事，意味著中央政府必須負起責任。因此，儘管已有省水利局的第二規劃調查隊及「淡水河防洪計畫技術指導會議」正在進行調查研究（詳第二十二章），行政院仍於一九六二年十月籌組另一個「臺北地區河川防洪計畫審核小組」，邀請新任交通部部長、同時也是水利工程專家的沈怡，負起協調統籌淡水河防洪工作的重責大任（詳第二十三章）。

第二十二章

尋求防洪「最佳」解：水利專家的初期研究調查

顧雅文

我於此計畫，因為當時的形勢扞格，竟不能不噤口不言，頗如骨鯁在喉而不能吐。

——徐世大（一九六七）[1]

水利專家徐世大在一九六七年出版的自傳中回憶淡水河防洪計畫時，留下這段耐人尋味的文字。這位臺灣大學土木系的教授，並不以象牙塔內的學術生涯為滿足，而是將經世致用視為己任。[2]一九五九年中旬，他剛以健康因素辭去石門水庫建設委員會的總工程師一職，旋即投身於淡水河流域的防洪工作。[3]

從一九六〇年第二規劃調查隊開始運作，至一九七三年底《臺北地區防洪計畫建議方案》出爐為止，戰後政府光是籌劃淡水河防洪就歷經至少十三年，並在省水利局、行政院與經濟部水資源統一規劃委員會下陸續成立「淡水河防洪計畫技術指導會議」（一九六〇年七月至一九六三年一月)、「臺北地區河川防洪計畫審核小組」(一九六二年十月至一九六五年六月),以及「臺北地區防洪計畫工作小組」(一九六九年五月至一九七〇年六月)等指揮單位,而在這些非常設組織中,徐世大一直以召集人、顧問的名義參與技術審核。若要為這段漫長的規劃歷程找一位關鍵人物,徐世大無疑是不二人選。

知識匯流下的反思:徐世大的防洪理念

畢莉颱風與八七水災相繼發生那年,徐世大已經在臺北生活了十二載。連番災害引發的社會焦慮及種種真假難辨的輿論,催生他為防洪貢獻所學的決

圖22-1　徐世大(站立於長桌左側)向時任副總統陳誠說明石門水庫設計

資料來源:〈陳誠副總統數位照片——41年七中全會、43年5月接見外賓〉(1954年9月7日),《陳誠副總統文物》,國史館典藏,典藏號:008-030603-00002-018。

心。作為一位既受過傳統漢學薰陶、又受過近代工學訓練的工程師，他常常在報刊上分享自己的獨到見解。其中一篇，他急於向大眾介紹美國田納西河流域管理局前主席佛格爾(Herbert D. Vogel)對美國及全世界的呼籲，充分代表其往後參與規劃防洪政策的核心思維。

簡單地說，佛格爾認為百分之百的防洪工程並不存在，應將管制土地利用作為避免洪災的手段，與控制洪水同時進行。這篇致辭激發了徐世大深入思索傳統工程思維的局限性。他的譯後感想直言，「在『人定勝天』的中國哲學思想以及大禹治水成功的歷史中長大的人，不免有高視工程師能力之處。」那些於洪水氾濫區一再重建家園的百姓，常被讚美擁有大無畏的精神，在他看來卻是「其愚可憫」。徐世大疾呼，身處人口壓力更大的臺灣，除了加強防洪建設，還應該迅速制訂並嚴格執行洪水平原管制的法規，以避免無序的擴張占用水路及氾濫區，導致水災頻率與救濟成本增加。[4]在他參與規劃淡水河防洪的日子裡，處處可以看到此一理念閃現於他的筆尖或談吐之間。

一九六〇年一月間，報上登載經濟部水資源統一規劃委員會（水資會）、省水利局與臺北市政府等，聯合成立「淡水河流域防洪規劃委員會」以及「淡水河流域防洪規劃小組」的消息。[5]這些鮮為人知的組織，可能是徐世大聯繫水資會主任鄧祥雲後籌建。[6]半年之間，水利專家們似已兩度集會，籌劃如何展開淡水河的勘測設計。[7]此一「委員會—小組」的架構成為日後研擬淡水河防洪治理計畫的基本運作模式：由各界代表組成的委員會負責指導與決策，調度水利單位的技術人員小組負責執行。同年七月，水利局正式聘請委員，組織前述的「淡水河防洪計畫技術指導會議」（以下簡稱指導會議），由徐世大親自主持，並令第二規劃調查隊（以下簡稱第二規劃隊）移駐臺北，展開千頭萬緒的調查研究工作。

第二規劃隊的調查工作

指導會議與第二規劃隊歷經了兩年半、十次會議的艱辛探索。前者委員多由中央部會、省政府、地方政府及臺電的技術專家組成，偶有地方政府首長參加，[1]還有兩位聯合國水利專家協助。[2]後者則是一群奉命對淡水河進行詳細「診治」的隊伍，而這條河的性質與變化無時無刻挑戰著這些工程師的智慧。他們詳閱日治時期留下的氣象、水文及治理資料，調查現況及防洪設施，並在外界因颱風而停工時，不分晝夜地到河邊測量洪水量、洪水位及河槽變化。他們需評估各河段需要保護的程度及經濟性，以定出個別的計畫洪水量（Project discharge，或稱設計洪水量，即假定的最大洪水流量），作為工程設計的安全基準，且因牽涉到淡水河的感潮與泥砂問題，此一任務又更形複雜。[8]

[1] 指導會議委員包含水利司、水資會、港務局、石建會、水利局、公共工程局、氣象所、臺北市府工務局、臺北縣府建設局、臺電、農復會、聯合國的技術專家，以及臺北市、臺北縣和陽明山管理局首長。臺灣省水利局，《淡水河防洪計畫調查研究報告附錄》，頁一五—五九。

[2] 聯合國特別基金（United Nations Special Fund）旨在為各國提供技術人才培訓、技術建議或設備。中華民國政府於一九五九年起申請特別基金協助發展臺灣水利事業，聯合國水利專家齊維錫（Hans R. Kivisild）及達玲（H. V. Darling）於一九六一年三月來臺參加省水利局會議時，應水利局局長鄧先仁之請求研究臺灣河川防洪，並以淡水河為優先，因而參加指導會議。〈聯合國特別基金〉（一九五九年十二月），《行政院經濟建設委員會》，國史館典藏，典藏號：040-010500-0128。臺灣省水利局，《淡水河防洪計畫調查研究報告附錄》，頁六一。

身為指揮者的徐世大，不時前往第二規劃隊提供指示。他們的觀察與日治初期的土木技師所見略同。首先，一般輿論皆認為河道淤積是洪災主因，然而他們從一九二九至一九六二年間的河槽斷面紀錄發現，淡水河可以說是一條接近平衡狀態的河川，除了基隆河局部淤積外，其主流及支流並沒有明顯的淤高或刷深傾向。這種穩定性源於兩種力量：上游流向河口的河水與河口潮汐的週期性漲落，兩者對泥砂的共同作用構成其動態平衡（詳第十章）。

此外，洪水期間，關渡隘口是水流宣洩的障礙，需要適度拓寬，但過度拓寬可能增加進潮量，反而不利於排洪。新的挑戰則是四十多年前建造的臺北橋，它是洪水通過的另一個瓶頸，但當時左岸三重已發展成街坊林立的工商業區，擴寬改建幾乎是不可能的任務。在這些複雜的自然與人為因素相互交織的限制下，一九六三年二月出版的《淡水河防洪計畫調查研究報告》擬出了四個防洪方案，以及包含拓寬關渡在內、無論採取什麼方案都會實施的共同計畫。[3]

《淡水河防洪計畫調查研究報告》：「合流」與「分流」的防洪提案

閱讀《淡水河防洪計畫調查研究報告》是一段充滿意外發現的奇妙體驗。它與大多數的工程報告截然不同，在科學數據與技術說明外，竟也包含清代以來臺北拓墾、城市發展、水資源利用及防洪建設等歷史追溯。此外，有些段落與徐世大在演講或投稿文章的表述如出一轍，顯示這份報告極可能出自徐世大之手。在報告的字裡行間，他已經把不能公開言說的觀點與反思隱藏其中。

首先，將四個防洪方案歸納為「合流」及「分流」兩大系，正是徐世大的構思。[9]在臺北橋無法拓寬的前提下，要讓百年一遇、每秒高達一萬六千立方公尺的計畫洪水量通過，只有兩個選擇：一是不改動河道，但大刀闊斧地加深河槽、加高橋梁及堤防，二就是為洪水開闢一條新的出路。

「合流系統」即是前者，大嵙崁溪仍沿原河道流入淡水河，其中又包括挖深河床或加高堤防兩案。這顯然是為了回應當時社會最關注的兩個選項（詳第二十章）。

第一案主張「浚渫為主、堤防為輔」，受到臺北市政府熱烈支持。然而報告書的其他地方藏著第一案的但書：一旦在平衡河川「施以鉅量之浚渫，其河況變化必為激烈，苟重復回淤，而不勤加浚渫，則失去計畫之則」。因而浚渫被評價為「只能為暫時之防洪措施，而難以維持於永久」，唯一的可能是以航運及填地的利益作為持續浚渫的經費。但問題在於，因為基隆港的成功擴建，以及與對岸的交通隔絕，淡水河「今則已無航運可言」，「他日光復大陸……淡水河將仍有其地位。」此一正面敘述的真正意涵是，淡水河闢建為商港並非

9 四案皆有的共同計畫包括員山子分洪工程、關渡拓寬工程、河口治導工程，以及浚渫工程。臺灣省水利局第二規劃調查隊，《淡水河防洪計畫調查研究報告》（臺北：臺灣省水利局，一九六三年二月），頁五六—六一。

短期可以實現，故以浚渫為主的防洪方式有待評估。[10]

第二案為「堤防為主、浚渫為輔」。歷經前述的築堤大戰，此案主張全面築堤，無差別地保護左右岸。但要讓計畫洪水量通過臺北橋，浚渫仍不能免。兩案不同的是，第二案的浚渫方式不採用第一案的單式斷面，而是挖深河槽成上寬下窄的複式斷面，以此避免流速減緩，減少淤積及年年浚渫的必要。然而，採複式斷面將減少河槽的容洪量，導致水位增高，因此既有堤防及橋梁都需跟著加高甚至拓寬，從而引發土地徵用的爭議，是本案面對的一大難題。[11]

另一方面，「分流系統」的兩個方案雖然也有不同程度的浚渫與築堤，但核心是開挖新河道直通塭子川，引大嵙崁溪部分或全部溪水流入，減低通過臺北橋的洪水流量與水位。塭子川所在的林口臺地東側邊緣為臺北盆地最低窪之處，大嵙崁溪本來就有部分溢流匯集至此，於是聯合國防洪專家齊維錫（Hans R. Kivisild）據此首先提出了「大嵙崁溪分流塭子川」方案：在連通大嵙崁溪與塭子川的洩洪道上游設置閘門，當臺北橋洪流量達到某一高度時，就開啟閘門洩洪至塭子川。洩洪道的土地於春季時可以種低莖作物，六至十月則受下游水位高漲倒流而自然淹沒。

該案雖然在報告中列為第四案，但它在一九六一年四月的第四次指導會議中就已被提出討論。事實上，直到翌年七月的第九次指導會議，淡水河防洪還只有上述三種方案。此案一度得到多數委員的贊成票，卻存在一個難關，即臺北縣府的激烈反對。❹對縣府來說，

❹反對方的臺北縣府代表為建設局局長林福老。

單式斷面與複式斷面

上圖為第一案所採用的單式斷面，河床以梯形斷面浚渫而成，兩岸坡度對稱，底部寬闊。由於低水期水量有限，水深不足，使得河道僅能通行載重約1,500公噸的船隻，且因整體河床過寬，流速緩慢，容易造成泥砂淤積。

下圖為第二案（適用於上游河段）所採的複式斷面，於主河槽內另挖一狹深的梯形河槽，以集中低水期水量，提高水深與流速，有助於維持航運功能，並減少淤積的可能；洪水期間則由上層展寬的河槽容納洪水。相較於單式斷面，複式斷面在維持通航與控制淤積上更具優勢，故其他三案的浚渫均採複式斷面，但因其底部較窄，河槽的總容洪量比第一案少。

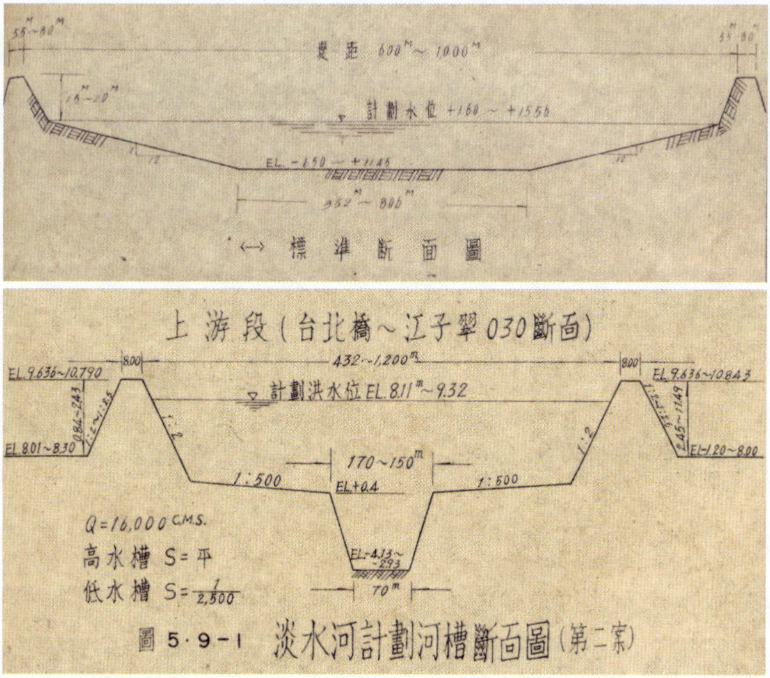

圖 5·9-1 淡水河計劃河槽斷面圖(第二案)

資料來源：臺灣省水利局第二規劃調查隊，《淡水河防洪計畫調查研究報告》（臺北：臺灣省水利局，1963年2月），頁66。

打通塭子川等於「在〔北縣〕境內增開一條新河道」，讓淡水河的危險獨留給左岸承擔，如此三面環水的新莊、蘆洲將永遠受到洪水威脅，新河道沿岸既有的房舍也將被迫遷建。

平衡利益的第三案：大嵙崁溪改道塭子川

身為主席的徐世大並未試圖說服臺北縣府接受此案，反而也提出「塭子川受潮水影響，平時恐遭淤塞，保養不易，規劃隊應將此問題加以考慮」的保留意見。[12]儘管塭子川看似是淡水河防洪最具創意的解方，這位水利專家在隨後幾次不同場合的公開談話中卻隻字未提，僅談到防禦（堤防）、儲蓄（水庫）、治導（拓寬及排水）及避洪（洪水平原管制）的重要。

他主張，「臺北盆地的一邊，已經具有一道天然的防洪牆……如果再把其他三面用人工的堤防加以堵塞的話，自然就可以使臺北免於洪水之患。」但同時也提醒堤內人民保持警戒，堤防時刻都在遭受自然與人為破壞，必須建立起堤防的養護制度。在他的藍圖中，改善區域內部排水及拓寬關渡是當務之急，而水庫則被他視為防洪「可望而不可及的最高目標」。但他最堅定地相信，「防水患真正有效的辦法，是把重要的建設放在洪水所不能到達的地方。」[13]

不過，這些方法都不是指導會議委員的最終決議。一九六三年一月的最後一次會議上，規劃隊提出的第三案「大嵙崁溪改道塭子川」獲得了一致認可。將大嵙崁溪完全與淡水河分離，直至關渡再合流出海，應該是其中最大膽的構想，且不像分流工程需要閘門控制、疏分流量。但令在場所有委員同意的理由並非其節省工程費，而是找到了左右岸的利益平衡——此案亦能為臺北縣帶來好處，有助於加速發展不再被河相隔的三重、新莊與板橋。[14]

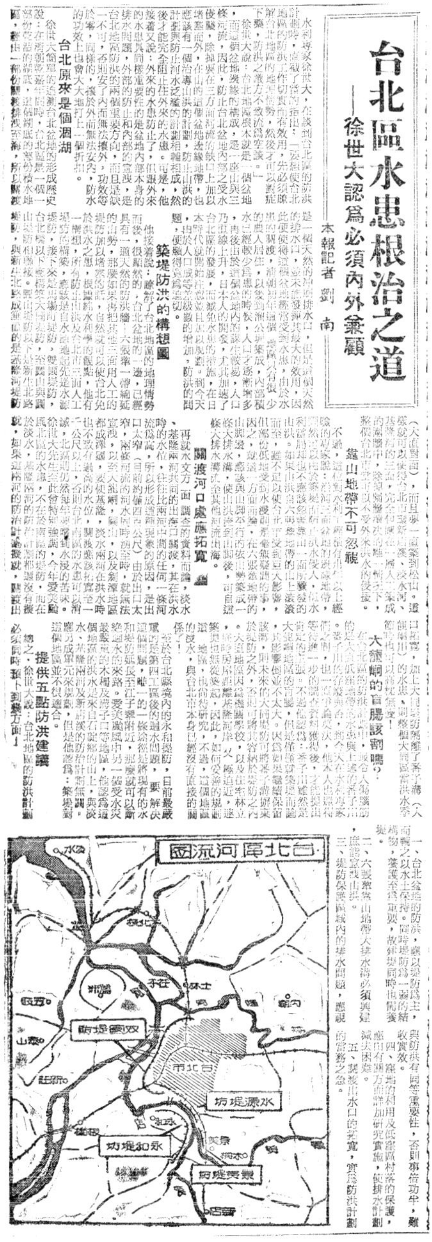
台北區水患根治之道
——徐世大認為必須內外兼顧
本報記者 劉 南
台北原來是個湖
築堤防洪的構想
蘆山地帶不可忽視
關渡河口處應拓寬
大體嶼的盲腸該割嗎
提供五點防洪建議

圖22-2　1962年9月13日徐世大接受專訪談水患根治之道

資料來源：〈臺北區水患根治之道 徐世大認為必須內外兼顧〉，《徵信新聞》，1962年9月13日，2版。

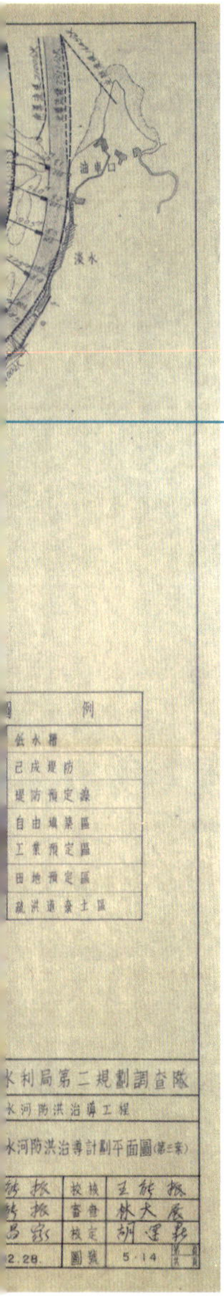

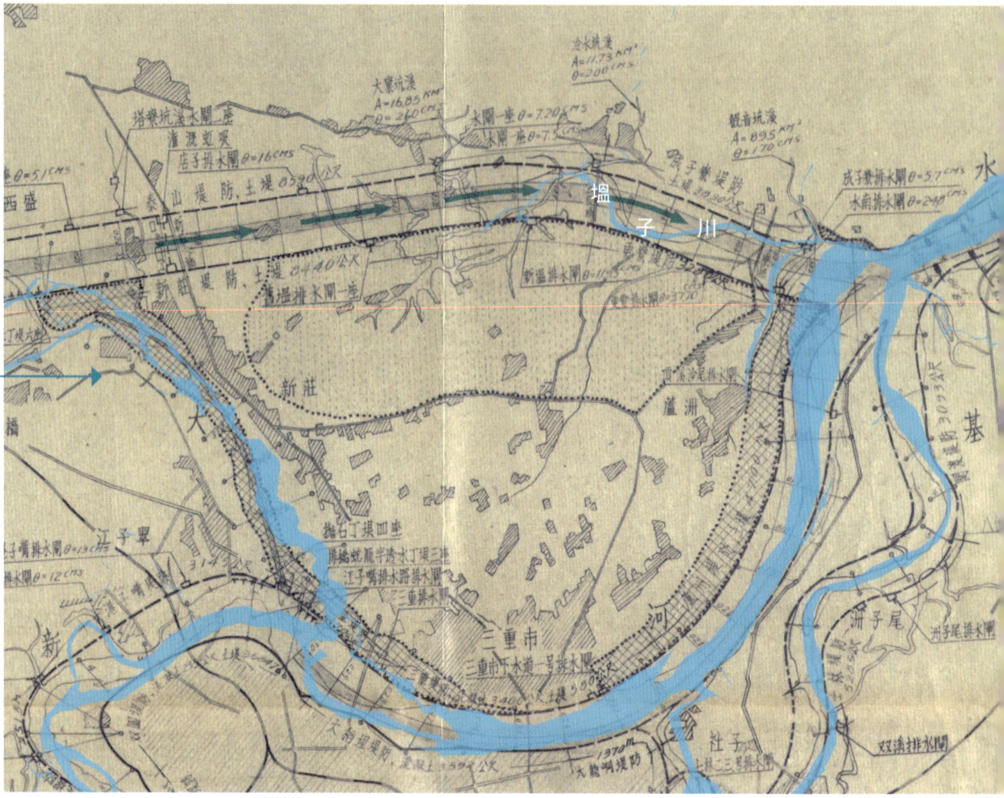

圖22-3　第二規劃調查隊提出的第三案「大嵙崁溪改道塭子川」（此圖北方朝右）

資料來源：臺灣省水利局第二規劃調查隊，《淡水河防洪計畫調查研究報告》（臺北：臺灣省水利局，1963年2月）。

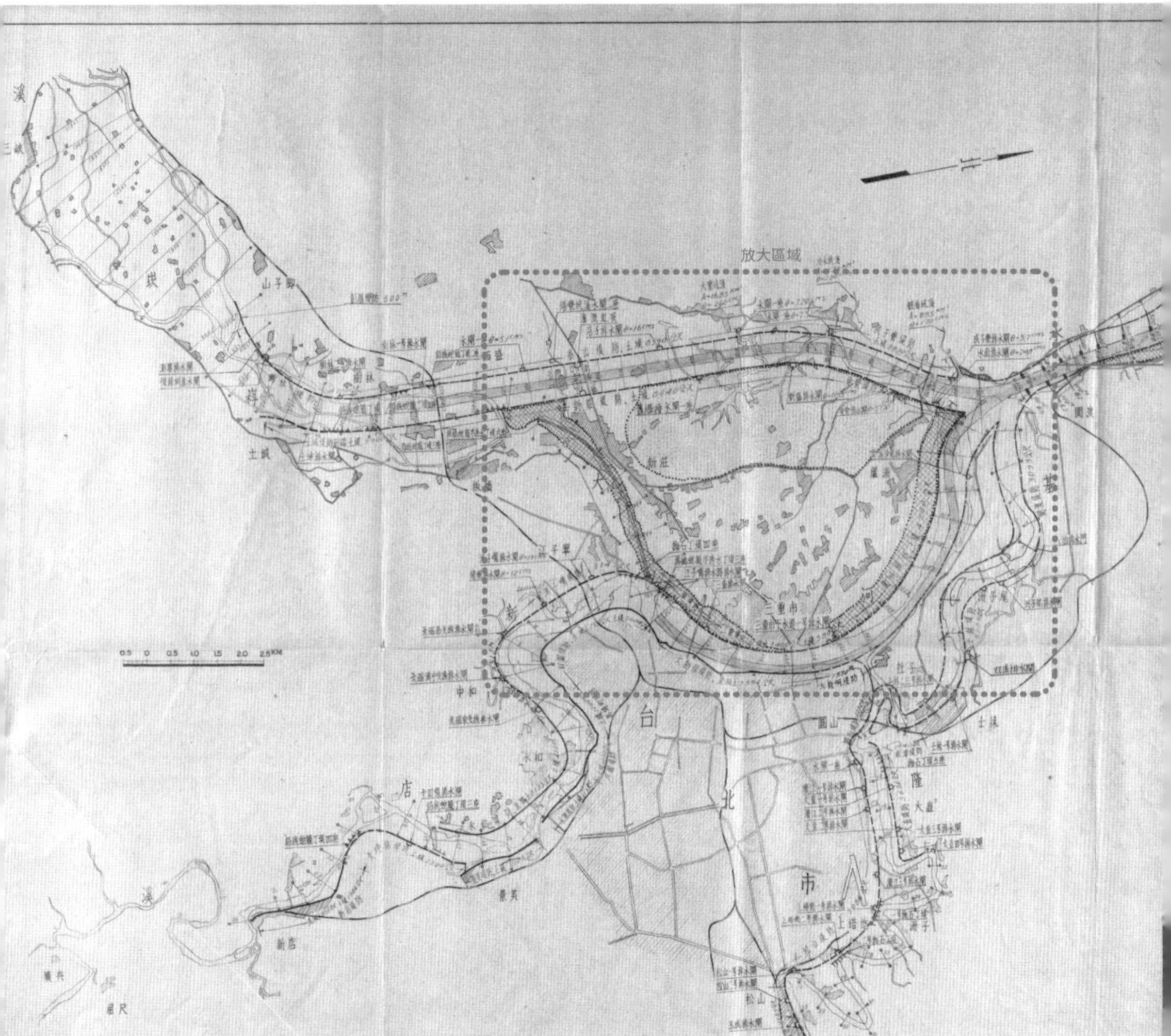
放大區域
北
0.5 0 0.5 1.0 1.5 2.0 2.5KM
山子腳
土城
板橋
新莊
江子翠
三重市
蘆洲
中和
永和
新店
景美
台北市
圓山
社子
士林
大直
松山
內湖
南港

什麼是「最佳方案」？

不難發現，以上方案均是日治至戰後初期官方與民間一再提出的想法。民間的意見暫且不談，同樣是官方的技術評估，浚渫案在一九一〇、一九三〇和一九六〇年代的報告中，分別得到了無效、有效，以及有待評估的不同評價，原因就在於築港通航的前提是否成立。築堤曾被肯定為唯一有效的辦法，但輪中案在一九三〇年代成為最下之策，到了戰後又成為選項之一，其權衡關鍵則在於城市的發展及其地位，以及誰是優先被保護的對象。

此外，水庫從不被認可、最理想到不以防洪為優先目標，顯然與國內外的政經情況習習相關。昂貴且只能防洪的大嵙崁溪分流案，與日治初期十川嘉太郎的設計十分類似，但當初卻從未被總督府認真考慮，直到不惜重金也必須解決淡水河洪災的一九六〇年代，才一度成為最優選擇，甚至演變成改道方案。長遠來看，治理方案的抉擇，從來不是僅由技術能力來決定，而是取決於該方案是否能解決當時由自然、政治、經濟、社會及文化共同定義出的災害問題。

值得留意的是，在《淡水河防洪計畫調查研究報告》的結論中，第三案大嵙崁溪改道塭子川被指為「有利條件最多，益本比最高」，但卻沒有獲得直接推薦。最終的建議是「就第三案作更深入之研究」，並且「不捨合流兩案中之第二或第一案以作比較」。報告書散見「限制土地利用之必要」、「不與水爭地」、「加蓋樓屋」、「遷移高地」等字眼，在最後一頁更直白寫著：「洪水平原分區辦法，似有實行之必要，茲建議暫禁擴展為都市區域之地段，於作詳細測量後由政府明令公布，切實執行。」這些話語，彷彿是徐世大的諄諄告誡，在往後治理淡水河的各方聲浪中，留下值得省思的餘音。

第二十三章

以大型工程爲解藥：防洪治本計畫中的技術者身影

顧雅文

《淡水河防洪計畫調查研究報告》提交的十六個月後，《淡水河防洪治本計畫書》在一九六四年六月出版。但這仍然只是規劃討論的序曲。再十四個月後，《淡水河防洪治本計畫修定方案》隨之問世，又過了數年，一九七〇年六月《臺北地區防洪計畫檢討報告》出爐，重新檢討前者。直至一九七三年十二月，《臺北地區防洪計畫建議方案（草案）》才為淡水河防洪定下較明確的輪廓。[1]僅僅從報告書的數量與名稱，便能感受到這條大河的治理方向如何在

圖23-1　翻開《淡水河防洪治本計畫書》第一頁就能看到〈雍正臺灣輿圖〉

資料來源：臺灣省水利局淡水河防洪治本計畫工作處，《淡水河防洪治本計畫書》（臺北：臺灣省水利局，1964年6月），頁首。

修訂期間被各種現實、限制與期望交錯的張力反覆拉扯。

淡水河防洪再「升級」

《治本計畫書》可說是《調查研究報告》更深入的探討成果。相較於後者的敘述式筆調，前者採用更多條列陳述與精細的現代圖表，也讓首頁那幅用以印證「康熙臺北湖」存在的〈雍正臺灣輿圖〉顯得格外特別（詳第二章）。兩者還有一項顯著差異，《調查研究報告》代表的是省政府層級的提案，《治本計畫書》則是在中央政府機構指示下出版的報告。

淡水河防洪的「升級」，與第二十一章提到的築堤大戰及愛美颱風有關。行政院為此於一九六二年十月成立「臺北地區河川防洪計畫審核小組」（以下簡稱審核小組），並請來在聯合國亞洲暨遠東經濟委員會防洪局（Bureau of Flood Control, Economic Commission for Asia and the Far East, United Nations）已累積相當國際聲望的沈怡主導。[2] 審核小組就如同此前省水利局的指導會議，為非常設機構，由中央及省級機構的政治菁英擔任委員進行政策商議，技術指導及審核則交給包含徐世大在內的五名特聘顧問。[1] 而第二規劃隊在隔年二月出版《調

[1] 審核小組委員包括時任財政部部長嚴家淦、行政院政務委員余井塘、內政部部長連震東、經濟部部長楊繼曾、行政院祕書長陳雪屏、省主席周至柔、石門水庫建設委員會主委蔣夢麟、臺灣銀行董事長尹仲容及隔年加入的繼任省主席黃杰，技術顧問則有徐世大、章錫綬、朱光彩、衣復得及鄧先仁五人。

圖23-2　沈怡於1949年起擔任聯合國遠東防洪局局長，1960年受總統蔣介石召見而辭職回臺擔任交通部部長，1962年底又受命主持行政院臺北地區河川防洪計畫審核小組。
資料來源：中央通訊社提供

查研究報告》後，省水利局隨即於三月設置「淡水河防洪治本計畫工作處」（以下簡稱工作處），繼續負責實際的規劃工作。[3]

沈怡的登場，標示著政府急切地想在這場與自然的征戰中取得勝利。作風明快的他善於統籌規劃、釐定標準，上任之初就決定了行動計畫。他將臺北防洪分為「治標」與「治本」兩部分。屬於治標計畫的二十一項小型工程，❷由省政府組成的「臺北地區防洪治標計畫實施小組」推動，並在軍工支援下，一九六三年中就幾乎全部完成。[4]另一方面，治本計畫工作處留用了第二規劃隊成員，並將原本二十多人的規模擴編為百人以上，這正是徐世大於兩年多前提出的建議。[5]不僅如此，相較於指導會議時期要求成員對未定案計畫保密，[6]審核小組選擇在每次會商成熟、審

議定案前，多次召開記者招待會公開披露要點，並且廣納社會意見。❸

以大型工程爲解藥

沒想到，工作才展開幾個月，一九六三年九月的葛樂禮颱風再次更新臺北水災的最新紀錄。當時接近完工的石門水庫成為眾矢之的。大壩垮了、漏了、淹死人的耳語在街頭巷弄傳播，不少人更因漲水之快、退水之慢及淤泥之厚皆前所未見，而將原因歸咎於水庫放水，儘管實際原因可能複雜得多。[7]

《立法院公報》共留下三十餘篇的質詢紀錄，火藥味比波密拉、愛美颱風過後有過之而無不及。質疑聲此起彼落：「水庫不以防洪為首要目標，根本是設計錯誤！」「全面築堤令人談堤色變！」「自強新村明明就是政府帶頭的與水爭地！」「關渡拓寬怎麼能不納入治標計畫！」一位憤怒的立委譏諷「某位大學教授自命為水利專家，卻認為疏浚是短視近利」，[8]暗指的正是在報上發表意見的徐世大。

令人印象深刻的還有一則立委發言：「大禹治水地域有九州之大，不過花費九年時

❷ 治標計畫包含清除河床凝障物、疏導河槽、加強既有建設及改善都市排水等。

❸ 例如在一九六三年三月二十三日的顧問會議中決定，「應設法聽取社會輿論及各方反應，再做分析研究，同時鼓勵地方人士成立類似促進委員會之組成，以利今後工作之推動。」行政院臺北地區河川防洪計畫審核小組，《行政院臺北地區河川防洪計畫審核小組總報告》，頁一、三三。

間……一個臺北彈丸之地的防洪計畫卻要十二年，我們這個政府還能有力量反攻大陸嗎？」[9]

肩負使命的沈怡，眼前的挑戰顯然不僅只有洪水，還有人民心中的怒火與對執政者的不信任。這對一個正處在風雨飄搖、亟欲軍事反攻的政府無疑是必須立刻解決的問題，而令人有感的大型工程或許是最好的解藥。

審核小組隨即令工作處研擬中期報告及《淡水河防洪治本計畫草案》，呈報至行政院。事實上，自成立以來歷經八個月的研究，工作處已根據第二規劃隊的四案（詳第二十二章）及聯合國專家建議，擬出了甲、乙、丙、丁、戊五案，最後則在《草案》中決意以丙案大嵙崁溪改道為目標，訂下「先求尾閭之暢通，再謀防禦氾濫」的原則，並試圖將施工時程縮短為八年。[10] 審核小組的動向，宣告防洪工作即將進入下一個更加緊鑼密鼓的階段。

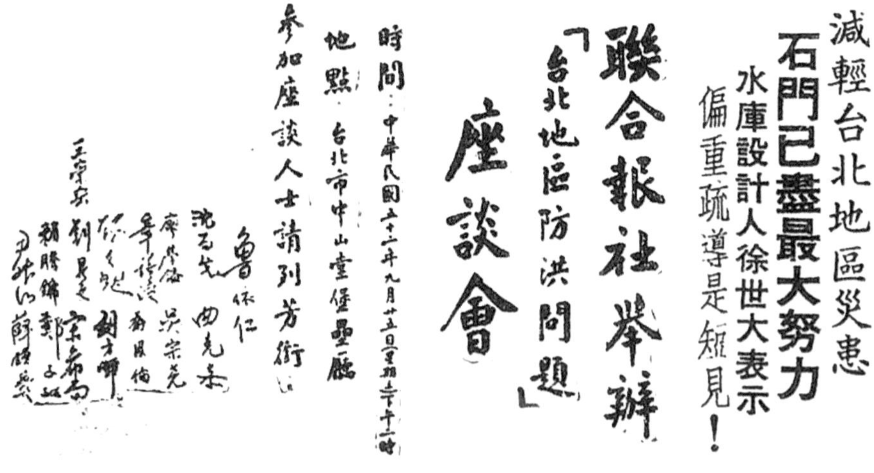
減輕台北地區災患
石門已盡最大努力
水庫設計人徐世大表示
偏重疏導是短見！

聯合報社舉辦
「台北地區防洪問題」
座談會
時間：中華民國五十二年九月十五日星期日上午十時
地點：台北市中山堂堡壘廳
參加座談人士請列芳銜

圖23-3　葛樂禮颱風後，聯合報社於中山堂舉辦「臺北地區防洪問題座談會」，邀請大學教授及水資會、石建會、省水利局、省氣象局、空軍氣象中心、臺北工務局等技術官員參加，而徐世大以書面參與。

資料來源：〈臺北地區防洪問題座談會摘要紀錄〉，《聯合報》，1963年9月28日，9版，國家圖書館典藏。

治本計畫的五個方案

一九六四年是與時間賽跑的一年。該年一月，行政院認為《草案》中的決定茲事體大，經費也有待專案籌措，故建議繼續檢討治本方案，並要求審核小組先從《草案》中選出十項急要工作，作為第一期實施方案。三月起，多項工程同時開工，由省政府的「臺北地區防洪治本計畫執行委員會」負責督導執行，其中即包括備受立法院關注的關渡拓寬（詳第二十五章）。[11]

與此同時，大嵙崁溪改道案則在葛樂禮颱風後成為熱議的焦點，工作處蒐集了各方建言，認真推算各種可能：大嵙崁溪要引導到鳳山溪、南崁溪、林口、五股或塭子川入海？塭子川到底要作為疏洪道或新河道？上游是否還需興建攔洪水庫，以全部或部分替代塭子川的防洪功能？大嵙崁溪和新店溪能否

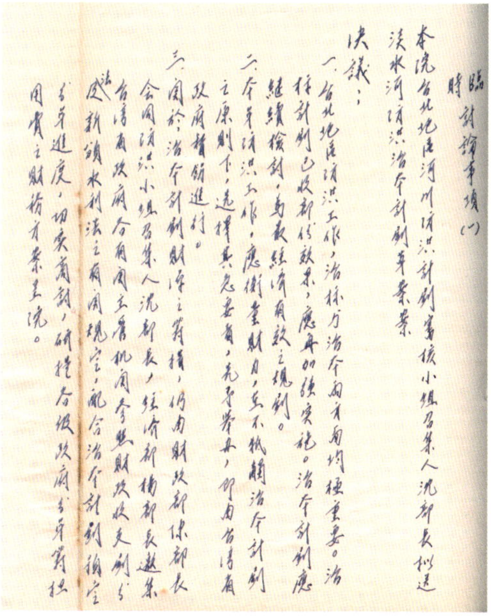
臨時討論事項(一)
本院台北地區河川防洪計劃審核小組召集人沈部長抄送
淡水河防洪治本計劃草案案
決議：
一、台北地區防洪工作，治標方法治本兩者均極重要。治標計劃已收部份效果，應再加強實施。治本計劃應繼續檢討，另求經濟有效之規劃。
二、今年防洪工作，應衡量財力，在不抵觸治本計劃之原則下，選擇其急要者，先予舉辦，即由台灣省政府積極進行。
三、關於治本計劃財源之籌措，仍由財政部陳部長會同防洪小組召集人沈部長、經濟部楊部長邀集台灣省政府會同有關主管機關參照財政收支劃分法及新頒水利法之有關規定，配合治本計劃預定之分年進度，切實商討，研擬各級政府分年負擔之財務方案呈院。

圖23-4　行政院認為《治本計畫草案》必須繼續研究，防洪工作應衡量財力，在不抵觸治本計畫原則下擇要先辦，因而有1964年3月先行開工的第一期工程。

資料來源：〈行政院會議議事錄　臺第二一七冊八四四至八四九〉（1964年1月9日），《行政院》，國史館典藏，典藏號：014-000205-00244-002。

經濟部水資會的水工模型試驗

在河川治理的規劃過程中，常遇到理論無法完全解答的複雜水理問題，需藉水工模型試驗，尋求合理的驗證。尤其淡水河是感潮河川，容易在退潮時將泥砂帶入河槽，若河川攜帶泥砂能力不足便會發生淤積，故水工模型更有其必要。

省水利局早於1963年即委託經濟部水資會承辦淡水河水工模型試驗，隔年1月起先後完成淡水河全模型及關渡局部模型。全模型之範圍，上游起自大嵙崁溪之鐵路橋、新店溪之秀朗橋、基隆河之汐止，下游則至河口外海4.5公里處為止。最初的試驗包括以「定量流」實驗《治本計畫書》中乙案（築堤）、丙案（大嵙崁溪改道塭子川），以及其第一期工程（關渡拓寬、基隆河新河道）之工程效果。爾後接受美國陸軍工程師團的建議，1966至1967年間再以「變量流」進行實驗，亦即完全依真實洪水的歷時變化來施放模型中的水流量，以觀察河流及河川構造物在洪水期間的表現，並試驗左岸洪水平原各項改善計畫的成效。

水工模型試驗對淡水河防洪計畫有重大影響。1965年第一期工程完工後，基隆河社子段截彎取直的新河道及社子島北端已浚渫部分，都發生泥砂回淤，工程師擔心更靠近河口的塭子川新河道也可能淤積。1969年，水資會奉命成立臺北地區防洪計畫工作小組，通盤檢討既有方案。試驗結果確認，塭子川新河道關渡段將會因為感潮水流分支而攜帶泥砂能力降低，出現明顯的回淤趨勢，難以維持工程的預期效果，因而治本計畫隨之修訂。此外，因應臺北地層沉陷嚴重，水工模型也曾按照新的測量資料全部翻修，重新試驗。最終「二重疏洪道」的定案及疏洪道位置的選定，也有賴試驗結果作為參考。

二重疏洪道的水工模型

資料來源：經濟部水資源統一規模委員會，《淡水河水工模型試驗報告》（1966年4月）、《淡水河全模型變量流驗證試驗報告》（1967年1月）、《淡水河洪水平原全模型水工模型試驗報告》（1967年12月）、《臺北地區防洪計畫檢討報告》（1970年6月）。

同時改道？[12]工程師們也意識到，有些規劃設計單憑理論或經驗估算遠遠不夠，還需要一種更加精確的方法來預測及控制水流行為，因而決定委託經濟部水資源統一規劃委員會進行水工模型試驗，期待試驗結果能提供更有力的驗證。[13]

一九六四年六月出版的《治本計畫書》詳列了《草案》的五個方案，也就是以第二規劃隊《調查研究報告》的四案為基礎，再加上反覆的試驗與權衡結果。[14]五案分別為：甲案浚渫、乙案堤防、丙案大嵙崁溪改道、丁案大嵙崁溪部分減洪，以及戊案大嵙崁溪與新店溪改道。這個龐大計畫並非僅靠本地專家構思，行政院不斷邀請聯合國的水利規劃、防洪、水工試驗、工程經濟等專家參與研究，期待能獲得別具慧眼的洞見。在水利工程界享有盛名的美國陸軍工程師團（United States Army Corps of Engineers），也在受邀之列。❹

《草案》已決議以丙案大嵙崁溪改道為主，而在《治本計畫書》結論中，丙案正式被選擇為淡水河防洪治本計畫的最後標的。到了一九六四年九月，當淡水河右岸被連續堤防圍繞、河口的治導工作也如火如荼地進行時，美國工程師團派遣了郝瑞遜（Alfred Skinker Harrison）、黃如福（Ralph F. Wong）、克斯（Kenneth T. Case）三人來臺，深入評估計畫的可行性。

❹ 一九六三年十月《草案》提交前，參與的國外專家包括聯合國特別基金援助水利開發計畫下在臺之防洪專家齊維錫、聯合國過渡水利開發計畫下之水工試驗及土壤專家卜哲（C. J. Posey）、聯合國流域規劃專家達玲（H. V. Darling），以及聯合國遠東水資源發展處處長譚葆泰。《草案》提交後，一九六四年四月美國陸軍工程師團派遣達玲（W. D. Darling）及巴史衛（J. M. Buswell）來臺初步審查，建議另派專家以三個月為期再加審查。臺灣省水利局淡水河防洪治本計畫工作處，《淡水河防洪治本計畫工作報告》，頁三六—四〇。

甲案・浚渫

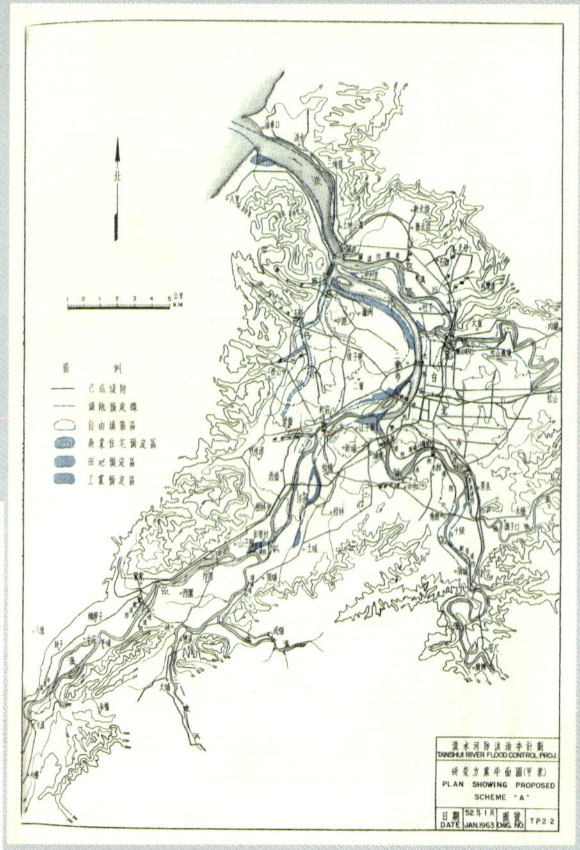

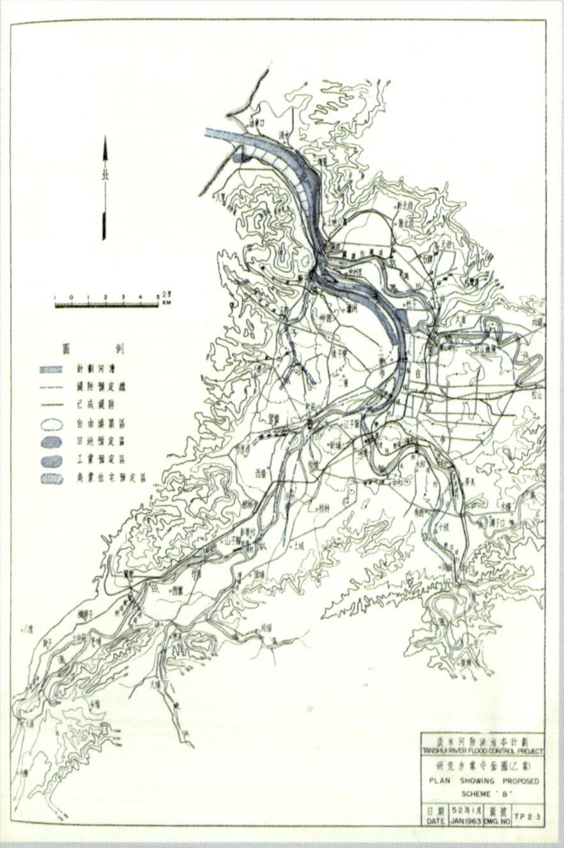

乙案・堤防

圖23-5 《淡水河防洪治本計畫書》中的甲、乙、丙、丁、戊案規劃建議

資料來源：行政院臺北地區河川防洪計畫審核小組，《行政院臺北地區河川防洪計畫審核小組總報告》(1964年10月)。

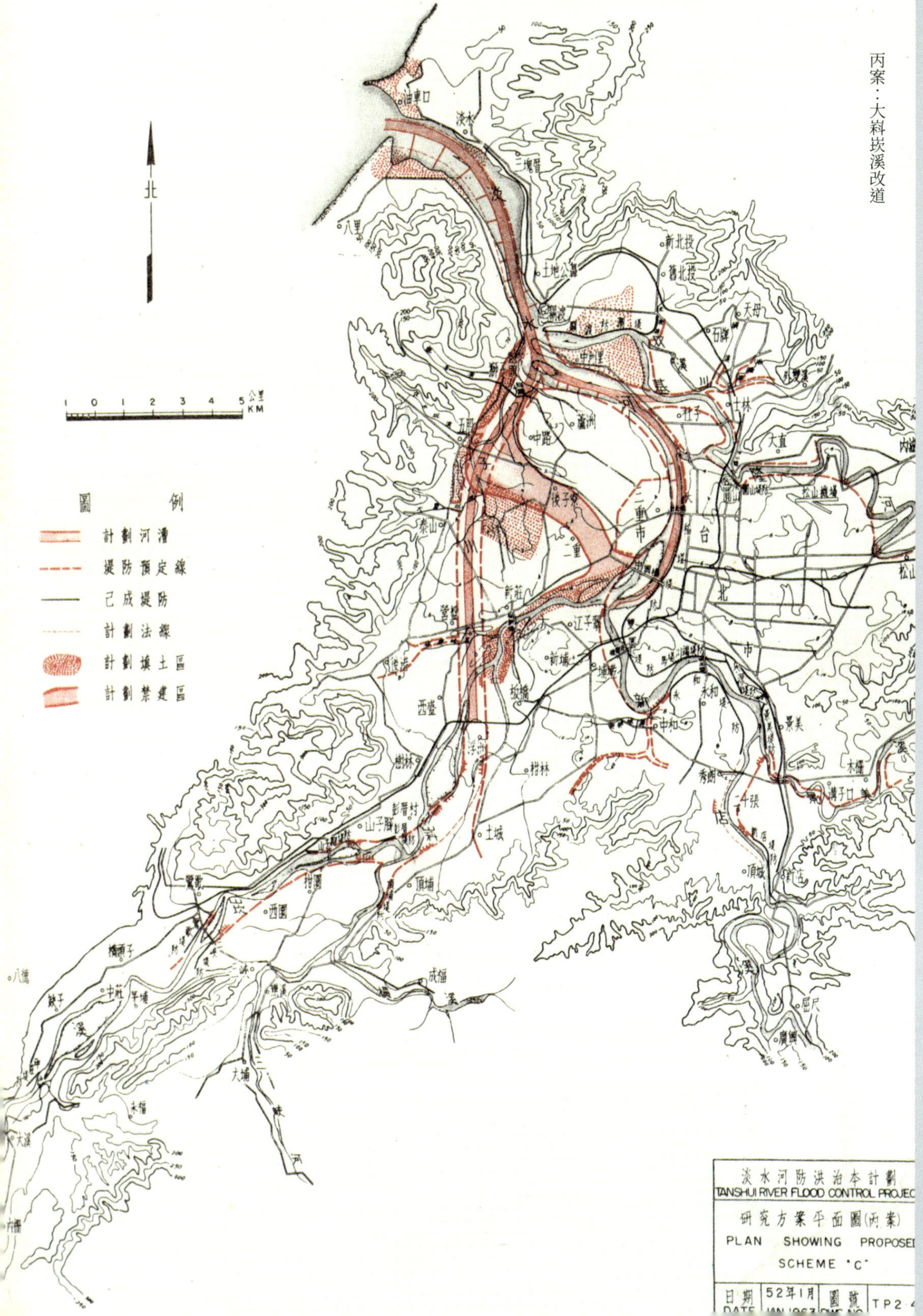
北
1 0 1 2 3 4 5 公里 KM
圖例
計劃河漕
堤防預定線
己成堤防
計劃法線
計劃填土區
計劃禁建區
淡水河防洪治本計劃
TANSHUI RIVER FLOOD CONTROL PROJEC
研究方案平面圖(丙案)
PLAN SHOWING PROPOSED
SCHEME "C"
日期 52年1月 圖號
DATE JAN 1963 DWG NO. TP2 4
油車口
淡水
三塊厝
八里
土地公鼻
新北投
舊北投
天母
石牌
中洲里
士林
社子
大直
蘆洲
中路
五股
後子寮
泰山
二重
三重市
台北市
松山
松山機場
新莊
營盤
江子翠
新埔
板橋
西盛
樹林
柑林
中和
永和
景美
木柵
秀朗
土城
山子腳
彭厝村
柑園
頂埔
西園
鶯歌
成福
大埔
中莊
頂城
新店
屈尺
廣興

丙案：大嵙崁溪改道

丁案：大嵙崁溪部分減洪

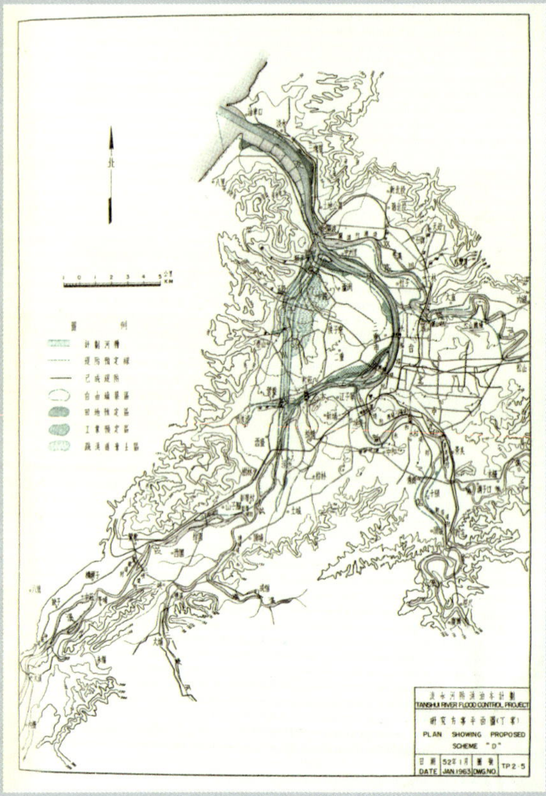

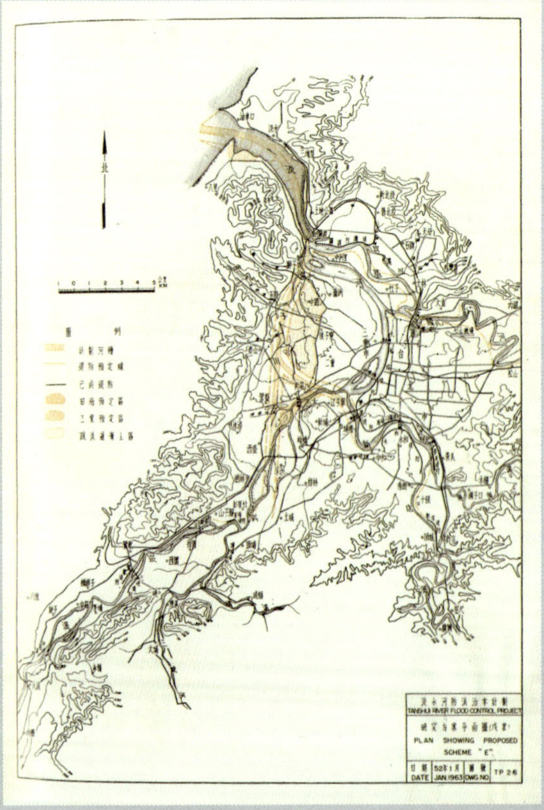

戊案：大嵙崁溪與新店溪改道

美國陸軍工程師團的質疑

美國工程師團對《治本計畫書》提出許多意見。大嵙崁溪改道塭子川的丙案被視為「技術上及經濟上可行」，但還有困難必須克服，其中有兩個最關鍵的問題。首先，有鑑於葛樂禮颱風的洪水經驗，以百年頻率的計畫洪水量來設計防洪，實在不足以保護這座重要首都。工程師團認為應改採二百年一遇的洪水為最低之設計流量，而這意味著原本評估毋須加高的堤防或防洪牆必須加高，對經費也有極大影響。

其次，這份計畫書對水文及泥砂的瞭解太少，資料所涵蓋的時間與空間又不充分，如同一個複雜的方程式中缺乏關鍵變量。工程師團指出，為淡水河及新河道設計的理想河槽，看起來是建立在過多的假設與理論上，實際上究竟能增加多少通洪容量、又能否在不需頻繁浚渫的情況下維持穩定，都不能確定。為此，他們主張原計畫書中十二年的工期應延長至十六年，並且應該調整順序，將新河道的開闢推遲至最末。如此才能有足夠時間從事更長期的水理觀測、更多水工模型試驗，並能瞭解淡水河河槽改善的成果是否真如預期，作為新河道設計的修訂依據。更重要的是，在丙案全部完成前，必須同步實施左岸洪水平原管制，使其不再發展，藉此保留洪泛平原的天然洩洪道，才能保障臺北市堤防安全，並減低未來徵地的困難。[15]

待工程師團提出書面報告，並經過官僚體系層層討論，已是計畫書出版近一年後的事。一九六五年六月，沈怡在行政院院會中提交了最後一份長達十七頁的祕密文件，呈報其已完成的任務。他認可美方專家所秉持的穩健態度，認為這是長期、大型水利工程應有的審慎方式，並建議政府「明令規定丙案作為今後實施臺北地區防洪長期之依據」。[16]不久，任務編制的審核小組隨即裁撤，由中央水利主管機關經濟部接替後續的審查工作，治本計畫工作處也在八月提交了採納美方專家意見的《淡水河防洪治本計畫修訂方案》後停止運作。[17]

《治本計畫書》中的隱藏訊息

如果僅將美方專家歸類為「穩健」，而給國內專家貼上「急進」的標籤，這種二元對比的分類過於簡化，也不夠準確。《治本計畫書》及相關工作報告對工程征服自然的信心看似時而高漲，時而謹慎。

例如，計畫書最後一章名為「管理與維護」，內容實已超越了工程範疇，論及管理洪水平原的必要性，與實施地方養護堤防辦法的建言。[18]這些概念不僅在徐世大尚未投身防洪規劃工作時就已為文向大眾介紹（詳第二十二章），亦早在治本計畫工作處成立後不久便作成內部報告，[19]其目的都在警示工程有其限度，因而必須在不妨害水流及避免洪水損害的條件下積極管理土地。《治本計畫書》的最末頁則是一張補充性質的地圖（圖23-6），說明丙案完成後應該繼續管理的區域。在另一份未出版的工作報告最末頁，我們還可以讀到那段熟悉的論述：「任何防洪設施，均不能冀其萬全。」[20]

事實上，徐世大於一九六五年卸下審核小組顧問一職之後，陸續在水利專業期刊發表文章。他將洪災比喻為人體無法避免的病痛，工程師則如同醫生，雖能設法診治，卻無法擔保一定治癒或不再復發。「工程第一期已完，❺第二、三期尚有八年做冷靜研究與妥善安排，故不敢自祕其所見。」他對丙案毫無保留地提出了疑慮：

以分流減輕水災，自有禹疏九河傳說以來，永遠為吾國治水者所憧憬……此一問題至明末潘季馴提「束水攻沙」原則而始告結束。黃河之濁，自非淡水河可比，但潘季馴顧慮黃河因分而致淤之弊，著者仍不免為淡水河憂。[21]

疑慮來自兩個方面。首先，自江子翠至關渡間的淡水河原是平衡河川（詳第十章），被一分為二後難道不會淤積？其次，加上潮汐影響，問題又更為複雜。被分為兩大股的潮水，漲潮時挾帶的泥砂必因水淺流緩而淤積，退潮時又缺乏足夠的沖刷能力，久而久之，基隆河的淤積也可能變得嚴重。徐世大坦言，「個人抱此見解早在著手研究之初」，「由於

❺主要工程均於一九六五年七月完工。

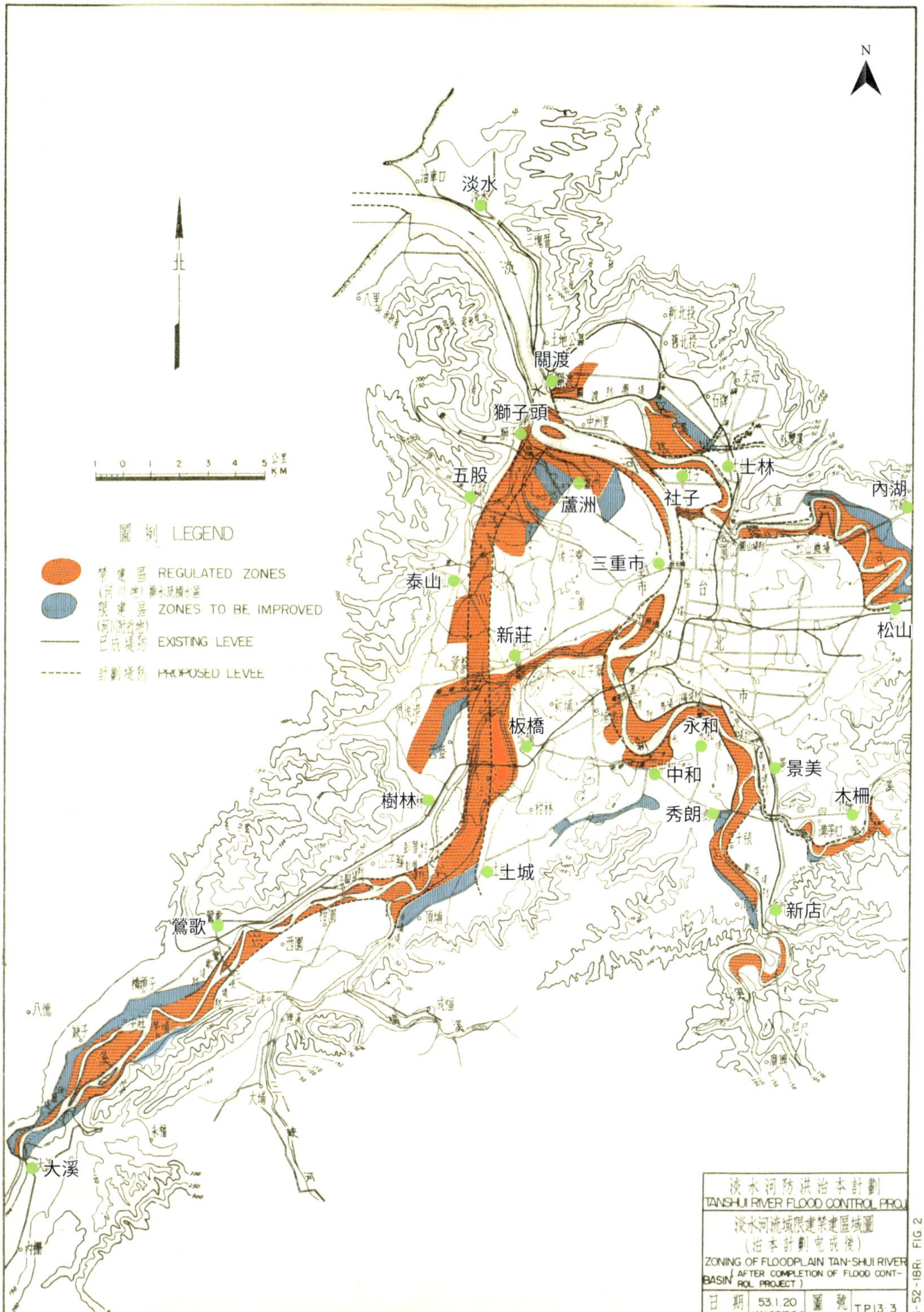

圖 23-6　治本計畫工作處評估丙案完成後的禁、限建區

資料來源：毛毓翔標示，根據臺灣省水利局淡水河防洪治本計畫工作處，《淡水河防洪治本計畫書》（臺北：臺灣省水利局，1964 年 6 月）。

形勢的扞格和氣氛的籠罩，不得不提出一面面俱到而實際難以達到目的的計畫。」他在內疚之餘，更大聲疾呼民眾不要盲目開發，政府則應負起土地利用分區、管理之責，為本來就會氾濫的盆地預留氾濫區，並呼籲「及時修改防洪治本計畫，使防洪工程與洪水平原之利用與管制並顧」。[22]

至此，我們終能理解《治本計畫書》中那種隱隱存在的矛盾感。那些僅以「補充說明」留下的文字，彷彿與首頁的〈雍正臺灣輿圖〉形成一個意味深長的呼應——不管「康熙臺北湖」是否真實存在，它確實存在於徐世大心中。在他看來，這片兩百年前曾經是大湖的盆地本不適宜高度開發，我們在此建立城市、與水爭地，注定要進行一場永無休止的拉鋸戰。沒有一項防洪工程可以一勞永逸，唯有同時進行非工程手段，才能真正有效防止災害。在這一點上，本地專家與美方專家的看法有著微妙的相互呼應。

第二十四章

從改道到疏洪：變動世局中的臺北水之道

顧雅文

一九六五年八月，省水利局下的治本計畫工作處提出《淡水河防洪治本計畫修訂方案》，此後的兩年間，可說是淡水河治理歷程中最關鍵的轉折點。大嵙崁溪（一九六六年底改名大漢溪）改道方案悄然退場，治水方針又重新回到多案並陳、優劣辯證的局面。最能顯示此番轉向的，正是計畫名稱本身的轉變——從「淡水河防洪」到「臺北地區防洪」——短短幾字的更動，已然映射出世局的翻湧變化。

在擬出《臺北地區防洪計畫檢討報告》及《臺北地區防洪計畫建議方案（草案）》前，工程師們面對的不只是地理意義上多源匯聚、需要疏分的洪水，還有如洪流般自海外與國內、官方與民間奔湧而來的各種建議與提案。身處知識交會的浪尖，他們試圖梳理出一條能被落實的首都水之道。

左、右岸的新地位

如前章所述，徐世大在卸下審核小組顧問一職後，以研究者的身分於一九六六年投書專業期刊，對丙案提出疑慮。此時他能暢所欲言，原因之一在於過去讓他顧念「政治氣氛濃厚，貿然發言，徒資嘲笑」的情勢有了轉變。[1]此一轉變當然不是出於中央政府對徐世大的內疚感同身受，也不是基於新的科學數據，而是根源於一場大型的社會工程構想。

該年一月起，省水利局依據《治本計畫修訂方案》擬出四期十六年實施計畫及預算，交給行政院核定並籌措第二期以後的經費。在總額五十三億元的工程費中，列於第四期最後興建的塭子川新河道占了不小的比重。此時，第一期工程雖已完成，但適逢美國剛結束對中華民國的援助，淡水河防洪經費短缺問題更加嚴峻，[2]負責審核的經濟部一再因為經費過於龐大而將計畫退回。五月的審查意見如此寫著：「淡水河左岸地區之將來發展為何？將為決定計畫施行之重要考慮，如該地將保留為農業利用，兼可作自然洩洪道，則為保護左岸地區之所需經費可減少。」[3]換言之，經濟部最初的遲疑來自財源難以籌措，並很快發現商討中的都市發展議題恰巧能解決這個困境。

在此之前，淡水河治本計畫一直是建立在左、右岸共同發展的前提上，但此一前提開始鬆動，肇因於行政院經濟合作發展委員會（經合會）「都市建設及住宅計畫小組」（Urban and Housing Development Committee, UHDC）美籍顧問孟松（Donald Monson）的倡議。該小組於一九六六年成立，在聯合國專家顧問團的建議與協助下進行基礎調查、研議法令制度，並試圖奠定臺灣都市及區域計畫的基本框架。[4]對於臺北，身為顧問團首席的孟松主張，應讓市中心維持於現有範圍，並將左岸保留為綠帶，嚴格限制其發展。在風行以「新市鎮」解決都市問題的年代，他除了反對在低窪地建造昂貴水利工程，更進一步提議以林口高地作為新市鎮，供左岸人民移居。如此既能避免洪水平原惡性發展，同時能讓人口分布更為平衡。[5]

水利局一份內部報告總結了這種轉向：「美國陸軍工程師軍團專家意見……經濟部審議意見……表示塭子川疏洪道無論就技術上或經濟上觀點言之均有再商榷之餘地。」甚至直率地指出：「誠如孟松先生所言，過去把大都市建設在淡水河洪水平原上已是最大之錯誤，現都會計畫方面提出保留左岸洪水平原方案，確屬明智之舉。」[6]有趣的是，無論是經合會或水利局的報告，都特別提及其主張與徐世大的觀點不謀而合。

一九六七年還有另一項重要變化。歷經長久的爭議與討論，臺北市終於在該年七月從省政府劃出，改制為臺灣第一個直轄市。或許正因為如此，省政府於同月收到經濟部的一紙公文，明令防洪計畫應配合政府發展臺北大都會之構想，要求省政府嚴加管制左岸洪水平原，且「無庸建設塭子川」。[7]

從延後興建到不興建的決定震驚了省政府官員，也使左岸居民更加紛擾不安。大嵙崁溪改道案在一九六三年公布後，懷抱願景的地方人士紛紛到左岸投資，致使人口迅速增

辦　　法：請縣府撥補貳萬元予以修建。

審查意見：送縣府研究辦理

大會議決：照審查意見通過

編　　號：動議第八案　　　　　　類　　別：建　設

動 議 人：張德義　　　　　　附 議 人：吳忠、胡彩鳳、白再益、林萬芳

案　　由：請縣府轉請層峰飭令台北區防洪治本計劃執行委員會放棄對新莊、三重、泰山、五股、蘆洲等市鄉鎮計劃劃定為天然洩洪區限制使用以免阻礙該地區之發展與繁榮。

說　　明：一、政府為防台北地區水患乃成立台北地區防洪治本計劃執行委員會積極籌劃治水計劃自葛樂禮颱風水禍以還，限於財源而視其緩急分年分期執行治水工程，不外逐漸減少人民之生命財產損失，其用意至善，該會為期第一期工程地區之完整便於洪水之宣洩，驟將新莊、三重、泰山、五股、蘆洲等一片精華地區計劃劃定氾濫平原禁止建築限制使用，視為保護多數犧牲少數，使該地區人民晴天霹靂終日惶恐不安，蓋此洪流一旦來臨大難當前，家破人亡勢將難免。

二、新莊、三重等地區地廣人衆，年產米穀二千四百萬公噸，工廠生產年約貳拾餘億元，誠為北區寶庫經濟之命脈，今僅憑水利技術人員一隅之見竟將此四千多公頃之廣大地區劃為洩洪道殫情譁然，量情度理與地方之實際發展背道而馳。

三、為免人民生命財產付諸流水，政府應放棄消極之洩洪道計劃而積極疏濬河床以暢洪流進而取信於民沿淡水河築堤措施免現政府諾言則政府之幸，人民幸甚。

辦　　法：請縣府轉請層峰採納

▶ 圖24-1　臺北縣議員抗議政府的洪水平原管制計畫等同放棄左岸發展（「動議人」應為張德發）

資料來源：〈請縣府轉請層峰飭令臺北區防洪治本計畫執行委員會放棄對新莊、三重、泰山、五股、蘆洲等市鄉鎮計劃劃定為天然洩洪區限制使用以免阻礙該地區之發展與繁榮〉，臺北縣議會第六屆第五次臨時大會（1966年3月10日），《臺北縣議會議事錄》，新北市議會典藏，典藏號：005b-06-06-000000-0022。

▼ 圖24-2　1966年9月省議員退回「臺灣省淡水河系洪泛區及治理計畫土地限制使用辦法」草案

資料來源：〈臺灣省政府為對臺北地區洪水平原實施管制檢附洪泛區及治理計畫土地限制使用辦法草案請審議案〉（1966年3月9日至10月15日），中央研究院臺灣史研究所檔案館典藏，識別號：003_42_202_55002。

內容

及準備公告工作，已在積極配合辦理中。

四、檢附「台灣省淡水河系洪泛區及治理計劃土地限制使用辦法」草案對照表及總說明各三百二十份，函請迅惠審議，俾能早日公佈實施，以利管理為荷。

五、副本抄呈行政院，抄致經濟部，抄發民政廳、建設廳、法規整理委員會、台北地區防洪治本計劃執行委員會、地政局、水利局。

附「台灣省淡水河系洪泛區及治理計劃土地限制使用辦法」草案對照表及總說明各三百二十份

主席　黃　杰

建設廳長　林　永　樑　決行

（省政府55.3.8.府建四字第一五二七二二號函）

附件

台灣省淡水河系洪泛區及治理計劃土地限制使用辦法

第三屆第七次臨時大會審查意見

本案用意至善，惟為誠淡水河系洪泛區及治理計劃對于土地限制使用辦法合理合法起見，應交本會建設組議員實地調查研究後再審議。

（建設審查委員會）

第三屆第八次臨時大會審查意見

本「淡水河系洪泛區及治理計劃土地限制使用辦法」，據政府說明為執行台北地區防洪治本計劃權宜措施，惟淡水河系治本計劃，應以浚深河道、疏導河流為主，並應配合淡水河建港計劃，且本辦法所適用之範圍，僅限於台北縣部份地區，該地區經頒佈實施都市計劃，又對水患之防止或減輕，政府得依水利法第十條第六十五條第八十二條規定辦理，為確保人民之權益，提高治水效能，基於法令事實，本辦法應退還政府再予研究，依法辦理。

（建設審查委員會）

長，工廠林立。翌年，第一期工程率先建設了右岸堤防，已讓臺北縣民大為不滿（詳第二十五章）。一九六五年底，報上刊載省水利局正在測定淡水河的自然洪氾區、未來將劃為限建區的消息，省政府亦於隔年二月開始研擬「臺灣省淡水河系洪泛區及治理計畫土地限制使用辦法」草案，作為洪氾平原管制的法源基礎。[8]

這些動向引發了省級及縣級民意代表接連抗議。有省議員指出，三重、新莊一帶已是工商業中心，將來尤有發展可能，絕不能當成任由洪水氾濫而限制建築的荒地，犧牲當地三十餘萬人民的死活。[9]更有縣議員提案要政府放棄洩洪區的計畫，兌現全面築堤的承諾。一九六六年九月，省政府歷經實地調查與商討後再次擬定限制及補償辦法，仍遭省議員退回。[10]左右為難的省主席黃杰只好向經濟部回覆，若是無論如何都要修改治本計畫，中央政府必須先為左岸制訂適當的保護計畫，並設立專責機構來辦理。[11]

《修訂方案》再修訂

行政院的機密檔案顯示其如何小心翼翼地商討《治本計畫修訂方案》的再次修訂。經過經濟部草擬初稿，再由政務委員召集重要首長審查後，一九六八年一月，院會祕密通過了「防洪治本計畫原則變更」的結論：塭子川新河道仍「尚未決定是否興建」，但左岸的利用管制、適度保護及林口新市鎮的構思，都已納入決議之中。[12]同年六月，行政院公告實施《淡水河洪水平原管制辦法》。此法在公告之前，甚至曾被排入動員戡亂時期國家安全會議的報請鑒察事項中，可見政府高度重視其可能帶來的衝擊。13

依據水利局的測量調查，左岸被劃設為一級與二級管制區。後者屬經常淹水的低窪地區，建築物的改建、修繕、拆除或新建等都需經省政府核定，而前者包括堤防用地、塭子川疏洪道預定地及天然洩洪道，不得建造永久性建物及種植多年生植物。此法毫無意外地又引起左岸三重、五股、新莊及板橋等地的連番抗議，省府回應將在治本計畫解決根本問題後解除管制，才勉強平息了紛爭。14

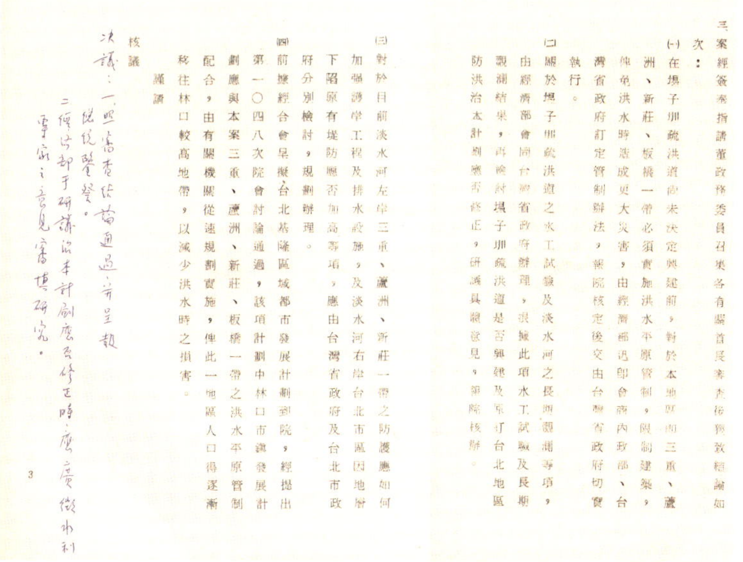

三、案經簽奉指請董政務委員召集各有關首長審查後獲致結論如次：

(一)在塭子圳疏洪道尚未決定興建前，對於本地區內三重、蘆洲、新莊、板橋一帶必須實施洪水平原管制，限制建築，俾免洪水時造成更大災害，由經濟部迅即會商內政部、台灣省政府訂定管制辦法，報院核定後交由台灣省政府切實執行。

(二)關於塭子圳疏洪道之水工試驗及淡水河之長期觀測等項，由經濟部會同台灣省政府辦理，根據此項水工試驗及長期觀測結果，再檢討塭子圳疏洪道是否興建及原訂台北地區防洪治本計劃應否修正，研議具體意見，報院核辦。

(三)對於目前淡水河左岸三重、蘆洲、新莊一帶之防護應如何加強護岸工程及排水設施，及淡水河右岸台北市區因地層下陷原有堤防應否加高等項，應由台灣省政府及台北市政府分別檢討，規劃辦理。

(四)前據經合會呈擬台北基隆區域都市發展計劃到院，經提出第一〇四八次院會討論通過，該項計劃中林口市鎮發展計劃應與本案三重、蘆洲、新莊、板橋一帶之洪水平原管制配合，由有關機關從速規劃實施，俾此一地區人口得逐漸移往林口較高地帶，以減少洪水時之損害。

謹請

核議

決議：一、照審查結論通過，並呈報總統鑒察。二、經濟部予研議治本計劃應否修正時，應廣徵水利專家之意見審慎研究。

3

圖24-3 行政院於1968年1月通過「臺北地區防洪治本計畫原則變更案」之審查結論，決議繼續檢討塭子川是否興建，並在興建前必須先實施左岸洪水平原管制。

資料來源：〈行政院會議議事錄　臺第二八七冊一〇五三至一〇五四〉（1968年1月25日），《行政院》，國史館典藏，典藏號：014-000205-00314-002。

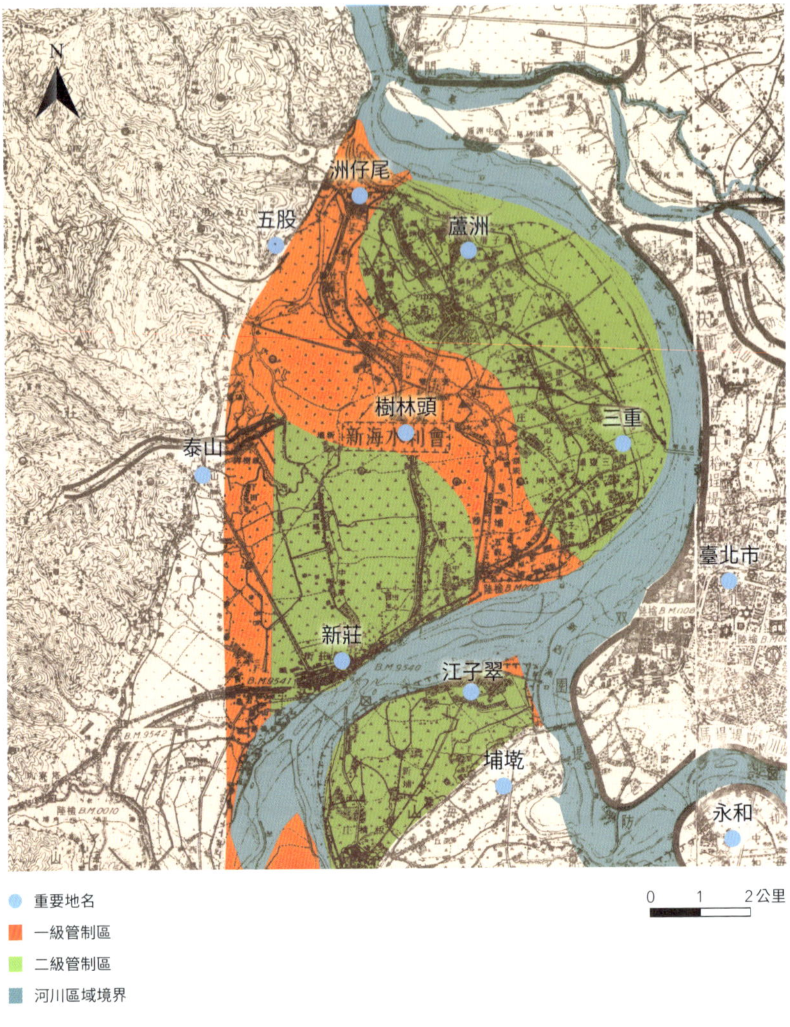

圖24-4　1968年公告的淡水河洪水平原一級與二級管制區

資料來源：毛毓翔製圖，參考〈行政院會議議事錄　臺第五〇一冊一六八〇至一六八二〉(1980年5月15日)，《行政院》，國史館典藏，典藏號：014-000205-00528-002，底圖為〈臺灣省水利工程、水文站及基準圖位置圖〉(1966)，《臺灣百年歷史地圖》，中央研究院人社中心GIS專題中心。

《檢討報告》與《建議方案》：二重疏洪道的誕生

淡水河漫長的治理規劃過程一再見證了防洪並非純粹的工程問題，接踵而至的還有環境變遷的挑戰。一九六八年十月，行政院責成經濟部研議塭子川新河道的難題，因而水資會籌設「臺北地區防洪計畫工作小組」（以下簡稱工作小組），由主委王忠漢擔任召集人，全面檢討《治本計畫修訂方案》。此一為了淡水河防洪而第三度籌組的指揮單位，因延攬人員困難，直至隔年五月才真正成立，徐世大又再次臨危受命擔任顧問。

在此期間，不管是水工模型試驗、數學演算，或是對社子島一帶截彎取直及浚渫等已實施工程之實際觀測，都證實了徐世大先前的擔憂。五股地區的海水倒灌、地層下陷則是新的挑戰，塭子川沿岸逐漸出現一片標高「零公尺地帶」，成為廣大的沼澤區。[15]此外，臺北盆地其他地區的沉陷問題也一一浮現。

一年後提出的《臺北地區防洪計畫檢討報告》，已明確承認丙案將使淡水河及塭子川新河道嚴重淤積，必須依賴不斷浚渫以保持河道容量，故不易實施。最為特別的是，《檢討報告》不只從頭探討了一九六三年以來省政府及中央專責組織產出的各種方案，亦廣納來自其他單位或民間的建議。[16]在治本計畫懸而未決的這幾年，經濟部、水資會都舉辦了座談會廣徵意見。透過報章投書、遞交請願書等方式提案的，含括現任或退休的技術官員、學界學者與一般民眾。光是水資會，收到或蒐集的資料就超過六十份，[17]比起日治時期的民間聲浪更加高漲。

一一評估比較後，工作小組在《檢討報告》中擬出的「建議方案」不再支持新建水庫或河流改道，又回到最初一九六三年《淡水河防洪計畫調查研究報告》的第四案（大嵙崁溪分流塭子川），以及一九六四年《淡水河防洪治本計畫書》的丁案（大嵙崁溪部分減洪），只是將用語改成「疏洪」，意指僅疏分大洪水時臺北橋不能通過之溢流部分，中小洪水仍循原河道宣洩。報告認為，相較於開挖新河道有改變原始河性之虞，疏洪方案更能保持河川的穩定度，且疏洪道僅三、五年使用一次，平時還能利用土地進行耕作。[18] 工作小組考慮了四個疏洪道的可能位置，最終以第二案為結論，將已納入洪水平原一級管制區的天然洩洪路線開闢為疏洪道，亦即今日我們熟悉的「二重疏洪道」。

此外，國外專家的想法同樣受到重視。工作小組進行檢討期間，曾邀請美國陸軍工程師團林德（Walter M. Linder）、黃如福來臺審查。但美籍專家透過審查為工程提供保證的方式逐漸失信於社會，故徐世大提議另外延請歐洲或日本

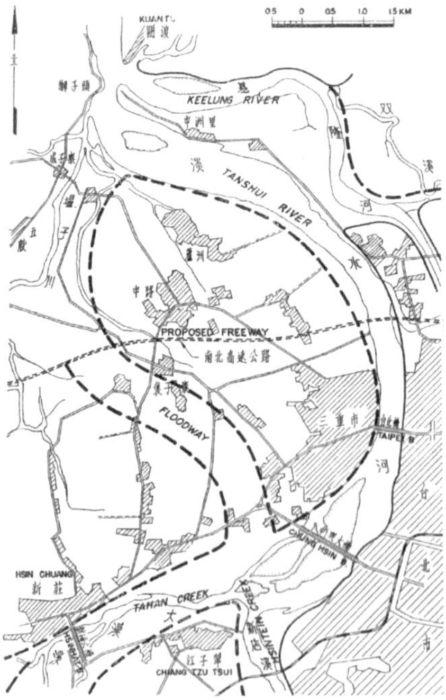

圖24-5　水資會工作小組建議的疏洪道第二案，即後來的二重疏洪道（標示「FLOODWAY」處）。

資料來源：經濟部水資源統一規劃委員會，《臺北地區防洪計畫檢討報告》（1970年6月），頁61。

圖24-6　郝瑞遜向行政院院長蔣經國、經濟部部長孫運璿等人陳述關於淡水河防洪的意見

資料來源：〈蔣經國照片資料輯集—民國六十二年（二）〉（1973年6月5日），《蔣經國總統文物》，國史館典藏，典藏號：005-030206-00006-023。

的專家，從頭徹底研究，期待能超脫既有智識的限制，得出更具新意的解決辦法。[19]

有鑑於此，工作小組裁撤後，經濟部又於一九七一年三月敦聘荷蘭防洪博士查南（A. Zanen）來臺考察。然而，分別來自遼闊大國及低地小國的兩邊專家，提出的看法竟是大同小異。[20]為了慎重，經濟部再奉行政院指示，召集中央及地方高級主管，組成第四個任務組織「臺北地區防洪計畫專案工作小組」。此階段微調了疏洪道的位置方案，❶但從其下分成技術、財務、都計及綜合四小組的架構可知，專案小組的工作不再限於技術面的研究調查，已進展至更廣泛的評估。

最後一位為報告書提供建言的國外專家，是曾經手《治本計畫書》的美籍工程師郝瑞遜。身為工程師團密蘇里河區水文水理組組長，他自一九七三年五月起花了四十餘天重新檢視過去的重要報告、民間提案及陳情請願，尤其注意引起民眾爭辯的疏洪道路線。

❶廢棄水資會工作小組的第一案（洪水平原第一級管制區天然洩洪區兩旁築堤），保留第二案（位置同第一案，入口段寬度縮減並挖低，即二重）、第三案（入口移於新海橋下游，即中港），並將第四案（設於原案塭子川新河道處）增加為四之一及四之二案。

在審議報告的結論中，他正面肯定水資會工作小組提出的第二案（二重疏洪道），稱其是最可靠、技術困難最少、面對未來不確定性最有彈性的方法。[21]

一九七三年底，《臺北地區防洪計畫建議方案（草案）》出爐，[22]並於翌年一月上呈行政院核定。[23]不過，當國際知名的水文學家周文德（Ven Te Chow）於同年六月來臺短訪時，經濟部仍請他將資料帶回美國詳細研究。[24]這一方面顯示了政府的慎重，另一方面也意味著淡水河漫長的防洪規劃始終並未取得令人完全滿意的結果。

從市街保護、追求利益到保衛首都：兩個時代的工程師

誠如徐世大所感嘆，二重疏洪道雖不完美，但即使集合全國乃至全世界的專家，也都無法再想出更新穎、更有效的辦法。值得注意的是，此時所謂的「有效」是以臺北市的安全為前提來衡量。換言之，戰後淡水河的防災規劃又從日治後期以來的興利框架轉向，以保護臺北為優先。回到歷史脈絡來看，這不只是工程技術的考量，且被當時政治形勢緊緊牽動。一九六〇年代中期，隨著「反攻大陸」的軍事訴求逐漸轉向較為柔性的「光復大陸」，臺北市升格不僅象徵其人口及經濟的重要性，更是一種宣示，表明臺北不再只是中央政府的臨時駐地，而是戰時的「首都」，[25]必須以長遠眼光進行治理與建設。

在逝世前一年，七十九歲的徐世大寫下關於臺北防洪的最末一篇專論。他重申草擬

大嵙崁溪改道案時「不免受當時社會輿論的影響，未能做最有效的建議，至今仍引以為憾」。[26]這位滿心抱歉的工程師，自責在當時戰勝自然、充實國力的氣氛下沒有及早提出「遷地為良」的構想，反而讓更多預期終將會被工程保護的人民選擇至淡水河左岸投資發展。[27]為此，他仿效明代治理黃河名臣潘季馴以《河議辨惑》著書立說，將自己十三年的所見所得寫成「續河議辨惑」，從學理、技術、經濟及社會等角度檢視歷來各界提出的治河方案，逐一釐清爭議與盲點。此外，他也不厭其煩地撰文，呼籲政府應該像為公園、學校留下預定地那般，為淡水河留下它該氾濫的空間，民眾則要保持對洪水的警覺，切勿因為工程帶來的安全感而失去防備。

徐世大的觀點在某些方面與現代水治理思維有著共通之處，儘管其立場更多是基於實用主義而非純粹的環境考量，但他早已意識到工程手段難以全面抵抗洪水，也洞察此處的水災是天災亦是人禍，肇因於人們與水爭地的錯誤認識。這些見解源自他在中國華北的治水經驗，以及不斷吸收的西方專業知識。有時候，他更像一個傳統的治河文官，不斷從歷史中看到自然的力量。

徐世大在自傳中一吐淡水河防洪規劃過程「如鯁在喉」的難言之隱，不禁令人想起三十年前八田與一感嘆大正時期淡水河治水為「最姑息的做法」之語。兩人都是自身所處時代的先驅者、力排眾議的前瞻者，但一位試圖在日治時期殖民地官員的保守氛圍中奮力地證明人類的非凡，一位則在戰後舉國渴望偉大工程的狂飆年代中執著地提醒人類的渺小。

這兩位同樣備受政府重用的工程師，宛如被權力之手拾起的石頭，在歷史洪流沖刷下刻劃出的樣貌，卻是如此地不同。

第二十五章

在聲浪中前進：工程實踐與在地居民的回應

顧雅文

一九六二年九月愛美颱風過境之後，一艘載著六人的小汽船駛入淡水河。此次航行由臺北市議會議長發起，希望從河上視角探討淡水河水患的根源。這趟包括議員及水利專家在內的考察之旅馬上就遇到了窘境，僅僅從中興大橋航行到臺北橋，小船就擱淺了，船夫不得不跳入水中推著船走。接著再行駛到社子，即便是漲潮時分，小船又再度觸底。其中一位民意代表重提七年前的疏浚主張，認為政府經費無著阻礙了此構想。眾

淡水河的水患在那裏
本報記者黃逸文

圖25-1　臺北市議會議長一行人的淡水河航行報導

資料來源：〈淡水河的水患在哪裏？〉，《徵信新聞報》，1962年9月24日，2版。

人也對塭子川的開挖議論紛紛，而關渡拓寬會不會讓海潮倒灌？番仔溝到底有沒有存在必要？一時之間並沒有答案。[1]

從規劃到完工：歷時數十年的淡水河治理工程

一般來說，工程應先完成調查研究及規劃設計，評估可行後才進入實施階段。然而，戰後淡水河治理工程的實施，卻彷彿那艘河中小船，船上眾說紛紜，水下泥砂翻湧，船隻則走走停停。自媒體於一九六二年五月披露計畫啟動的消息，[2]至一九六三年二月《淡水河防洪計畫調查研究報告》出爐，就耗費了十個月。又經過漫長的一年，防洪治本計畫第一期工程才在一九六四年三月開工。如第二十三章所述，此時計畫仍只是草案，但在時間壓力下，行政院要求審核小組選出十項急要工作，❶又指示省政府召集其下各廳及臺北市、縣、陽明山管理局等行政單位，組成「臺北地區防洪治本計畫執行委員會」，專責工程的連繫、協調及督導，才推動部分計畫得以率先落實。

第一期工程雖於一九六五年七月大半竣工，但治本計畫卻陷入漫長的修訂期，一等就是九年，直至一九七四年一月經濟部終於向行政院提交《臺北地區防洪計畫建議方案（草案）》（詳第二十四章）。但到行政院終於拍板，決議辦理包含二重疏洪道在內的建議方案初期計畫，又已經是五年後的一九七九年初。[3]此後，工程由省政府及北市府分別推進，分成三期實施，一九九六年完成主要工程，一九九九年宣告完工。[4]此一花費二十年的大型建設，加上一九九六年竣工的基隆河（大直、松山、內湖、南港段）截彎取直、二〇〇五年完成的員山子分洪等另以專案計畫形式推動的工程，不斷地重新塑造淡水河流域的面貌。[5]

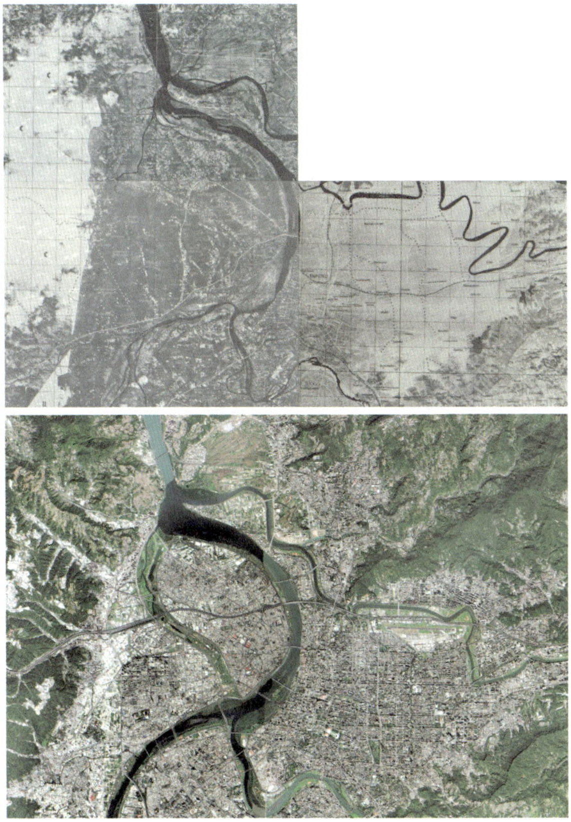

圖25-2　1944年的航照圖（上，原圖部分圖幅缺漏）與衛星影像現況（下）比對

資料來源：〈美軍二萬五千分一航照圖〉（1944）、〈ESRI World Imagery〉，《臺灣百年歷史地圖》，中央研究院人社中心GIS專題中心。

❶ 十項急要工作包括興建丁壩整治河口、拓寬關渡、浚深社子島北端河槽、上游添建丁壩、增建大龍峒等七處堤防、整修及新建市區下水道、改建鐵路橋及公路橋共七座、建三重路堤、改善低窪地房屋等緊急小工程，以及比較研究疏洪與上游興建攔洪水庫案。

工程特色：邊做邊改

治理工程這艘小船的水花首先在河口激起。沈怡的口號「先求尾閭之暢通，再謀防禦氾濫」，為治本計畫第一期工程奠定基調。暫且不管上游的難題怎麼解決，淡水河下游眾溪歸海之處，意即社子、關渡、大龍峒周邊水域，是工程師們首先要面對的課題。

下游的兩項改修計畫，在《調查研究報告》階段就已提出。首先，番仔溝是基隆河與淡水河在關渡交會前的另一個出口，原本被視為有助於基隆河的洩水。然而調查發現，洪水時淡水河水位通常高於基隆河，番仔溝並未發揮疏導功能，反而成為淡水河倒流基隆河的通道，加劇了大龍峒至大直間的水災，還會增加臺北橋河段之水位。故不管選擇哪一項防洪方案，堵塞番仔溝河道都是必要工程。

其次，關渡在低水時為潮汐之門，高水時則為攔洪之口，造成的淤積及迴水常使氾淹面積增大、時間延長。日治時期就被提出的關渡拓寬案，在此時被認為「有益無害」，亦是無論採取什麼方案都必須實施。唯一的問題則在於拓寬多少、拓左岸或是右岸，以及是否浚渫。計算需要挖掘的土方及比較遷墓、徵地等費用後，省水利局的第二規劃隊提出拓寬關渡右岸遠較左岸為勝的建議。[6]

不過，八個月後公告的《淡水河防洪治本計畫草案》中，設計又稍有改變。番仔溝仍有堵塞的必要，但為了配合北市府以抽水機排除內水的下水道計畫之不足，水利局工程師

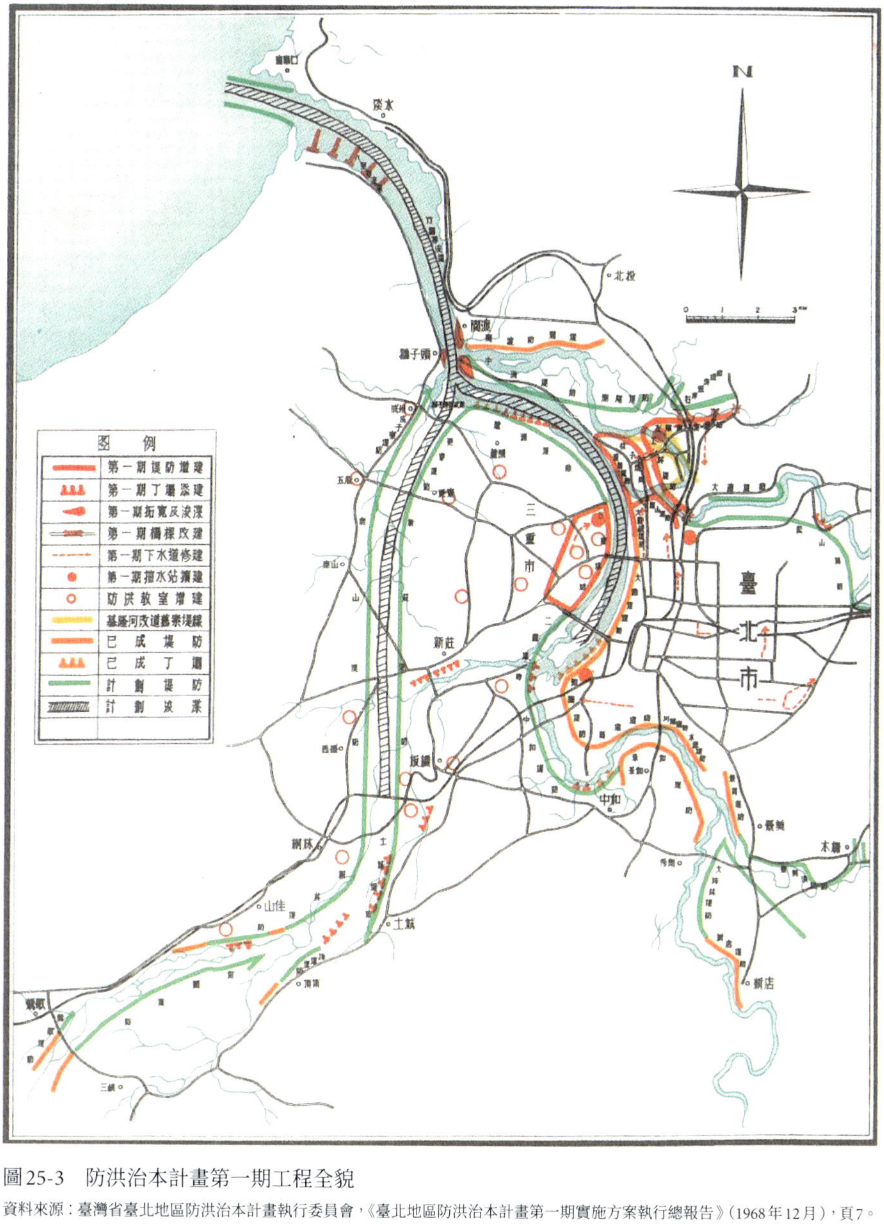

圖25-3　防洪治本計畫第一期工程全貌

資料來源：臺灣省臺北地區防洪治本計畫執行委員會，《臺北地區防洪治本計畫第一期實施方案執行總報告》（1968年12月），頁7。

進一步將堵塞兩頭的番仔溝河槽規劃為排水調節池，以減輕大龍峒與社子一帶的水災。此外，若是將來大嵙崁溪改道塭子川，關渡將成為三流共注的匯合點，因而研議將基隆河的注入口改到溪洲底附近，以求河槽的穩定。至於更下游的關渡隘口，此時的主張是先去掉左岸突出的磯頭，並趁左岸施工期間於右岸徵購土地、遷移居民，而後動工挖除河岸一百公尺，同時辦理水工模型試驗，再據此決定是否繼續拓寬。社子島北端亦須將低水位以上部分挖除，以增加洪水下洩。[7]

在觀測數據與模擬結果不斷更新、主要的大嵙崁溪改道案尚待評估、施工作業與都市建設同步推進的情況下，工程的細部設計牽一髮而動全身。由上可知，即便是規劃初期幾乎未有專家提出異議的這兩項共通工程也經歷多次修正，並因為後續施工的實際情況繼續調整、變更設計，遑論其他共識更少的項目。因而，第一期工程的最後結果與最早的構思並不完全相同。事實上，從一九六〇年代的淡水河防洪治本計畫，到一九八〇至一九九〇年代的臺北地區防洪計畫，「邊做邊改」似乎始終是其最大特色。[8]

再次爆發的築堤大戰

執行工程的過程也絕不是一個全民期待下順利成功的美談，我們看到的是無數充滿矛盾、不對等與政治角力的故事。

築堤大戰再度爆發。可以想見，右岸先築堤防，左岸就陷於危險；上游計劃動工，就引發下游不安。依據第一期工程的規劃，共有大同、圓山、渡頭、社子、士林、雙溪及三重等七座堤防需要興築。但執行委員會指出，因時間、人力與財力無法一氣呵成，「不得不應其所急」，率先動工臺北市一側的圓山、大龍峒堤防。為此，萬人兵工於一九六四年三月一日凌晨便抵達河邊工地，試圖趕在同年七月完工。[9]

這項決定立刻引發了左岸的軒然大波。臺北縣議會抨擊築堤破壞了治本計畫「先求尾閭暢通」的順序，要求立刻改正，否則就應一併興建三重、蘆洲、板橋的堤防。[10]地方代表亦不斷組團前往省政府、監查院等機構陳情。[11]兩週後，報載政府為顧全大局，決定全面停工，撤出兵工部隊。[12]這又使不少市民懷疑築堤案已遭擱置，朝令夕改的批評聲浪不絕於耳。一份內部會議紀錄顯示，主導施工的省政府主席黃杰坦言，築堤實是為了選舉考量，當時臺北市市長改選在即，此前因為葛樂禮颱風流失近四十萬張選票，必須藉堤防建設重新挽回支持。[13]因而右岸堤防很快又恢復動工，只是改成由北市府自行興建，以減少爭議。此外，堤線劃設牽涉更多民生議題——誰的土地將被徵收？補償經費如何計算？這些問題在相關地區也引起陣陣波瀾。[14]

紛擾不休的基隆河（社子段）截彎取直工程

更大的話題焦點是社子島的變局。一九六四年三月初，當地居民就聽說水利局可能捨棄原定的社子堤防計畫，轉而考慮讓基隆河的出口改道。但傳出的構想與前年底提出的《治本計畫草案》完全不同，而是計劃從圓山開鑿一條筆直河道，直通中洲里，使基隆河穿越社子島（圖25-4）。[15]

比較起來，一九九〇年代的基隆河（大直段）截彎取直更為人熟知，規模也更大，然而此時同樣稱為「截彎取直工程」的消息仍讓社子島民惶恐萬分，認為此舉是為了少數大型工廠的利益而犧牲大多數島民。如果半數以上土地成為河流，居民將流離失所。因而他們立刻投書各大報社，請願放棄開河之議。[16]在三月十二日的行政院院會中，省政府則力陳拉直河道的各項優勢，認為這不僅能提供築堤工程所需的土方，解決填料來源問題，也能改善基隆河曲折河段可

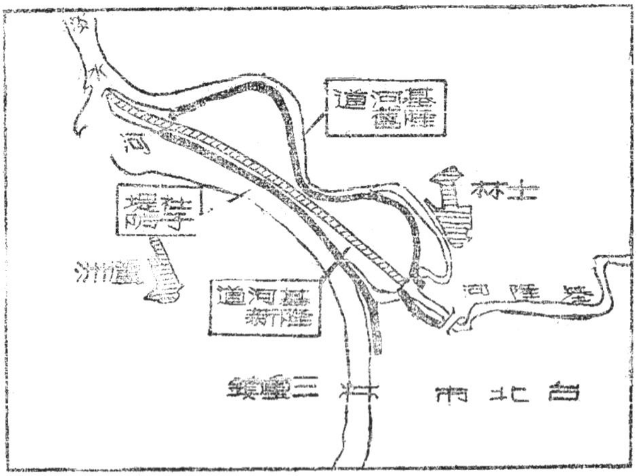

圖25-4　1964年媒體報導的基隆河截彎取直計畫之一，新河道預計直通社子島至北部出海。

資料來源：〈將基隆河改道 穿社子島而過 正在水利局研究中〉，《徵信新聞報》，1964年3月16日，2版附圖。

能造成的水患隱憂。省主席「為迅付事功，已飭先行實施」，先請主管單位展開勘查研究。面對此一情況，行政院只得要求省政府應詳細比較新提案與原築堤計畫之防洪效益，迅速報院定奪。[17]

從院會紀錄的文字描述可知，此時的設計與居民認知的並不相同。省政府欲開挖的河道並非直通社子島北部的筆直長河，而是近似三月二十日《中央日報》相關報導中的附圖，從社子島中部的溪洲底就注入淡水河（圖25-6）。[18]然而，此後的民眾請願依舊圍繞著舊設計展開，社會輿論及街談巷議的訊息十分混亂。有人猜測基隆河沿岸工廠為避免拆遷，以鉅額賄賂省政府；有人批評省政府與行政院在決策上意見分歧，導致工程方向搖擺不定；最後甚至傳出請願、投書及記者招待會都是非本地居民冒名鄉民代表的名義所發，使爭議蒙上更多疑點。[19]

此期間的風波曾驚動總統蔣介石，在三月十八日的國民黨中常會上親自詢問案情。省主席黃杰說明改道方案是他個人構想，事先未與任何人商量，行政院院長嚴家淦亦知情並加以肯定。兩人否認了賄賂及省院不合的傳聞，並將此輿論混亂歸咎於民間私心及媒體亂象：

民間均只知道築堤，而不知道政府之治本計畫，且人人均希望其住宅能在堤內，而將他人置於堤外，報紙復從中渲染，因而民間誤解日深。

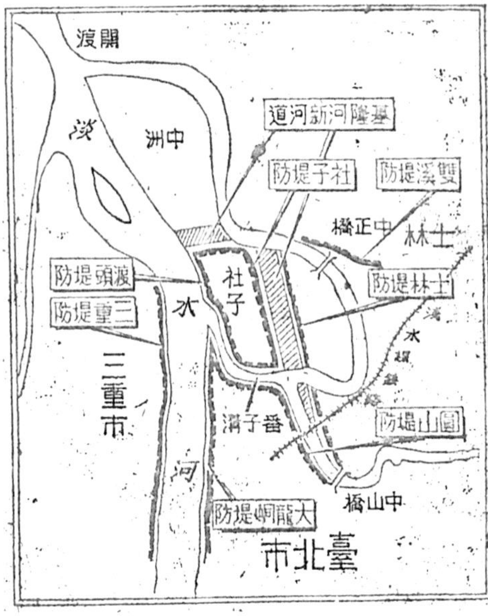

圖25-6　1964年媒體報導的基隆河截彎取直計畫之二，新河道預計從社子島中部注入淡水河。

資料來源：〈基隆河改道部份 專家擬定新方案 穿越社子島進入淡水河〉，《中央日報》，1964年3月20日，3版附圖，臺南市立圖書館新總館典藏。

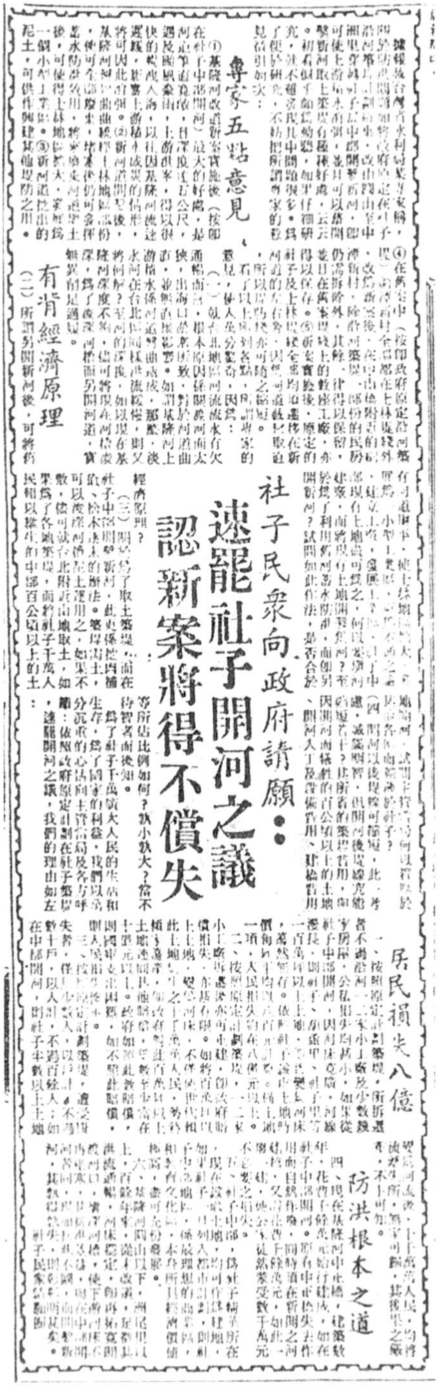

社子民衆向政府請願：

速罷社子開河之議

認新案將得不償失

專家五點意見

有背經濟原理

居民損失八億

防洪根本之道

圖25-5　社子島居民投書反對截彎取直基隆河

資料來源：〈社子民眾向政府請願：速罷社子開河之議 認新案將得不償失〉，《自立晚報》，1964年3月31日，省市社會版，國家圖書館典藏。

蔣介石裁示立刻找來各報社人員，要求新聞界瞭解政府措施並予以翔實報導。[20]或許正因如此，才有了上述圖文並茂的新聞報導。

無論如何，社子堤防及新河道的方案至一九六四年九月正式核定實施，是為基隆河第一次截彎取直，但流入溪洲底的改道工程並未施作。在第一期完工後的總報告書中，這項工程被記載為臺灣「大規模人為改道河流之創舉」，[21]但其決策過程清楚顯示出資訊傳遞的不對等，以及政府與地方間缺乏溝通。

右岸「難關渡」

基隆河截彎取直案展開調查的同時，關渡拓寬工程正如火如荼地進行中。此處的挑戰與基隆河口如出一轍。迫於時間壓力，工程師仍然得在尚未獲得水工試驗結果前先行動工，因而工程被劃分為三個階段，先進行最小範圍的施工，再依據模型試驗結果逐步調整。

左岸獅子頭的開挖最早完成，於一九六四年七月便告一段落。右岸關渡原計劃將河床挖至標高零公尺，後來則調整為更深的洪水槽斷面，即標高負一公尺，但對於部分堅硬、難以開挖的河床地段，仍維持原設計。一九六六年七月，關渡河幅最終拓寬至五百五十公尺，這個數字是水工模型試驗後得出的最佳尺度。此外，社子島北端沙洲被認為是壅阻水流的原因之一，故施工時也消除了低水位以上的部分、挖至標高零公尺，削除的土砂則被

圖25-7　社子島北端沙洲挖除中（左）與挖除後（右）之照片

資料來源：〈臺北地區防洪治本計畫-0059〉（1965），臺北市立文獻館典藏（左）。吳國維拍攝（2025年4月29日）（右）。

用於填高後方地基。[22]

施工過程亦可謂一場「難關渡」。透過當時的報導，我們得以一窺施工前夕的關渡景象：左岸的獅子頭是一片人煙稀少的荒山，而關渡一側依山傍水，河灘上停泊著許多漁船，居民大多以捕魚與養鴨為生。為了拓寬河道，右岸關渡預計有六十餘間民房必須拆除，影響七十五戶、超過五百名當地人的生計。然而，居民對具體情況一無所知，直到四月一日，負責施工的榮民工程處派來三輛堆土機，才意識到工程已正式展開。他們只能將機具團團圍住，或拔除水利局測量後釘下的木樁，以此表達內心的激憤。[23]

然而施工有其時限，必須在隔年汛期前分秒必爭，鎮長、里長紛紛來協調，曉以大義。居民不解何以不在左岸施工，若非得毀其家園，則希望政府給予合理的拆遷補償，並協助他們轉業，以確保生計不致中斷。[24]當時此地尚屬陽明山管理局所轄，面對民怨，局長潘其武亦前去勸說，希望人民信任政府。他在廟

圖25-8　右岸關渡居民在拆屋後只能搬到帳蓬暫住

資料來源：〈臺灣新生報底片民國五十三年（六）〉（1964年4月22日），《臺灣新生報》，國史館典藏，典藏號：150-030300-0006-030。

圖25-9　左岸獅子頭的施工情況

資料來源：同圖25-8

前向媽祖發誓，絕不會使民眾吃虧。[25]在居民要求下，管理局迅速訂出用地及地上物補償標準，但補償金額卻遠低於大家期待的數字，相差高達八倍之多。[26]事實上，行政院早已指示省政府，若工程用地協議價購不成，依法辦理徵收，可報院「特許先行使用」。[27]在「如無異議週內發款，否則依法辦理徵收」的軟硬兼施手段下，關渡居民紛紛接受協調。[28]這場不到兩週的抗議也在無聲的遷徙中落幕。

清濁源流本不同：不能停止的對話

在一九六〇年代的威權時期，淡水河流域的治理故事毫不意外地反映出資訊的不對等，以及政府、專家與民眾間的溝通局限。一九八〇年代初開鑿的二重疏洪道，

圖25-10　臺北縣政府於2004年立的「炸開獅子頭隘口歷史沿革巨石紀念碑」，採取《五股鄉志》說法，描述戰後的關渡拓寬工程讓五股鄉洲後村成為沼澤。

資料來源：毛毓翔拍攝（2024年10月21日）

同樣引發了洲後村居民長達數年的抗爭，最終還是必須強制拆遷。洲後村的群眾抗爭事件被視為翻轉臺灣戒嚴歷史的支點，[29]但這些昔日的史實，今日讀來，仍不免令人有似曾相識的慨嘆。

住在淡水河畔的清代舉人陳維英，曾為淡北八景之一的「關渡分潮」現象賦詩一首：「第一關門鎖浪中，天然水色判西東。莫嫌黑白分明甚，清濁源流本不同。」他描繪河海交會的自然景色，並告訴讀者，水色分明並非異事，往往源自不同的本質，就像人世間的分岐與差異。如果再晚生一百年，他或許會失望於美景的消失，但防洪建設竣工後出現的種種地方回應，仍然可能帶給他相同的感悟。

堤防、疏洪道成為沉默的城市地景，只有在發生洪災之時，人們才會意識到這些設施提供的保護，甚至進而提高對防洪標準的要求與期待。然而，還有多元紛雜的聲音在大河兩岸迴盪。八里、五股、三重、蘆洲、泰山、新莊等地的居民認為，關渡拓寬擴大了颱風來時海水倒灌的範圍，反而使他們受災，這些主張如今被銘刻在五股區獅子頭的巨石紀念碑上。[30]社子島居民則哀嘆基隆河截彎取直讓大批良田消失，社子圳只剩一段河道，灌溉水源不足，附近的生態跟著改變，養鴨、漁業也受到影響。[31]學者指出工程影響了自然環境與地貌，如今社子島不再是「島」，而關渡、士林聚落的產業、生活圈、信仰圈，也因為防洪工程而幡然改變。[32]反之，也有國內、外的水利專家從水文、學理提出辯護，認為左岸的海水倒灌與地層下陷有關，不應怪罪於關渡拓寬，呼籲政府應負起更多科普教育之責，並讓調查及規劃資訊更加透明。33

這些因果關係錯綜複雜，觀點莫衷一是。然而，回顧歷史，淡水河彷彿給了我們最後一個忠告：如同潮水與河水終將交會，無論你我立場如何，都不該停止對話，因為我們終究身處於同一條河流之中。

結語

邁向未來的水之道

顧雅文

這趟沿著淡水河的時間旅行，宛如一場穿越數百年的紙上對話。

淡水河是怎樣的存在？走訪田野的儒學名士、溯溪探險的西方旅人，以及熟練科學工具的技師給了我們不同視角的回答。三條各具性格的支流會聚成大河，並與海潮在盆地中交會。河畔居民享受匯流帶來的豐饒活力與獨特優勢，同時也面對其導致的變動與風險。若說曾文溪的挑戰在於河道擺盪，淡水河則在於多重交會產生的複雜變化。

走到河邊，向曾與這條河流共同生活的人群發問，會得到更多的回應：遙遠上游的淡水與洪氾後的沃土，是農人賴以耕作的希望；撒網捕魚、放養鴨群的漁人，仰賴著潮間與水中湧動的生命；潮汐律動中不息的川流連結海陸，為貿易郊商織就了貨物流動的綿密網絡；奔騰圳水推動著水車，轉化為製造者的動能；市井小民需要它的清流滋養生息、潔淨生活；對文人雅士與河岸居民而言，它是情懷的寄託，也是撫慰心靈的所在。淡水河不僅是一道自然景觀，更是承載物質、能量與精神意蘊的載體。這些元素共同孕育了臺北，造就大臺北的歷史風貌。

洪水曾經在狹小的盆地中依照自然規律自由來去，它有時帶來浩劫，有時像是禮物，人們願意配合河流的節奏找出共存之道。然而，當這條大河吸引更多子民仰賴其哺育，人們對河水卻愈不寬容。在所需的時間內來去、在設想的深度及寬度中流動的才是「好水」，「壞水」則要擋於其外、封於地下，任何的外溢或氾淹都是失序，成了災害。

淡水河該怎麼流？從一八九〇至一九八〇年代，城市子民藉著對舊河道的認知、在故鄉或異鄉的見聞、科學調查的數據、甚至是純粹的異想天開，為大河規範出「水之道」——一條固定而服膺人類需求的路。從正面的角度來看，這條城市之河得到了最高規格與最謹慎的對待。無論戰前或戰後，改造淡水河的構想都不是在少數野心家手上被粗暴地揮筆定案，而是在官民紳商、知識分子、本地與外籍專家的反覆檢討及辯論中成形。每個時代都選擇了最佳、最有效的方案，只是所謂的「有效性」從來不是純然的技術判斷，而是被當時的社會情勢與經濟需求所定義。

臺北城市地位的轉變，時刻左右著治理河流的邏輯。戰後長達十數年的防洪規劃過程中，不管是拓寬關渡、墊高地盤、疏浚、築堤、水庫或分流（減洪、疏洪），這些工程構思早在德見常雄、十川嘉太郎等日治時期技師的規劃中就已萌芽，甚至在藤田排雲、石坂莊作等民間人士的提案中亦能看到雛型。它不是過去以為的「人定勝天」的故事，而更像是窮盡眾人才智後不能不採取的最終選項。換個角度來想，在以工程為唯一解法的思維框架內，能做的選擇始終有限。

四十多年後的今日，處在氣候變遷下水危機再度成為燃眉之急的時代，這本書的出版並不是為了控訴過去、以今非古，亦不是要以古非今，呼籲回到沒有人為控制河流的伊甸園。我們邀請讀者——不管是水利專家或是工程的門外漢——探尋這些快要被遺忘的水歷史、水文化，希望為「水之道」騰挪更多停留與流動的空間，不僅在真實土地上，也在人們心裡。

把水種回心裡

《把水種回心裡》這部二〇二三年由水利署與民間NGO攜手打造的紀錄片，片名生動地表述出本書的期盼：重新找回與水的連結。而水歷史正是一條有著多重層次的連結通道。首先，探尋淡水河如何造就臺北，成為人們緊密依賴、親密互動、情感抒發，以及與洪災共生的生活場域，也就是瞭解這條大河的文化底蘊。其次，當時間尺度拉得更長，因果脈絡就更加清晰可辨。與淡水河的關係何以愈來愈近，又愈來愈遠？昔日那些密切關係及災害文化，又何以逐漸在人口大量聚居、對用水效率愈加要求的過程中逐漸式微？

再者，水歷史亦啟發深刻反思：安坐在免於洪災的屋簷之下，不能忽視背後隱藏的代價與取捨。作為負責任的河畔居民，最簡單表達感謝的方式就是直視流域歷史，在享受治理成果的同時，也理解它們如何而來。此外，氾淹的頻率、規模以及潮位、水位、雨量的觀測，是持續一個世紀以上的工作。百年數據刻劃出淡水河及其支流的鮮明個性，也明白昭示氣候變遷的嚴峻，提醒著翻轉治理舊思維已是同感急迫的課題。

最後一個層次，我們相信嚴謹的水歷史考察能帶來更直接的共鳴。近年來，全球各地有愈來愈多人化身為「水文偵探」，在城市街道、鄉間田野的縫隙中尋找消失的河流。這些行動者懷抱更加積極的意圖，欲透過保護、修復或是模仿自然的方式來恢復生態的部分功能。[1]儘管臺灣尚未廣泛使用此一代稱，仍有許多人默默投入這場尋水活動，想要讓失落的水流重現天日，修復與水的關係。[2]在淡水河流域，也有一些小型水域陸續開蓋或整治，顯示除了民間自發的努力，水利單位亦開始關注環境問題。而本書提供了歷史證據，說明如今棄置或封存在臺北平原地下的星點埤塘與溝渠，曾經在歷史上承擔滯洪或排水的重要角色。

時至今日，「逕流分擔、出流管制」已經明訂增修於《水利法》中，防洪手段也從「築堤束洪」轉向「水道與土地共同承擔」，正體現出現代科學與古老智慧跨越時間的對話。同樣的，使用水利署正在推動的「行動水情APP」接收預警資訊時，不妨想起過去在氾濫區口耳相傳、用來掌握天候節氣變化的諺語。「出虹跨干豆，風颱做尾後」、「六月十九，無風水也哮」，正是先民留給後人的諄諄告誡：超前布署便能減少損失。

近年水規分署與十河分署的「淡水河流域整體改善與調適規劃」方針，強調在水岸及河廊的空間營造中融入文史內涵，使其同時具備防洪功能、教育意義及美學價值。換言之，淡水河的當代治理不再僅聚焦於水利或環境層面，而逐漸走向涉及傳統文化及歷史記憶再現的綜合性事業。本書闡明昔日的生態景觀及人水互動的細緻圖像，有助於勾勒更具體的河流願景：想像有一天，我們再次願意用身體感知大河韻律，為它蘊藏的生機與力量感到欣喜。

事實上，不僅止於水岸，本書挖掘出更多水文化地景，藉由三百多年來流域人群與淡水河互動軌跡的梳理，可以賦予這些空間場域更深刻的意義。我們期盼為水利專家提供更豐富的文化視角、藉此拓寬工程思維邊界的同時，也希望以水文化的故事喚起認同，深化流域公民的水利知識與河川關懷，甚至為淡水河感到自豪。一段瑠公圳的遺跡，訴說的是臺北之所以成為臺北的起點；一段斑駁的百年堤防，記錄了圍堵思維下防禦洪水的努力；一座跨越世紀的半樓仔建築，代表的是被時間洪流磨得發亮的傳統智慧。更重要的是，置身於水文化地景之中，能切身體會到洪災不僅是自然環境拋出的新難題，且是社會共同建構、歷史長期累積的共業，需要我們一起承擔並謀求解決之道。

從治水到調適

本書爬梳了清末、日治至戰後治理淡水河思維的變化，以及映射在每一種選擇背後的價值判準。讀者可以清晰地看見，總督府將興利作為治理臺灣河流的起點，唯獨流貫城市的淡水河，是以防禦三市街為目標的例外規劃。隨著臺北成為帶有近代性意義的「島都」，淡水河治水被放在興利與防洪的雙重目標下。龐大的總合治理方案符合國際上的先進理念，以石門水庫為核心，全面考量開發新生地、築港、灌溉、發電與防洪效益，卻也因為經費龐大而無法在戰爭時期落實。

戰後初期，政府延續了總合治理的構想。即便水庫定位改以灌溉增糧為主、築港條件也發生變化，回到防洪考量的淡水河治理仍保留日治後期以來的興利框架，籌劃讓大漢溪改道，同時解決洪患並達到左右岸共同發展的榮景。然而，當臺北市從偏安之地躍升為戰時首都，保障市區滴水不進的安全性又逐漸成為絕對優先的設想。站在都市發展的角度視之，這樣的取捨是難以避免的「必要之惡」。但若從當代環境正義的角度回望，這也意味著弱勢地區承受不成比例的犧牲，並可能引發一種難以脫逃的惡性循環：弱勢地區因防洪不足而受損，反而更需要政府不斷追加防洪工程來彌補。[3]本書試圖重現這段歷史，描繪出治理選擇背後的理念如何牽動著河流與流域人民的共同命運。

如今，面臨更不穩定的環境，水利人早已發現舊思維無法安然渡過此一共同困境，除了從工程防災的視角，也須嘗試從生態、社會文化等不同角度看待河流。而淡水漫長的歷史展示出不同人群面對洪災的種種回應，竟與今日防災的多元新思維遙相呼應。日治時期設置了地方水防組織，希望在地人民保持警戒、團結自救，彌補工程之不足；一九五〇年代的水利專家就曾疾呼不與水爭地、防災教育等非工程策略。這些當時最進步的觀念，都逐漸融入往後的防洪規劃之中。洪氾區居民則提供了另一種更根本的啟示。他們將氾濫視為生命常態，保留河水自由流動的空間，從頻仍洪水中培養出對自然的敏銳觀察，並發展出快速復原的韌性，以及互助合作、分攤風險、避災減災的社群網絡、地方知識與信仰。換言之，這種價值觀並不與洪水正面對決，而是追求與洪水的和解共存。

歷史中的淡水河不時展現著自身的能動性。在氣候變遷使災害漸從異常變成日常的年代，這條大河或許將更加積極地表現它的意志。作為因應策略，水利單位主張不應只是與災害對抗，更應努力預防災害的發生並減低其衝擊，以打造一座「韌性城市」。這些新的語彙雖是當代表述，但與自然共處的智慧其實早已蘊藏於歷史經驗之中。身為流域公民的一員，是否願意從對抗轉向協作、從控制轉向接納，傾聽河流講述的故事，將治理河流的想法進一步扭轉為尊重自然的管理方式，考驗的是我們鑑往知來的能力與重塑未來的勇氣。

公私協力的橋梁

淡水河流域的民間力量，自日治時期以來便十分強大。昔日的知識分子透過報章投書、陳情請願，積極表達他們對淡水河的憧憬與設想。二十一世紀以後，制度化與非制度化形式的公眾參與又更加深入，並且相互激盪影響。[4]

一九九〇年代末起陸續成立的社區大學（社大）及社區大學全國促進會（全促會），長期關心環境議題中的河川治理。二〇〇六年初，「易淹水地區水患治理計畫」取得超過一千四百億的預算，引發社會對工程主導預算思維的質疑與抗議。同年起，全促會、社大與環保團體共同推動了「全國河川NGO會議」，欲串聯各地河川社群，集結民間能量。他們在會上倡議成立「一四一〇大禹治水聯盟」，又在其後改組為「水患治理監督聯盟」，共同監督並參與河川政策的規劃與執行。[5]與此同時，《石門水庫及其集水區整治特別條例》破天荒擠入「建立與在地居民、生態保育專家之協商機制」的相關條文，首次以法令保障民間聯盟的參與機會。[6]換言之，公私協力式的環境治理，是在淡水河流域揭開序幕。此一新思維也被納入官方的「淡水河流域整體改善與調適規劃」方針中，透過建立溝通平臺，凝聚淡水河特有的公民力量，共同構築有效能的管理模式。

在此趨勢中，本書回溯淡水河的水歷史與水文化，希望能更清晰地描繪出自然的能動性、與水共存的緊張感與親密感、歷史淬鍊出的地方知識與調適經驗，以及特定價值框架下干預或治理河流的失敗與成功、教訓與啟示。挖掘藏於歷史文化中的水智慧，並非要提供治理淡水河的終極解答，而是試圖修補因為資訊割裂、觀念對立而可能導致的溝通裂隙，透過所有人都能共感的歷史與文化，架起彼此看見、彼此理解的橋梁。本書期待水利人收獲更深厚的文化識能，能以交融的學科視野規劃河流的未來，同時期待更多流域公民的參與，從願意親近河川開始，以更寬廣的水利識能理解不同治理選擇背後的理念框架與可能結果，而不致輕易落入將災害或問題責任單一化的迷思。

一條河能說的故事太多。走筆至此，我忽然想起二〇一七年起由NPO、社區大學與企業共同組成的「流域學校聯盟」，他們透過共學行動，耕耘在地水文化與水環境知識，與本書追求的其實是同一件事。[7]本書不過是拋磚引玉，期待未來能有更多人加入這場集體的探尋，讓淡水河的故事得以匯聚、延續，成為共筆未來的基礎。畢竟，不能停止的對話，正是這條匯流的大河留給我們最重要的一課。

謝誌

本書的完成，得益於眾多專家學者、機構的支持。作為一本試圖在學術與科普、科技與人文間尋求平衡的著作，誠摯感謝提供跨領域寶貴意見的委員及顧問，包括國立彰化師範大學歷史學研究所兼任教授温振華、國立臺北大學歷史學系教授兼海山學研究中心主任洪健榮、國立臺北大學都市計劃研究所教授廖桂賢、國立臺北科技大學建築系助理教授黃光廷、臺南市美術館前館長林育淳、中華民國自然步道協會榮譽理事長林淑英、新北市新店崇光社區大學主任秘書江紫茵、經濟部水利署第十河川分署科長葉兆彬等。研究過程中，感謝水利規劃分署張廣智分署長召開數次工作會議促成跨域對話，以及公共電視《我們的島》節目製作人于立平、新北市文史學會理事長夏聖禮、經濟部水利署、臺北市政府、新北市政府等諸位水利專家與會討論，或熱心提供重要資訊，豐富了本書的深度與廣度。

書中收錄多幅與淡水河相關的老照片、畫作及地圖。承蒙中央研究院臺灣史研究所檔案館、中央研究院歷史語言研究所、中央研究院人文社會科學研究中心地理資訊科學研究專題中心、國史館、國史館臺灣文獻館、國立故宮博物院、國立臺灣美術館、國立臺灣博物館、國立臺灣圖書館、國立臺灣歷史博物館、國家圖書館、國家攝影文化中心、經濟部水利署第十河川分署、農業部農田水利署瑠公管理處、臺北市文山社區大學、臺北市立文獻館、臺北市立美術館、臺南市立美術館、日本宮內廳書陵部、阿波羅畫廊、夏門攝影企劃研究室、真理大學校史館、財團法人中央通訊社、財團法人陳澄波文化基金會、財團法人鼎盧藝術文化基金會董事長陳玉芳，以及尊彩藝術中心提供或授權使用典藏。

由衷感謝羽林生態股分有限公司負責人王力平、社團法人臺灣原生植物保育協會講師王偉聿、經營臉書社團「基隆河鸊鷉網」的環境部環境檢驗所退休研究員王漢泉、自然生態插畫家李政霖、臺灣淡水魚蝦紀錄者周銘泰、荒野保護協會理事陳德鴻、鳥友馮孟婕、生態插畫與環境教育工作者黃瀚嶢，以及國立屏東科技大學森林系助理教授楊智凱授權淡水河相關生物攝影圖像或提供專業建議；芝山巖惠濟宮辦公室主任王俊凱、水規分署正工程司吳國維、副工程司石振洋、紀錄片工作者柯金源、大愛電視氣象主播倪銘均不吝分享個人拍攝照片，讓本書增色不少。申請授權之際，獲得中研院臺史所研究員謝國興、檔案館主任王麗蕉、人社中心地理資訊科學中心研究副技師廖泫銘、美國里德學院（Reed College）歷史系教授 Douglas L. Fix、尊彩藝術中心行銷主管陳嘉妤，以及鼎盧藝術文化基金會的熱心協助或指引，特此致謝。

在蒐集資料及田野調查期間，我們得到多方襄助。感謝日本大同工業大學名譽教授、NPO法人木曾川文化研究會理事長久保田稔，詳盡解說木曾川流域的治水及防災方式；

國立臺灣博物館教育推廣組研究助理李金賢、國立臺灣大學地理環境資源學系研究助理林于煖在「走揣．咱的所在：陳澄波百三特展」給我們極富啟發性的導覽；三腳渡龍舟文化發展協會龍舟傳師周益駕船陪同我們從基隆河看臺北，並分享有趣的地方諺語。這些實地考察與交流，都為本書研究及寫作帶來靈感。臺大地理環境資源學系副教授洪廣冀，則為書中環境史、科技史議題未來的開展提供了研究建議。最後，感謝本計畫專案經理毛毓翔，在不同階段承擔了蒐集史料、繪圖、處理行政事務、申請授權、校對等繁瑣工作，以及陳姿君和廖心榕的細心協助。付梓前夕，回想春山出版社總編輯莊瑞琳及編輯林月先陪著我們仔細商討本書理念、處理出版細節的每個時刻（甚至是假日或深夜），心中只有滿滿的感謝。

淡水河流域大事記

年分	主要事件	索引（部）
西荷及清治時期		
一六二二	• 西班牙傳教士艾斯奇維於〈關於艾爾摩莎島情況的報告〉記下對淡水河的觀察	1
一六五四	• 荷蘭人繪製〈淡水與其附近村社暨雞籠島略圖〉	1
一六八〇年代	• 出現「江源有二」的說法及「淡水港」與「上淡水江」等代稱	1
一六八五至一六八六	• 〈艾渾、羅刹、臺灣、內蒙古之圖〉已繪出淡水河三條支流	1
一六八六	• 漢人入墾今關渡一帶	2
一六九七	• 郁永河《裨海紀遊》記述三年前發生地震，臺北「巨浸」而形成大湖。	1
一六九九至一七〇四	• 〈康熙臺灣輿圖〉描繪的淡水河河道異常寬闊	1
一七〇九	• 陳賴章等人申請拓墾北臺灣	1
一七一七	• 《諸羅縣志》附圖在北臺灣標示出一廣闊水域	1
一七二三至一七三四	• 〈雍正臺灣輿圖〉在北臺灣標示出一廣闊水域	1
一七三〇年代	• 蘆洲始墾	1
	雙連埤灌溉二百餘甲水田	3
一七三〇至一七四〇年代	• 五股、新莊、板橋一帶競墾	3
一七三五至一七五九	• 〈臺灣府汛塘圖〉可知「康熙臺北湖」應圍繞在今社子島附近	1
一七四〇年代	• 三重始墾	1
一七五六至一七六七	• 〈乾隆臺灣輿圖〉將淡水河中沙洲標示為「和尚洲庄」及「浪泵洲」	1
一七五九	• 水災使石頭溪改道，沖毀潭底農田，劉氏家族趁機開埤引水至五股，完成後的水圳被稱為劉厝圳。	3
一七六〇	• 〈臺灣民番界址圖〉將淡水河中沙洲標示為「和尚洲社」及「艸洲」	1
	• 蕭妙興等人鑿穿引水石腔，開通大坪林圳。	2

年分	主要事件	索引（部）
一七六五	• 郭錫瑠的木梘與水缸皆失敗，抑鬱而終。	2
一七六七	• 郭元芬於碧潭建瑠公圳圳頭	2
一七六九	• 連總等人與毛少翁社簽訂給墾契約，十一人合力於浮洲仔拓墾。	3
一七七〇年代	• 瑠公圳通水	2
一七七五至一七八六	• 〈臺灣汛塘望寮圖〉只有標示出「和尚洲庄」，社子完全消失。	1
一七九〇	• 新莊設立縣丞署，為北臺政治及商業中心，亦是當時北臺唯一可停大船之港口。	2
一八〇〇年代	• 浮洲仔「十一份」拓墾有成	3
一八〇四至一八一二	• 〈十九世紀臺灣輿圖〉將沙洲注明為「和尚洲」及「洲尾」，而無社子。	1
一八一七	• 三角湧業主聯合佃農興築石堤	3
一八一九至一八二九	• 〈臺灣里堡圖〉又將「和尚洲」與「社仔」分別繪出	1
一八二〇	• 新莊港漸被艋舺取代	2
一八三三	• 鄭用錫編纂《淡水廳志稿》，將淡水河分為「南溪」與「北溪」。	1
一八五〇	• 英國人繪製的〈福爾摩沙北部與東部海岸圖〉首次將「Tamsui R.」標示為淡水河主流名稱	1
一八五〇至一八六〇年代	• 英國東印度公司及海軍測繪淡水河	1
一八五八	• 淡水開港	2
一八六〇至一八七〇年代	• 新店溪與大嵙崁溪上游淺山伐木、種茶熱潮	3
一八六四	• 英國在臺副領事郇和記述訪淡水河經歷	1
一八六六	• 英國博物學家柯靈烏溯基隆河	1
一八六七	• 淡水、雞籠海關稅務司葛顯禮溯淡水河三支流	1
一八七〇	• 美國駐廈門領事李仙得編繪的〈福爾摩沙島與澎湖群島圖〉注記了「Kelung R.」	1
一八七一	• 《淡水廳志》列出「淡北八景」	2
一八七五	• 沈葆禎上呈清廷〈清代臺灣全圖〉，其中「和尚洲」已大部分陸化與左岸相連。	1
一八八〇年代	• 艋舺港漸被大稻埕取代	2

年分	主要事件	索引（部）
一八八〇至一八九〇年代	•基隆河上游採煤、採金	3
一八八二	•〈福爾摩沙北部〉旨在調查流向淡水的小支流，河名皆清楚標示。	1
一八八八	•劉銘傳委日籍工匠開鑿深水井	2
	•中洲埔「李復發號」拓墾有成	3
一八八九	•第一代臺北橋（木橋）完工	2
	•建昌公司於大稻埕建造新市街及低水護岸堤防	4
一八九二	•各縣廳於劉銘傳清丈後編製堡界圖，淡水河沙洲分屬芝蘭一堡、芝蘭二堡及大加蚋堡。	1
日治時期		
一八九五	•九月，總督樺山資紀向小松宮彰仁親王建議築基隆港。	2
	•九月，首份淡水河致災報告記錄臺人的危懼感淡薄。	3
一八九六	•八月，英國籍衛生顧問工程師巴爾頓及其門生濱野彌四郎來臺，調查與規劃臺北自來水與市街汙水排水工程。	2
	•滬尾水道動工	2
	•十一月，殖產部官員萱場三郎進行漁場調查。	2
一八九七	總督府開始於淡水河口進行水文測量	4
一八九八	•八月，總督府向天皇呈報臺灣的戊戌大水災。	3
	•八月，李春生等人請願開溝通埤。	3
	•十月，日本海軍水路部部長肝付兼行提出淡水建港規劃。	2
一八九九	•負責土地調查的地方官員建議修改今社子島一帶的行政區界	3
	•九月，牧彥七設計的大稻埕低水護岸動工。	4
一九〇一	•一月，總督府土木技手今野軍治展開北部河川大調查。	4
	•八月，粘舜音發表文章主張大嵙崁溪與基隆河古時各自分流入海，並呼籲疏浚河道。	4

年分	主要事件	索引(部)
一九〇三	•四月，「臺北市街給水調查委員會」成立，研究比較臺北自來水路線規劃方案。	2
	•春天，臺北水井缺水事件。	2
一九〇五	•地方人士擔憂新店溪香魚被過度捕撈，向民政長官後藤新平陳情。	2
	•九月，「臺北市區改正計畫」頒布，將艋舺低溼沼澤地規劃為碼頭。	2
一九〇六	•十一月，森山松之助來臺擔任總督府囑託建築技師，首件設計案為臺北水道淨水場唧筒室。	2
一九〇七	•瑠公圳與上埤、霧裡薛圳合併為「公共埤圳瑠公圳組合」	2
	•五月，十川嘉太郎設計的臺北水道淨水場動工。	2
	•九月，十川嘉太郎設計的瑠公橋動工，為全臺第一座鋼筋混凝土造橋梁。	2
	•石川欽一郎來臺，並發表文章將淡水河比擬為京都的鴨川。	2
一九〇八	•總督府推動「官設埤圳」興建	4
一九〇九	•三月，臺北水道淨水場完工，自來水輸送至臺北各處。	2
一九一〇	•十月，報載總督府治水計畫動向，準備以築堤治水獲得新生地。	4
一九一一	•八月，臺灣遭逢大水災，淡水河流域亦受災嚴重。	3
	•視察各地的眾議員中村啟次郎提出關渡拓寬及築堤、浚渫建議	4
	•九月，臺北公會向總督府請願變更鐵路路線、興建高水防洪堤防等，工務課課長德見常雄評估後未全然支持。	4
一九一二	•第一次河川調查(五年期)啟動	4
	•八月，淡水河流域遭逢大水災。	3
	•九月，木村匡投書主張將治水事業區分為上、中、下策。	4
	•十月，藤田排雲向民政長官上呈治水建言。	4
	•十二月，古亭庄興築川端堤防，隔年三月竣工。	4
一九一三	•艋舺低溼地填埋工程動工，並將新生土地規劃為新興市街區。	2
	•四月，十川嘉太郎擬出「臺北洪水防禦案」，以興築「輪中堤」作為唯一解決之道。	4
	•年底，輪中計畫中的防洪牆(高水堤防)動工。	4

年分	主要事件	索引（部）
一九一四	•三月，完成淡水河、大嵙崁溪、新店溪地形測量。	4
	•瑠公圳沿岸動力水車興建熱潮興起	2
一九一五	•二層行溪築壩計畫失敗中止，多人受懲處，並導致桃園大圳築壩（石門貯水池）蓄水的初始規劃被放棄。	4
一九一六	•八月，大稻埕防洪牆完工。	4
	•八月，總督府宣告輪中計畫暫時成功，中止後續興建。	4
一九一七	•新店溪畔料亭紀州庵引入「鵜飼」	2
一九一九	•十二月，臺北廳土木技師梅田清次提出築淡水港建議。	2
一九二〇年代	•鄉原古統〈臺北名所繪畫十二景〉包括臺北橋、臺北水道水源地、淡水河、新店溪等	圖輯
一九二〇	•第二代臺北橋（木橋）完工，同年九月即有部分被洪水沖失。	2
一九二一	•大嵙崁溪改名淡水河	1
一九二三	•「公共埤圳瑠公圳組合」改制為「瑠公水利組合」	2
一九二四	•淡水河流域遭逢大水災	3
	•第二次河川調查	3
一九二〇年代中期	•日本積極發展多目標水庫的理論與實踐	4
一九二五	•六月，第三代臺北橋（鐵橋）完工通車。	2
一九二六	•東門游泳池開放，激發橋本白水發表〈在淡水河畔清遊〉，讚嘆有自然之美的淡水河為最佳清遊之地。	2
一九二七	•石川欽一郎〈河畔〉	圖輯
一九二八	•稻垣進〈眺望淡水河風景〉入選臺展	圖輯
	•艋舺文學少女黃鳳姿為文描述淡北八景	2
一九二九	•倪蔣懷〈臺北李春生紀念館（裏通）〉	圖輯
	•內務局土木課於淡水河流域進行補足測量，直至一九三三年。	4

年分	主要事件	索引（部）
一九三〇	・蔡雪溪〈扒龍船〉入選臺展	圖輯
	・淡水河流域遭逢大水災	3
	・內務局土木課強化洪水量的觀測	4
	・七月，石坂莊作著書提出全流域治水提案（石坂案）。	4
	・內務局局長石黑英彥提出淡水河改修工程計畫（石黑案）	4
	・八月，八田與一入府，負責規劃「淡水河改修及桃園大圳計畫」。	4
一九三二	・淡水河流域遭逢大水災	3
	・九月，八田與一在報上發表「拯救島都方策」。	4
一九三三	・陳澄波〈臺北橋〉	圖輯
	・美國成立田納西河流域管理局，河川總合開發的理念影響世界各地。	4
	・西岡英夫記述社子島的鄉土觀察	3
一九三四	・金子常光〈新莊郡大觀〉	圖輯
一九三五	・陳澄波〈淡水〉及〈淡水夕照〉（約同時期創作）	圖輯
一九三七	・殖產局山林課主辦「講述淡水河今昔座談會」	1
	・淡水河治水計畫書完成，包含防洪構造物的布置、設計形式、工程預算等詳細規劃。	4
一九三九	・淡水河流域低水工事（河港航路建設）計畫成案	4
一九四〇	・八田與一擬出第一期工程實施計畫	4
戰後時期		
一九四〇年代末	・臺北人口數遽增	5
一九四七	・興建大豐抽水廠，引水石腔功成身退。	2
一九五〇年代初	・中南部移民北上謀生漸多	5
一九五三	・八月，妮娜颱風。	5
一九五四	・石門水庫設計委員會成立，十月，水庫定位轉變以灌溉增糧為主。	5

年分	主要事件	索引（部）
一九五五	•省水利局發現地層沉陷，開始長期觀測。	2
一九五九	•七月，畢莉颱風造成南機場及永和大陳新村受災。	5
一九六〇年代	•築堤疏浚提案不斷	5
一九六〇	•七月，省政府組「淡水河防洪計畫技術指導會議」，由徐世大主持，調第二規劃調查隊移駐臺北。	5
	•四月，第四次指導會議中聯合國防洪專家齊維錫提出「大嵙崁溪分流壋子川」。	5
一九六一	•九月，波密拉颱風造成中永和淹水。	5
	•雙園堤防動工	5
	•永和成立社區組織促進築堤，與鄰近地區爆發築堤大戰。	5
一九六二	•九月，愛美颱風。	5
	•十月，行政院組「臺北地區河川防洪計畫審核小組」，由沈怡統籌，徐世大任技術顧問。	5
一九六三	•一月，指導會議通過第三案「大嵙崁溪改道壋子川」。	5
	•二月，省水利局出版《淡水河防洪計畫調查研究報告》。	5
	•三月，省水利局設置「淡水河防洪治本計畫工作處」。	5
	•實施治標計畫二十一項小工程	5
	•瑠公橋拆除，改在溪床底部埋設倒虹吸工輸水。	2
	•九月，葛樂禮颱風。	5
	•石門水庫完工	5
	•審核小組令工作處研擬《淡水河防洪治本計畫草案》，認為五案中第三案「大嵙崁溪改道壋子川」有利條件最多。	5
一九六四	•一月，審核小組自《草案》中選出十項急要工作，作為第一期實施方案。	5
	•二月，省政府成立「臺北地區防洪治本計畫執行委員會」負責督導執行。	5
	•三月，關渡拓寬、大龍峒堤防等多項工程開工。	5
	•六月，工作處提出《淡水河防洪治本計畫書》，五案中建議丙案「大嵙崁溪改道」。	5
	•九月，美國陸軍工程師團專家郝瑞遜等人來臺審查並提出質疑。	5

年分	主要事件	索引（部）
一九六四	•九月，行政院核定實施基隆河第一次截彎取直新河道工程。	5
一九六五	•六月，審查小組完成任務後解編，由經濟部接替後續審查。	5
	•六月，美援中止。	5
	•七月，第一期主要工程竣工。	5
	•八月，工作處提出依美國專家建議修訂的《淡水河防洪治本計畫修訂方案》後停止運作。	5
一九六六	•一月，省水利局依據《治本計畫修訂方案》擬定計畫及預算送至中央，至五月仍未被核定。	5
	•行政院經合會成立「都市建設及住宅計畫小組」，美國專家孟松建議限制左岸發展。	5
	•二月，省政府研擬「臺灣省淡水河系洪泛區及治理計畫土地限制使用辦法」草案，遭省議員抗議。	5
	•關渡拓寬工程完工	5
	•十二月，大嵙崁溪改名大漢溪。	1
一九六七	•七月，臺北市升格為直轄市。	5
	•七月，經濟部發文至省政府，要求嚴加管制洪水平原，且無庸建堰子川。	5
	•九月，省政府再擬土地限制辦法，省議員仍認為犧牲地方發展而退回。省政府向經濟部建議先為左岸制定保護計畫，並成立專責小組。	5
	•藍蔭鼎〈霞光萬丈〉	圖輯
一九六八	•一月，行政院通過「防洪治本計畫原則變更」，六月，公告《淡水河洪水平原管制辦法》。	5
	•十月，行政院責成經濟部水資會籌設「臺北地區防洪計畫工作小組」，隔年五月，工作小組正式成立，徐世大第三度任顧問。	5
一九六九	•第一期工程觀測及水工模型試驗證實堰子川新河道將產生淤積問題	5
一九七〇至一九八〇年代	•基隆河下游耐汙性強的紅線蟲成為漁人生計來源	2
一九七〇	•六月，工作小組擬定《臺北地區防洪計畫檢討報告》，提出「建議方案」，不支持改道而建議興建疏洪道，並在四個位置方案中建議第二案，即二重疏洪道。	5
一九七一	•三月，荷蘭防洪專家查南來臺。	5
	•六月，「臺北地區防洪計畫專案工作小組」成立。	5

年分	主要事件	索引（部）
一九七三	•五月，美國陸軍工程師團專家郝瑞遜再次來臺審查，肯定疏洪道第二案。	5
	•十二月，經濟部提出《臺北地區防洪計畫建議方案（草案）》。	5
一九七四	•一月，《建議方案》送行政院核定，六月，經濟部又請國際知名水文專家周文德提供意見。	5
一九七七	•香魚復育	2
一九七九	•年初，行政院核可辦理《臺北地區防洪計畫建議方案》。	5
	•八月，翡翠水庫動工。	導讀
一九八〇年代	•民間倡議保育紅樹林與水鳥、設立關渡自然保護區。	導讀
一九八一	•李梅樹〈清溪浣衣〉	圖輯
一九八二	•臺北地區防洪初期實施計畫啟動	導讀
一九八三	•一月，開闢二重疏洪道。	5
一九八四	•臺北地區防洪初期實施計畫完工	導讀
一九八五	•臺北地區防洪第二期實施計畫啟動	導讀
一九八七	•六月，翡翠水庫完工。	導讀
	•臺北地區防洪第二期實施計畫完工	導讀
一九八九	•禁止於淡水河流域採取砂石	導讀
一九九〇	•臺北地區防洪第三期實施計畫啟動	導讀
一九九一	•臺北市府基隆河整治計畫（基隆河第二次截彎取直）計畫動工	5
一九九二	•臺北縣政府委託歷史學者探討淡水河流域變遷史	導讀
一九九六	•基隆河第二次截彎取直計畫完工	5
一九九九	•臺北地區防洪第三期實施計畫全部完工	5
一九九〇年代末	•多項水岸治理計畫將河濱轉化為休閒綠地	導讀
二〇〇〇年代	•因應氣候變遷，國際文化界及水利界開始反省單一工程手段，呼籲推動水文化及水歷史研究。	導讀
二〇〇二	•基隆員山子分洪工程動工	5
二〇〇四	•社區大學等公民組織成立「淡水河守護聯盟」	導讀

年分	主要事件	索引（部）
二〇〇五	•三腳渡居民集資設計升降土地公	3
	•基隆員山子分洪工程完工	5
二〇〇六	•社區大學全國促進會、社大與環保團體共同推動「全國河川NGO會議」，成立「一四一〇大禹治水聯盟」，後改組為「水患治理監督聯盟」。	結語
二〇一二	•水利署上架行動水情APP	結語
二〇一七	•NPO、社區大學與企業共同組成「流域學校聯盟」	結語
二〇一八	•《水利法》增訂「逕流分擔、出流管制」專章	結語
二〇二〇	•中央管流域整體改善與調適計畫	導讀
二〇二三	•水利署與民間NGO拍攝《把水種回心裡》紀錄片	結語

12. 〈臺北七項防洪工程 施工程序有變更 昨日起全部停工 兩主要堤防由市府自建 準備 在颱季前如期完成〉，《徵信新聞報》，1964年3月15日，2版。
13. 阮毅成遺作，〈中央工作日記（八十二）〉，《傳記文學》第102卷第4期（2013年4月），頁142-143。
14. 〈社子堤防堤線 決予重行測量 水利局勘測隊今往測量 大同圓山堤線居民請合理補償〉，《聯合報》，1964年3月3日，2版。
15. 〈將基隆河改道 穿社子島而過 正在水利局研究中〉，《徵信新聞報》，1964年3月16日，2版。
16. 〈社子民眾向政府請願：速罷社子開河之議認新案將得不償失〉，《自立晚報》，1964年3月1日，省市社會版。〈勿變建堤計畫 反對開鑿新河 提出五理由詳細陳利害〉，《徵信新聞報》，1964年3月11日，2版。〈社子居民昨請願 反對開鑿新河道〉，《聯合報》，1964年3月11日，2版。
17. 〈行政院會議議事錄　臺第二一九冊八五四至八五六〉（1964年3月12日），《行政院》，國史館典藏，典藏號：014-000205-00246-002。
18. 〈基隆河改道部份 專家擬定新方案 穿越社子島進入淡水河〉，《中央日報》，1964年3月20日，3版。
19. 〈社子民眾向政府請願：速罷社子開河之議認新案將得不償失〉，《自立晚報》，1964年3月31日，省市社會版。〈士林雙溪堤防 定五日施工 反對基隆河改道事 查係有人冒名請願〉，《聯合報》，1964年4月1日，2版。〈有人要請願 鄉民竟不知 查是地主冒名所為〉，《徵信新聞報》，1964年4月1日，3版。
20. 阮毅成遺作，〈中央工作日記（八十二）〉，頁142-143。
21. 臺灣省臺北地區防洪治本計畫執行委員會，《臺北地區防洪治本計畫第一期實施方案執行總報告》，頁66。
22. 臺灣省臺北地區防洪治本計畫執行委員會，《臺北地區防洪治本計畫第一期實施方案執行總報告》，頁46-48。
23. 〈哄哄百姓上河圖 堆土機關山難渡 五百人團團圍住 濬河動工首日又演鬧劇 居民索償硬是不肯讓路〉，《聯合報》，1964年4月2日，3版。〈關渡工程勢在必行〉，《徵信新聞報》，1964年4月3日，3版
24. 〈工程歸工程 補償歸補償 施工單位奉命行事 呼籲民眾顧全大局〉，《聯合報》1964年4月2日，3版。〈拓寬關口渡眾生 拜託先救苦漁人〉，《徵信新聞報》，1964年4月3日，3版。
25. 〈補償問題未獲解決 關渡拓寬暫緩施工 北投鎮長勸請居民合作 居民代表提出四點要求〉，《聯合報》，1964年4月3日，2版。〈百姓上河．局長趕廟 拓寬關渡解決了！ 今日先動工 補償隨後到 居民已諒解 防洪太重要〉，《聯合報》，1964年4月4日，3版。〈三天不解決 仍將阻開工〉，《徵信新聞報》，1964年4月4日，3版。〈難「關渡」過〉，《聯合報》，1964年4月5日，3版。
26. 〈關渡土地協議不成 政府決定依法徵收 地主指責政府只顧上游人利益 河口拓寬暫難 全面施工〉，《徵信新聞報》，1964年4月8日，2版。〈關渡拓寬工程用地 補償標準決定 如無異議週內發款 否則依法辦理征收〉，《聯合報》，1964年4月8日，2版。
27. 〈行政院會議議事錄　臺第二一九冊八五四至八五六〉。
28. 〈拓寬關渡狹口 居民遷住帳篷 雙溪堤防定今開工〉，《聯合報》，1964年4月16日，2版。
29. 陳君愷、賴建寶，〈給我洲後村，我將翻轉全臺灣——試論二重疏洪道洲後村拆遷抗爭事件的歷史意義〉，《中央大學人文學報》第36期（2008年10月），頁185-218。
30. 尹章義總纂，洪健榮主編，《五股志》（五股：五股鄉公所，1997），頁8-9。洪健榮，〈洪患對戰後臺北區域發展的影響〉，《臺灣文獻》第51卷第1期（2000年3月），頁93-129。
31. 江聰明，〈1960年代基隆河截彎取直及其政策之探討〉，《臺北文獻》直字第192期（2015年6月），頁83-130。江聰明，〈基隆河士林段舊河道政策規劃與執行（1963-2008）〉，《臺北文獻》直字第201期（2017年9月），頁53-105。
32. 文崇一等，《西河的社會變遷》（臺北：中央研究院民族學研究所，1975），頁30。洪致文、林佩儀，〈社子「島」的消失與地理空間範圍演變：從番仔溝的填平與基隆河士林段的河道變遷談起〉，《臺北文獻》直字第201期（2017年9月），頁107-132。
33. 例如徐世大認為油車口才是約束潮水進口的口門，關渡拓寬不會增加潮水進入的流量與潮位，呼籲政府應公開氾濫及地層下陷分布圖讓民眾參考，省去無謂爭論，且應強化水的科學教育。美籍專家郝瑞遜的審查報告亦指出關渡拓寬對臺北地區潮位沒有影響，潮害增加的原因是地層沉陷。徐世大，〈臺北地區防洪之總檢討（防洪專論之八）〉，《臺灣水利》第18卷第4期（1970年12月），頁11。郝瑞遜，《臺北地區防洪計畫審議報告（中譯本）》（1973年11月），頁41。

結語　邁向未來的水之道

1. 埃麗卡．吉斯著，左安浦譯，《慢水：災害時代我們如何與水共存》（杭州：浙江人民出版社，2023），頁xvii。
2. 〈水城臺北的過去與未來：被加蓋的百年古水道〉，https://ourisland.pts.org.tw/content/9999。
3. Kuei-Hsien Liao ,Jeffrey Kok Hui Chan, Yin-Ling Huang, "Environmental justice and flood prevention: The moral cost of floodwater redistribution", *Landscape and Urban Planning* 189 (2019), pp.36-45.
4. 周素卿，〈民間組織參與流域綜合治理的經驗〉，《臺灣社會研究季刊》第100期（2015年9月），頁283-289。
5. 林淑英，〈千呼萬喚始出來~話說『水患治理監督聯盟』〉，https://classic-blog.udn.com/selin7777/1746569。黃修文，〈水患治理監督聯盟周年記〉，https://e-info.org.tw/node/37287。
6. 彭渰雯、曾瑾珮，〈水治理之民眾參與：石門水庫集水區治理的經驗反思〉，《風和日麗的背後：水、科技、災難》（新竹：交通大學出版社，2013），頁168-195。
7. 楊志彬，〈流域學校簡介〉，https://riverschool.tw/about/。

8. 〈淡水河泛區及治理用地 將劃為限建區 防洪會擬定限區土地使用辦法 水利局正測繪限區位置〉，《聯合報》，1965年9月23日，2版。〈改善臺北積水問題 應逐年興建下水道 並設法疏浚淡水河 將劃洪泛區並限制使用〉，《聯合報》，1965年10月28日，2版。〈洪泛區內土地使用 省府通過限制辦法 位置及範圍勘測後即將公告 築物作物改良或 拆除者予補償損失〉，《中國時報》，1966年2月15日，2版。
9. 李炳盛議員質詢，臺灣省議會第3屆第7次定期大會（1966年5月23日），《臺灣省議會議事錄》，國史館臺灣文獻館典藏，典藏號：003-03-07OA-04-6-8-0-00196。
10. 〈便利防洪治本計畫執行 臺北自然洩洪地區 實施管制限制使用 省府委員會議通過辦法〉，《中央日報》，1966年9月23日，3版。〈限制淡水河洪泛區土地使用 省議會不同意 認為應以疏導河流為主 審查委會昨將辦法退回〉，《聯合報》，1966年9月27日，2版。
11. 作者不詳，《臺北地區防洪治本計畫辦理經過》，十河分署典藏。該份檔案提及，省政府接到經濟部函指「無庸興建塭子川疏洪道」後，回復應對左岸謀適度保護，以平息民情，並擬出了左岸適當保護草案，建議中央政府撥納經費。該函發於1967年7月，故推測此應為1968年省府呈請中央之簡報。
12. 〈行政院會議議事錄　臺第二八七冊一〇五三至一〇五四〉。
13. 〈國家安全會議資料（十）〉（1968年5月8日），《蔣經國總統文物》，國史館典藏，典藏號：005-010206-00023-002。
14. 李進億，〈戰後淡水河防洪政策的規劃與實施：以《省府委員會檔案》為中心的觀察（1963-1996）〉，頁247-249。
15. 尹章義總纂，洪健榮主編，《五股志》（五股：五股鄉公所，1997），頁8-9。
16. 經濟部水資源統一規劃委員會，《臺北地區防洪計畫檢討報告》（1970年6月），頁41、53。
17. 徐世大，〈臺北地區防洪計畫之總檢討（防洪專論之八）〉，《臺灣水利》第18卷第4期（1970年12月），頁1-24。
18. 經濟部水資源統一規劃委員會，《臺北地區防洪計畫檢討報告》，頁1。
19. 徐世大，〈臺北地區防洪計畫之總檢討（防洪專論之八）〉，頁3、18。徐世大，〈讀查南「臺北地區防洪計畫審議書」書後並再論防洪的經濟問題與洪水平原的土地經營（防洪專論之九）〉，《臺灣水利》第19卷第3期（1971年9月），頁4。
20. 徐世大，〈讀查南「臺北地區防洪計畫審議書」書後並再論防洪的經濟問題與洪水平原的土地經營（防洪專論之九）〉，頁5-7。
21. 郝瑞遜，《臺北地區防洪計畫審議報告（中譯本）》（1973年11月）。其生平見Alfred S. Harrison, *Water resources: hydraulics and hydrology* (Alexandria, Virginia: Office of History, U.S. Army Corps of Engineers, 1998), p.XI.
22. 經濟部，《臺北地區防洪計畫建議方案（草案）》（1973年12月），頁1-24。
23. 〈任副總統時：臺北地區防洪計畫〉（1974年1月3日），《嚴家淦總統文物》，國史館典藏，典藏號：006-010702-00003-002。
24. 〈任副總統時：臺北地區防洪計畫〉（1974年6月19日），《嚴家淦總統文物》，國史館典藏，典藏號：006-010702-00003-001。
25. 曾文銘，〈臺北市改制政策之研究（1949-1967）〉（桃園：國立中央大學歷史研究所碩士論文，2011）。
26. 徐世大，〈防洪政策與防洪規劃（防洪專論之十）〉，《臺灣水利》第21卷第4期（1973年12月），頁4。
27. 徐世大，〈臺北地區防洪計畫之總檢討（防洪專論之八）〉，頁4。

第二十五章　在聲浪中前進：工程實踐與在地居民的回應

1. 〈淡水河的水患在哪裏？〉，《徵信新聞報》，1962年9月24日，2版。
2. 〈澈底防治臺北水患 水利當局擬新計畫 基隆河岸及社子地區將築堤 堵塞大龍峒川疏 濬淡水河下游 預料此一計畫明春實施〉，《徵信新聞報》，1962年5月3日，2版。
3. 臺灣省水利局，《臺北地區防洪初期實施計畫執行報告》（1985年9月），頁20。
4. 吳憲雄，〈淡水河河川整治之沿革〉，《「淡水河河川整治學術研討會」專題研討會論文集》（未出版，1996），頁37-73。楊學涑，〈臺北地區防洪計畫紀要：淡水河治理工程小檔案〉，《水利會訊》第7期（2003年7月），頁1-41。
5. 從歷史航照俯瞰關渡隘口、士林截直、淡水河長堤、二重疏洪道等地貌變化，可參考黃同弘，《地景的刺點：從歷史航照重返六十年前的臺灣》（臺北：暖暖書屋，2021）。
6. 臺灣省水利局第二規劃調查隊，《淡水河防洪計畫調查研究報告》（臺北：臺灣省水利局，1963年2月），頁56-60。
7. 臺灣省水利局淡水河防洪治本計畫工作處，《淡水河防洪治本計畫草案》（1963年10月），頁5-10。胡運鼎，〈淡水河防洪治本計畫草案簡介〉，《臺灣水利》第121卷第1期（1964年3月），頁1-13。
8. 水利署前副署長林襟江等認為，最後「建議方案」的精神就是邊做、邊看、邊改。李宗信訪談，林亨芬整理，〈謝瑞麟（水利局前局長）、林襟江（水利署前副署長）口述訪談〉，2008年12月28日、2009年4月28日。顧雅文，〈經濟部水利署文化性資產口述歷史成果報告〉（2009年7月）。
9. 臺灣省臺北地區防洪治本計畫執行委員會，《臺北地區防洪治本計畫第一期實施方案執行總報告》（1968年12月），頁36-37。〈兵工萬人漏夜抵達 兩堤防昨開築 三前餘公尺七月前晚成 北市今年可免水患〉，《徵信新聞報》，1964年3月2日，2版。
10. 〈請澈底執行淡水河防洪治本計畫實施，不可本末倒置或同時興建大同及對岸之本縣市鄉鎮堤防，以免造成更慘酷之人為災害由〉，臺北縣議會第6屆第1次大會第1次臨時大會（1964年3月2日）。
11. 〈三重新莊堤防 進行測量設計 地方代表昨日晉省陳情 黃杰表示同等重要〉，《徵信新聞報》，1964年3月6日，2版。〈反對先建大同堤防 北縣議會組團 今向監院請願〉，《聯合報》，1964年3月12日，3版。

13. 〈臺北區水患根治之道 徐世大認為必須內外兼顧〉，《徵信新聞》，1962年9月13日，2版。〈工程師年會昨閉幕 徐世大演說稱 防洪首重避洪〉，《聯合報》，1962年11月15日，2版。行政院臺北地區河川防洪計畫審核小組，《行政院臺北地區河川防洪計畫審核小組總報告》，頁63。
14. 臺灣省水利局第二規劃調查隊，《淡水河防洪計畫調查研究報告》，頁67-69。

第二十三章　以大型工程為解藥：防洪治本計畫中的技術者身影

1. 臺灣省水利局淡水河防洪治本計畫工作處，《淡水河防洪治本計畫工作報告》（臺北：臺灣省水利局，1964年6月）。臺灣省水利局淡水河防洪治本計畫工作處，《淡水河防洪治本計畫修定方案》（臺北：臺灣省水利局，1965年8月）。經濟部水資源統一規劃委員會，《臺北地區防洪計畫檢討報告》（1970年6月）。經濟部，《臺北地區防洪計畫建議方案（草案）》（1973年12月）。
2. 《沈怡自述》（臺北：傳記文學雜誌社，1985），頁256-261。
3. 行政院臺北地區河川防洪計畫審核小組，《行政院臺北地區河川防洪計畫審核小組總報告》（1964年10月），頁1-3。
4. 行政院臺北地區河川防洪計畫審核小組，《行政院臺北地區河川防洪計畫審核小組總報告》，頁5-6。
5. 臺灣省水利局，《淡水河防洪計畫調查研究報告附錄》（臺北：臺灣省水利局，1963年2月），頁22。「淡水河防洪治本計畫工作處工作人員一覽表」，收於臺灣省水利局淡水河防洪治本計畫工作處，《淡水河防洪治本計畫工作報告》，頁58-63。
6. 臺灣省水利局，《淡水河防洪計畫調查研究報告附錄》，頁27。
7. 立法院第1屆第32會期第3次會議（1963年9月27日），立委蔣肇周質詢「葛樂禮颱風所釀成災害的問題」、成蓬一質詢「葛樂禮颱風災害後復原工作」；第1屆第32會期第4次會議（1963年10月1日）、第5次會議（1963年10月4日）、第6次會議（1963年10月8日），行政院針對葛樂禮颱風釀成水災問題進行專題報告，唐國禎等28名委員提出質詢，見《立法院公報》第52卷第32期一冊、二冊。而石門水庫建設委員會的解釋及官方最後的認定，見石建會執行長徐鼐在立法院的回覆，以及隨後監查院的調查報告。徐鼐撰述，《石門水庫》（桃園：石門水庫建設委員會，1965），頁69-81。
8. 張子揚、李公權、胡維藩、唐國禎等立委之質詢稿，《立法院公報》第52卷第32期一冊、二冊。
9. 立法院第1屆第32會期第5次會議（1963年10月4日），立委楊大乾質詢，《立法院公報》第52卷第32期二冊，頁46-48。
10. 臺灣省水利局淡水河防洪治本計畫工作處，《淡水河防洪治本計畫草案》（1963年10月）。行政院臺北地區河川防洪計畫審核小組，《行政院臺北地區河川防洪計畫審核小組總報告》，頁12。
11. 臺灣省水利局淡水臺灣省臺北地區防洪治本計畫執行委員會，《臺北地區防洪治本計畫第一期工程實施簡述》（1965年7月）。
12. 臺灣省水利局淡水河防洪治本計畫工作處，《淡水河防洪治本計畫工作報告》，頁28、35、41-51。
13. 臺灣省水利局淡水河防洪治本計畫工作處，《淡水河防洪治本計畫工作報告》，頁2。
14. 臺灣省水利局淡水河防洪治本計畫工作處，《淡水河防洪治本計畫書》（臺北：臺灣省水利局，1964年6月），頁28-30。
15. 行政院臺北地區河川防洪計畫審核小組，《行政院臺北地區河川防洪計畫審核小組總報告》，頁60-63。臺灣省水利局，《美國陸軍工程師團對臺北地區防洪治本計畫審議報告書（譯文及影印原文）》（1965年4月），頁1-13。
16. 〈行政院第九一八次祕密會議 祕密討論事項：（一）本院臺北地區防洪計畫審核小組簽報關於美國陸軍工程師團對臺北地區防洪治本計畫審議報告書之研議意見並呈報小組結束日期請核議案〉（1965年6月3日），《行政院》，國史館典藏，典藏號：014-000205-00266-001。
17. 臺灣省水利局淡水河防洪治本計畫工作處，《淡水河防洪治本計畫修定方案》，頁1-2。
18. 臺灣省水利局淡水河防洪治本計畫工作處，《淡水河防洪治本計畫書》，頁115-119。
19. 淡水河防洪治本計畫工作處，《洪水平原及流域管理》（1963年8月），頁1-3。
20. 臺灣省水利局淡水河防洪治本計畫工作處，《淡水河防洪治本計畫工作報告》，頁51。
21. 徐世大，〈盆地的防洪問題（防洪專論三）〉，《臺灣水利》第14卷第1期（1966年3月），頁7。
22. 徐世大，〈洪水平原的利用和節制（防洪專論四）〉，《臺灣水利》第14卷第4期（1966年12月），頁2、26。

第二十四章　從改道到疏洪：變動世局中的臺北水之道

1. 該語出自徐世大，〈洪水平原的利用和節制（防洪專論四）〉，《臺灣水利》第14卷第4期（1966年12月），頁2。
2. 李進億，〈戰後淡水河防洪政策的規劃與實施：以《省府委員會檔案》為中心的觀察（1963-1996）〉，《臺北文獻》直字第205號（2018年9月），頁245-246。
3. 臺灣省水利局第二規劃調查隊，《淡水河防洪治本計畫比較方案初稿》（1967年1月），頁2。
4. 許嘉瑋，〈都市建設與住宅計畫小組（1966-1971）對臺灣都市規劃影響之研究〉（臺北：國立臺灣大學建築與城鄉研究所碩士論文，1999）。
5. 〈行政院會議議事錄　臺第二八七冊一〇五三至一〇五四〉（1968年1月25日），《行政院》，國史館典藏，典藏號：014-000205-00314-002。
6. 臺灣省水利局第二規劃調查隊，《淡水河防洪治本計畫比較方案初稿》（臺北：臺灣省水利局，1967年1月），頁1-2。
7. 臺灣省臺北地區防洪治本計畫執行委員會，《臺北地區防洪治本計畫第一期實施方案執行總報告》（1968年12月），頁5-6。

行萬噸輪 工業發達將較目前增廿倍以上〉,《徵信新聞報》,1963年1月31日,2版。

第二十一章　築堤大戰：從地方之災到國家之災

1. 立法院第1屆第28會期第3次會議(1961年9月26日),唐國禎質詢「關於水災問題」、周傑人等十八名委員書面質詢「關於永和鎮水災的質詢」、張其彭質詢「關於中和鄉水災的問題」;第1屆第28會期第5次會議(1961年10月3日),黃煥如質詢「風災考驗戰時經濟體制」、牛踐初質詢「此次波密拉颱風掠過臺灣,軍眷區受災很重,行政院有什麼統籌辦法?」;第1屆第29會期第5次會議(1962年3月9日),陸宗騏質詢「永和築堤問題」、營爾斌質詢「預防風災水患問題」;第1屆第29會期第6次會議(1962年3月13日),唐國禎質詢「防止水災問題」、周傑人質詢「永和築題問題」;第1屆第29會期第7次會議(1962年3月16日),邵鏡人質詢「永和築堤問題」、楊寶琳質詢「永和築堤問題」。
2. 〈立法院辯論永和築堤案,但未獲得結論〉,《民聲日報》,1962年3月24日,2版。
3. 〈有關人士集會 促建雙園堤防〉,《聯合報》,1961年6月13日,2版。〈窮措大建堤 永和堤防猶豫不決主因〉,《徵信新聞報》,1961年11月26日,2版。
4. 〈行政院會議議事錄　臺第一九一冊七四六至七四八〉(1961年12月28日),《行政院》,國史館典藏,典藏號:014-000205-00218-001。
5. 〈永和建堤的悲喜劇〉,《徵信新聞報》,1961年10月28日,5版。〈新店溪築堤與改道 永和居民唱對臺戲 三個建設促進機構各有觀點 中和鄉民決不同意河流改道〉,《中央日報》,1961年11月30日,3版。
6. 〈新店溪興建防水堤 永和沿河鎮民 希望獲得保護 對堤線問題起激烈爭執〉,《中央日報》,1961年10月23日,3版。〈修建堤坊在避水,陷我澤國為何因〉,《民聲日報》,1961年10月29日,4版。
7. 〈永和兩里建議 將新店溪改道〉,《聯合報》,1961年11月27日,2版。〈中和反對人造河 指係永和狂想曲 永和千餘居民 堅持反對建堤〉,《徵信新聞報》,1961年11月28日,2版。〈永和防水患前奏曲 建堤?開河?〉,《徵信新聞報》,1961年11月29日,3版。〈開河耶築堤耶 永和中和不和 修建新店溪堤爭執益烈 兩鄉鎮住民各堅持一說〉,《徵信新聞報》,1961年11月30日,2版。
8. 〈淡水河邊築堤 三重也擬計畫 地方發起運動擬意見書〉,《徵信新聞報》,1961年11月2日,4版。〈北縣議員堅絕主張 新店溪下游應築堤 對謝文程分段築堤看法表不滿 決心以發動罷免相抗爭〉,《聯合報》,1961年12月6日,2版。
9. 〈關於永和建堤工程,北縣議會決議並不合理〉,《民聲日報》,1962年3月6日,2版。
10. 〈永和築堤案又起新風波,堤外居民昨請願,要求拆遷補償費〉,《民聲日報》,1962年4月11日,3版。〈景美溪埔居民不滿政府措施,昨日集體擁擠永和,企圖阻撓工程進行〉,《民聲日報》,1962年4月15日,5版。
11. 立法院第1屆第30會期第2次會議(1962年9月21日),立委楊一峯質詢「永和築堤問題」、陳海澄質詢「中和防洪問題」;第1屆第30會期第3次會議(1962年9月25日),張其彭質詢「永和築堤問題」。
12. 〈多災多難的永和堤防〉,《民聲日報》,1962年9月10日,2版。
13. 《新店溪永和堤尾閘門工程計畫》(臺北:臺灣省水利局第十二工程處,1962),頁1-3。
14. 立法院第1屆第30會期第5次會議(1963年10月5日),立法委員王大任質詢「再論政治革新與反攻大陸」。
15. 〈永和築堤的責任與善後〉,《徵信新聞報》,1962年9月24日,2版。

第二十二章　尋求防洪「最佳」解:水利專家的初期研究調查

1. 徐世大,《回憶與感想》(臺北:三民書局,1970年10月再版),頁94。
2. 顧雅文,〈立言又立功:襄助多項水利建設的學者工程師〉,收於顧雅文主編,《水利人的足跡》(臺北:經濟部水利署,2017),頁81-87。
3. 顧雅文、簡佑丞,〈築壩之業:戰後石門水庫的設計與籌建〉,收於顧雅文編,《石門水庫檔案中的人與事》(桃園:經濟部水利署北區水資源局,臺北:中央研究院臺灣史研究所,2023),頁114。
4. 徐世大,〈防洪泛論〉,《臺灣水利》第7卷第4期(1959年12月),頁8-16。徐世大譯,〈對地方防洪問題的新進路〉,《臺灣水利》第8卷第1期(1960年3月),頁87-89。
5. 〈全省都市區域計畫臺北基隆地區首先實施查測 淡水河防洪規劃昨展開測量〉,《中央日報》,1960年1月6日,4版。
6. 徐世大,〈臺北地區防洪計畫之總檢討(防洪專論之八)〉,《臺灣水利》第18卷第4期(1970年12月),頁2。
7. 臺灣省水利局,《淡水河防洪計畫調查研究報告附錄》(臺北:臺灣省水利局,1963年2月),頁16。
8. 顧雅文、李宗信訪談,林亨芬整理,〈胡運鼎先生口述紀錄〉,收於顧雅文,〈97年度經濟部水利署文化性資產口述歷史成果報告〉(2009年7月)。
9. 1962年2月《淡水河防洪計畫調查研究報告》付梓之前,行政院臺北地區河川防洪計畫審核小組的顧問會議決議,「請徐〔世大〕顧問主持會同水利局工作人員,將原載四種方案歸納成『合流』及『分流』兩案。」行政院臺北地區河川防洪計畫審核小組,《行政院臺北地區河川防洪計畫審核小組總報告》(1964年10月),頁33。
10. 臺灣省水利局第二規劃調查隊,《淡水河防洪計畫調查研究報告》,頁23、48、50、62-65。
11. 臺灣省水利局第二規劃調查隊,《淡水河防洪計畫調查研究報告》,頁65-67。
12. 重要會議紀錄見臺灣省水利局,《淡水河防洪計畫調查研究報告附錄》,頁31-32、40-41、46-48、50-52。

15. 如陳鴻圖的研究認為，「昭和水利計畫」未有任何文獻記載，八田相關經歷中又沒有1930年代到桃園臺地調查的紀錄，故究竟有沒有該計畫，或是否為八田所擬定，仍有許多未解之謎。而林煒舒則認為，日本官方規定水利事業的名稱必須以地方或河川流域命名，也找不到任何相關的日治時期官方文獻紀錄，故「昭和水利計畫」不可能存在，而是出自戰後國民政府接收人員的誤解，是戰後初期才創出的用辭。陳鴻圖，〈施展抱負：八田與一及其在臺灣的水利試驗〉，收於陳鴻圖，《人物、人群與近代臺灣水利》（新北：稻鄉出版社，2019），頁83。林煒舒，《一九一一，臺北全滅：臺灣百年治水事業的起點及你不可不知的重大水利故事》（臺北：大塊文化，2024），頁289-299。
16. 〈水に脅かされる　島都を救ふ方策　淡水河の改修計畫―私見〉，《臺灣日日新報》，1932年9月7日，6版。
17. 〈各州廳に產業部 氣象觀測にも力瘤 淡水河改修は一時中止　內務局の要求予算〉，《臺灣日日新報》，1937年7月14日，5版。
18. 〈淡水河上流に堰堤築造計畫復活實施方建議の件〉，收於森恒次郎，《第九回全島水利事務協議會要錄》（臺北：臺灣水利協會，1941），頁39-43。
19. 臺北州的水防動員可參考陳凱雯，〈從《臺北州檔案》看日治時期鶯歌庄的水災與水防〉，《臺北文獻》直字第205期（2018年9月），頁181-210。曾文溪流域的上游森林治水及街庄水防動員，見顧雅文，《尋溯：與曾文溪的百年對話》（臺中：經濟部水利署水利規劃試驗所，臺南：國立臺灣歷史博物館，2022），頁101-106、174-175。
20. 臺灣省水利局編，《臺灣省水利建設概況》（臺中：臺灣省水利局，1946），頁12。

第二十章　「戰勝自然」的官民提案：水庫、築堤或浚渫

1. 〈風風雨時間淡水河水位升降紀錄表〉，《聯合報》，1953年8月18，3版。
2. 〈颱風邊緣掠過臺北 市郊低處豪雨成災 雙園加納一帶竹林房屋淹沒 搶救出險三千災民無家可歸〉，《公論報》，1953年8月17日，3版。〈妮娜颱風襲北部 新莊區洪泛成災 淡水河溫子圳部份河岸潰決 三重鎮二千間屋受損〉，《聯合報》，1953年8月18日，4版。
3. 〈南機場洪水退盡 加納低地涉足走 水退地區景況淒涼〉，《公論報》，1953年8月18日，3版。〈淡水混濁 大可摸魚 颱風過後〉，《公論報》，1953年8月18日，3版。〈傾盆豪雨淋一日 遍地汪洋漫碧潭〉，《聯合報》，1953年8月18日，4版。
4. 徐茂炫、陳建亨、黃彥豪，〈逾百年臺灣縣市人口興衰之轉折：1897-2010〉，《人口學刊》第43期（2011年12月），頁123。
5. 鄭政誠，《三重埔的社會變遷》（臺北：學生書局，1996），頁41-49。
6. 高傳棋，〈都市邊緣地區小區域歷史地理重建——臺北市加蚋仔庄的形成與轉化〉（臺北：國立臺灣大學地理學系研究所碩士論文，1997）。
7. 〈急待解決的社會問題 生活在垃圾堆上的一群〉，《公論報》，1956年7月9日，3版。
8. 〈防治新店溪泛濫 應修建石門水庫 連震東指示詳細研究 章錫綬暢談治本之圖〉，《聯合報》，1953年8月18日，3版。
9. 〈周百鍊提案請政府從速修築臺北市淡水河堤防以期防患〉（1954），《臺灣省臨時省議會檔案》，中央研究院臺灣史研究所檔案館典藏，識別號：002_61_403_43024。
10. 顧雅文、簡佑丞，〈築壩之業：戰後石門水庫的設計與籌建〉，收於顧雅文編，《石門水庫檔案中的人與事》（桃園：經濟部水利署北區水資源局，臺北：中央研究院臺灣史研究所，2023），頁91-95。
11. 顧雅文、簡佑丞，〈築壩之業：戰後石門水庫的設計與籌建〉，頁96-105。
12. 〈永和大陳新村 周圍汪洋一片 居民無法逃離澤國 軍警出動橡艇連夜搶救〉，《徵信新聞》，1959年7月16日，2版。〈中和鄉大陳新村 受災最為嚴重 義民醬醋工廠設備 全部被水沖刷一空〉，《中央日報》，1959年7月17日，4版。〈大陳新村二千餘戶受災極重〉，《公論報》，1959年7月17日，2版。〈大陳新村 災情慘重 義胞原屬清苦 今番更陷困境〉，《徵信新聞》，1959年7月18日，2版。
13. 〈新店溪上流匯合處 建三座蓄水庫 以調節水源及灌溉發電 興建地點及工程費用初步決定〉，《聯合報》，1959年10月14日，3版。〈徹底治理淡水河 確定三項方針 預定本年度內施工 先建水庫緩和洪水流量〉，《聯合報》，1961年4月20日，2版。
14. 〈陳愷提案為臺北地區之淡水河基隆河常汎濫成災應請政府迅速建設堤防以策安全案〉（1960），《臺灣省議會檔案》，中央研究院臺灣史研究所檔案館典藏，識別號：003_61_419_49019。
15. 〈為再度促請從速興建臺北市基隆河淡水河新店溪等河流堤防及疏濬河床以保居民生命財產案〉（1961年11月20日），《臺灣省議會議事錄》，國史館臺灣文獻館典藏，典藏號：003-02-04OA-01-5-3-03-05307。〈淡水河的水，究竟以築堤較好或以疏濬為宜〉（1962年5月7日），《臺灣省議會議事錄》，國史館臺灣文獻館典藏，典藏號：003-02-05OA-02-6-4-0-00114。
16. 〈疏濬淡水河發展雙連區 北市治河填窪方案 獲省府周主席支持 已令黃市長與水利局研議辦法〉，《中央日報》，1960年8月23日，4版。〈疏濬淡水河 應開闢航運 張祥傳提建議〉，《聯合報》，1960年8月25日，2版。
17. 〈北縣當前幾個重要問題〉，《公論報》，1960年6月17日，3版。〈中國土木工程學會昨慶成立廿五週年 會中曾建議政府疏濬淡水河〉，《徵信新聞報》，1961年6月6日，2版。〈疏濬淡水河芻議〉，《徵信新聞報》，1961年11月2日，2版。〈疏濬淡水基隆河 建水陸兩用碼頭 張議長建議市府層轉辦理〉，《公論報》，1961年12月3日，3版。〈擴大建設臺北 闢兩新工業區 預定地在五股關渡一帶 疏濬淡水河巨輪駛社子〉，《徵信新聞報》，1962年3月23日，1版。〈有效解決臺北水患 政院將作通盤研究飭令北市提供下水道興建計畫 徐恩曾力主疏濬淡水河 淡水河非疏濬不可用河床泥砂 築兩岸堤防 洪峰可免新地復增〉，《聯合報》，1962年10月15日，2版。〈拓展大臺北區繁榮遠景 北市郊闢建工業港 有關當局擬訂計畫 疏濬淡水河通

4. 〈淡水河身益益壅塞す(救護工事の急)〉,《臺灣日日新報》,1900年12月27日,2版。
5. 〈臺灣治水策〉,《臺灣日日新報》,1911年9月19日,1版。
6. 〈臺北と運河開鑿〉,《臺灣日日新報》,1911年9月22日,2版。
7. 〈臺北廳下水害地踏査(一)~(五)〉,《臺灣日日新報》,1912年9月5、6、7、8、9日,2版。
8. 〈臺北の禍源(淡水河の治水策)〉,《臺灣日日新報》,1912年9月5日,2版。
9. 〈臺北治水策に就て〉,《臺灣日日新報》,1912年9月15日,4版。
10. 〈本島治水に就て(木村匡氏の談)〉,《臺灣日日新報》,1912年9月10日,2版。
11. 〈淡水河の治水建議(臺北公會の臨時會)〉,《臺灣日日新報》,1912年9月7日,2版。〈治水請願報告〉,《臺灣日日新報》,1912年10月26日,2版。
12. 〈臺北の禍源(淡水河の治水策)〉。
13. 〈淡江治水卑見(上)、(下)〉,《臺灣日日新報》,1912年10月7、8日,1、3版。
14. 〈淡水河下り(上)、(中)、(下)〉,《臺灣日日新報》,1912年9月8、9、10日,7版。
15. 〈淡水護岸完了　全市包圍計畫は中止〉,《臺灣日日新報》,1916年8月31日,2版。
16. 〈稀有の大浸水で淡水河護岸の價值が問題となる　大事業だが臺北市を埋立てよ　理想的な某大官の論〉,《臺灣日日新報》,1920年9月14日,2版。〈風水害後の淡水川筋視察(一)~(五)小汽艇かもめ號で淡水迄〉,《臺灣日日新報》,1920年9月16、17、18、19、20日,7版。〈此度の大出水は何に原因するか　水源地樹木の濫伐か〉,《臺灣日日新報》,1924年8月7日,5版。
17. 〈東園、西園兩町民から　堤防の新築を嘆願　經費三十萬圓の支出に　頭を惱す市當局〉,《臺灣日日新報》,1924年8月28日,2版。〈新店護岸工事落成式　きのふ文山郡役所　で盛大に行はる〉,《臺灣日日新報》,1925年6月22日,3版。〈新店溪護岸一部の反對〉,《臺南新報》,1926年4月10日,2版。〈東園堤防　第二期工事　來月可成〉,《臺灣日日新報》,1927年6月13日,4版。
18. 石坂莊作,《天勝つ乎人勝つ乎　臺北洪水の慘禍と治水策》(臺北:株式會社臺灣日日新報社,1930)。
19. 〈功勞者、孝子、節婦其他旌表〉,《臺灣警察協會雜誌》第72期(1923),頁114-115。
20. 顧雅文、簡佑丞,〈大壩烏托邦:日治時期「石門水庫」的規劃與設計〉,《臺灣史研究》第28卷第1期(2021年3月),頁109-111

第十九章　島都之河的總合治理計畫

1. 十川嘉太郎,〈顧臺(二)〉,《臺灣の水利》第5卷第5期(1935年9月),頁68-69。
2. 〈第40回帝国議会衆議院決算委員会速記録第13号〉(大正7年3月14日),《帝国議会会議録》。〈第41回帝国議会衆議院決算委員第五分科(朝鮮総督府、台湾総督府及樺太庁)速記録第4号〉(大正8年3月10日),《帝国議会会議録》。
3. 〈淡水河治水事業 新店溪合流點移江頭 決定自本年度著手 俟長官歸後測量〉,《漢文臺灣日日新報》,1929年4月13日,4版。
4. 〈昇格は偶然にあらず　更に大成に備へよ　中壢街の前途は實に洋々〉,《臺灣日日新報》,1929年6月1日,6版。
5. 〈二期作田を目的とせる　新竹州下の大水利事業〉,《專賣通信》第174號(1929年5月),頁38-39。
6. 李京屏,〈日治時期的「島都」臺北意象與「近代化」論述〉(臺北:國立政治大學臺灣史研究所碩士論文,2019)。
7. 經濟部水利署水利規劃分署典藏:〈石門上流測量調查一覽圖〉(1929)、〈基隆河河道地形圖(1929)〉、〈淡水河上游石門附近地形圖〉(1930)、〈新店溪上游地形圖〉(1930)、〈淡水河大稻埕護岸敷地圖〉(1931)、〈基隆河上流平面圖〉(1931-1932)、〈淡水河補足測量平面圖〉(1933)。
8. 經濟部水利署水利規劃分署典藏:《淡水河臺北橋下流流量調查報告書》(1930-1934)、《石門上流流量及浮游物調查報告書》(1932-1937),以及《淡水河洪水調查報告書》(1938-1943)。
9. 經濟部水利署水利規劃分署典藏:〈淡水河本流治水計畫縱斷圖〉、〈淡水河調查圖〉、〈淡水河治水計畫一覽圖〉、《淡水河治水計畫計算書》、〈淡水河本流治水計畫縱斷圖〉、〈淡水河支流基隆河治水計畫平面圖〉、〈淡水河支流基隆河治水計畫縱斷圖〉、〈淡水河支流新店溪治水計畫縱斷圖〉、〈淡水河支流新店溪治水計畫平面圖〉、《淡水河治水計畫材料計算書》、《淡水河治水計畫計算書》、《淡水河治水計畫設計圖》、〈淡水河治水計畫概要一覽圖〉、〈淡水河治水計畫圖〉,大部分標注為1937年,未標注者,從圖面亦可推斷成於1937年。
10. 經濟部水利署水利規劃分署典藏:〈淡水河下流部低水工事設計圖〉、〈淡水河下流部橫斷測量調查橫斷面圖〉、〈石材採取場平面圖〉、〈淡水河港灣調查平面圖〉,均為1939年調製。
11. 《淡水河治水書彙》,經濟部水利署水利規劃分署典藏,典藏號:wra00595。
12. 顧雅文、簡佑丞,〈大壩烏托邦:日治時期「石門水庫」的構想緣起與規劃設計〉,收於顧雅文編,《石門水庫歷史檔案中的人與事》(桃園:經濟部水利署北區水資源局,臺北:中央研究院臺灣史研究所,2023),頁76-82。
13. 原文為「いたずらの幼時はすぎゆき、年老いて富を湛ぶる淡水の河」。十川嘉太郎,〈臺北の洪水問題〉,《臺灣の水利》第6卷第6期(1936年11月),頁62。
14. 顧雅文、簡佑丞,〈築壩之業:戰後石門水庫的設計與籌建〉,收於顧雅文編,《石門水庫歷史檔案中的人與事》(桃園:經濟部水利署北區水資源局,臺北:中央研究院臺灣史研究所,2023),頁92-96。

6. 杉山輯吉編，《川河改修要件・砕石道路築造法》（東京：工学書院，1888），頁19-31。其內容為明治6年（1873）荷蘭人技師バンドウロン（C. J. Van Doorn）以「水政」為題，向土木局報告的「治水總論」之部分精華。二見鏡三郎，《土木必携》（東京：建築書院，1894），頁11-29。
7. 〈第15回帝国議会衆議院予算委員第一分科会（内務省、文部省所管）速記録第5号〉（明治34年1月31日），《帝国議会会議録》。
8. 關於官設埤圳，見顧雅文、簡佑丞，〈大壩烏托邦：日治時期「石門水庫」的規劃與設計〉，《臺灣史研究》第28卷第1期（2021年3月），頁91-104。
9. 關於治水事業起點的論證，見顧雅文，《測繪河流：近代化下臺灣河川調查與治理規劃圖籍》，頁48-63。
10. 〈我が植民地の河川〉，《臺灣日日新報》，1911年4月11日，2版。
11. 〈籌築淡水河岸〉，《臺灣日日新報》，1912年12月28日，5版。〈古亭庄の護岸〉，《臺灣日日新報》，1913年3月8日，7版。〈古亭庄下護岸工事〉，《臺灣日日新報》，1913年3月9日，7版。
12. 〈淡水河の護岸　一千五百間に達す〉，《臺灣日日新報》，1916年1月22日，2版。
13. 〈淡水河護岸　本年度にて打切か〉，《臺灣日日新報》，1916年8月12日，2版。〈淡水護岸完了　全市包圍計畫は中止〉，《臺灣日日新報》，1916年8月31日，2版。

第十七章　圍城之術：臺北輪中治水方案與近代高水堤防的形成

1. 〈狂頓詩 驚河伯〉，《臺灣日日新報》，1915年2月8日，5版。
2. 〈淡水河護岸の效果〉，《臺灣日日新報》，1914年3月9日，2版。〈淡水河の護岸　一千五百間に達す〉，《臺灣日日新報》，1916年1月22日，2版。
3. 〈風水災彙報〉，《臺灣日日新報》，1902年9月2日，2版。〈三市街の風水害〉，《臺灣日日新報》，1903年8月5日，2版。〈臺北の洪水〉，《臺灣日日新報》，1909年9月21日，2版。〈水害彙報〉，《臺灣日日新報》，1909年9月22日，2版。
4. 〈風水害彙報〉，《臺灣日日新報》，1910年9月4日，2版。〈臺北廳下の風水害〉，《臺灣日日新報》，1911年8月29日，2版。〈暴風洪水の慘狀〉，《臺灣日日新報》，1911年9月4日，2版。
5. 〈臺北暴風雨害又續報／大稻埕方面被害〉，《漢文臺灣日日新報》，1911年9月4日，1版。
6. 〈臺北公會常議員會〉，《臺灣日日新報》，1911年9月12日，2版。
7. 〈臺北公會常議員會決議〉，《臺灣日日新報》，1911年9月14日，2版。〈公會常議員會決議〉，《漢文臺灣日日新報》，1911年9月15日，2版。
8. 東出加奈子，《海港パリの近代史——セーヌ河水運と港》（京都：晃洋書房，2018），頁61-62。
9. Ronald Thomas, *London's First Railway: The London and Greenwich*(London: B T Batsford Ltd, 1986).
10. 鐵道院東京改良事務所，《東京市街高架鐵道建築概要》（東京：鐵道院，1914），頁1-20。竹田知樹、關文夫，〈設計思想から見た鉄道高架橋の構造形態の変遷に関する一考察〉，《景観・デザイン研究講演集第十三回》（東京：日本土木學會，2017），頁177-178。
11. 〈防水工事如何〉，《臺灣日日新報》，1911年9月27日，2版。〈防水工程如何〉，《漢文臺灣日日新報》，1911年9月28日，2版
12. 〈臺北市街填高〉，《漢文臺灣日日新報》，1911年9月30日，2版。
13. 顧雅文、簡佑丞，〈大壩烏托邦：日治時期「石門水庫」的規劃與設計〉，《臺灣史研究》第28卷第1期（2021年3月），頁87-128。
14. 《淡水河ノ洪水ニ関スル調査》（1913年4月），經濟部水利署水利規劃分署典藏，典藏號：WRPI00073。
15. 《淡水河ノ洪水ニ関スル調査》。〈護岸式事現況　排水方法如何〉，《臺灣日日新報》，1914年9月16日，2版。
16. 〈市民代表者長官訪問〉，《臺灣日日新報》，1912年10月6日，2版。〈治水委員訪問〉，《臺灣日日新報》，1912年10月22日，2版。〈報告治水請願情形〉，《漢文臺灣日日新報》，1912年10月28日，5版。
17. 〈新式護岸工事〉，《臺灣日日新報》，1914年3月18日，2版。
18. 十川嘉太郎，〈煉瓦沉床〉，《臺灣の水利》第6卷第1期（1936年1月），頁34-46。
19. 〈淡水護岸完迄〉，《漢文臺灣日日新報》，1916年9月2日，5版。
20. 〈淡水護岸完了 全市包圍計畫は中止〉，《臺灣日日新報》，1916年8月31日，2版。
21. 〈出水と淡水河 護岸工事の價值〉，《臺灣日日新報》，1917年8月28日，2版。

第十八章　河畔市民的治水想像與倡議行動

1. 〈臺北水害視察談（上）〉，《臺灣日日新報》，1911年9月12日，2版。〈臺北水害視察談（下）〉，《臺灣日日新報》，1911年9月13日，5版。
2. 〈臺北市街治水事業ニ關シ請願書（臺北廳）〉（1911年9月1日），《臺灣總督府檔案．總督府公文類纂》，國史館臺灣文獻館典藏，典藏號：00005438011。
3. 〈論淡港籌浚之宜亟〉，《臺灣日日新報》，1901年8月11日，5版。

4. 〈公布與注解倪蔣懷1929年日記（十）〉，倪蔣懷美術紀念館網站，https://www.gch.tw/publications/33。
5. 林育淳，《臺北市立美術館典藏目錄：民國八十七—八十八年》（臺北：臺北市立美術館，1999），頁1-155。
6. 羅慧芬，〈日治時期鳥瞰圖之研究：從日本繪師之眼見臺灣〉（屏東：國立屏東教育大學視覺藝術學系碩士論文，2011）。
7. 王開立，〈日治時期鳥瞰圖作品之探索及臺灣文化地圖的創作〉，《藝術學報》第2期（2013年7月），頁96。
8. 李進億，〈萬頃花田萬斛珠：日治時期臺北地區香花產業史初探〉，《臺灣文獻季刊》第60卷第1期（2009年3月），頁267-310。
9. 張詩勤，〈石川欽一郎，《河畔》，1927〉，藝噗（https://arteasypush21c.wordpress.com/）。〈淡水河の風景 畫壇の一人者 石川欽一郎氏〉，《臺灣日日新報》，1927年10月3日，3版。

第十五章　保護大稻埕：臺北近代城市堤防的誕生

1. 臺北市土木課，《臺北市土木要覽（昭和十四年版）》（臺北：臺北市役所，1942），頁10。
2. 臺北市土木課，《臺北市土木要覽（昭和十四年版）》，頁10。
3. 〈獨逸領事館所在地及各居留地外人取調外務大臣へ報告〉（1896年1月21日），《臺灣總督府檔案．總督府公文類纂》，國史館臺灣文獻館典藏，典藏號：0000028011。
4. 〈獨逸領事館所在地及各居留地外人取調外務大臣へ報告〉。臺北市土木課，《臺北市土木要覽（昭和十四年版）》，頁10。
5. 宮本武之輔，《治水工學》（東京：修教社書院，1936），頁222-223。
6. 松浦茂樹，〈河川史研究の意義—明治改修から考える〉，《水工学シリーズ》10-A-8（2010年8月），頁2-5。
7. 工學會編，《明治工業史六：土木篇》（東京：工學會明治工業史發行所，1929），頁84。
8. 〈暴風被害概況 台湾総督府／明治〉（明治時期），日本宮內廳書陵部宮內公文書館典藏，典藏號：52945。
9. 〈淡水河護岸工事〉，《臺灣日日新報》，1899年6月20日，2版。〈淡水河護岸工事費原議綴（元臺北縣）〉（1898年1月1日），《臺灣總督府檔案．舊縣公文類纂》，國史館臺灣文獻館典藏，典藏號：00009206001。
10. 〈淡水河護岸工事費原議綴（元臺北縣）〉。
11. 國土交通省河川局河川環境課，《石積み構造物の整備に関する資料》（東京：國土交通省，2006），頁1-3。
12. 廣井勇，《築港 前編》（東京：丸善株式會社，1907），頁356-357。廣井勇，《築港 後編》（東京：丸善株式會社，1907），頁42-45。鈴木雅次，《港工學》（東京：常磐書房，1932），頁394。
13. 廣井勇，《日本築港史》（東京：丸善株式會社，1927），頁21、54-104、242-247。臨時臺灣總督府工事部，《基隆築港誌圖譜》（臺北：臨時臺灣總督府工事部，1916），頁18-25。
14. 臨時臺灣總督府工事部，《基隆築港誌圖譜》，頁1-17。
15. 真田秀吉，《日本水制工論》（東京：岩波書店，1932），頁111-120。
16. 山梨縣南アルプス市教育委員會，〈桝形堤防 - 第2次調查2-〉，《南アルプス市埋藏文化財調查報告書》第42期（2015年3月），頁21-26。
17. 〈淡水河の護岸工事〉，《臺灣日日新報》，1899年6月16日，2版。〈淡水河護岸工事費原議綴（元臺北縣）〉。
18. 〈御用商人と受負業〉，《臺灣日日新報》，1900年7月21日，2版。〈淡水河護岸工事〉，《臺灣日日新報》，1899年6月20日，2版。〈臺北縣護岸工事の成行〉，《臺灣日日新報》，1899年7月2日，2版。〈淡水河護岸工事の一段落〉，《臺灣日日新報》，1899年7月21日，2版。〈淡江護岸工事の再入札〉，《臺灣日日新報》，1899年7月22日，2版。〈護岸工事入札〉，《臺灣日日新報》，1899年7月23日，2版。〈護岸工事の命令〉，《臺灣日日新報》，1899年7月26日，2版。〈護岸工事の狀況〉，《臺灣日日新報》，1899年10月19日，2版。
19. 〈大稻埕護岸工事の狀況〉，《臺灣日日新報》，1899年12月26日，2版。
20. 〈淡水河護岸工事の經過〉，《臺灣日日新報》，1900年4月19日，2版。〈淡水河護岸工事の竣功〉，《臺灣日日新報》，1900年5月31日，2版。
21. 〈暴風雨被害詳報 災後の淡水河岸〉，《臺灣日日新報》，1900年9月18日，2版。
22. 〈護岸工事の復舊着手〉，《臺灣日日新報》，1900年10月12日，2版。〈淡水河護岸修繕工事の經過〉，《臺灣日日新報》，1900年11月16日，2版。

第十六章　掌握河流：從調查「有用之河」到治理「無益之河」

1. 〈淡水河川調查の困難〉，《臺灣日日新報》，1901年6月22日，2版。〈調查淡川〉，《臺灣日日新報》，1901年6月22日，3版。
2. 〈基隆川の測量に就て〉，《臺灣日日新報》，1902年7月22日，2版。
3. Satoshi Nakazawa, "The Development of Modern River Management in Japan," *Tijdschrift voor Waterstaatsgeschiedenis*, Vol.16 (2007), pp. 34-45.
4. 沖野忠雄，〈始政廿年記念大講演会講演集（河川に就いて）〉，《臺灣教育》第159期（1915年7月），頁112-113。
5. 淡水河的相關報導並未記載如何進行測量，但可以找到同一時期其他地方的紀錄，例如1902年一則有關打狗港（高雄港）測量的報導，記載了「カレントメータ」及「浮子測量器」的使用。〈打狗港測量調查事業の近況〉，《臺灣日日新報》，1902年7月15日，2版。

第十三章　讓路於水：高地避險與分洪減災

1. 陳宗仁，〈1632年傳教士Jacinto Esquivel報告的解析——兼論西班牙佔領前期的臺灣知識與其經營困境〉，《臺灣文獻》第61卷第3期（2010年9月），頁14-15。
2. 黃叔璥，《臺海使槎錄》（臺北：臺灣銀行經濟研究室，臺灣文獻叢刊第4種，1957；1736年原刊），頁136。
3. 吉田東伍編著，《大日本地名辞書》（東京：富山房，1909），頁661。。
4. 石坂荘作，《天勝つ乎人勝つ乎　臺北洪水の惨禍と治水策》（臺北：株式會社臺灣日日新報社，1930），頁13-14。
5. 李進億，〈蘆洲：一個長期環境史的探討（1731-2001）〉（桃園：國立中央大學歷史學研究所碩士論文，2004），頁140-141。
6. 臺灣省文獻委員會，《臺北縣鄉土史料（上）——耆老口述歷史16》（南投：臺灣省文獻委員會，1997），頁626。
7. 西岡英夫，〈浮洲部落「社子」（下）——島都に近い特殊部落の鄉土的觀察〉，《臺灣時報》1933年第12期（1933年12月），頁135。
8. 米復國，〈臺北社子島的聚落與民居形式之研究〉（行政院國家科學委員會成果報告，2002），頁9。
9. 李憲章，〈社子島的美麗與哀愁〉，《臺北文獻》第196期（2016年6月），頁213。
10. 國分直一著，邱夢蕾譯，《臺灣的歷史與民俗：溯先人足跡、探文化之源流》（臺北：武陵，1991），頁135。
11. 〈雙園區區耆老座談會紀錄〉，《臺北文獻》直字第93期（1990年9月），頁9。
12. 莊永明，《臺北老街》（臺北：時報文化，2012），頁140。
13. 顧雅文，《尋溯：與曾文溪的百年對話》（臺北：水利署水利規劃試驗所，臺南：臺灣歷史博物館，2022），頁184-191。
14. 〈大同區耆老座談會紀錄〉，《臺北文獻》直字第91期（1990年3月），頁6。
15. 〈視察復命書（元臺北縣）〉（1895年1月1日），《臺灣總督府檔案．舊縣公文類纂》，國史館臺灣文獻館典藏，典藏號：00009109001。
16. 李宗信，《瑠公大圳》（臺北：玉山社，2014），頁45-51。
17. 莊永明，《臺北老街》，頁141。

第十四章　心靈縫合：水信仰與民俗活動的災後慰藉與認同形塑

1. 李進億，〈淡水河下游地區的「水信仰」——以水神及水鬼崇拜為中心〉，《臺灣風物》第58卷第1期（2008年3月），頁53-96。
2. 李泰翰，〈清代臺灣水仙尊王信仰之探討〉，《民俗曲藝》第143期（2004年3月），頁286-291。
3. 陳令杰，〈清代錫口的發展與變遷〉，《臺北文獻》直字第176期（2011年6月），頁185-187。
4. 金關丈夫主編，林川夫編譯，《民俗臺灣（一）》（臺北：武陵，1990），頁227。賴恆毅，〈水仙尊王與臺北屈原宮〉，《臺灣史料研究》第26期（2005年12月），頁37-39。許達然，〈械鬥和清朝臺灣社會〉，《臺灣社會研究季刊》第23期（1996年7月），頁49。
5. 岡田謙著，陳乃蘗譯，〈臺灣北部村落之祭祀範圍〉，頁14。
6. 金關丈夫主編，林川夫編譯，《民俗臺灣（一）》，頁223。
7. 金關丈夫主編，林川夫編譯，《民俗臺灣（一）》，頁223。
8. 曹永和等口述，〈士林區耆老座談會紀錄訪問〉，《臺北文獻》直字第77期（1986年9月），頁26-27。
9. 〈明治二十八年十二月中淡水支廳行政事務及管內概況報告（臺北縣）〉（1896），《臺灣總督府公文類纂》，中央研究院臺灣史研究所檔案館典藏，識別號：T0797_01_025_0001。
10. 潘迺禎，〈士林歲時記〉，《民俗臺灣》第1卷第6號（1941年12月5日），頁11-14。
11. 〈淡水河の水鬼〉，《臺灣日日新報》，1910年6月15四，5版。
12. 廖桂賢等，《城中一座島：築堤逐水、徵土爭權，社子島開發與臺灣的都市計畫》（臺北：春山，2023），頁127-129。
13. 〈明治二十八年十二月中淡水支廳行政事務及管內概況報告（臺北縣）〉。
14. 黃氏鳳姿，〈中元〉，收於黃氏鳳姿，《七爺八爺》（臺北：東都書籍株式會社臺北支店，1940），頁49-52。
15. 根據片岡巖的調查，臺灣各地街庄經常可以見到刻有「南無阿彌陀佛」的石碑，主要是為了鎮壓精靈或生前落水溺死的鬼魂。本文認為，除了鎮壓的功能之外，石碑應該也有警示人們避災的目的。片岡巖著，陳金田譯，《臺灣風俗誌》（臺北市：眾文圖書，1996；1921年原刊），頁427。

圖輯　河流美學

1. 廖新田，《臺灣美術四論》（臺北：典藏藝術家庭，2008），頁47-58。
2. 臺灣藝術史研究學會，〈臺北名所繪畫十二景 大稻埕 臺北橋〉，《國家文化記憶庫》，https://tcmb.culture.tw/zh-tw/detail?indexCode=Culture_Object&id=501877。
3. 顏娟英，《臺灣美術全集Ⅰ：陳澄波》（臺北：藝術家出版社，1992），頁21-48。林育淳，《油彩．熱情．陳澄波》（臺北：雄獅圖書股份有限公司，1998）。林育淳，《臺灣前輩畫家的藏寶圖：參》（臺北：尊彩國際藝術有限公司，2000），頁14-15。廖新田，〈從自然的臺灣到文化的臺灣：日據時代臺灣風景圖像的文化表徵探釋〉，《文化研究月報》第22期（2004年1月），頁16-37。

5. 温振華總纂，《北投區志》(北投：北投區公所，2011)，頁240。
6. 文崇一、許嘉明、瞿海源、黃順二，《西河的社會變遷》(臺北：中央研究院民族學研究所，1975)，頁29-30、34-36。
7. 魏聰敏，〈甘答門的農業生活〉，《北投地方學》第23期(2008年12月)，頁15-17。
8. 〈「城市邊緣兩河印記——社子島歷史發展」口述歷史座談會紀錄〉，《臺北文獻》直字第201期(2017年9月)，頁13。
9. 廖桂賢、張式慧、柳志昀、徐孟平，《城中一座島：築堤逐水、徵土爭權，社子島開發與臺灣的都市計畫》(臺北：春山出版，2023)，頁170。
10. 〈「城市邊緣兩河印記——社子島歷史發展」口述歷史座談會紀錄〉，頁24-25。關於採煤對基隆河的影響，可參考陳世一，《尋找河流的生命力》(基隆：基隆市文化中心，1997)，頁118。
11. 西岡英夫，〈浮洲部落「社子」(上)、(下)——島都に近い特殊部落の郷土的觀察〉，《臺灣時報》1933年第11、12期(1933年11、12月)，頁133-140、134-140。
12. 陳宗仁，〈1632年傳教士Jacinto Esquivel報告的解析——兼論西班牙佔領前期的臺灣知識與其經營困境〉，《臺灣文獻》第61卷第3期(2010年9月)，頁20。
13. 關於張厝圳、劉厝圳的開圳過程與糾紛，李進億有詳盡考察。李進億，《水利秩序之形成與挑戰——以後村圳灌溉區為中心之考察(1763-1970)》(臺北：國史館，2015)，頁56-59、70-81。
14. 關於劉家在北新莊平原的開墾，另見尹章義總纂，《五股志》(五股：五股鄉公所，1997)，頁54-66。
15. 臺灣省文獻委員會，《臺北縣鄉土史料(上)——耆老口述歷史16》(南投：臺灣省文獻委員會，1997)，頁112。
16. 〈雙園區區耆老座談會紀錄〉，《臺北文獻》直字第93期(1990年9月)，頁9-11。
17. 〈花蔗相尅〉，《漢文臺灣日日新報》，1908年8月21日，3版。
18. Ya-wen Ku, "Floods and Governance: The Historical Construction of Vulnerability in Taiwan under Japanese Rule," In Philip Brown, Nicholas Breyfogle ed., *Hydraulic Societies: Water, Power and Control in East and Central Asian History* (Corvallis, Oregon: Oregon State University Press, 2023), p.172.
19. 劉鴻喜，〈新店溪下游河灘土地利用之研究〉，《臺灣銀行季刊》第23卷第3期(1972年9月)，頁267-274。
20. 陳憲明，〈臺北市近郊蘆洲鄉之土地利用〉，《臺灣文獻》第25卷第3期(1974年9月)，頁33-47。
21. 〈浮洲開墾願不許可ノ件〉(1903)，《臺灣總督府公文類纂》，中央研究院臺灣史研究所檔案館典藏，識別號：T0797_04_152_0010。
22. 米復國，〈臺北社子島的聚落與民居形式之研究〉(行政院國家科學委員會成果報告，2002)，頁6。
23. 臺灣省文獻委員會，《臺北縣鄉土史料(上)》，頁163。

第十二章　合作應對洪災：社子島拓墾共同體的災害韌性

1. 另可參考王志文，〈臺北淡水河畔社子沙洲歷史地理變遷〉，《白沙歷史地理學報》第4期(2007年10月)，頁1-41。
2. 王志文，〈淡水河岸同安裔人祖公會角頭分布意義——以北投、社子、蘆洲之燕樓李家為例〉，《臺北文獻》直字第146期(2003年12月)，頁289-301。
3. 〈視察復命書(臺北縣)〉(1895)，《臺灣總督府公文類纂》，中央研究院臺灣史研究所檔案館典藏，識別號：T0797_29_015_0001。
4. 〈大加蚋堡溪洲底庄外二庄命名調查方ニ付伺訓示〉(1899)，《臺灣總督府公文類纂》，中央研究院臺灣史研究所檔案館典藏，識別號：T0797_14_039_0030。
5. 〈芝蘭一堡第一堡派出所街庄社名及土名取調書〉(1899)，《臺灣總督府公文類纂》，中央研究院臺灣史研究所檔案館典藏，識別號：T0797_14_039_0040。
6. 立法院第1屆第36會期第8次會議(1965年10月22日)，立委黃雲煥質詢：「為政府實施防洪治本計畫，拓寬淡水河漕，竟利用水力沖刷民有土地，使桑田變為滄海，猶詭稱未經使用，而拒絕補償。」
7. 〈芝蘭一堡第一派出所共業田園整理方ノ件〉(1900)，《臺灣總督府公文類纂》，中央研究院臺灣史研究所檔案館典藏，識別號：T0797_14_041_0018。
8. 王志文，〈臺北淡水河畔社子沙洲歷史地理變遷〉，頁24。
9. 徐碩，〈堤外廣土水環流：防洪建設、人水關係與社子島地景張力〉(臺北：臺灣大學地理環境資源學系碩士論文，2021)，頁30。
10. 皆是乾隆年間嗄嘮別一帶的契約，臺灣歷史數位圖書館(https://thdl.ntu.edu.tw/index.html)。
11. 王明義總編纂，《三峽鎮誌》(臺北縣：三峽鎮公所，1993)，頁261-262。
12. Henry Kopsch, "Notes on the Rivers in Northern Formosa," *Proceedings of the Royal Geographical Society of London*, 14:1(1869-1870), pp. 82-83. 有些可能是類似石筍的構造物，用以提高水位，有些是護岸或堤防。
13. 文崇一等，《西河的社會變遷》(臺北：中央研究院民族學研究所，1975)，頁15。李進億，〈蘆洲：一個長期環境史的探討(1731-2001)〉(臺北：國立中央大學歷史學研究所碩士論文，2004)，頁120。

21. 〈淡水河の利用〉，《臺灣日日新報》，1911年7月27日，2版。
22. 〈淡水河の利用〉。〈日日小筆〉，《臺灣日日新報》，1913年6月16日，1版。〈水を利用せよ（上）、（下）〉，《臺灣日日新報》，1918年3月12、13日，7版。

第十章　河已成災，何以成「災」：災害的歷史建構

1. 李宗信等人曾詳細討論茶園開發對水土保持及下游三條水圳造成的生態及人文衝擊。李宗信、顧雅文、莊永忠，〈水利秩序的形成與崩解：十八至二十世紀初期瑠公圳之變遷〉，收於黃富三主編，《海、河與臺灣聚落變遷：比較觀點》（臺北：中央研究院臺灣史研究所，2009），頁208-213。
2. 關於新庄街從原住民優勢轉向漢人優勢，並出現市街、港口的經過，見陳宗仁，《從草地到街市：十八世紀新庄街的研究》（臺北：稻鄉，1996）。王世慶，《淡水河流域河港水運史》（臺北：中央研究院中山人文社會科學研究所，1996），頁38-39、89-91。
3. 〈領臺後の風水害〉，《臺灣日日新報》，1909年9月22日，5版。
4. 〈暴風被害概況　台湾総督府／明治〉、〈台湾暴風雨被害概況報告　内務次官ヨリ徳大寺侍従長宛〉（明治31年8月6、7日），日本宮內廳書陵部宮內公文書館典藏，識別號：52945。〈臺北風水害寫真宮內省へ贈呈〉（1898），《臺灣總督府公文類纂》，中央研究院臺灣史研究所，識別號：T0797_01_268_0019。
5. 張素玢曾研究此次水災對濁水溪流域社會造成的重要影響，並採訪地方父老對水災的親身記憶。張素玢，《濁水溪三百年：歷史、社會、環境》（臺北：衛城，2014），頁34-49。
6. 〈暴風被害概況　台湾総督府／明治〉，頁3-4。
7. 成田武司，《辛亥文月臺都風水害寫真集》（臺北：成田寫真製版部，1911），數位電子書見https://tebook.ntl.edu.tw/adm/upload/ebook/3279558a-8759-4bb5-8008-1335e2eda392/book.html。
8. 土田宏成、吉田律人、西村健編著，《関東大水害：忘れられない1910の大災害》（東京：日本經濟評論社，2023）。
9. 朱瑪瓏，〈近代颱風知識的轉變──以臺灣為中心的探討〉（臺北：臺灣大學歷史學系研究所碩士論文，2000）。
10. 顧雅文，《測繪河流：近代化下臺灣河川調查與治理規劃圖籍》（臺中：經濟部水利署水利規劃試驗所，2017），頁52。
11. 例如關於1911年8月底水災，官方的河川災害統計中淡水河死亡人數僅7人，全臺死亡人數為194人。黃俊傑、古偉瀛指出全臺死亡人數共451人，見黃俊傑、古偉瀛，〈日據時代臺灣社會民眾對天然災害認知與反應（1895-1945）〉（行政院國家科學委員會防災科技研究報告78-05號，1989年9月），頁18-32。洪銘聰從《臺灣日日新報》報導的〈北部風水害總報〉整理出的人數為96名，見洪銘聰，〈日本時期最大災害：論1911年9月臺北風災與救濟〉，《臺北文獻》直字第198期（2016年12月），頁111-164。林煒舒則認為，與總督府檔案的零散資料比對，451人仍是偏低，甚至距離真實相當遙遠，見林煒舒，《一九一一臺北全滅：臺灣人不能不知道的臺灣水利故事》（臺北：大塊文化，2024），頁21。
12. 林煒舒，《一九一一臺北全滅：臺灣人不能不知道的臺灣水利故事》，頁18-19。
13. 〈淡水河洪水氾濫區域一覽圖〉（1930）、〈淡水河洪水氾濫區域圖〉（1932）、〈淡水河洪水氾濫區域圖〉（1932）、〈淡水河浸水區域圖〉（1932）、〈淡水河治水計畫關渡水位浸水調〉（1934），經濟部水利署水利規劃分署典藏，典藏號：wra0074、wra00393、wra00394、wra00395、war00403。
14. 〈論淡港籌濬之宜亟〉，《臺灣日日新報》，1901年8月11日，5版。
15. 富田芳郎，〈安坑溪谷の地理之所見〉，《臺灣地理學記事》第7期（1934），頁40。
16. 林滿紅，《茶、糖、樟腦業與臺灣之社會經濟變遷（1860-1895）》（臺北：聯經出版事業股份有限公司，1997）。
17. 《淡水河今昔物語り》（臺北：臺灣總督府殖產局森林治水事務所，1937），頁6。
18. 作者不詳（按：據內容推測為十川嘉太郎），《淡水河の洪水に關する調查》（1913），頁5-10，經濟部水利署水利規劃分署典藏，典藏號：WRPI00073。
19. 臺灣省水利局第二規劃調查隊，《淡水河防洪計畫調查研究報告》（臺北：臺灣省水利局，1963年2月），頁23-26。
20. 〈淡水河下り（下）〉，《臺灣日日新報》，1912年9月10日，7版。
21. 〈敕語報告出張巡回復命書（元臺北縣）〉（1895），《臺灣總督府公文類纂》，中央研究院臺灣史研究所檔案館典藏，識別號：T0797_29_002_0001。
22. 〈滬尾、和尚洲其他ノ被害狀況總督へ電報〉（1897），《臺灣總督府公文類纂》，中央研究院臺灣史研究所檔案館典藏，識別號：T0797_15_045_0007。

第十一章　與洪水共生：河畔居民的地方知識與調適手段

1. 〈土人占驗〉，《漢文臺灣日日新報》，1897年9月1日，1版。
2. 〈風颱旬〉，《臺灣日日新報》，1905年7月15日，5版。毓齋，〈稻江歲時諺〉，《民俗臺灣》第3卷第10號（1943年10月），頁45-46；〈稻江歲時諺續錄〉，《民俗臺灣》第4卷第7號（1944年7月），頁38。
3. 顧雅文、李宗信訪，〈周益先生口述訪談〉，2024年8月5日，未刊稿。日治時期的說法見和田漠，〈颱風と雷〉，《民俗臺灣》第2卷第9號（1942年9月），頁24。
4. 于立平訪，〈張輝先生口述訪談〉，約2000年，未刊稿。

15. 〈淡水河護岸工事〉，《臺灣日日新報》，1899年6月20日，2版。
16. 簡佑丞，〈植民地初期台湾における港湾都市に関する史的研究〉，頁2-14-2-26（第二章）。臨時臺灣總督府工事部，《基隆築港誌》，頁55-59。
17. 〈臺北市街市區計畫改正決定ノ件〉（1905年9月11日），《臺灣總督府公文類纂》，國史館臺灣文獻館典藏，典藏號：00001136004。
18. 〈臺北公會常議員會〉，《臺灣日日新報》，1911年9月12日，2版。〈臺北公會常議員會決議〉，《臺灣日日新報》，1911年9月14日，2版。
19. 川井田幸五郎，《艋舺低地埋立事業報告書》（臺北：臺北廳庶務課，1919），頁2-5、13-14。
20. 〈新式護岸工事〉，《臺灣日日新報》，1914年3月18日，2版。
21. 〈淡水築港論（一）～（十三）〉，《臺灣日日新報》，1911年9月15日至1911年10月5日，2版。
22. 〈淡水築港論（一）〉，《臺灣日日新報》，1911年9月15日，2版。
23. 〈淡水築港論（二）〉，《臺灣日日新報》，1911年9月16日，2版。〈淡水築港論（四）〉，《臺灣日日新報》，1911年9月19日，2版。
24. 〈淡水築港論（七）〉，《臺灣日日新報》，1911年9月23日，2版。
25. 〈淡水築港論（七）〉。
26. 〈臺灣の河川は何故に汎濫するか淡水築港問題に關聯して 山形技師は語る〉，《臺灣日日新報》，1919年10月23日，2版。
27. 臺灣總督府土木局，《基隆築港概要》（臺北：臺灣總督府土木局，1921），頁1-4。
28. 立川芳，〈失敗せる臺灣の二大築港〉，《殖民地の黒暗面》（東京：東京魁新聞社，1913）。
29. 洪以南，〈名家叢說：淡水築港論〉，《新臺灣》第46號（1919年6月），頁50。
30. 天麗學人，〈淡水築港論〉，《實業之臺灣》第122號（1920年3月），頁17-18。
31. 〈淡水港計画の件（1）〉（1919年12月），《海軍省公文備考》，日本防衛省防衛研究所典藏，JACAR：C08021685200。
32. 〈淡水港計画の件（1）〉。
33. 作者不詳，〈陽氣の加減で血迷ふ臺北築港論〉，《臺灣公論》第4卷第4期（1939年4月），頁1。西川純，〈臺北築港論〉，《臺灣地方行政》第7卷第11期（1941年11月），頁24-29。
34. 山本正一，《淡水港の整備に就て》（淡水：淡水郡役所，1927）。
35. 作者不詳，〈二期作田を目的とせる新竹州下の大水利事業〉，《專賣通信》第174號（1929年5月），頁38-39。
36. 《淡水河治水書彙》，經濟部水利署水利規劃試驗典藏，典藏號：wra00595。

第九章　河畔風景：河岸生活文化與近代休閒娛樂

1. 余文儀纂修，周憲文編輯，《續修臺灣府志》（臺北：臺灣銀行經濟研究室，臺灣文獻叢刊第121種，1962；1774年原刊），頁48。
2. 陳培桂纂輯，周憲文編輯，《淡水廳志》（臺北：臺灣銀行經濟研究室，臺灣文獻叢刊第172種，1963；1871年原刊），頁40。
3. 黃敬作，黃美娥編校，〈蘆洲泛月〉，收於《智慧型全臺詩知識庫》。
4. 陳培桂纂輯，周憲文編輯，《淡水廳志》，頁446-447。
5. 陳維英作，黃哲永、施懿琳編校，〈淡北八景：劍潭夜光〉，收於《智慧型全臺詩知識庫》。
6. 黃氏鳳姿，〈淡北八景〉，收於《七爺八爺》（臺北：東都書籍株式會社臺北支店，1940），頁44-48。
7. 佐倉孫三，《臺風雜記》（南投：臺灣省文獻委員會，1996；1903年原刊），頁13。
8. 片岡巖，《臺灣風俗志》（臺北：南天書局，1994；1921年原刊），頁117
9. 〈川筋の取締〉，《臺灣日日新報》，1919年8月13日，7版。〈臺北市民に對する豫防注射と警官總動員で檢病的に戶口調查　淡水河の河水使用禁止〉，《臺灣日日新報》，1925年10月4日，7版。
10. 石川欽一郎，〈水彩畫と臺灣風光〉，《臺灣日日新報》，1908年1月23日，3版。
11. 王慧瑜，〈日治時期臺北地區日本人的物質生活〉（臺北：國立臺灣師範大學臺灣史研究所碩士論文，2010），頁15-84。
12. 橋本白水，《島の都》（臺北：南國出版協會，1926），頁193-196。
13. 田中一二原著，李朝熙譯，《臺北市史：昭和六年》（臺北：臺北市文獻委員會，1998；1931年原刊），頁112-113。
14. 〈紀州庵の川端支店〉，《臺灣日日新報》，1917年6月24日，7版。〈古亭庄の鵜飼　夏の遊びが出來た〉，《臺灣日日新報》，1919年7月14日，5版。
15. 〈五十人乘り大型納涼船〉，《臺灣日日新報》，1929年6月12日，2版。
16. 橋本白水，《島の都》，頁193-196。
17. 田中一二原著，李朝熙譯，《臺北市史：昭和六年》，頁123。
18. 林伯奇、林美容，《水邊行事》（臺北：前衛，2023），頁10-11。
19. 田中一二原著，李朝熙譯，《臺北市史：昭和六年》，頁76、113。
20. 張迺西，〈夜遊淡水河即事〉，收於余美玲主編，《臺灣古典詩選注②：海洋與山川》（臺南：國立臺灣文學館，2013），頁454。

26. 〈臺北水道綴〉(1908年1月1日),《臺灣總督府公文類纂》,國史館臺灣文獻館典藏,典藏號:00010946001。
27. 〈森山松之助ニ建築事務囑託ノ件〉(1908年10月15日),《臺灣總督府公文類纂》,國史館臺灣文獻館典藏,典藏號:00001238012。
28. 黃俊銘,《總督府物語》(臺北:向日葵文化,2004),頁81-114。
29. 〈臺北水道の設計(五)〉,《臺灣日日新報》,1907年10月24日,2版。
30. 蔡宏賢,〈臺北水道水源地唧筒室建築之探討〉(臺北:國立藝術學院美術學系碩士班碩士論文,1999)。
31. 工學會、啟明彙編,《明治工業史 土木篇》(東京:工學會,1929),頁477-479。
32. 〈臺北水道の設計(二)〉。
33. 八田與一,〈臺灣土木事業の今昔〉,《臺灣の水利》第10卷第5期(1940年10月),頁86。
34. 〈十川嘉太郎技師ニ任敘〉(1897年10月5日),《臺灣總督府公文類纂》,國史館臺灣文獻館典藏,典藏號:00000231007。
35. 十川嘉太郎,〈鐵筋コンクリートの思ひ出〉,《臺灣の水利》第6卷第1期(1936年1月),頁150-153。
36. 〈臨時水道課設置〉,《臺灣日日新報》,1907年5月3日,2版。
37. 〈觀音亭遷塚〉,《漢文臺灣日日新報》,1907年7月14日,5版。〈墓地移轉〉,《漢文臺灣日日新報》,1907年7月19日,4版。
38. 〈何必多慮〉,《漢文臺灣日日新報》,1907年7月17日,2版。
39. 〈臺北水道設計變更〉,《臺灣日日新報》,1908年2月21日,2版。
40. 〈臺北水道設計變更〉。
41. 臺灣總督府土木部,《臺北水道》,頁2-3。
42. 〈臺北市街衛生工事調查バルトン顧問及浜野〔彌四郎〕技師調查報告〉。
43. 〈バルトン顧問南部地方巡回演說〉(1896年12月28日),《臺灣總督府公文類纂》,國史館臺灣文獻館典藏,典藏號:00000191032。〈臺北市街衛生工事調查バルトン顧問及浜野〔彌四郎〕技師調查報告〉。
44. 〈臺北城內水田買收及排水工事ニ關スル一件書類、城內民有地買上ニ付臺北縣ニ通達、城內排水工事ニ關シ事務局總裁ニ稟議、城內水田買收ニ關シ事務局總裁ニ稟議、城內水田引水禁止、排水工事及水田買收認可ニ付買收方臺北縣ニ通達、仝上著手期決定、排水工事陸軍局其他ニ協議、水田買收方ニ關シ在京民政局長へ通知、家屋買收方ニ關シ臺北縣へ指令、排水工事費支出濟大軍大臣通牒及事務局原議ノ寫〉(1896年3月21日),《臺灣總督府公文類纂》,國史館臺灣文獻館典藏,典藏號:00000031011。
45. 〈市區改正計畫と臺北城內 城內改正區畫の方針〉,《臺灣日日新報》,1900年8月1日,2版。〈大稻埕下水道路改良の議〉,《臺灣日日新報》,1900年8月4日,2版。〈城內の下水工事〉,《臺灣日日新報》,1902年3月6日,2版。〈大稻埕及艋舺の市區改良〉,《臺灣日日新報》,1902年7月27日,2版。〈臺北下水工事進程〉,《臺灣日日新報》,1910年2月16日,2版。
46. 〈道路并溝渠廢止報告ノ件(臺北廳)〉(1909年4月1日),《臺灣總督府公文類纂》,國史館臺灣文獻館典藏,典藏號:00005178022。〈溝渠廢止報告ノ件(臺北廳)〉(1910年3月1日),《臺灣總督府公文類纂》,國史館臺灣文獻館典藏,典藏號:00005283020。〈道路并溝渠ノ公用廢止報告ノ件(臺北廳)〉,(1910年11月1日),《臺灣總督府公文類纂》,國史館臺灣文獻館典藏,典藏號:00005293014。

第八章　航向國際:淡水河築港與近代航運體系的興衰

1. 臨時臺灣舊慣調查會,《臨時臺灣舊慣調查會第二部調查經濟資料報告 下卷》(臺北:臨時臺灣舊慣調查會,1905),頁115-119。
2. 淡水稅關,《臺灣稅關要覽》(臺北:淡水稅關,1908),頁18-23。
3. 〈9月 臺灣總督伯爵樺山資紀發 參謀總長彰仁親王宛 基隆港築港の儀に付稟申〉(1895年9月),《大本營日清戰役書類綴 臨著書類 庶》,日本防衛省防衛研究所典藏,JACAR:C06061524100。
4. 臨時臺灣總督府工事部,《基隆築港誌》(臺北:臨時臺灣總督府工事部,1916),頁49。
5. 〈10月10日 陸軍大臣侯爵大山巖發 參謀總長彰仁親王宛 基隆築港の為め技師派遣の件〉(1895年10月),《大本營日清戰役書類綴 臨著書類 庶》,日本防衛省防衛研究所典藏,JACAR:C06061526900。
6. 臨時臺灣總督府工事部,《基隆築港誌》,頁31-33。
7. 〈臺灣及澎湖列島觀察意見書付測量事業に関する件〉(1898年10月),《海軍省公文備考》,日本防衛省防衛研究所典藏,JACAR:C06091160800。
8. 〈淡水港修築審查委員〉,《臺灣日日新報》,1897年10月10日,2版。
9. 〈淡水港修築の調查〉,《臺灣日日新報》,1898年5月9日,2版。
10. 〈淡水河川と河口調查の進行〉,《臺灣日日新報》,1901年9月3日,2版。
11. 〈中橋商船會社長の臺灣築港論(下)〉,《臺灣日日新報》,1901年9月27日,2版。
12. 簡佑丞,〈植民地初期台湾における港湾都市に関する史的研究〉(東京:東京大學工學系研究科建築學專攻博士學位論文,2018),頁3-3-3-4(第三章)。
13. 〈淡水河の土沙堆積〉,《臺灣日日新報》,1902年12月2日,2版。
14. 〈港灣及び河川の修理(下)〉,《臺灣日日新報》,1900年4月27日,2版。

3. 陳培桂纂輯，周憲文編輯，《淡水廳志》，頁431。
4. 尹章義，〈臺灣北部拓墾初期「通事」所扮演之角色及功能〉，《臺北文獻》第59、60期（1982年8月），頁97-251。
5. 郁永河著，方豪編輯，《裨海紀遊》（臺北：臺灣銀行經濟研究室，臺灣文獻叢刊第44種，1959；1697年原刊），頁23。
6. 有關臺北盆地的拓墾研究成果，可參見温振華，〈清代臺北盆地經濟社會的演變〉（臺北：國立臺灣師範大學歷史學研究所碩論，1978）；尹章義，《新莊志》（臺北：新莊市公所，1980）。至於淡水河的河運與流域變遷歷程，可參見王世慶，《淡水河流域河港水運史》（臺北：中央研究院中山人文社會科學研究所，1996）；温振華、戴寶村，《淡水河流域變遷史》（臺北：臺北縣立文化中心，1998）。
7. 黃富三，〈河流與聚落：淡水河水運與關渡之興衰〉，收於黃富三主編，《海、河與臺灣聚落變遷：比較觀點》（臺北：中央研究院臺灣史研究所，2009），頁96-100。
8. 余文儀纂修，周憲文編輯，《續修臺灣府志》（臺北：臺灣銀行經濟研究室，臺灣文獻叢刊第121種，1962；1774年原刊），頁67。
9. 黃叔璥撰，《臺海使槎錄》（臺北：臺灣銀行經濟研究室，臺灣文獻叢刊第4種，1957；1736年原刊），頁5。
10. 林玉茹，《向海立生：清代臺灣的港口、人群與社會》（臺北：聯經，2023），頁1-28。
11. 馬偕，《福爾摩沙紀事：馬偕臺灣回憶錄》（臺北：前衛，2007），頁271-273。
12. 有關清代淡水河流域的渡口運作與經營，參見張蕙羽，〈清代臺灣渡口組織的運作：以新店溪流域為例〉（臺北：國立臺灣師範大學臺灣史研究所碩士論文，2022），頁70-118。
13. 〈臺北の渡船場〉，《臺灣日日新報》，1909年2月7日，7版。
14. 李進億，〈臺北橋的興建與三重埔的區域發展（1889-1945）〉，《臺北文獻》直字第167期（2009年3月），頁120-123。
15. 田中一二著，李朝熙譯，《臺北市史：昭和六年》（臺北：臺北市文獻委員會，1998），頁76-77。
16. 朱信維，〈大漢溪畔消失的行業——吊橋師傅與放料仔〉，《桃園采風》（2007），http://163.30.44.7/e_paper/index.php?show_topic_detail=yes&topic=10&num=713&PHPSESSID=d65a8e1018e69944895be94a1707f3c3。
17. 朱信維，〈大漢溪畔消失的行業——吊橋師傅與放料仔〉。

第七章　生命泉源：近代自來水系統與衛生下水道的整建

1. 〈所感〉，《臺灣新報》，1896年11月1日，1版。
2. 〈臺北水道之設計（五）〉，《漢文臺灣日日新報》，1907年10月25日，1版。
3. 顧雅文，〈百病之源或百藥之長：日治時期臺、日知識分子的飲水論述〉，頁5-8。
4. 顧雅文考證了劉銘傳在臺北市街地鑿井使用的「金棒掘」工法，以及日人業者帶來的「上總掘」工法，這些技術是深層地下水資源化的前提，但對官方及民間來說，不同年代的社會經濟情況決定其是否被開發。參見顧雅文，〈「上總掘」與「蜘蛛車」：日治時期臺灣深層地下水的資源化與鑿井技術的發展〉，《地理學報》第110期（2025年4月），頁5-41。
5. 〈掘拔井戸の濫觴〉，《臺灣日日新報》，1897年1月22日，2版。
6. 〈臺北城內飲料水試驗成蹟〉（1897年3月1日），《臺灣總督府公文類纂》，國史館臺灣文獻館典藏，典藏號：00000176005。
7. 臺北市役所，《臺北市水道誌》（臺北：臺北市役所，1932），頁6-7。
8. 臺北市役所，《臺北市水道誌》，頁7。
9. 顧雅文，〈「上總掘」與「蜘蛛車」：日治時期臺灣深層地下水的資源化與鑿井技術的發展〉，頁10-15。
10. 臺北市役所，《臺北市水道誌》，頁6-7。
11. 〈臺北市街衛生工事調查バルトン顧問及浜野〔彌四郎〕技師調查報告〉（1896年9月19日），《臺灣總督府公文類纂》，國史館臺灣文獻館典藏，典藏號：00000101046。〈鑽井濫鑿取締法設定〉（1897年5月31日），《臺灣總督府公文類纂》，國史館臺灣文獻館典藏，典藏號：00000145026。
12. 顧雅文，〈「上總掘」與「蜘蛛車」：日治時期臺灣深層地下水的資源化與鑿井技術的發展〉，頁15-16。
13. 臺北市役所，《臺北市水道誌》，頁11-12。
14. 〈臺北市街衛生工事調查バルトン顧問及浜野〔彌四郎〕技師調查報告〉。
15. 臺北市役所，《臺北市水道誌》，頁8-9。
16. 〈臺北城內飲料水試驗成蹟〉。
17. 臺北市役所，《臺北市水道誌》，頁8-9。
18. 臺灣總督府民政部土木局，《臺灣水道誌》（臺北：臺灣總督府民政部土木局，1918），頁81。
19. 臺北市役所，《臺北市水道誌》，頁15。
20. 臺北市役所，《臺北市水道誌》，頁16-17。
21. 〈臺北水道の設計〉，《臺灣日日新報》，1903年7月12日，2版。
22. 臺北市役所，《臺北市水道誌》，頁17。
23. 〈臺北水道の設計（二）〉，《臺灣日日新報》，1907年10月20日，2版。
24. 〈臺北水道の設計（一）〉，《臺灣日日新報》，1907年10月19日，2版。
25. 〈臺北水道ポンプ室〉，《臺灣日日新報》，1908年5月31日，2版。〈臺北水道の設計（二）〉。

East; with Notices of Hoo-wei, Mangka, and Kelung," *Proceedings of the Royal Geographical Society* 11:4 (1866-1867), p. 169.

14. 〈臺北附近養鴨調查木村（利建）技手復命〉（1897），《臺灣總督府公文類纂》，中央研究院臺灣史研究所檔案館典藏，識別號：T0797_01_179_0001。
15. 田中一二原著，李朝熙譯，《臺北市史：昭和六年》（臺北：臺北市文獻委員會，1998），頁202-203。
16. 林明峪，《淡水河故事》，頁148-152。
17. 〈魚肥え淡水河〉，《興南新聞》第3814號（1941年9月5日），2版。
18. 温振華訪問，黃世溦口述，收於臺灣省文獻委員會採集組編，《臺北縣鄉土史料：耆老口述歷史（16）》（南投：國史館臺灣文獻館，1997），頁782-783。
19. 林明峪，《淡水河故事》，頁186-203。
20. 王子元、黃世彬，〈多出一塊的生態拼圖：日本溪哥入侵淡水河的啟示〉，《清流》第25期（2020年1月），頁65-67。
21. 温振華，〈西風殘照．漁家燈火——三腳渡沿革〉，收於三腳渡親水藝術節編輯委員會編，《走尋三腳渡：臺北最後碼頭》（臺北：三腳渡親水藝術節編輯委員，2000）。頁11。

第五章　水之力：近代動力水車與市郊產業發展

1. 永井健太郎、中村修、畑中直樹、中島大、友成真一，〈イギリスに見る動力利用の変遷－水車と蒸気機関－〉，《長崎大學總合環境研究》第12卷第2號（2010年6月），頁81-83。
2. 陳夢雷，〈桓譚新論（杵臼）〉，《欽定古今圖書集成：經濟彙編考工典》第245卷。
3. 陳志偉，〈水碓的故事〉，《科博電子報》第513期（2010年11月10日），https://www.nmns.edu.tw/ch/learn/museum-education/theme/Theme-000231/。
4. 南亮進，〈前近代日本の水車と工業生産〉，《經濟研究》第32卷第1期（1981年1月），頁77-83。小坂克信，〈みたか水車博物館：働く水車が伝える水のポテンシャル〉，《水の文化》第28號（2008年2月），頁18-19。
5. 〈嘉義模範製紙工場の水車据付〉，《臺灣日日新報》，1902年9月17日，2版。〈嘉義模範製紙場近況〉，《漢文臺灣日日新報》，1906年3月3日，2版。
6. 〈造設水車〉，《漢文臺灣日日新報》，1910年2月22日，3版。
7. 〈澱粉工場工程〉，《漢文臺灣日日新報》，1910年11月18日，2版。〈計畫製造澱粉（續）〉，《漢文臺灣日日新報》，1910年11月23日，2版。
8. 〈小松楠彌后里圳水力使用許可〉（1912），《臺灣總督府公文類纂》，中央研究院臺灣史研究所檔案館典藏，識別號：T0797_07_321_0015。
9. 〈八堡圳圳路使用許可報告（臺中廳）〉（1912年1月1日），《臺灣總督府公文類纂》，國史館臺灣文獻館典藏，典藏號：00002087033。
10. 〈水車式製糖〉，《臺灣日日新報》，1916年10月12日，2版。〈水車製糖落成 松岡拓殖工場の竣功〉，《臺灣日日新報》，1917年1月13日，2版。〈松岡拓殖新事業〉，《臺灣日日新報》，1917年3月10日，2版。〈新竹製糖將完工 實收二十二萬擔〉，《漢文臺灣日日新報》，1918年4月25日，5版。
11. 〈公共埤圳圳路使用許可ノ件報告〉（1916），《臺灣總督府公文類纂》，中央研究院臺灣史研究所檔案館典藏，識別號：T0797_20_188_0001。
12. 〈公共埤圳使用許可報告（臺南廳其他）〉（1915），《臺灣總督府公文類纂》，中央研究院臺灣史研究所檔案館典藏，識別號：T0797_19_278_0001。
13. 李宗信，《瑠公大圳》（臺北：玉山社，2014），頁219-222。
14. 〈公共埤圳使用認可ノ件外三十二件〉（1914），《臺灣總督府公文類纂》，中央研究院臺灣史研究所檔案館典藏，識別號：T0797_18_290_0001。
15. 〈公共埤圳使用認可ノ件外三十二件〉。
16. 〈公共埤圳使用許可報告（臺南廳其他）〉。
17. 〈公共埤圳使用許可報告（臺南廳其他）〉。
18. 〈公共埤圳使用許可報告（臺南廳其他）〉。
19. 〈公共埤圳圳路使用許可ノ件報告〉（1916），《臺灣總督府公文類纂》，中央研究院臺灣史研究所檔案館典藏，識別號：T0797_20_189_0005。
20. 〈公共埤圳圳路使用許可ノ件報告〉。
21. 景慶社區發展協會編著，《梘尾．景美鄉土專輯》（臺北：景慶社區發展協會，1997）。

第六章　人流與物流：河運交通與商貿網絡的形成

1. 連橫撰，《臺灣通史》（臺北：臺灣銀行經濟研究室，臺灣文獻叢刊第128種，1962；1920年原刊），頁926。
2. 陳培桂纂輯，周憲文編輯，《淡水廳志》（臺北：臺灣銀行經濟研究室，臺灣文獻叢刊第172種，1963；1871年原刊），頁431。

14. 趙丰，〈康熙．臺北．湖〉，《科學人》第117期（2011年11月），頁34-35。林明聖，〈三百多年前的康熙臺北湖〉，頁71。
15. 尹章義，《新莊志卷首 新莊（臺北）平原拓墾史》（臺北縣：新莊市公所），頁35-38。
16. 相傳泉州同安縣民九戶於康熙47、48年間抵今士林區福安里開墾，因該區地勢低下、河流淤積，命名溪洲底庄，戰後才改為福安里。士林鎮志編纂委員會，《士林鎮誌》（臺北：士林鎮誌編纂委員會，1968），頁38。潘阿鹿，〈社子沿革〉，《臺灣風物》第4卷第5期（1954），頁60。
17. 李進億，〈蘆洲：一個長期環境史的探討（1731-2001）〉（桃園：國立中央大學歷史研究所碩士論文，2004），頁29-30、105。鄭政誠，〈清代三重埔的拓墾〉，頁87-93。
18. 〈淡江治水卑見（上）〉，《臺灣日日新報》，1912年10月7日，1版。
19. 王世慶，《淡水河流域河港水運史》（臺北：中央研究院中山人文社會科學研究所，1996），頁16。
20. 張正田，〈從歷史地理變遷看清代新莊之興衰〉，《嘉大應用歷史學報》創刊號（2016年11月），頁217-244。
21. 李進億，〈蘆洲：一個長期環境史的探討（1731-2001）〉，頁31。
22. 鄭用錫編纂，詹雅能點校，《淡水廳志稿》（臺北：行政院文化建設委員會、遠流，臺灣史料集成清代臺灣方志彙刊第23冊，2006；1834年完稿未刊），頁37、187。
23. 〈擺接堡江仔翠庄大砂埔調查方之儀ニ付伺〉（1899年4月1日），《臺灣總督府檔案．臨時臺灣土地調查局公文類纂》，國史館臺灣文獻館典藏，典藏號：00004232060。
24. 臨時臺灣土地調查局編，《土地調查提要》（臺北：臨時臺灣土地調查局，1900），頁128-130。
25. 〈稻江の河身〉，《臺灣日日新報》，1899年6月29日，2版。

第三章　水到渠「城」：臺北平原水圳系統與聚落的興起

1. 〈臺北縣管內農家經濟調查山田伸吾復命書第一卷〉（1899），《臺灣總督府公文類纂》，中央研究院臺灣史研究所檔案館典藏，識別號：T0797_02_084_0006。
2. 關於其發展的歷史，可參考李宗信，《瑠公大圳》（臺北：玉山社，2014）。
3. 惜遺，〈臺灣之水利問題〉，收於臺灣銀行金融研究室編，《臺灣之水利問題》（臺北：臺灣銀行金融研究室，1950），頁3。
4. 李宗信，《瑠公大圳》，頁30-32。
5. 顧雅文，〈八堡圳與彰化平原人文、自然環境變遷之互動歷程〉（臺北：臺灣大學歷史學研究所碩士論文，2000）。
6. 李宗信、顧雅文於二水鄉訪問石筍製作者老口述（2023年5月12日）。
7. Yawen Ku, 2022, "Case study 1: Babao Canal" In Michel Cotte ed., *The cultural heritages of water in tropical and subtropical Eastern and South-Eastern Asia* (Charenton-le-Pont, France: ICOMOS), pp. 145-147.
8. 陳培桂纂輯，周憲文編輯，《淡水廳志》，（臺北：臺灣銀行經濟研究室，臺灣文獻叢刊第172種，1963；1871年原刊），頁80。
9. 郭錫瑠曾孫郭尚益口述，〈郭錫瑠傳記〉，收於李宗信，《瑠公大圳》，頁255。
10. 李宗興等編輯，《臺北市瑠公農田水利會史畫集》（臺北市：臺北市瑠公農田水利會，1993），頁27。
11. 瑠公水利組合，〈瑠公水利組合の沿革〉，《臺灣の水利》第3卷第4號（1933年7月），頁365。
12. 李宗信，《瑠公大圳》，頁130-131、158-163。

第四章　肥美的時節：沿河漁業、養殖與生態環境的變遷

1. 温振華，〈清代擺接平原一帶的族群關係〉，《臺北縣立文化中心季刊》第52期（1997年4月），頁15-24。
2. 翁佳音，《大臺北古地圖考釋》（臺北：臺北縣立文化中心，1998），頁62。
3. 〈臺北廳開墾地業主權認定及土地臺帳登錄方認可ノ件〉（1909），《臺灣總督府公文類纂》，中央研究院臺灣史研究所檔案館典藏，識別號：T0797_17_064_0017。
4. 〈淡水河漁業調查ノ為萱場三郎出張復命書〉（1897），《臺灣總督府公文類纂》，中央研究院臺灣史研究所檔案館典藏，識別號：T0797_15_031_0010。
5. 〈各地方廳養蠣調查ノ件、宜蘭廳報告、臺東廳報告、澎湖廳報告、新竹縣報告、鳳山縣報告、臺南縣報告、嘉義縣報告、臺中縣報告〉（1897），《臺灣總督府公文類纂》，中央研究院臺灣史研究所檔案館典藏，識別號：T0797_01_301_0001。
6. 劉輝香記錄，〈臺北市士林區社子島口述歷史座談會紀錄〉，《臺北文獻》直字第134期（2000年12月），頁25。
7. 臺北州，《臺灣の水產》（臺北：臺北州，1925），頁56-57、123-126。
8. 〈淡水河漁業調查ノ為萱場三郎出張復命書〉。
9. 〈淡水河筋鮎漁業取締ニ關シ關係廳長ヘ通牒〉（1905），《臺灣總督府公文類纂》，中央研究院臺灣史研究所檔案館典藏，識別號：T0797_05_054_0002。
10. 林明峪，《淡水河故事》（臺北：民生報出版，1986），頁2-7。
11. 〈淡水河筋鮎漁業取締ニ關シ關係廳長ヘ通牒〉。
12. 屋部仲榮，《臺灣特殊風景》（臺北：民眾事報，1935），頁72。
13. Cuthbert Collingwood, "A Boat Journey across the Northern End of Formosa, from Tam-suy, on the West, to Kee-lung, on the

10. Henry Kopsch, "Notes on the Rivers in Northern Formosa," p. 82.
11. 即出版於1632年的「Memoria de las cosas pertenecientes al estado de la Isla Hermosa」(關於艾爾摩莎島情況的報告)。詳見陳宗仁,〈1632年傳教士Jacinto Esquivel報告的解析——兼論西班牙占領前期的臺灣知識與其經營困境〉,《臺灣文獻》第61卷第3期(2010年9月),頁13。
12. 翁佳音及劉益昌皆推測18號小溪為五股的冷水坑溪,即墘子川支流。
13. 杜臻,《粵閩巡視紀略》(臺北:文海出版社,1983),頁16-17。平埔族社領域空間的考證參考温振華,〈清代臺灣淡北地區的拓墾〉,《臺灣風物》第55卷第3期(2005年9月),頁20。
14. 「一曰淡水港,從西北大潮過淡水城,入干豆門,轉而東南受合歡山灘流,又東過外八投,南受里末社一水,又東過麻里則孝社,東南受龜崙山灘,東北受雞籠頭山灘,從西北會歸於海。」蔣毓英纂,《臺灣府志》(北京市:中華書局,1985;原刊1685年),頁54。
15. 例如1694年高拱乾《臺灣府志》、1717年陳夢林《諸羅縣志》、1736年黃叔璥《臺海使槎錄》、1741年劉良璧《重修福建臺灣府志》、1747年范咸《重修臺灣府志》、1774年余文儀《續修臺灣府志》等。
16. 鄭用錫編纂,詹雅能點校,《淡水廳志稿》(臺北:行政院文化建設委員會、遠流,臺灣史料集成清代臺灣方志彙刊第23冊,2006;1834年完稿未刊),頁13-16、22、37-38。
17. 例如1860年代的《臺灣府輿圖纂要》。陳宗仁,〈淡水及淡水河——漢人對淡水河流域的地理認識及其變遷〉,頁110。
18. 〈外國人雜居地區域制定〉(1897年4月24日),《臺灣總督府檔案.總督府公文類纂》,國史館臺灣文獻館典藏,典藏號:00000131013。
19. Henry Kopsch, "Notes on the Rivers in Northern Formosa," p82.
20. 〈山川名改稱ノ件〉(1921年5月27日),《臺灣總督府(官)報》,國史館臺灣文獻館典藏,典藏號:0071022388a002。
21. 〈黃杰主席:大嵙崁溪名稱不雅,可遵總統指示改為大漢溪並速報行政院核定〉(1966年7月18日),《臺灣省政府委員會議》,國史館臺灣文獻館典藏(原件:國家發展委員會檔案管理局),典藏號:00502004622。
22. 據陳國棟考證,嶺腳為1904年〈臺灣堡圖〉中的港仔內,位於今七堵區八德里。陳國棟,〈淡水河的適航性與淡水河系的船隻〉,《淡江史學》第30期(2018年8月),頁109-116。

第二章　流動的印記:淡水河河道變動的歷史謎題

1. 〈淡水河の今昔を語る座談會〉,《臺灣の山林》第135期(1937年7月),頁49-50。《淡水河今昔物語り》(臺北:臺灣總督府殖產局森林治水事務所,1937)。
2. 〈論淡港籌浚之宜亟〉,《臺灣日日新報》,1901年8月11日,5版。另有謂劉銘傳曾於關渡繕修地勢,使基隆河經番仔溝直流於淡水河,例如〈淡江籌濬〉,《臺灣日日新報》,1901年1月1日,10版。
3. 〈臺北の禍源(淡水河の治水策)〉,《臺灣日日新報》,1912年9月5日,2版。
4. 陳宗仁,〈淡水及淡水河——漢人對淡水河流域的地理認識及其變遷〉,《輔仁歷史學報》第12期(2001年6月),頁106-108。
5. 郁永河著,方豪編輯,《裨海紀遊(中)》(臺北:臺灣銀行經濟研究室,臺灣文獻叢刊第44種,1959;1697年原刊),頁23。
6. 伊能嘉矩,〈臺北の古今〉,《臺灣慣習記事第六卷第一號》(臺北:臺灣慣習研究會,1906),頁26。石坂莊作,《天勝つ乎人勝つ乎　臺北洪水の慘禍と治水策》(臺北:株式會社臺灣日日新報社,1930),頁8。
7. 〈閒話「臺北湖」臺北小記之六〉,《中央日報》,1949年5月22日,5版。
8. 林朝棨,《臺北縣志卷三 地理志》(臺北縣:臺北縣文獻會,1960),頁38。
9. 林明聖等,〈康熙臺北大湖考釋〉,收於國立臺灣師範大學地理學系編,《第三屆臺灣地理學術研討會論文集》(臺北:國立臺灣師範大學地理學系,1999),頁125-146。謝英宗,〈康熙臺北湖古地理環境之探討〉,《地理學報》第27期(2000年6月),頁85-95。林明聖,〈三百多年前的康熙臺北湖〉,《臺灣博物季刊》第32卷第1期(2013),頁62-71。謝英宗,〈康熙.臺北.湖,信之有乎〉,《臺灣博物季刊》第35卷第4期(2016),頁66-71。
10. 翁佳音、唐羽都舉出拓墾紀錄,反對臺北盆地有部分曾因海水倒灌而成「大鹹水湖」的說法,並主張郁永河所描述的陷入水中的土地應該是指社子島一帶,而温振華、鄭政誠亦分別指出蘆洲、三重在雍正末、乾隆初年就有開墾紀錄,不可能完全陷於湖底。翁佳音,《大臺北古地圖考釋》(臺北:臺北縣立文化中心,1998),頁44-45。唐羽,〈清代基隆河流域移墾史之探討(上)——從河名之演變探討流域墾地之開發〉,《臺北文獻》第90期(1989),頁43-46。温振華,〈蘆洲湧蓮寺——一座鄉廟的形成〉,《北縣文化》第50期(1996年11月),頁5。鄭政誠,〈清代三重埔的拓墾〉,《史耘》第3、4期(1998年9月),頁87-93。
11. 鄭世楠,〈根據歷時文獻資料重新探討1694年臺北地震與康熙臺北湖事件〉(科技部補助專題研究計畫成果報告,2011)。他並提出大風雨造成的洪水蓄積不退加上漲潮,可能才是臺北湖的成因。
12. 温振華,〈清代臺灣淡北地區的拓墾〉,《臺灣風物》第55卷第3期(2005年9月),頁20。簡宏逸,〈臺北圭母子社和大浪泵社研究〉,《臺北文獻》直字第208期(2019年6月),頁41-68。
13. 孫立中、李錫堤、蔡龍珆,〈康熙臺北湖——基於歷史文獻之初步探討〉,《臺灣之第四紀第四次研討會論文集》(臺北:中國地質學會,1992),頁14-15。尹章義,《新莊發展史》(臺北縣:新莊市公所,1980),頁43-44。

注釋

導讀　藏於歷史的水智慧

1. 劉克襄，〈最遙遠的河〉，《中外文學》第12卷第11期（1984）、《旅鳥的驛站：淡水河下游四季鳥類觀察》（臺北：中華民國自然生態保育協會，1984）。郭鶴鳴，〈幽幽基隆河〉，《聯合報》（1984）。鄭清文，〈大水河畔的童年〉，《中華日報》（1987）。王昶雄，〈嘶啞的淡水河〉，《笠》第164期（1991）。林文義，《母親的河》（臺北：臺原，1994）、《從淡水河出發》（1982、1983年創作；臺北：光復，1988）。舒國治，《水城臺北》（1989年起創作；臺北：皇冠，2010）。林惺嶽策劃，第七屆臺北縣美展「淡水河上的風起雲湧」（1995）。鍾文音，《在河左岸》（臺北：大田，2003）。公共電視，《我們的島201集——淡水河悲歌》（2003）。于立平導演，《擺渡淡水河》紀錄片（2010）。房慧真，《河流》（新北：INK文學，2013）。
2. 李永展、廖億美、洪明龍、韓偉傑，《淡水河破碎地圖》（臺中：晨星出版社，1999）。
3. 洪健榮，〈大臺北地方學研究的回顧與展望（1990-2013）——以地方志書與學位論文為中心〉，《輔仁歷史學報》第36期（2015年3月），頁285-333。洪健榮、林呈蓉，〈大臺北地區地方學研究再探（1990-2013）〉，《臺灣史學雜誌》第21期（2016年12月），頁3-47。
4. 關於清代至日治時期的行政區界變化，可參考葉高華，〈臺灣的行政區1684-1945〉，「地圖會說話」部落格，https://mapstalk.blogspot.com/2010/02/1684-1945.html。
5. 〈因應氣候變遷 水利署擘劃調適減緩策略方針〉，經濟部水利署官網，https://www.wra.gov.tw/NewsAll_Content.aspx?n=6272&s=100102。
6. 逢甲大學，〈淡水河流域整體改善與調適規劃成果報告（1/2）〉（臺中：經濟部水利署水利規劃試驗所，2021）。創聚環境管理顧問股份有限公司，〈淡水河流域整體改善與調適規劃成果報告（1/2）〉（臺中：經濟部水利署水利規劃試驗所，2023）。國際水利環境學院（TIIWE），〈淡水河流域整體改善與調適規劃溝通平臺成果報告〉（臺北：經濟部水利署第十河川局，2023）。
7. 關於全球水文化概念的興起及推動的具體措施，可參考顧雅文，〈探尋家鄉的水文化〉，《土木水利》第46卷第1期（2019年2月），頁31-37。
8. UNESCO World Water Assessment Programme, *The United Nations World Water Development Report 2021: Valuing Water*. Paris: UNESCO, 2021.
9. 其中一個具代表性的成果為經濟部水利規劃試驗所與國立臺灣歷史博物館合辦的「誰主沉浮：水文化在臺灣」特展（2019至2020年），及其後出版的專書：顧雅文，《尋溯：與曾文溪的百年對話》（臺中：經濟部水利署水利規劃試驗所，臺南：國立臺灣歷史博物館，2022）。
10. 《川閱淡水河——防洪治水全紀錄》（新北市：經濟部第十河川局，2013）。
11. 王志弘、林純秀，〈都市自然的治理與轉化——新北市二重疏洪道〉，《臺灣社會研究季刊》第92期（2013年9月），頁35-71。王志弘、黃若慈、李涵茹，〈臺北都會區水岸意義與功能的轉變〉，《地理學報》第74期（2014年9月），頁63-86。
12. 林淑英，〈話說「淡水河守護聯盟」〉，https://blog.udn.com/selin7777/6069727。

第一章　為河賦名：異國旅人與漢人移民眼中的淡水河

1. Robert Swinhoe, "Notes on the Island of Formosa," *Journal of the Royal Geographical Society of London*, 34(1864), p. 8.
2. 陳政三，《翱翔福爾摩沙：英國外交官郇和晚清臺灣紀行》（臺北：臺灣書房，2008），頁47、56、59。郇和的生平見陳政三，〈悠遊晚清動物世界的鳥人郇和〉，《臺灣博物季刊》第26卷第4期（2007年12月），頁6-19。
3. Cuthbert Collingwood, "A Boat Journey across the Northern End of Formosa, from Tam-suy, on the West, to Kee-lung, on the East; With Notices of Hoo-wei, Mangka, and Kelung," *Proceedings of the Royal Geographical Society of London*, 11:4(1866–1867), pp.167-173. 劉克襄，〈基隆河之旅：英國生物學家柯靈烏的旅行〉，收於劉克襄，《福爾摩沙大旅行》（臺北：玉山社，2015），頁17-33。
4. Henry Kopsch, "Notes on the Rivers in Northern Formosa," *Proceedings of the Royal Geographical Society of London*, 14:1(1869-1870), pp.79-83. 劉克襄，〈大漢溪與新店溪之旅：英國淡水領事柯伯希的淡水河紀行〉，收於劉克襄，《福爾摩沙大旅行》（臺北：玉山社，2015），頁35-53。
5. Robert Swinhoe, "Notes on the Island of Formosa," p. 8.
6. Cuthbert Collingwood, "A Boat Journey across the Northern End of Formosa," pp.169-171.
7. Henry Kopsch, "Notes on the Rivers in Northern Formosa," p. 80.
8. Robert Swinhoe, "Notes on the Island of Formosa," pp. 8-9. Henry Kopsch, "Notes on the Rivers in Northern Formosa," p. 80.
9. Robert Swinhoe, "Notes on the Island of Formosa," p. 9.

FORUM
00

春山臺灣講座

春山臺灣講座Forum

由春山出版與中央研究院臺灣史研究所共同討論、策劃，在臺灣史二〇〇四年正式設立研究機構與大學研究所近二十年後，期待將幾個世代已累積出的豐富學術成果，接力化為社會的共同認識資產，從歷史更遼闊甚至意想不到的眺望中，洗練我們看向未來的視野。

國家圖書館預行編目資料

島都之河：匯流與共生，淡水河與臺北的百年互動 A city's river : water history and water culture of the Tamsui River and Taipei City／顧雅文，李宗信，簡佑丞著
一初版.一臺北市：春山出版有限公司；[臺中市]：經濟部水利署水利規劃分署
2025.08一496面；17×23公分.一(春山臺灣講座；3)

ISBN 978-626-7478-78-3（平裝）
1.CST：水利工程　2.CST：河川工程　3.CST：臺灣
443.6933　114008188

FORUM
03

春山臺灣講座

島都之河：
匯流與共生，淡水河與臺北的百年互動
A City's River: Water History and Water Culture of the Tamsui River and Taipei City

作　　者　顧雅文、李宗信、簡佑丞
主　　編　顧雅文
責任編輯　林月先
封面設計　徐睿紳
內頁美術統籌　丸同連合 UN-TONED Studio

總 編 輯　莊瑞琳
行銷企畫　甘彩蓉
業　　務　尹子麟
法律顧問　鵬耀法律事務所戴智權律師

出　　版　春山出版有限公司
地址：11670臺北市文山區羅斯福路六段297號10樓
電話：02-29318171
傳真：02-86638233

合作出版單位　經濟部水利署水利規劃分署
發 行 人　張廣智
行 政 統 籌　石振洋
執 行 單 位　國立彰化師範大學
計 畫 主 持 人　李宗信
計 畫 經 理　毛毓翔、陳姿君

總 經 銷　時報文化出版企業股份有限公司
地址：33343桃園市龜山區萬壽路二段351號
電話：02-23066842

製　　版　瑞豐電腦製版印刷股份有限公司
印　　刷　搖籃本文化事業有限公司
初版一刷　2025年8月
定　　價　750元

I S B N　978-626-7478-78-3（紙本）
978-626-7478-76-9（EPUB）
978-626-7478-77-6（PDF）
G P N　1011400659

春山出版
Email　SpringHillPublishing@gmail.com
Facebook　www.facebook.com/springhillpublishing/

填寫本書線上回函

河流生態

春山出版編輯部

▲ 鱁魚堀溪石磧段的香魚(*Plecoglossus altivelis altivelis*)群。鱁魚堀溪為北勢溪支流，屬翡翠水庫集水區。曾經新店溪上游盛產的香魚，屬於洄游性魚類，戰後因河川環境破壞而滅絕。目前野外的香魚為1977年以來多次由日本引進所建立的族群，生活史全在淡水域，已不再河海洄游。

資料來源：周銘泰拍攝

▼ 金瓜寮溪仁里板橋的圓吻鯝(*Distoechodon tumirostris*)。金瓜寮溪為北勢溪支流，圓吻鯝被稱為「淡水河第一憨魚」，俗稱「阿嬤魚」。根據周銘泰口述、李政霖撰文寫道，圓吻鯝每年清明時節為了繁殖，上溯途中會群集在淺瀨區，容易捕獲，因此被稱為「憨魚」。

資料來源：周銘泰拍攝

▲ 金瓜寮溪的長鰭馬口鱲(*Opsariichthys evolans*)，臺灣俗稱「溪哥」的四種魚類之一。北部山區的溪哥以長鰭馬口鱲較多，其次為粗首馬口鱲，目前淡水河流域的族群尚稱穩定。

資料來源：李政霖拍攝

▼ 金瓜寮溪的大眼華鯿(*Sinibrama macrops*)。大眼華鯿局限分布於臺灣北部淡水河系的中游區段，基隆河中游及新店溪中游均有。

資料來源：李政霖拍攝

▲ 蘆洲堤防的冠八哥（*Acridotheres cristatellus*）。根據羽林生態調查公司公布的2024年淡水河流域同步鳥類調查報告，臺北盆地為此臺灣原生種八哥重要棲地，從2017年起歷次調查資料，八哥主要分布於新店溪萬板大橋—華中橋段、華江人工溼地、新店溪華中橋—中正橋段等區域。報告認為，淡水河流域具備保育原生種八哥的重要潛力。 資料來源：馮孟婕拍攝

▼ 社子島溼地的小水鴨（*Anas crecca*）。每年秋末來到臺灣的小水鴨，進入冬季後雄性逐漸換成了鮮豔的繁殖羽色。不過2000年前後小水鴨數量有很大變化，過去光是華江雁鴨自然公園一帶就有上萬隻小水鴨，但近年只剩下不到百分之一。 資料來源：王力平拍攝

▲ 浮洲溼地的鸕鶿（*Phalacrocorax carbo*）。淡水河流域近幾年鸕鶿的數量愈來愈多，整個淡水河系都是牠們的覓食場，一個冬天可以吃掉幾十萬條吳郭魚。 資料來源：王力平拍攝

▼ 2022年12月15日基隆河北山橋附近的鸕鶿群鳥 資料來源：王漢泉拍攝

▲ 華江雁鴨自然公園的高蹺鴴（*Himantopus himantopus*）。退潮後，裸露的大面積灘地上出現小群的高蹺鴴。 資料來源：王力平拍攝

▼ 八里挖子尾灘地的唐白鷺（*Egretta eulophotes*）。每年春季過境期，總會有北返的唐白鷺，在淡水河出海口的挖子尾灘地落腳，此時眼先已經逐漸變藍，後腦杓也有裝飾羽。

資料來源：王力平拍攝

▲ 華江雁鴨自然公園的白琵鷺（*Platalea leucorodia*）。白琵鷺長得與黑面琵鷺很像，近年來都有穩定數量的白琵鷺在雁鴨公園度冬。 資料來源：王力平拍攝

▼ 社子島的黑面琵鷺（*Platalea minor*）。近年北部也會有零星數量的黑面琵鷺，春季北返時刻常落腳在淡水河口，胸前的黃與頭後的裝飾羽，都預告了繁殖季即將到來。 資料來源：王力平拍攝

◀ 平溪山壁上的豔紅鹿子百合（*Lilium speciousm* var. *gloriosoides*）。野生的豔紅鹿子百合在2017年臺灣維管束植物紅皮書名錄中，被評選為極危物種。 資料來源：陳德鴻拍攝

▶ 烏石坑的烏來杜鵑（*Rhododendron kanehirae*）。烏來杜鵑原生育地在北勢溪上游，1984年翡翠水庫開始蓄水造成生育地淹沒，已數十年沒有發現野外植株，目前所見皆為復育成果。 資料來源：楊智凱拍攝

▲ 烏來四崁水棲地的方莖金絲桃（*Hypericum subalatum*）。喜歡長在溪谷山壁的方莖金絲桃，也長在瑠公圳碧潭一帶取水源頭的山壁上，極具象徵意義，目前野生族群已不多。

資料來源：王偉聿拍攝

▼ 猴硐的鐘萼木（*Bretschneidera sinensis*）。原本被認為珍稀的鐘萼木，目前在基隆河的猴硐一帶復育極為成功，成為礦業小鎮的特色。

資料來源：王偉聿拍攝

▲ 社子島社六溼地的鹵蕨（*Acrostichum aureum*）。曾於淡水河畔生長的鹵蕨，在19世紀後半消失，只留下英國領事館成員當時帶到英國皇家植物園的標本。2012年鹵蕨重新在社子島復育，初期只有四棵，目前已擴散成一小區，2024年也移植一百多株於五股溼地。　資料來源：陳德鴻拍攝

▼ 社子島島頭公園的水筆仔（*Kandelia obovata*）。水筆仔等紅樹林過去被認為能保護海岸，因此刻意種植或保護，但目前認為適度疏伐紅樹林才能維持生物多樣性。關渡自然公園在解編回歸《溼地保育法》後，於2024年開始伐除。　資料來源：陳德鴻拍攝

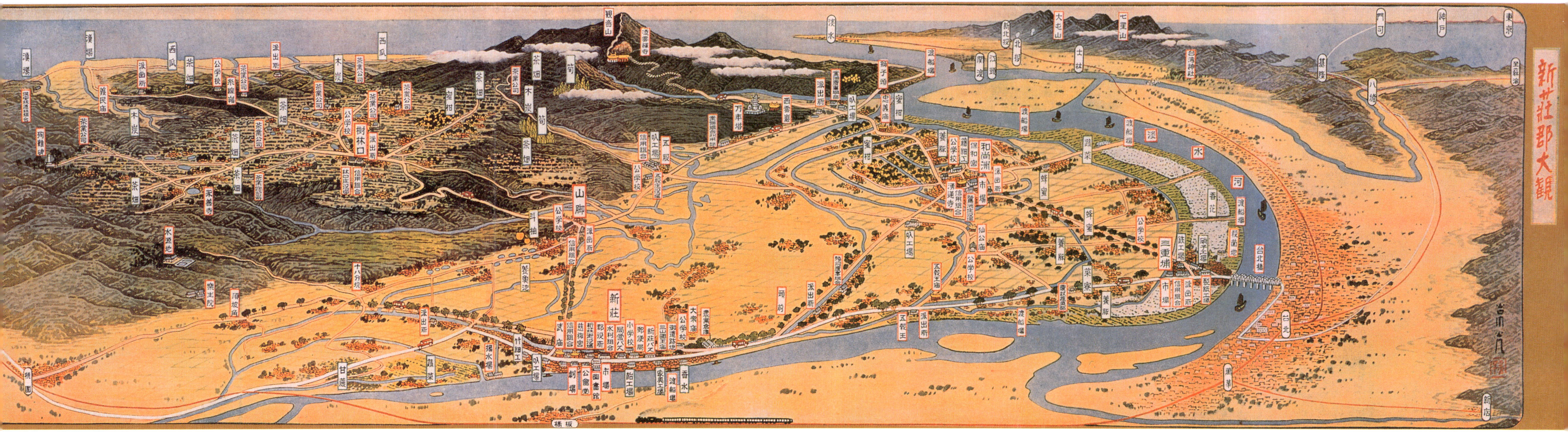

金子常光〈新莊郡大觀〉(1934)
詳見本書〈河流美學〉圖輯